"十二五"职业教育国家规划教材
经全国职业教育教材审定委员会审会
21世纪供热通风与空调工程系列规划教材
国家级精品课程建设配套教材

空调与制冷设备安装技术

主　编　徐　勇
副主编　苏长满　徐红梅
参　编　陈益武　徐　娟
主　审　黄　炜

机械工业出版社

本书共分 9 个单元，系统介绍了空调负荷计算、组合式空调机组安装、变风量末端装置安装、风机盘管机组安装、房间空调器安装、单元式空气调节机安装、多联式空调机组安装、蒸汽压缩式冷水机组安装和溴化锂吸收式制冷机组安装等内容。

本书可作为高职高专建筑设备工程技术、供热通风与空调工程技术、供热通风与卫生工程技术、楼宇智能化工程技术等专业的教学用书，还可作为从事本专业工程技术人员的参考用书。

为方便教学，本书配有电子课件，凡使用本书作为教材的教师可登录机工教育服务网 www.cmpedu.com 注册下载。咨询邮箱：cmpgaozhi@ sina.com。咨询电话：010 - 88379375。

图书在版编目（CIP）数据

空调与制冷设备安装技术/徐勇主编．—北京：机械工业出版社，2013.1（2023.6 重印）
21 世纪供热通风与空调工程系列规划教材　国家级精品课程建设配套教材
ISBN 978 - 7 - 111 - 40516 - 0

Ⅰ.①空…　Ⅱ.①徐…　Ⅲ.①空气调节设备—建筑安装—高等学校—教材
Ⅳ.①TU831

中国版本图书馆 CIP 数据核字（2012）第 281252 号

机械工业出版社（北京市百万庄大街 22 号　邮政编码 100037）
策划编辑：覃密道　责任编辑：覃密道　常金锋
版式设计：闫玥红　责任校对：常天培
封面设计：姚　毅　责任印制：单爱军
北京虎彩文化传播有限公司印刷
2023 年 6 月第 1 版第 3 次印刷
184mm×260mm · 18.25 印张 · 1 插页 · 448 千字
标准书号：ISBN 978 - 7 - 111 - 40516 - 0
定价：48.00 元

电话服务	网络服务
客服电话：010-88361066	机　工　官　网：www.cmpbook.com
010-88379833	机　工　官　博：weibo.com/cmp1952
010-68326294	金　　书　　网：www.golden-book.com
封底无防伪标均为盗版	机工教育服务网：www.cmpedu.com

前　　言

《空调与制冷设备安装技术》是国家示范院校重点建设的供热通风与空调工程技术专业的工学结合系列教材之一，是国家级精品课程“通风空调与制冷技术”的配套教材。编写思路是在工学结合思想指导下，基于工作过程开发建设的理念，以岗位能力培养为主线，突出“实用、适用、够用”的特点，从通风空调系统安装实际入手，重新构建教材的体系和内容，即空调与制冷设备安装、通风空调管道安装和通风空调系统调试与验收三部分，本书仅介绍空调与制冷设备安装部分。

本书依据岗位技能要求，按照空调与制冷设备类型，采用项目任务一体化设计方法，重构教材结构和内容。全书共分9个单元，主要介绍空调与制冷设备的工作原理与性能，设备选择计算与布置，空调与制冷设备安装步骤与方法、质量标准与验收的基本知识等内容。注重引入通风空调与制冷系统设计、设备制造、施工安装验收规范和技术规程；吸收专业领域新技术、新设备和新工艺，把专业理论知识和专业技能融为一体。全书内容突出岗位针对性、内容实用性、操作实践性，同时注重应用知识系统性，保持书中内容与实际工作内容的一致性、实训项目与岗位工作任务的一致性。每个单元后都设计了实训练习题，以培养学生选型计算与施工图绘制、施工安装和调试与验收的能力，突出培养学生的实践技能。

本书具体编写分工为：徐州工业职业技术学院徐勇编写单元1、2、5、6；江苏建筑职业技术学院陈益武编写单元3；江苏建筑职业技术学院徐红梅编写单元4；徐州美的暖通设备销售有限公司徐娟编写单元7；江苏建筑职业技术学院苏长满编写单元8、9。本书由徐勇任主编，苏长满、徐红梅任副主编，中国矿业大学黄炜教授任主审，全书由徐勇统稿。本书在编写过程中，徐州市建筑设计研究院有限责任公司梁庆谊高级工程师、江苏建筑职业技术学院建筑设备工程学院的领导和老师给予了指导和支持，并提出了许多宝贵意见，在此深表感谢。

由于编者水平有限，书中如有不妥和错误之处，恳请读者批评指正。

编　　者

目　　录

前言

单元 1　空调系统与空调负荷计算 …… 1

1.1　空气调节的概念 …… 1

1.2　空气调节系统的分类 …… 4

1.3　空调负荷的计算 …… 6

1.4　新风量的确定和空气平衡 …… 29

单元小结 …… 33

复习思考题 …… 33

实训练习题 …… 33

单元 2　组合式空调机组安装 …… 36

2.1　定风量式空调系统 …… 36

2.2　组合式空调机组的功能段 …… 41

2.3　组合式空调机组的性能参数及其选型计算 …… 61

2.4　组合式空调机组安装 …… 70

单元小结 …… 89

复习思考题 …… 89

实训练习题 …… 90

单元 3　变风量末端装置安装 …… 91

3.1　变风量空调系统 …… 91

3.2　VAV 末端装置类型及其选型 …… 94

3.3　变风量空调系统总风量控制 …… 106

3.4　VAV 末端装置安装 …… 108

单元小结 …… 113

复习思考题 …… 113

实训练习题 …… 114

单元 4　风机盘管机组安装 …… 115

4.1　风机盘管加新风系统 …… 115

4.2　风机盘管机组的构造、分类和工作原理 …… 118

4.3　风机盘管机组的主要技术性能参数及机组的选择 …… 120

4.4　风机盘管水系统的形式及管路计算 …… 125

4.5　风机盘管机组的安装 …… 134

单元小结 …… 138

复习思考题 …… 138

实训练习题 …… 138

单元 5　房间空调器安装 …… 141
5.1　房间空调器的工作原理及选择 …… 141
5.2　房间空调器的安装 …… 150
单元小结 …… 153
复习思考题 …… 153
实训练习题 …… 153
单元 6　单元式空气调节机安装 …… 154
6.1　单元式空气调节机的结构和工作原理 …… 154
6.2　单元式空气调节机的性能与参数 …… 158
6.3　单元式空气调节机的选择 …… 163
6.4　单元式空气调节机的安装 …… 163
单元小结 …… 166
复习思考题 …… 167
实训练习题 …… 167
单元 7　多联式空调机组安装 …… 168
7.1　多联式空调机组的工作原理与性能 …… 168
7.2　多联式空调机组系统的设计 …… 173
7.3　多联式空调机组的安装 …… 178
7.4　多联式空调机组的调试与验收 …… 190
单元小结 …… 196
复习思考题 …… 196
实训练习题 …… 196
单元 8　蒸气压缩式冷水机组安装 …… 198
8.1　蒸气压缩式制冷热力学原理 …… 198
8.2　蒸气压缩式冷水机组的选择 …… 202
8.3　蒸气压缩式冷水机组的安装 …… 228
单元小结 …… 245
复习思考题 …… 245
实训练习题 …… 246
单元 9　溴化锂吸收式制冷机组安装 …… 247
9.1　溴化锂吸收式制冷循环原理 …… 247
9.2　溴化锂吸收式冷水机组的选择 …… 251
9.3　溴化锂吸收式冷水机组的安装 …… 254
9.4　冷却塔的安装 …… 261
单元小结 …… 266
复习思考题 …… 266
实训练习题 …… 267
附　录 …… 268
附录 A　部分城市室外气象参数 …… 268

附录 B　湿空气焓湿图 …… 269
附录 C　围护结构外表面的太阳辐射热吸收系数 ρ …… 269
附录 D　围护结构瞬变传热引起冷负荷计算的有关系数 …… 269
附录 E　照明、人体、设备和用具散热冷负荷系数 …… 278
附录 F　部分空气加热器的传热系数和阻力计算公式 …… 280
附录 G　部分水冷式表面冷却器的传热系数和阻力实验公式 …… 281
附录 H　水冷式表面冷却器的 E 值 …… 282
参考文献 …… 283

单元 1

空调系统与空调负荷计算

☞ **知识能力目标**

了解空气调节的概念、作用，空气调节系统的组成及分类；掌握室内外空气计算参数的确定原则、方法；掌握空调房间负荷和送风量的计算方法；熟悉室内空气品质的评价，掌握新风量的确定方法。

具备计算空调房间负荷和送风量的能力。

☞ **学习任务要求**

1. 区分空调系统的方式。
2. 空调房间负荷计算和送风量计算。
3. 新风量的确定。

1.1 空气调节的概念

1.1.1 空气调节的含义与作用

空气调节（Air Conditioning，简称空调）——使房间或封闭空间的空气温度、湿度、洁净度和气体流速等参数，达到给定要求的技术，以保证生产工艺和科学实验过程或人的热舒适的需要，在某些场合也需要对空气的压力、成分、气味及噪声等进行调节与控制。

空气调节应用于工业及科学实验过程，以满足某些生产工艺、操作过程或产品储存对空气环境的特定要求为目的，称之为“工艺性空调”；而应用于以人为主的空气环境调节，满足人体舒适、健康和高效工作的空气调节则称为“舒适性空调”，它涉及与人类活动密切相关的几乎所有建筑领域。在具有恒温恒湿特征的精密机械及仪器制造业中，为避免元器件由于温度变化产生胀缩及湿度过大引起表面锈蚀，一般严格规定环境的基准温度和相对湿度，并制订了温度和相对湿度变化的偏差范围，如：20℃±0.1℃，50%±5%，这类空调称为“恒温恒湿”空调。在电子工业中，除有一定的温湿度要求外，尤为重要的是保证室内空气的清洁度。对超大规模集成电路生产的某些工艺过程，空气中悬浮粒子的控制粒径已降低到0.1μm，规定每升空气中等于和大于0.1μm的粒子总数不得超过一定的数量，如3.5粒、0.35粒等，这就是所谓的“工业洁净”。在纺织、印刷等工业部门，对空气的相对湿度要求较高。如在合成纤维工业生产中，锦纶长丝的多数工艺过程要求相对湿度的控制精度为

±2%。此外，如胶片、光学仪器、造纸、橡胶、烟草等工业生产也都有一定的温湿度控制要求。作为工业生产中常用的计量室、控制室及计算机房，均要求有比较严格的空气调节。药品、食品工业以及生物实验室、医院病房及手术室等，不仅要求一定的空气温湿度，而且要求控制空气的含尘浓度及细菌数量，这种空调就是人们常说的“生物洁净”。

在公共与民用建筑中，为保证大会堂、会议厅、图书馆、展览馆、影剧院、办公楼等的使用功能均需设空气调节。空气调节在宾馆、酒店、商业中心、游乐场所也是不可缺少的。在居住房间内，随着人民生活水平的提高，人们对实现空气调节的要求也日益提高。近年来，我国家用空调的装备率在逐年上升。交通运输工具如汽车、飞机、火车及船舶，空气调节的装备率有的已经很高，有的则在逐步提高。

现代农业的发展也与空气调节密切相关，如大型温室、禽畜养殖、粮种贮存等都需要对内部空气环境进行调节。另外，在宇航、核能、地下与水下设施以及军事领域，空气调节也都发挥着重要作用。

1.1.2 空调系统的组成

一个典型的空调系统应由空调冷热源、空气处理设备、空调风系统、空调水系统及空调自动控制和调节装置五大部分组成。

1）空调冷源和热源。冷源为空气处理设备提供冷量以冷却送风空气。常用的空调冷源是各类冷水机组，它们提供低温水（例如7℃）给空气冷却设备，以冷却空气，也有用制冷系统的蒸发器来直接冷却空气的。热源用来提供加热空气所需的热量。常用的空调热源有热泵型冷热水机组、锅炉、冷热交换站等。

2）空气处理设备。其作用是对空气进行冷却、加热、减湿或加湿和净化等处理，使空气达到规定的状态。空气处理设备可以集中于一处，也可以分散设置。常用的空气处理设备有组合式空调机组、风机盘管机组、房间空调器等。

3）空调风系统。其作用是将经过处理的空气按照预定的要求输送到各个空调房间，并从空调房间内抽回或排出一定量的室内空气。它包括送风系统和排风系统：送风系统的作用是将处理过的空气送到空调区，其基本组成部分是风机、风管系统和室内送风口装置，其中风机是使空气在管内流动的动力设备；排风系统的作用是将空气从室内排出，并将排风输送到规定地点，可将排风排放至室外，也可将部分排风送至空气处理设备与新风混合后作为送风，重复使用的这一部分排风称为回风。排风系统的基本组成包括室内排风口、风管系统和风机。在小型空调系统中，有时送排风系统合用一个风机。

4）空调水系统。其作用是将冷媒水（简称冷水）或热媒水（简称热水）从冷源或热源输送至空气处理设备。空调水系统的基本组成包括水泵和水管系统。空调水系统分为冷（热）水系统、冷却水系统和冷凝水系统三大类。

5）空调自动控制和调节装置。由于各种因素，空调系统的冷热负荷是多变的，这就要求空调系统的工作状况也要有变化。所以，空调系统应装备必要的控制和调节装置，借助它们可以（人工或自动）调节送风参数、送排风量、供水量和供水参数等，以维持所要求的室内空气状态。

如图1-1所示空调系统示意图，该图是一个二次回风的全空气系统，对建筑室内环境的控制方案是：用室外的空气（新风）来稀释室内的污染物；由送入室内的空气来承担室

内的全部冷、热和湿负荷。空气的流程是：室外新鲜的空气和来自空调房间的部分循环空气一并进入空气处理机组，依次经过过滤、冷却和减湿（夏季）或加热和加湿（冬季）等各种处理，待达到空调房间要求的送风状态点时，再由风机、风管和风口送入空调房间。送入室内的空气经过吸热、吸湿或散热、散湿后再经风机、风管排出，其中部分回风排至室外，部分回风循环使用。

本书主要介绍房间的空调负荷计算、空气处理设备和空调用制冷设备的原理、性能、选择和安装等内容。

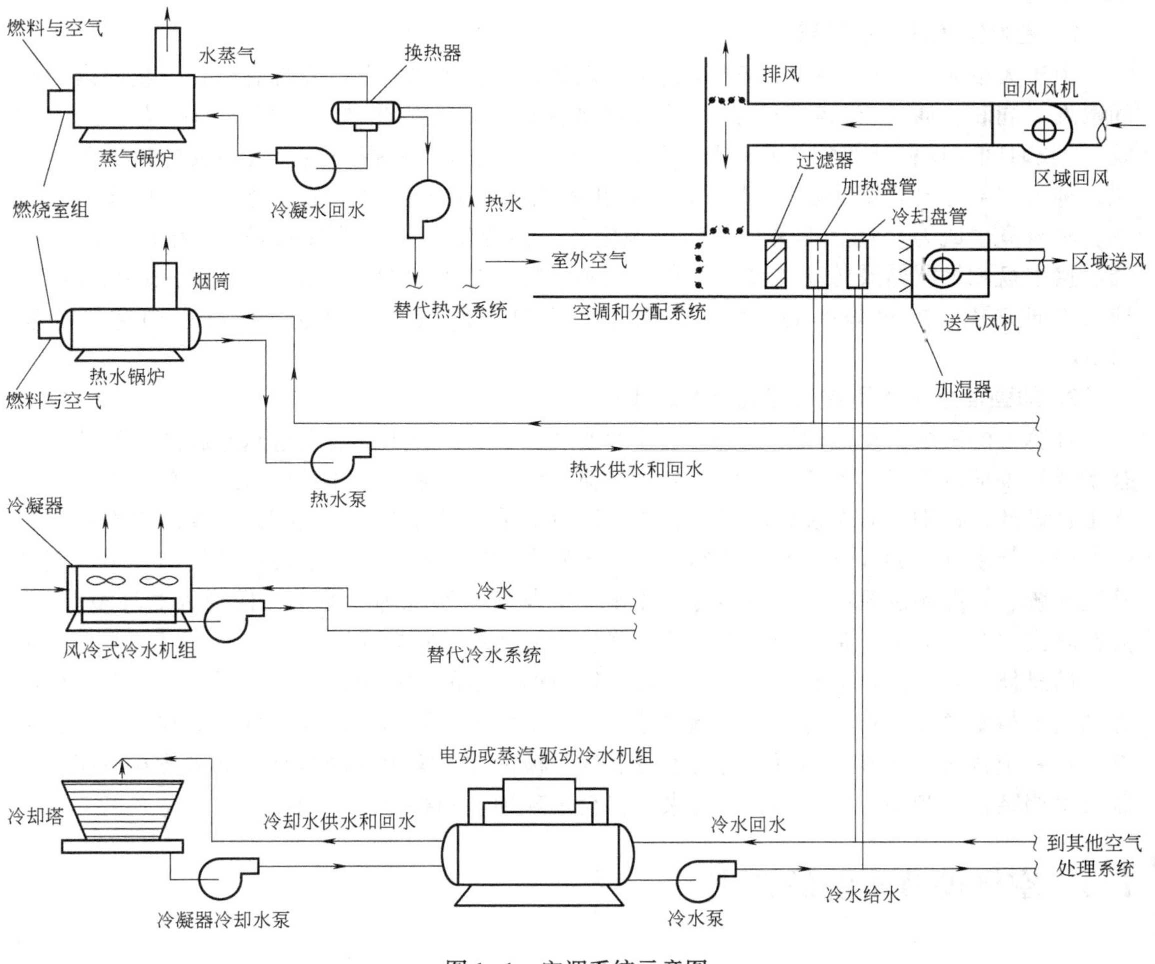

图1-1　空调系统示意图

1.1.3　空气调节技术的发展趋势

“节约能源、保护环境和获取趋于自然条件的舒适健康环境”是空调技术发展的目标。节约能源仍将是保护环境、促进空调发展的核心，而空调系统与设备的创新以及运行管理的节能与品质的提高，则是深入发展的方向。从某种意义上来说，现代空调的发展，既是节能技术、空调技术的发展过程，又是一个控制不断加强、精确、深化的过程。

1. 能源的合理利用

目前，我国供暖空调所消耗的能源总量已超过一次能源总量的20%。随着经济发展，工业、公共及商用建筑中的空调能耗迅速增长。考虑到我国是人口大国，空调进入千家万户，将使空调耗能量大幅上升，也将对能源带来严重的影响。空调所消耗的电能或热能大部分来自热电站或锅炉房，其燃烧过程的排放物是造成大气层温室效应的主要原因。要不断提高空调设备的性能，降低能源消耗；同时，要促进利用余热、自然能源和可再生能源的产品的开发与应用，如采用蒸发冷却、溶液除湿空调等自然冷却方式和地源热泵空调等。

2. 室内空气品质的改善

由于大量人工合成材料用于建筑装修和家具制作，造成多种挥发性有机化合物向内部空间散发。同时，通风或新鲜空气的供给得不到保证，导致相当数量的建筑物成为“病态建筑”。长时间在这种建筑物内停留和工作的人会产生闷气，黏膜刺激，头疼及昏睡等各种症状，称为“病态建筑综合症”。特别需要指出的是，作为提供“舒适”环境的空调设备和系统，本身竟也成为“病态建筑”的污染源之一。传统使用的纤维过滤器，产生凝水的表冷器、接水盘和加湿器及传动皮带等是产生气味、挥发性有机物、霉菌和灰尘的根源。因此，应大力研究开发捕集效率高、价廉，而且便于自净的技术与设备，提高室内空气品质（IAQ）。

3. 加强信息技术和自动控制技术的应用

计算机的发展，全面促进了空调工业的发展，而空调技术的发展也越来越离不开计算机技术或者说信息技术的支撑。应研发分析计算、设计、制图一体化的CAD技术体系，服务于工程设计，特别是方案设计和产品制造，以改造传统设计方法。发挥人工智能技术在空调制冷设备与系统控制和管理方面的作用，逐步提高和完善制冷空调设备与系统的集中控制与管理系统、智能园区系统以及城市冷热能量供应与管理系统等，使之在保证人居环境品质、完善防火安全、促进设备自动化以及节能降耗等方面扮演重要角色。

信息技术与现代自动控制技术相结合，给空调技术的发展带来了新的活力。计算机自动控制技术与变频技术相结合，在空调领域产生了不可忽视的影响，变风量、变水量和变制冷剂流量系统就是在这种情况下取得飞速发展的；模糊控制家用空调器是计算机技术与模糊控制技术相结合的产物；预计不久的将来，将会出现神经网络控制空调器。

1.2 空气调节系统的分类

1.2.1 按空气处理设备的位置情况分类

1. 集中式空调系统

将冷（热）源设备集中设置，空气处理设备集中或相对集中设置，空调房间内设有风口或末端处理设备，这种系统称为集中式空调系统。集中式空调系统包括全空气式系统、空气—水式系统和全水式系统。

2. 分散式空调系统

将冷（热）源设备、空气处理设备和空气输送装置都集中或部分集中在一个空调机组

内，组成整体式和分体式等空调机组，根据需要布置在各个不同的空调房间内，这种系统称为分散式空调系统。分散式空调系统又可分为窗式空调器系统、分体式空调器系统、单元式空调系统、户式中央空调系统和水环热泵式系统等。

1.2.2　按负担室内热湿负荷所用的介质分类

1. 全空气空调系统

空调房间的热、湿负荷全部由经过处理的空气来承担的空调系统（图1-2a）称全空气空调系统。全空气系统由于空气的比热容较小，需要较多的空气才能达到消除余热余湿的目的。因此，这种系统要求有较大断面的风管，占用建筑空间较多。全空气系统又可分为定风量式系统（单风道式、双风道式）和变风量式系统。

2. 全水空调系统

在这种系统中，空调房间的热、湿负荷全部由水来负担（图1-2b）。由于水的比热容比空气大得多，在相同负荷情况下只需要较少的水量，因而输送管道占用的空间较少。但是，由于这种系统是靠水来消除空调房间的余热、余湿，解决不了空调房间的通风换气问题，室内空气品质较差，使用较少。

3. 空气—水空调系统

它由空气和水共同负担空调房间的热、湿负荷（图1-2c）。根据设在房间内的末端设备形式可分为以下三种系统。

1）空气—水风机盘管系统：是指在房间内设置风机盘管的空气—水系统。

2）空气—水诱导器系统：是指在房间内设置诱导器（带有盘管）的空气—水系统。

3）空气—水辐射板系统：是指在房间内设置辐射板（供冷或采暖）的空气—水系统。

其优点是既可减小全空气系统的风道占用建筑空间较多的矛盾，又可向空调房间提供一定的新风换气，改善空调房间的卫生要求。

4. 制冷剂空调系统

空调房间的热、湿负荷由制冷剂直接承担的空调系统。这种系统是把制冷系统的蒸发器直接放在室内来吸收空调房间的余热、余湿，常用于分散安装的局部空调机组（图1-2d）。该类空调系统的特点是冷媒直接与空气进行一次热交换，热效率高，输送能耗少；但作用半径比中央空调系统小得多。该系统适用于空调房间布置分散、要求灵活控制空调使用时间、无法设置集中式冷热源的场合。该类空调系统有房间空调器、单元式空调机、VRV系统和水源热泵系统等。

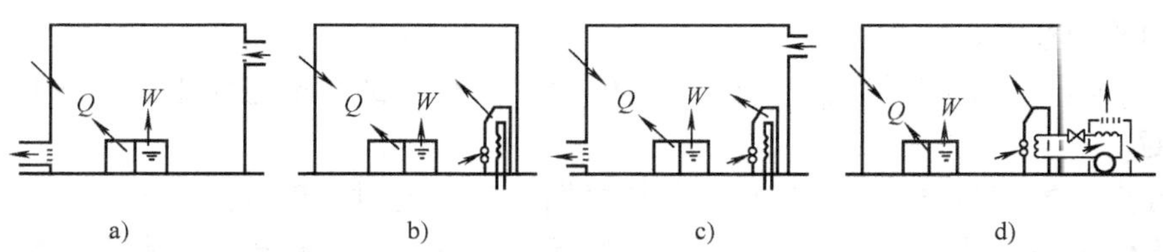

图1-2　按负担室内负荷所用的介质种类分类的空调系统示意图

a）全空气空调系统　b）全水空调系统　c）空气—水空调系统　d）制冷剂空调系统

1.2.3 按所使用空气的来源分类

1. 全回风式系统（封闭式系统）

全部采用再循环空气的系统，如图1-3a所示，即室内空气经处理后，再送回室内消除室内的热、湿负荷。

2. 全新风式系统（直流式系统）

全部采用室外新鲜空气（新风）的系统，新风经处理后送入室内，消除室内的热、湿负荷后，再排到室外（图1-3b）。

3. 新、回风混合式系统（混合式系统）

采用一部分新鲜空气和室内空气（回风）混合的全空气系统（图1-3c），介于上述两种系统之间。新风与回风混合并经处理后，送入室内消除室内的热、湿负荷。根据回风参与混合次数，新、回风混合式系统又可分为一次回风方式和二次回风方式。本书只介绍一次回风空调系统。

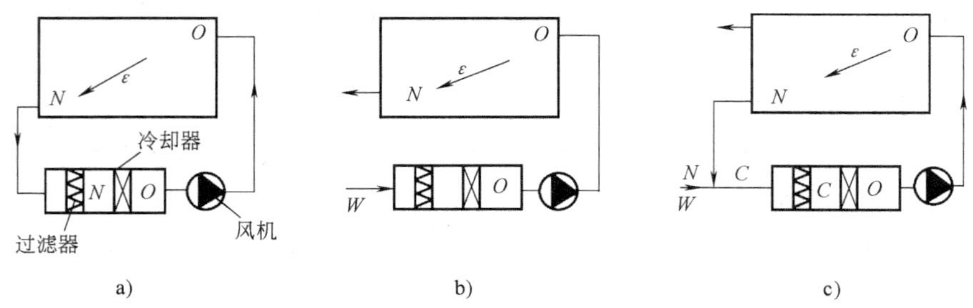

图1-3 普通集中式空调系统的三种形式

a）全回风式系统 b）全新风式系统 c）新、回风混合式系统

1.3 空调负荷的计算

1.3.1 人体热舒适与室内空气参数标准

1. 空调基数和空调精度

与负荷计算有关的室内空气计算参数通常用空调基数和空调精度两组指标来规定。空调基数是指室内空气所要求的基准温度和基准相对湿度；空调精度是指在空调区内温度和相对湿度允许的波动范围。

例如，$t_n=(22\pm1)$℃和$\varphi_n=(50\pm10)\%$中，22℃和50%是空调基数，±1℃和±10%是空调精度。

工艺性空调的室内空气计算参数主要是根据生产工艺对温度、湿度的特殊要求来确定，同时兼顾人体的卫生要求。而用于民用建筑的舒适性空调，则主要是从满足人体热舒适要求的方面来确定室内空气的计算参数，对精度无严格的要求。

2. 人体热平衡和舒适感

（1）人体热平衡和舒适感

人体靠食物的化学能来补偿肌体活动所消耗的能量。人体新陈代谢过程所产生的能量以热量的形式释放给环境，使体温维持在36.5℃左右。人体的热平衡可用式（1-1）来表示

$$q_M - q_W = q_d + q_z + q_f + q_{ch} \tag{1-1}$$

式中　q_M——人体新陈代谢过程所产生的热量（W/m^2）；

q_W——人体所做的机械功（W/m^2）；

q_d——人体的对流散热量（W/m^2），空气温度低于人体表面平均温度时，q_d 为正；反之，q_d 为负；

q_z——人体由汗液蒸发和呼出的水蒸气带走的热量（W/m^2）；

q_f——人体与周围物体表面之间的辐射换热量（W/m^2）；

q_{ch}——蓄存在人体内的热量（W/m^2）。

在正常的情况下，$q_{ch}=0$，这时人体因为保持了热平衡而感到舒适。当人体的散热量难以全部散出时，$q_{ch}>0$，导致体温上升，人体就会感到不适，在非感染性病理发热的条件下，体温上升到38.3℃以上则为轻症中暑。在冷环境中，人体的散热增多，$q_{ch}<0$；如果人体比正常热平衡时多散发87W的热量，则睡眠中的人会被冻醒，这时人的皮肤平均温度相当于下降了2.8℃，人会感到不适，甚至会导致生病。

影响人体热舒适的主要因素有：室内空气温度、室内空气相对湿度、人体附近空气流速、围护结构内表面及其他物体表面的温度。此外，舒适感还与人的生活习惯、人体的活动量、衣着、年龄等因素有关。例如南方人和北方人的耐寒能力就不一样。

（2）热舒适环境评价指标

国际标准化组织在1984年提出了评价和测量室内热湿环境的标准化方法（ISO 7730标准），用PMV—PPD指标评价环境的热舒适状况，即采用预测平均投票PMV（Predicted Mean Vote）及预期不满意百分数PPD（Predicted Percentage of Dissatisfied）指标，综合考虑人体的活动程度、衣着情况、空气温度、平均辐射温度、空气流动速度和空气湿度等因素，来评价人体对环境的舒适感。

热舒适指标PMV代表了同一环境下绝大多数人的舒适感，采用了七级分度，见表1-1。

表1-1　热感觉标尺

热感觉	热	暖	微暖	适中	微凉	凉	冷
PMV值	+3	+2	+1	0	-1	-2	-3

由于人们在生理上的差异，会有一些人对用PMV指标预测的热舒适环境不满意，其不满意程度的百分比可用PPD指标来反映，PPD与热舒适指标PMV的关系可用式（1-2）和图1-4来反映。

$$PPD = 100 - 95\exp[-(0.03353PMV^4 + 0.2179PMV^2)] \tag{1-2}$$

《中等热环境PMV和PPD指数的测定及热舒适条件的规定》（GB/T 18049）对PMV、PPD指标的推荐值为：$-1 \leqslant PMV \leqslant +1$，$PPD \leqslant 27\%$。根据《民用建筑供暖通风与空气调节设计规范》（GB 50736—2012），热舒适度分为2级。

Ⅰ级：$-0.5 \leqslant PMV \leqslant 0.5$；$PPD \leqslant 10\%$。

Ⅱ级：$-1 \leqslant PMV < -0.5$，$0.5 < PMV \leqslant 1$；$PPD \leqslant 27\%$。

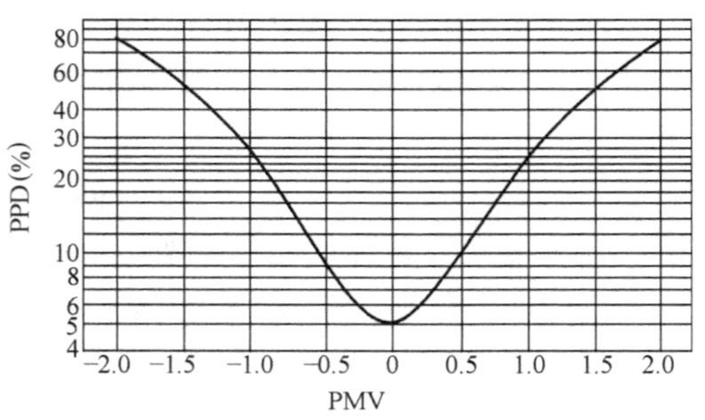

图 1-4　PPD 与 PMV 的关系

3. 室内空气计算参数

（1）舒适性空调

室内空调设计参数的确定，除了需考虑人体的热舒适外，还应根据室外空气参数、冷源情况、建筑的使用特点以及经济性和节能性等方面的因素综合考虑。民用建筑舒适性空调的室内计算参数见表 1-2。

表 1-2　舒适性空调室内计算参数

类　别	热舒适度等级	温度/℃	相对湿度（%）	风速/(m/s)
供热工况	Ⅰ级	22～24	≥30	≤0.2
	Ⅱ级	18～22	—	≤0.2
供冷工况	Ⅰ级	24～26	40～60	≤0.25
	Ⅱ级	26～28	≤70	≤0.3

（2）工艺性空调

工艺性空调室内设计温度、相对湿度及其允许波动范围，应根据工艺需要及人的健康要求确定。人员活动区的风速，供热工况时，不宜大于 0.3m/s；供冷工况时，宜为 0.2～0.5m/s。

各种建筑空调室内设计参数的确定，可从有关的空气调节设计手册中查取。

1.3.2　室外气象参数的确定

计算通过围护结构的传热量及处理空气所需要的冷热量都与室外空气的干、湿球温度有关。由于室外空气的干、湿球温度是不断在变化的量，在确定应当采取什么样的空气参数作为设计计算参数之前，需要对室外空气温、湿度的变化规律有所了解。

1. 室外空气温度和湿度的变化规律

（1）室外温度的日变化

室外空气温度在一昼夜的日变化是以 24h 为周期的周期性波动。一般是早晨 4～5 点钟最低。随着地面上吸收的太阳辐射热的增加，并以对流方式把热量传给地面的空气层，使气温逐渐升高，到下午 2～3 点钟达到最高，如图 1-5 所示。工程计算上，把气温的日变化近似看做按正弦或余弦规律变化。

（2）室外气温的季节性变化

室外气温的季节性变化也呈周期性，最热月一般在七、八月份，最冷月在一月份。图 1-6 是北京、西安和上海地区各月平均气温的变化曲线。

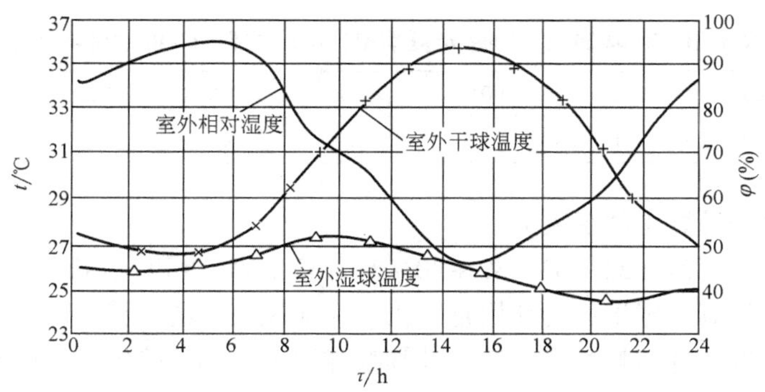

图1-5 室外气温的日变化

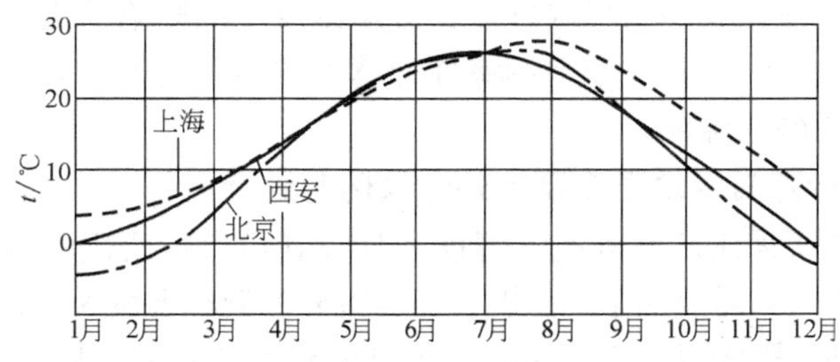

图1-6 室外气温的季节性变化

(3) 室外空气湿度的变化

空气的相对湿度与干球温度和含湿量有关，在空气的含湿量不变的情况下（一昼夜中大气含湿量变化不大可近似看做定值），相对湿度的日变化规律与干球温度的日变化规律刚好相反，即中午的相对湿度较低，早晚的相对湿度大，如图1-5所示。此外，从图1-5还可看到，室外湿球温度的变化规律与干球温度的变化规律相似，只是峰值出现的时间不同。

2. 夏季空调室外干、湿球温度的确定

为了保证室内空气温、湿度的设计值，可以采用当地室外最高干、湿球温度作为计算依据，但是这种做法并不合理，因为最高温度出现的时间是极少的，而且持续时间很短，用这样的气温资料所确定的空调设备的容量必然很大，造成不必要的浪费。因此，选取空调室外计算干、湿球温度值要考虑：在全年大多数时间里可使室内的干、湿球温度满足设计要求，而对于出现概率很小的一部分高温时间不予保证；对于不予保证的高温时间，可采用某些临时措施来保证室内的温、湿度要求，例如，利用围护结构的蓄热性能，短时间减少新风负荷，临时调整生产班次等。

(1) 夏季空调室外计算干球温度的确定

《民用建筑供暖通风与空气调节设计规范》规定：应采用历年平均每年不保证50h的干球温度。即室外计算干球温度应当取近10年内每年高于某一干球温度的累计小时数为50h的干球温度的平均值。

如表1-3为某地2002～2009年的气象资料，各年夏季高于各温度的累计小时数均为50h。

表 1-3　某地 2002～2009 年夏季累计小时数高于 50h 的临界气温

年份	2002	2003	2004	2005	2006	2007	2008	2009
当地气温/℃	32	31	33	32	30	31	33	32

则夏季空调室外计算干球温度为

$$[(32+31+33+32+30+31+33+32)/8]℃\approx 32℃$$

夏季空调室外计算干球温度的作用是：①作为新风负荷的计算温度；②作为围护结构传热用的最高计算温度；③与夏季空调室外计算湿球温度一起，确定室外的新风状态点。

（2）夏季空调室外计算湿球温度的确定

对于空气处理所需要的冷量来说，室外计算湿球温度比干球温度更为重要。这是因为湿球温度与焓是对应的。在相同的干球温度下，湿球温度不同则焓值也不同。对于确定夏季空调室外计算湿球温度的方法，与夏季空调室外计算干球温度的确定方法相同，也是采用历年平均每年不保证 50h 的湿球温度。

3. 夏季空调室外计算日平均温度及室外计算逐时温度

计算围护结构传热所采用的室外空气温度和计算新风负荷所用的室外温度是不同的。因为：①计算围护结构传热只需要用干球温度，而与室外的湿球温度无关；②计算围护结构传热应当考虑室外温度波动的影响以及围护结构对温度的衰减和延迟作用，应按不稳定传热计算。这时，除了空调室外计算干球温度外，还需要知道设计日的室外日平均温度和逐时温度。

（1）夏季空调室外计算日平均温度

《民用建筑供暖通风与空气调节设计规范》规定：夏季空调室外计算日平均温度，应采用历年平均每年不保证 5d 的日平均温度。

（2）夏季空调室外计算逐时温度

任一时刻的围护结构夏季空调室外计算逐时温度可用下式计算

$$t_{w,\tau}=t_{w,p}+\beta_\tau\Delta t_r \tag{1-3}$$

式中　$t_{w,\tau}$——室外计算逐时温度（℃）；

$t_{w,p}$——室外计算日平均温度（℃）；

β_τ——室外温度逐时变化系数，按表 1-4 采用；

Δt_r——夏季空调室外计算平均日较差，应按式（1-4）计算。

$$\Delta t_r=(t_w-t_{w,p})/0.52 \tag{1-4}$$

式中　t_w——夏季空调室外计算干球温度（℃）。

表 1-4　室外温度逐时变化系数（β_τ）

时刻	1	2	3	4	5	6	7	8
β_τ	-0.35	-0.38	-0.42	-0.45	-0.47	-0.41	-0.28	-0.12
时刻	9	10	11	12	13	14	15	16
β_τ	0.03	0.16	0.29	0.40	0.48	0.52	0.51	0.43
时刻	17	18	19	20	21	22	23	24
β_τ	0.39	0.28	0.14	0.00	-0.10	-0.17	-0.23	-0.26

【例1-1】 试求夏季北京市13时的室外计算温度。

【解】 根据式（1-3） $t_{w,\tau} = t_{w,p} + \beta_\tau \Delta t_r$

由附录A查得北京市的 $t_{w,p}=29.6℃$，$t_w=33.5℃$，则

$$\Delta t_r = [(33.5-29.6)/0.52]℃ = 7.5℃$$

由表1-4查得 $\beta_{13}=0.48$，则

$$t_{w,13} = (29.6+0.48\times7.5)℃ = 33.2℃$$

4. 冬季空调室外计算干球温度和相对湿度的确定

（1）冬季空调室外计算干球温度的确定

考虑到围护结构的热惰性，冬季室外温度经围护结构衰减后，其波动值远远小于室内外温差，为了便于计算，围护结构的传热可采用稳定传热方法计算。这样，可以只给出一个冬季空调室外计算干球温度来计算新风负荷和围护结构传热。

《民用建筑供暖通风与空气调节设计规范》规定：冬季空调室外计算温度是采用历年平均每年不保证1d的日平均温度。

（2）冬季空调室外计算相对湿度的确定

冬季由于室外空气的含湿量远较夏天小，而且变化很小。因而，不采用湿球温度确定室外新风计算状态，而采用室外计算相对湿度。

《民用建筑供暖通风与空气调节设计规范》规定：冬季空调室外计算相对湿度，应采用累年最冷月平均相对湿度。

部分城市室外气象参数见附录A。

5. 室外空气综合温度

室外环境传给围护结构外表面的热量由对流传热和太阳辐射热两部分组成。建筑外表面得到的热量可表示为

$$\begin{aligned} Q &= Q_1 + Q_2 \\ &= \alpha_w F(t_w - \tau_w) + \rho I F \\ &= \alpha_w F[(t_w + \rho I/\alpha_w) - \tau_w] \\ &= \alpha_w F(t_z - \tau_w) \end{aligned}$$

式中 F——建筑外表面面积（m^2）；

t_w——室外空气温度（℃）；

τ_w——围护结构外表面温度（℃）；

α_w——表面传热系数［$W/(m^2 \cdot K)$］；

ρ——围护结构材料对太阳辐射的吸收系数，见附录C；

I——太阳总辐射强度（W/m^2），根据地理纬度、朝向、时刻等按规范查取；

t_z——室外空气综合温度，$t_z=t_w+\rho I/\alpha_w$。

从综合温度 t_z 的表达式可以看到：所谓综合温度，是在室外空气温度 t_w 的基础上增加一个由太阳辐射热所转化的附加温度值后合成的温度。其中 $\rho I/\alpha_w$ 这一项称为太阳辐射当量温度。

1.3.3 空调负荷的计算

1. 得热量和冷负荷

在进行空调房间的冷负荷计算时，首先需要对得热量和冷负荷这两个含义不同但又互相关联的术语的概念有清醒的认识。

得热量是指某一时刻由外界进入空调房间和空调房间内部所产生的热量的总和；冷负荷是指为了维持室内温度恒定，在某一时刻需要供给房间的冷量。

两者的关系是：得热量和冷负荷有时相等，有时不等。得热的性质和围护结构的蓄热特性决定了两者的关系。

得热量包括外围护结构的传入热量，经门窗进入的太阳辐射热，人体散热，照明散热，机器设备散热等。其中以对流形式传递的显热和潜热得热部分，直接放散到房间的空气中，立刻构成房间的冷负荷。而显热得热的另一部分是以辐射热的形式投射到室内物体的表面上，先被物体所吸收，物体在吸收了辐射热后，温度升高，一部分以对流的形式传给周围的空气，成为瞬时冷负荷，另一部分热量则流入物体内部蓄存起来，这时得热量不等于冷负荷。但是当物体的蓄热能力达到饱和后，即不能再蓄存更多的热量时，这时所接受的辐射热就全部以对流传热的方式传给周围的空气，全部变为瞬时冷负荷，这时，得热量等于冷负荷。

例如，当照明用的荧光灯一直开启时，它所产生的辐射热最初大部分被围护结构和室内物体所吸收并流入物体内部蓄存起来，随着照明时间的持续，蓄存的热量越来越少，成为瞬时冷负荷的部分则越来越大，最终使得热量等于冷负荷，如图 1 - 7 所示。

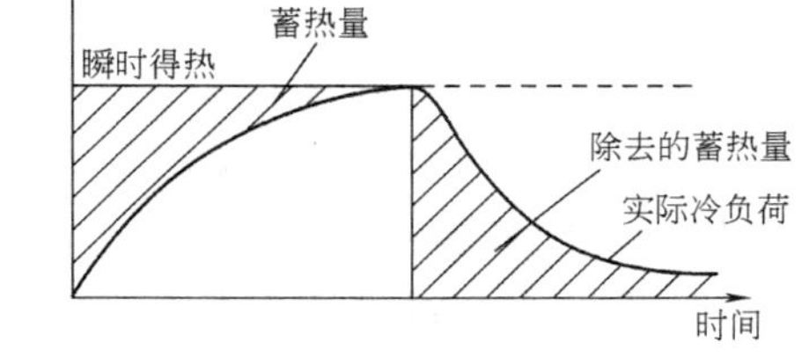

图 1 - 7　荧光灯形成的实际冷负荷示意图

图 1 - 8 是经围护结构进入空调房间的太阳辐射热与空调房间实际冷负荷的关系。由图中的结果可知，空调房间实际冷负荷的峰值比瞬时太阳辐射热的峰值要低 40% 左右。因此，要是按照瞬时太阳辐射热的峰值来选择设备，势必会造成很大的浪费。

此外，由于冷负荷的大小与围护结构的蓄热特性有关，所以，当围护结构材料的蓄热能力（即材料的热容量）不同时，冷负荷也会有所不同。图 1 - 9 是不同热容量（热容量 = 质量 × 比热容）的围护结构对实际冷负荷的影响。从图上可以看到，轻型结构（即材料的质量小）的蓄热能力比重型结构的蓄热能力小，它的冷负荷的峰值就比较高。

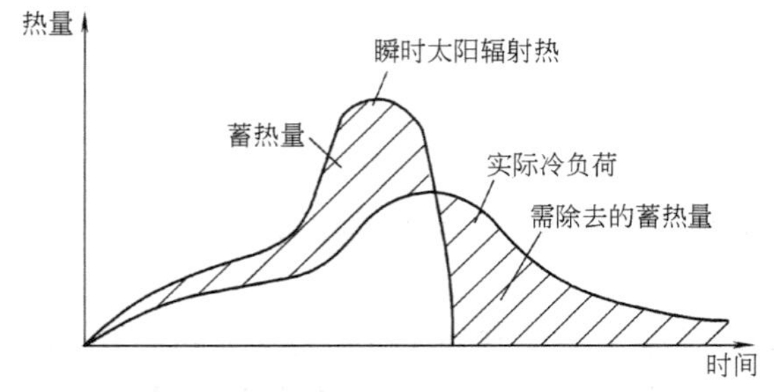

图 1 - 8　空调房间的太阳辐射得热与房间实际冷负荷的关系

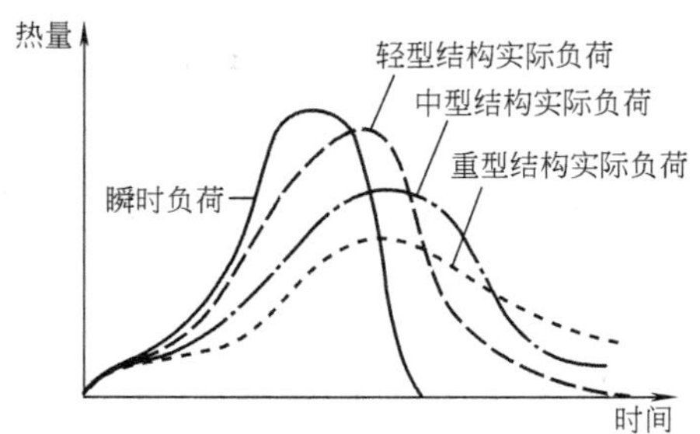

图 1 - 9　不同重量围护结构的蓄热能力对冷负荷的影响

由上面的分析结果不难得知，在计算空调房间实际冷负荷时应当考虑围护结构的吸热、蓄热和放热效应，根据不同类型的得热量，分别计算其形成的冷负荷。

2. 用冷负荷系数法计算围护结构的空调冷负荷

围护结构的冷负荷计算有许多方法，目前国内采用较多的是谐波反应法和冷负荷系数法。这里只介绍其中的冷负荷系数法。

冷负荷系数法是在传递函数法的基础上，为便于在工程中手算而建立起来的一种简化计算方法。由于传递函数法在计算由墙体、屋顶、窗户、照明、人体和设备的得热量或冷负荷时，需要知道计算时刻τ以前的得热量或冷负荷，是一个递推的计算过程，需要用计算机计算。为了便于手工计算，通过引入瞬时冷负荷计算温度和冷负荷系数来简化。

（1）外墙、屋面、窗户的传热形成的冷负荷

1）外墙和屋面瞬变传热引起的冷负荷。在日射和室外气温综合作用下，外墙和屋面瞬变传热引起的逐时冷负荷可按式（1-5）计算。

$$Q_{c,\tau} = KF(t_{L,\tau} - t_n) \tag{1-5}$$

式中 $Q_{c,\tau}$——外墙和屋面瞬变传热引起的逐时冷负荷（W）；

K——外墙和屋面的传热系数［W/(m^2·℃)］，根据外墙和屋面的不同构造和厚度分别由附录D表D-1和表D-2查取；

F——外墙和屋面的面积（m^2）；

$t_{L,\tau}$——外墙和屋面的冷负荷计算温度的逐时值（℃），根据外墙和屋面的不同类型由附录D表D-3和表D-4查出。

附录D中的逐时冷负荷计算温度$t_{L,\tau}$是在下列特定条件下编制出的：

地区：北京市，北纬39°48′。

时间：七月份，日平均温度29.6℃，最高气温33.5℃，日气温波幅9.6℃。

外表面传热系数：$\alpha_w = 18.6$W/(m^2·℃)。

内表面传热系数：$\alpha_n = 8.72$W/(m^2·℃)。

围护结构外表面吸收系数：$\rho = 0.9$。

为了使上述的逐时冷负荷计算温度适用于其他的地区和条件，需要对它们进行修正，可用式（1-6）计算。

$$t'_{L,\tau} = (t_{L,\tau} + t_d)K_\alpha K_\rho \tag{1-6}$$

式中 t_d——地点修正值（℃），见附录D表D-5；

K_α——外表面传热系数修正值，见表1-5；围护结构外表面传热系数见表1-6；

K_ρ——外表面吸收系数修正值。计算墙体时：中色$K_\rho = 0.97$，浅色$K_\rho = 0.94$；计算屋面时：中色$K_\rho = 0.94$，浅色$K_\rho = 0.88$。

表1-5 外表面传热系数修正值

α_w/[W/(m^2·℃)]	14.0	16.3	18.6	20.9	23.3	25.6	27.9	30.2
K_α	1.06	1.03	1.0	0.98	0.97	0.95	0.94	0.93

表 1-6　围护结构外表面传热系数

室外平均风速/(m/s)	1.0	1.5	2.0	2.5	3.0	3.5	4.0
α_w/[W/(m^2·℃)]	14.0	17.4	19.8	22.1	24.4	25.6	27.9

采用修正后的逐时冷负荷计算温度时，冷负荷计算用式（1-7）进行。

$$Q_{c,\tau} = KF(t'_{L,\tau} - t_n) \tag{1-7}$$

式中　$t'_{L,\tau}$——修正后的墙体、屋面的逐时冷负荷计算温度（℃）。

2）外玻璃窗的瞬变传热引起的冷负荷。在室内外温差作用下，由玻璃窗瞬变传热引起的冷负荷计算式与上式相同，即

$$Q_{c,\tau} = KF(t'_{L,\tau} - t_n) \tag{1-8}$$

式中　$Q_{c,\tau}$——外玻璃窗的瞬变传热引起的冷负荷（W）；

K——玻璃窗的传热系数［W/(m^2·℃)］，见附录 D 表 D-6 和表 D-7，当窗框情况不同时，按表 1-7 修正；有内遮阳时，单层玻璃窗的传热系数 K 应减小 25%，双层玻璃窗的传热系数 K 应减小 15%；

F——窗洞的面积（m^2）；

$t'_{L,\tau}$——修正后的玻璃窗的逐时冷负荷计算温度（℃），用式（1-9）计算。

$$t'_{L,\tau} = (t_{L,\tau} + t_d)K_\alpha \tag{1-9}$$

式中　$t_{L,\tau}$——玻璃窗的逐时冷负荷计算温度（℃），见表 1-8；

t_d——玻璃窗的地点修正系数（℃），见附录 D 表 D-8；

K_α——外表面传热系数修正值，见表 1-5。

表 1-7　玻璃窗的传热系数修正值

窗框类型	单层窗	双层窗
全部玻璃	1.00	1.00
木窗框，80% 玻璃	0.90	0.95
木窗框，60% 玻璃	0.80	0.85
金属窗框，80% 玻璃	1.00	1.20

表 1-8　玻璃窗的逐时冷负荷计算温度 $t_{L,\tau}$　　（单位：℃）

时间	0:00	1:00	2:00	3:00	4:00	5:00	6:00	7:00
$t_{L,\tau}$	27.2	26.7	26.2	25.8	25.5	25.3	25.4	26.0
时间	8:00	9:00	10:00	11:00	12:00	13:00	14:00	15:00
$t_{L,\tau}$	26.9	27.9	29.0	29.9	30.8	31.5	31.9	32.2
时间	16:00	17:00	18:00	19:00	20:00	21:00	22:00	23:00
$t_{L,\tau}$	32.2	32.0	31.6	30.8	29.9	29.1	28.4	27.8

（2）透过玻璃窗的日射得热形成的冷负荷

1）无外遮阳玻璃窗的日射得热引起的逐时冷负荷

$$Q_{f,\tau} = FC_s C_n D_{j,max} C_L \tag{1-10}$$

式中　$Q_{f,\tau}$——透过玻璃窗的日射得热引起的逐时冷负荷（W）；

$D_{j,max}$——不同纬度带各朝向夏季日射得热因素的最大值（W/m^2），见表1-9；

F——玻璃窗的有效面积（m^2），等于窗洞面积乘以窗有效面积系数 C_a，见表1-10；

C_s——窗玻璃的遮阳系数，见表1-11；

C_n——窗内遮阳系数，见表1-12；

C_L——冷负荷系数，以北纬27°30′为界，分为南北两区，见附录D表D-9～表D-12。

表1-9　夏季各纬度带的日射得热因素最大值 $D_{j,max}$　　（单位：W/m^2）

	S	SE	E	NE	N	NW	W	SW	H
20°	130	311	541	465	130	465	541	311	876
25°	146	332	509	421	134	421	509	332	834
30°	174	374	539	415	115	415	539	374	833
35°	251	436	575	430	122	430	575	436	844
40°	302	477	599	442	114	442	599	477	842
45°	368	508	598	432	109	432	598	508	811
拉萨	174	462	727	592	133	693	727	462	991

表1-10　窗有效面积系数 C_a

窗类别	单层钢窗	单层木窗	双层钢窗	双层木窗
C_a	0.85	0.7	0.75	0.6

表1-11　窗玻璃的遮阳系数 C_s

玻璃类型	C_s
3mm厚标准玻璃	1.0
5mm厚普通玻璃	0.93
6mm厚普通玻璃	0.89
3mm厚吸热玻璃	0.96
5mm厚吸热玻璃	0.88
6mm厚吸热玻璃	0.83
3mm厚双层普通玻璃	0.86
5mm厚双层普通玻璃	0.78
6mm厚双层普通玻璃	0.74

表1-12　窗内遮阳设施的遮阳系数 C_n

窗内遮阳类型	颜色	C_n
白布帘	浅色	0.50
浅蓝布帘	中间色	0.60
浅黄、紫红、深绿布帘	深色	0.65
活动百叶帘	中间色	0.60

2）有外遮阳玻璃窗的日射得热引起的逐时冷负荷。由此引起的逐时冷负荷由两部分组成，即

$$Q_{f,\tau} = Q_{f,s,\tau} + Q_{f,r,\tau} \tag{1-11}$$

式中 $Q_{f,s,\tau}$——阴影部分的日射冷负荷（W），按式（1-12）计算；

$Q_{f,r,\tau}$——阳光照射部分的日射冷负荷（W），按式（1-13）计算。

$$Q_{f,s,\tau} = F_s C_s C_n (D_{j,max})_n (C_L)_n \tag{1-12}$$

式中 F_s——窗户的阴影面积（m^2）；

$(D_{j,max})_n$——北向的日射得热因素的最大值（W/m^2）；

$(C_L)_n$——北向玻璃窗的冷负荷系数。

$$Q_{f,r,\tau} = F_r C_s C_n D_{j,max} C_L \tag{1-13}$$

式中 F_r——窗户的阳光面积（m^2）。

（3）通过内墙、楼板等内围护结构传热形成的逐时冷负荷

当空调房间的温度与相邻非空调房间的温度差大于3℃时，需要考虑由内围护结构的温差传热对空调房间形成的瞬时冷负荷，可按式（1-14）的稳定传热公式计算。

$$Q = KF(t_{ls} - t_n) \tag{1-14}$$

式中 Q——内墙、楼板等内围护结构传热形成的瞬时冷负荷（W）；

K——内围护结构的传热系数［$W/(m^2 \cdot ℃)$］；

F——内围护结构传热面积（m^2）；

t_n——夏季空调室内计算温度（℃）；

t_{ls}——相邻非空调房间的平均计算温度（℃），可按式（1-15）计算。

$$t_{ls} = t_{wp} + \Delta t_{ls} \tag{1-15}$$

式中 t_{wp}——夏季空调室外计算日平均温度（℃）；

Δt_{ls}——相邻非空调房间的平均计算温度与夏季空调室外计算日平均温度的差值（℃），可按表1-13选取。

表1-13 温度的差值

邻室散热量/(W/m^3)	Δt_{ls}/℃
很少（如办公室、走廊等）	0~2
<23	3
23~116	5

3. 室内热源散热形成的冷负荷

室内热源包括照明散热、人体散热和设备散热等。

室内热源散出的热量包括显热和潜热两部分，而显热得热，亦有对流和辐射得热之分，其辐射热部分，与日射等辐射传热情况类似，也是不能直接被空气所吸收，而是先传给室内围护结构、家具等物体，当这些物体吸收热量表面温度升高后，通过表面的对流等方式再将所吸收的辐射热量传给室内的空气或其他物体。所以，它们冷负荷的形成过程的机理与太阳辐射形成冷负荷的机理相同，亦可用相应的冷负荷系数来简化计算。

（1）照明得热引起的逐时冷负荷

1）照明得热量。根据照明灯具类型和安装方式的不同，得热量为

白炽灯：
$$Q = N \tag{1-16}$$
荧光灯：
$$Q = n_1 n_2 N \tag{1-17}$$
式中　N——照明灯具的功率（W）；

n_1——镇流器消耗功率系数，明装时 $n_1=1.2$，暗装荧光灯的镇流器在顶棚内时，$n_1=1.0$；

n_2——灯罩隔热系数，当荧光灯罩上部穿有小孔，可自然通风散热至顶棚时，$n_2=0.5\sim0.6$；荧光灯罩无通风孔时，视顶棚内通风情况，$n_2=0.6\sim0.8$。

2）照明得热引起的逐时冷负荷。照明得热引起的逐时冷负荷用下式计算
$$Q_\tau = QC_L \tag{1-18}$$
式中　Q_τ——照明得热引起的逐时冷负荷（W）；

C_L——照明散热冷负荷系数，见附录E表E-1。

（2）人体和设备的散热量及其引起的瞬时冷负荷

1）人体散热量。人体散热量与性别、年龄、衣着、劳动强度和环境条件等因素有关。在人体散热量中，辐射热部分约占40%，对流散热约占20%，潜热约占40%。潜热和对流散热可视为瞬时冷负荷，辐射散热与日射等辐射传热情况类似。

表1-14给出了成年男子在不同情况下的散热量，成年女子和儿童可分别按男子的85%和75%计算。考虑到人体散热还与人员群集的场所等因素有关，常用式（1-19）、式（1-20）计算。
$$Q_s = n_1 n_2 q_s \tag{1-19}$$
$$Q_r = n_1 n_2 q_r \tag{1-20}$$
式中　q_s——不同室温和活动强度情况下，成年男子的显热散热量，见表1-14；

q_r——不同室温和活动强度情况下，成年男子的潜热散热量，见表1-14；

n_1——室内人数；

n_2——群集系数，见表1-15。

表1-14　不同温度和活动强度情况下成年男子的散热散湿量

体力活动性质		热湿量	室内温度/℃										
			20	21	22	23	24	25	26	27	28	29	30
静坐	影剧院 会堂 阅览室	显热/W	84	81	78	74	71	67	63	58	53	48	43
		潜热/W	26	27	30	34	37	41	45	50	55	60	65
		全热/W	110	108	108	108	108	108	108	108	108	108	108
		湿量/(g/h)	38	40	45	50	56	61	68	75	82	90	97
极轻劳动	旅馆 体育馆 手表装配 电子元件	显热/W	90	85	79	75	70	65	61	57	51	45	41
		潜热/W	47	51	56	59	64	69	73	77	83	89	93
		全热/W	137	135	135	134	134	134	134	134	134	134	134
		湿量/(g/h)	69	76	83	89	96	102	109	115	123	132	139
轻度劳动	百货商店 化学实验室 电子计算机房	显热/W	93	87	81	76	70	64	58	51	47	40	35
		潜热/W	90	94	100	106	112	117	123	130	135	142	147
		全热/W	183	181	181	182	182	181	181	181	182	182	182
		湿量/(g/h)	134	140	150	158	167	175	184	194	203	212	220

（续）

体力活动性质		热湿量	室内温度/℃										
			20	21	22	23	24	25	26	27	28	29	30
中等劳动	纺织车间 印刷车间 机加工车间	显热/W	117	112	104	97	88	83	74	67	61	52	45
		潜热/W	118	123	131	138	147	152	161	168	174	183	190
		全热/W	235	235	235	235	235	235	235	235	235	235	235
		湿量/(g/h)	175	184	196	207	219	227	240	250	260	273	283
重度劳动	炼钢车间 铸造车间 排练厅 室内运动场	显热/W	169	163	157	151	145	140	134	128	122	116	110
		潜热/W	238	244	250	256	262	267	273	279	285	291	297
		全热/W	407	407	407	407	407	407	407	407	407	407	407
		湿量/(g/h)	356	365	373	382	391	400	408	417	425	434	443

表 1-15　空调房间的群集系数 n_2

工作场所	群集系数 n_2	工作场所	群集系数 n_2
影剧院	0.89	图书阅览室	0.96
百货商店（售货）	0.89	工厂轻劳动	0.90
旅馆	0.93	银行	1.00
体育馆	0.92	工厂重劳动	1.00

2）设备散热得热量

① 工艺设备散热得热量

当电动机和工艺设备均设在室内时的得热量为

$$Q = 1000n_1n_2n_3N/\eta \tag{1-21}$$

当只有工艺设备在室内，而电动机不在室内时的得热量为

$$Q = 1000n_1n_2n_3N \tag{1-22}$$

当工艺设备不在室内，而只有电动机放在室内时的得热量为

$$Q = 1000n_1n_2n_3N(1-\eta)/\eta \tag{1-23}$$

式中　N——电动机额定功率（安装功率）（kW）；

n——电动机效率，按表 1-16 选取；

n_1——电动机容量利用系数（安装系数），即最大实耗功率与安装功率之比，反映了电动机额定功率的利用程度，一般为 0.7～0.9；

n_2——同时使用系数，即室内电动机同时使用的安装功率与总安装功率之比，一般为 0.5～0.8；

n_3——负荷系数，每小时的平均实耗功率与设计最大实耗功率之比，反映了平均负荷达到最大负荷的程度，一般为 0.5，精密机床可取 0.15～0.4。

表 1-16　Y 系列三相异步电动机效率

N/kW	0.7	1.1～1.5	2.2～3.0	4.4～5.5	7.5～15	18.5～22
η（%）	75	77	82	85	87	89

② 电热设备散热得热量

对于无保温密闭罩的电热设备散热得热量为

$$Q = 1000n_1n_2n_3n_4N \tag{1-24}$$

式中 n_4——考虑排风带走热量的系数，一般取0.5，式中其他系数的意义同上。

③ 电子设备散热得热量

$$Q = 1000n_1n_2n_3N \tag{1-25}$$

式中，n_3 之值视实际使用情况而定，对于已给出实测的实耗功率值的电子计算机取1.0，一般仪表取0.5~0.9。

3）人体和设备得热引起的逐时冷负荷

$$Q_\tau = Q_sC_L + Q_r \tag{1-26}$$

式中 Q_s——人体或设备的显热得热量（W）；

Q_r——人体或设备的潜热得热量（W）；

C_L——人体或设备的冷负荷系数，见附录E。人体的冷负荷系数与人员在室内停留的时间以及从进入室内时刻到计算时刻的时间有关；设备的冷负荷系数大小取决于设备连续使用的小时数以及从开始使用时刻到计算时刻的时间。

4. 空调湿负荷的计算

为维持室内相对湿度所需由房间除去或增加的湿量称为空调湿负荷。

（1）人体散湿量

$$W = n_1n_2g \tag{1-27}$$

式中 n_1——室内人数；

n_2——群集系数，见表1-15；

g——成年男子的小时散湿量（g/h），见表1-14。成年女子和儿童可分别按成年男子散湿量的85%和75%进行计算。

（2）敞开水槽表面散湿量

敞开水槽表面的散湿量可按下式计算

$$W = \beta(p_{v,b} - p_v)FB/B' \tag{1-28}$$

式中 $p_{v,b}$——相应于水表面温度下的饱和空气的水蒸气分压力（Pa）；

p_v——空气的水蒸气分压力（Pa）；

F——蒸发水槽表面积（m^2）；

β——蒸发系数［kg/(N·s)］，用式（1-29）计算；

B——标准大气压力，其值为101325Pa；

B'——当地大气压力（Pa）。

$$\beta = (\alpha + 0.00363v)10^{-5} \tag{1-29}$$

式中 α——周围空气温度为15~30℃时，不同水温下的扩散系数［kg/(N·s)］，见表1-17；

v——水面上的空气流速（m/s）。

表 1-17　不同水温下的扩散系数 α

水温/℃	<30	40	50	60	70	80	90	100
α/[kg/(N·s)]	0.0046	0.0058	0.0069	0.0077	0.0088	0.0096	0.0106	0.0125

5. 空调房间热负荷的计算

空调房间的热负荷是指空调系统在冬季里，当室外空气温度在设计温度条件时，为保持室内的温度，系统向房间供应的热量。一般来说，空调冬季的经济性对空调系统的影响比夏季小。因此，空调热负荷一般是按稳定传热理论来计算的。其计算方法与供暖系统热负荷计算方法基本一样。计算时应该注意以下几点：

1）计算围护结构的基本耗热量时，围护结构的传热系数应该用冬季围护结构传热系数；室外温度应该采用冬季室外空调计算干球温度。

2）空调建筑室内通常保持正压，因而在一般情况下，不计算由门窗缝隙渗入室内的冷空气和由门、孔洞等侵入室内的冷空气引起的热负荷。

3）室内人员、灯光和设备产生的热量会抵消部分热负荷，设计时如何扣除这部分室内热量要仔细研究。有的文献资料推荐：当室内发热量大（如办公建筑及室内灯光发热量为 W/m^2 以上）时，可以扣除该发热量的50%后，作为空调的热负荷。

4）建筑物内区的空调热负荷过去都作为零来考虑，但随着现代建筑内部热量的不断增加，使内区在冬季里仍有余热，需要空调系统常年供冷。

6. 空调冷负荷的概算指标

所谓空调冷负荷概算指标是指将空调系统冷负荷折算到建筑物中每平方米空调面积（或建筑面积）所需冷冻机负荷值。

空调系统冷负荷由系统所服务的各空调区的冷负荷、新风冷负荷和附加冷负荷构成。

各空调区的冷负荷取值方法有两种：一是取同时使用的各空调区逐时冷负荷的综合最大值，即从各空调区逐时冷负荷相加之后得出的数列中找出的最大值；另一种是取同时使用的各空调区夏季冷负荷的累计值，即找出各空调区逐时冷负荷的最大值并将它们相加在一起，而不考虑它们是否同时发生。后一种方法的计算结果显然比前一种方法的结果要大。如当采用变风量集中式空调系统时，由于系统本身具有适应各空调区冷负荷变化的调节能力，此时即应采用各空调区逐时冷负荷的综合最大值；当末端设备没有室温控制装置时，由于系统本身不能适应各空调区冷负荷的变化，为了保证最不利情况下达到空调区的温湿度要求，即应采用各空调区夏季冷负荷的累计值。

附加冷负荷系指新风冷负荷；空气通过风机、风管的温升引起的冷负荷；冷水通过水泵、水管、水箱的温升引起的冷负荷以及空气处理过程产生冷热抵消现象引起的附加冷负荷等。

表1-18是国内部分建筑空调冷负荷设计指标的统计值。在选用空调负荷指标时，要注意以下几个问题。

1）按表1-18中空调负荷指标所确定的冷负荷即是制冷机的容量，不必再加系数。

2）概算指标中包括新风负荷，新风负荷的大小与室外空气焓值有关；而我国不同地区气象条件差异很大，这势必引起新风负荷的差异也很大。因此，选用冷负荷指标时，

应注意各地区新风负荷的差异问题。设计时应以本地区主管部门或设计部门推荐指标为准。

3）随着各种节能标准的执行，建筑物外围护结构的热工性能正在逐步改善，空调负荷指标将会减小。进行负荷估算时，应考虑这个因素，一般宜取下限或中间值。

4）除在方案设计或初步设计阶段采用冷负荷指标进行必要的估算外，施工图阶段还应对空调区进行逐项逐时冷负荷计算。

表1-18 国内部分建筑空调冷负荷设计指标的统计值（以空调面积进行统计）

建筑类型及房间名称		冷负荷指标/（W/m²）
旅游旅馆	客房（标准层）	70~100
	酒吧、咖啡厅	80~120
	西餐厅	100~160
	中餐厅、宴会厅	150~250
	商店、小卖部	80~110
	大堂、接待	80~100
	小会议室（允许少量吸烟）	140~250
	大会议室（不允许吸烟）	100~200
	理发、美容	90~140
	健身房	100~160
	保龄球	90~150
	弹子房	75~110
	室内游泳池	160~260
	交谊舞舞厅	180~220
	迪斯科舞厅	220~320
	办公	70~120
商场、百货大楼	营业厅（首层）	160~280
	营业厅（中间层）	150~200
	营业厅（顶层）	180~250
影剧院	观众席	180~280
	休息厅（允许吸烟）	250~360
	化妆室	80~120
体育馆	比赛馆	100~140
	观众休息厅（允许吸烟）	280~360
	贵宾室	120~180
住宅、公寓	多层建筑	88~150
	高层建筑	80~120
	别墅	150~220
展览馆、陈列厅		150~200
会堂、报告厅		160~240
图书阅览室		100~160

【例 1-2】 试根据以下已知条件计算广州地区某手表装配车间夏季的空调设计负荷。

屋顶：结构同附录 D 表 D-2 中序号 1，属Ⅲ型，$K=0.93\mathrm{W/(m^2 \cdot ℃)}$，$F=40\mathrm{m}^2$。

南窗：双层玻璃钢窗，挂浅色内窗帘，$F=16\mathrm{m}^2$。

南墙：红砖墙，$K=1.50\mathrm{W/(m^2 \cdot ℃)}$，附录 D 表 D-1 中序号 2，属Ⅱ型，$F=22\mathrm{m}^2$。

内墙：临室包括走廊，温度与车间相同。

室内设计温度：$t_n=27℃$。

室内有 8 人工作，从上午 8 点至下午 6 点。

室内压力稍高于室外大气压。

其余未注明条件，均按冷负荷系数法中的基本条件计算。

【解】 根据题意，由于室内压力高于室外大气压，可不考虑因室外空气渗透所引起的冷负荷。现分项计算各项冷负荷。

(1) 屋顶冷负荷

屋顶冷负荷的计算式为

$$Q_{c,\tau} = KF(t'_{L,\tau} - t_n)$$

其中

$$t'_{L,\tau} = (t_{L,\tau} + t_d)K_\alpha K_\rho$$

由题意，α_w、α_n、ρ 都采用北京地区的特定条件，则有

$$K_\alpha = 1.0, \quad K_\rho = 1.0$$

查附录 D 表 D-5，广州地区屋顶的地点修正值 $t_d = -0.5℃$

查附录 D 表 D-4 可得 8～18 时的冷负荷计算温度 $t_{L,\tau}$ 值，代入屋顶冷负荷计算式即可计算出修正后的屋顶瞬时冷负荷计算温度 $t'_{L,\tau}$ 和屋顶的瞬时冷负荷 $Q_{c,\tau}$。计算结果见表 1-19。

表 1-19 屋顶冷负荷

时间	8:00	9:00	10:00	11:00	12:00	13:00	14:00	15:00	16:00	17:00	18:00
$t_{L,\tau}$	34.1	33.1	32.7	33.0	34.0	35.8	38.1	40.7	43.5	46.1	48.3
t_d	-0.5										
$t'_{L,\tau}$	33.6	32.6	32.2	32.5	33.5	35.3	37.6	40.2	43.0	45.6	47.8
$t'_{L,\tau}-t_n$	6.6	5.6	5.2	5.5	6.5	8.3	10.6	13.2	16.0	18.6	20.8
K	0.93										
F	40										
$Q_{c,\tau}$	246	208	193	205	242	309	394	491	595	692	774

(2) 南外墙冷负荷

计算公式同屋顶冷负荷计算公式，查附录 D 表 D-5 广州地区南外墙的地点修正值 $t_d = -1.9℃$。

查附录 D 表 D-3 Ⅱ型外墙 8～18 时的冷负荷计算温度 $t_{L,\tau}$ 值，代入计算公式即可计算出修正后的南外墙逐时冷负荷计算温度 $t'_{L,\tau}$ 和南外墙的瞬时冷负荷 $Q_{c,\tau}$。计算结果见表 1-20。

表1-20　南外墙冷负荷

时间	8:00	9:00	10:00	11:00	12:00	13:00	14:00	15:00	16:00	17:00	18:00
$t_{L,\tau}$	34.6	34.2	33.9	33.5	33.2	32.9	32.8	32.9	33.1	33.4	33.9
t_d	-1.9										
$t'_{L,\tau}$	32.7	32.3	32.0	31.6	31.3	31.0	30.9	31.0	31.2	31.5	32.0
$t'_{L,\tau}-t_n$	5.7	5.3	5.0	4.6	4.3	4.0	3.9	4.0	4.2	4.5	5.0
K	1.5										
F	22										
$Q_{c,\tau}$	188	175	165	152	142	132	129	132	139	149	165

(3) 南外窗温差传热引起的冷负荷

玻璃窗由温差传热引起的冷负荷计算公式为

$$Q_{c,\tau}=KF(t'_{L,\tau}-t_n)$$

其中

$$t'_{L,\tau}=(t_{L,\tau}+t_d)K_\alpha$$

查附录D表D-7在基准条件 $\alpha_w=18.6\text{W}/(\text{m}^2\cdot℃)$，$\alpha_n=8.72\text{W}/(\text{m}^2\cdot℃)$ 下，双层钢窗的传热系数 $K=3.01\text{W}/(\text{m}^2\cdot℃)$。

由表1-8知，双层金属窗框的传热系数修正值为1.2，则有

$$K=3.01\text{W}/(\text{m}^2\cdot℃)\times1.2=3.61\text{W}/(\text{m}^2\cdot℃)$$

由表1-5知，$\alpha_w=18.6\text{W}/(\text{m}^2\cdot℃)$ 时，外表面传热系数修正值 $K_\alpha=1.0$。

由附录D表D-8可知广州地区玻璃窗冷负荷的地点修正值 $t_d=1.0℃$。

查表1-8，可得8~18时玻璃窗的逐时冷负荷计算温度 $t_{L,\tau}$ 值，代入冷负荷计算公式即可计算出修正后的玻璃窗逐时冷负荷计算温度 $t'_{L,\tau}$ 和玻璃窗的瞬时冷负荷 $Q_{c,\tau}$。计算结果见表1-21。

表1-21　南外窗温差传热引起的冷负荷

时间	8:00	9:00	10:00	11:00	12:00	13:00	14:00	15:00	16:00	17:00	18:00
$t_{L,\tau}$	26.9	27.9	29.0	29.9	30.8	31.5	31.9	32.2	32.2	32.0	31.6
t_d	1.0										
$t'_{L,\tau}$	27.9	28.9	30.0	30.9	31.8	32.5	32.9	33.2	33.2	33.0	32.6
$t'_{L,\tau}-t_n$	0.9	1.9	3.0	3.9	4.8	5.5	5.9	6.2	6.2	6.0	5.6
K	3.61										
F	16										
$Q_{c,\tau}$	52	110	173	225	277	318	341	358	358	347	323

(4) 南外窗日射得热引起的冷负荷

玻璃窗由日射得热引起的冷负荷计算公式为

$$Q_{f,\tau} = FC_s C_n D_{j,max} C_L$$

根据标准条件下是采用3mm厚的平板玻璃，由表1-10查得双层钢窗的有效面积系数$C_a = 0.75$，因而，南外窗的有效面积为

$$F = 16m^2 \times 0.75 = 12m^2$$

由表1-11查得玻璃窗的遮阳系数：$C_s = 0.86$

由表1-12查得玻璃窗挂浅色窗帘的内遮阳系数：$C_n = 0.6$

由广州地区的纬度23°03′查表1-9得南向七月份日射得热因素的最大值：$D_{j,max} = 146W/m^2$

由于广州地区位于北纬27°30′以南，属于南区，则可由附录D表D-12查取南区有内遮阳的玻璃窗逐时冷负荷系数C_L，将各项代入公式即可计算出玻璃窗日射得热引起的逐时冷负荷$Q_{f,\tau}$。计算结果见表1-22。

表1-22 南外窗日射得热引起的冷负荷

时间	8:00	9:00	10:00	11:00	12:00	13:00	14:00	15:00	16:00	17:00	18:00
C_L	0.47	0.60	0.69	0.77	0.87	0.84	0.74	0.66	0.54	0.38	0.20
F	12										
C_s	0.86										
C_n	0.60										
$D_{j,max}$	146										
$Q_{f,\tau}$	425	542	624	696	787	759	669	597	488	344	181

(5) 人体散热引起的冷负荷

人体散热引起的冷负荷计算公式为

$$Q_\tau = Q_s C_L + Q_r$$

其中

$$Q_s = n_1 n_2 q_s, \quad Q_r = n_1 n_2 q_r$$

手表装配属极轻劳动，查表1-14，当室温为27℃时，成年男子散发的显热和潜热分别为：$q_s = 57W/人$，$q_r = 77W/人$。

查表1-15，取群集系数$n_2 = 0.96$，且已知$n_1 = 8$人，则有

$$Q_s = (8 \times 0.96 \times 57)W = 438W$$

$$Q_r = (8 \times 0.96 \times 57)W = 591W$$

查附录E表E-2可得人体散热冷负荷系数C_L的逐时值。其中，从8~18时，工作人员在室内的总小时数为10h，对于8时的冷负荷系数，应按前一天8时上班对第二天8时的影响考虑，即取第24时的冷负荷系数。

将各项代入人体散热引起的冷负荷Q_τ计算式，即可计算出人体散热的逐时冷负荷Q_τ，计算结果见表1-23。

表1-23　人体散热引起的冷负荷

时间	8:00	9:00	10:00	11:00	12:00	13:00	14:00	15:00	16:00	17:00	18:00
C_L	0.06	0.53	0.62	0.69	0.74	0.77	0.80	0.83	0.85	0.87	0.89
Q_s	438										
Q_sC_L	26.3	232	272	302	324	337	350	364	372	381	390
Q_r	591										
Q_T	617	823	863	893	915	928	941	955	963	972	981

把（1）～（5）项中的逐时冷负荷汇总并相加，列入表1-24中。

表1-24　各项冷负荷汇总表

时间	8:00	9:00	10:00	11:00	12:00	13:00	14:00	15:00	16:00	17:00	18:00
屋顶	246	208	193	205	242	309	394	491	595	692	774
南外墙	188	175	165	152	142	132	129	132	139	149	165
南窗传热	52	110	173	225	277	318	341	358	358	347	323
南窗日射	425	542	624	696	787	759	669	597	488	344	181
人体	617	823	863	893	915	928	941	955	963	972	981
总冷负荷	1528	1858	2018	2171	2363	2446	2474	2533	2543	2504	2424

从冷负荷汇总表中可看出，该空调车间最大冷负荷出现的时间是16时，其冷负荷为2543W，此即为空调车间的夏季室内设计冷负荷。

7. 空调房间送风状态与送风量的计算

在已知空调房间的冷（热）、湿负荷的基础上，进而确定消除室内余热、余湿来维持空调房间所要求的空气参数所需的送风状态及送风量，作为选择空调设备的依据。

（1）夏季送风状态和送风量的确定

图1-10是一个空调房间的送风示意图，假设为了消除室内产生的余热、余湿，需要向空调房间内送入（h_O，d_O）状态的空气Gkg，送入的空气吸收空调房间产生的余热、余湿后，变成（h_N，d_N）状态的空气，从排风口排出。

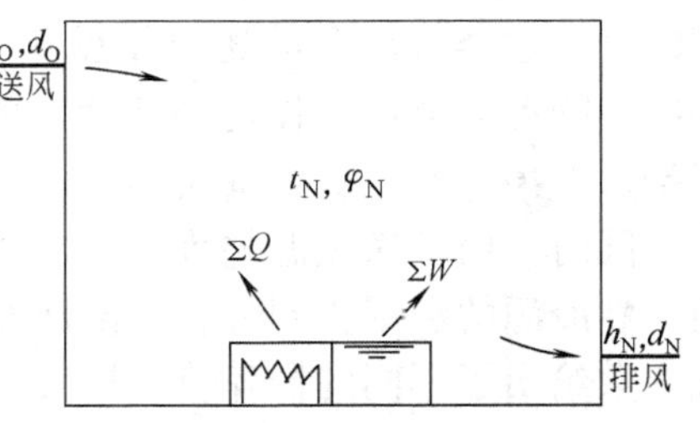

图1-10　空调房间送风示意图

由空调房间的热、湿平衡可知

$$Gh_O + Q = Gh_N \tag{1-30}$$

$$Gd_O + W = Gh_N \tag{1-31}$$

式中　Q——空调房间的冷负荷（W）；

W——空调房间的湿负荷（kg/s）；

G——空调房间的送风量（kg/s）；

h_0——送入空调房间的空气的焓（kJ/kg）；

h_N——排出空调房间的空气的焓（kJ/kg）；

d_0——送入空调房间的空气的含湿量（kg/kg）；

d_N——排出空调房间的空气的含湿量（kg/kg）。

由式（1-30）、式（1-31）可得

$$G = Q/(h_N - h_0) \tag{1-32}$$

或

$$G = W/(d_N - d_0)$$

因为由空调房间的热、湿平衡得出的送风量应相等，所以，两式相比可得空调房间的热湿比为

$$\varepsilon = Q/W = (h_N - h_0)/(d_N - d_0) \tag{1-33}$$

式中　ε——空调房间的热湿比。

由于空调房间的空气状态（h_N，d_N）是设计提出的要求，也就是说是已知的，因此，由（h_N，d_N）即可在 $h-d$ 图上确定出室内状态点 N；又因为室内要消除的余热、余湿已计算出，因而，送入房间的空气状态变化过程的热湿比由上式即可得出。

因此，现在存在的问题就是在过室内状态点 N 的热湿比线上确定出一个送风状态点 O，由 O 点的空气状态参数（h_0，d_0），即可根据计算式（1-32）求出所需要的送风量。

但是，从图 1-11 上可见，凡是位于室内状态点 N 以下的热湿比线上的任何一点，都可以作为送风状态点，只不过由送风量的计算式（1-32）可知，送风状态点 O 离室内状态点 N 越近，送风温差 Δt_0（或焓差）越小，所需要的送风量越大。反之，送风状态点 O 距离室内状态点 N 越远，送风温差就越大，所需要的送风量越小。因此，送风状态点 O 的选择就涉及一个经济技术的比较问题。

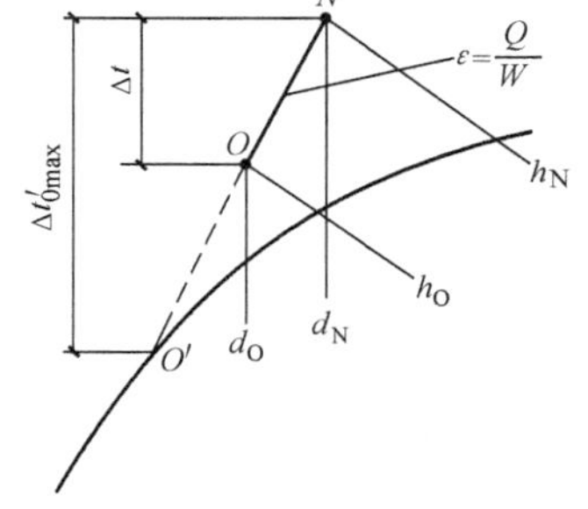

图 1-11　夏季送风状态

从经济上讲，一般总是希望送风温差 Δt_0（或焓差）尽可能的大，这样，需要的送风量就小，空气处理设备也可以小一些，既可以节约初投资的费用，又可以节省运行时的能耗。但是从效果上看，送风量太小时，空调房间的温度场和速度场的均匀性和稳定性都会受到影响。同时，由于送风温差大，t_0 较低，冷气流会使人感到不舒适。此外，t_0 太低时，还会使天然冷源的利用受到限制。设计规范根据空调房间恒温精度的要求，对送风温差 Δt_0 和换气次数给出了不同的推荐值，见表 1-25。

表 1-25　送风温差和换气次数

室内允许波动范围	送风温差/℃	换气次数/(次/h)
±0.1～0.2℃	2～3	≥12
±0.5℃	3～6	≥8
±1.0℃	6～9	≥5
>±1.0℃	人工冷源：≤15 天然冷源：可能的最大值	

从上面的讨论可知，当选定送风温差 Δt_0 后，即可按以下的步骤确定送风状态点 O 和所需要的送风量。

1）在 $h-d$ 图上确定出室内状态点 N。

2）由热湿比 ε，作出过 N 点的热湿比线。

3）根据所选取的送风温差，在热湿比线上定出送风状态点 O。

4）用式（1-32）计算所需要的送风量，并校核换气次数。

【例1-3】 某空调房间总余热量 $Q=3314\text{W}$，余湿量 $W=0.264\text{g/s}$，要求全年室内保持的空气参数为：$t_n=(22\pm1)$℃，$\varphi_n=(55\pm5)\%$，当地大气压力 $B=101325\text{Pa}$，湿空气焓湿图见附录B。试确定该空调房间的送风状态和送风量。

【解】（1）求热湿比

$$\varepsilon = Q/W = (3314/0.264)\text{kJ/kg} = 12553\text{kJ/kg}$$

（2）确定送风状态点

如图1-12所示，在 $h-d$ 图上确定出室内状态点 N，作过 N 点的热湿比线 $\varepsilon=12553$ 的过程线，取送风温差 $\Delta t_0=8$℃，则送风温度 $t_0=(22-8)$℃ $=14$℃，由送风温度 t_0 与热湿比线的交点，可得出送风状态点 O。在 $h-d$ 图上查得

$$h_0=35\text{kJ/kg},\ h_N=45\text{kJ/kg}$$

$$d_0=8.2\text{g/kg},\ d_N=9.0\text{g/kg}$$

（3）计算送风量

按消除余热

$$G = Q/(h_N - h_0) = [3.314/(45-35)]\text{kg/s} = 0.33\text{kg/s}$$

按消除余湿

$$G = W/(d_N - d_0) = [0.264/(9.0-8.2)]\text{kg/s} = 0.33\text{kg/s}$$

按消除余热和余湿求出的送风量相同，说明计算正确。

（2）冬季送风状态和送风量的确定

1）采用与夏季不同的送风量。在冬季，由于围护结构的温差传热往往是从室内向室外传递，室内的余热比夏季少，甚至是负值，而余湿量常常与夏季相同，因此，冬季的热湿比比夏季小，甚至是负值。因而，空调房间的送风温度 $t_{0'}$，往往高于室温 t_N，送风焓值也大于室内焓值，如图1-13所示。

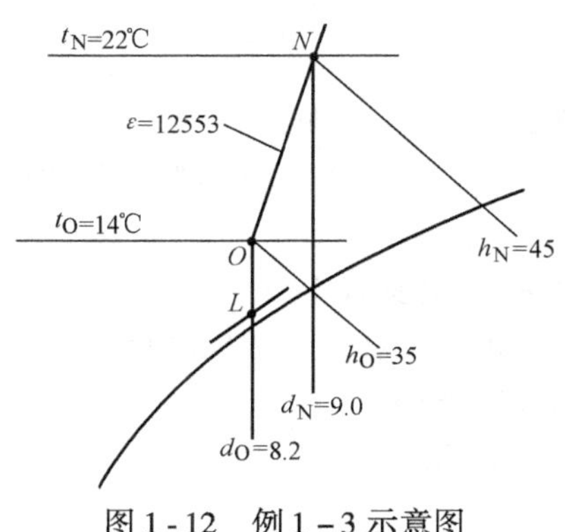

图1-12　例1-3示意图

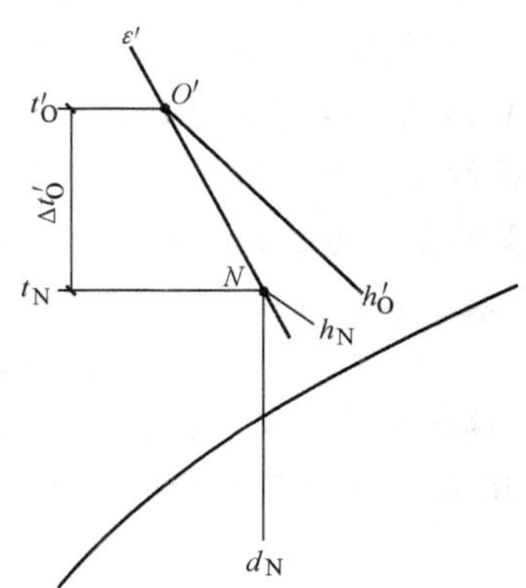

图1-13　冬季送风状态

由于送热风的送风温度 $t_{O'}$ 可以比送冷风大得多（一般 $t_{O'}<45℃$，因而冬季往往可以采用较小的送风量。对于较大的空调系统，这样就可采用较小的电机，减少运行费用。设计时可采用变速电机，或冬夏季分别设置两台电机。需要注意的是，减少送风量有时还要受到人体卫生要求和空调房间温湿度的精度要求等条件的限制。

采用与夏季不同的送风量时，冬季送风量的确定方法和步骤与夏季相同。

2）采用与夏季相同的送风量。在工程上，应用较多的是全年固定送风量，即在先确定了夏季送风量后，冬季就采用与夏季相同的送风量，这样全年运行时只需调节送风参数即可，因而比较方便，这时可根据式（1-32）反求出冬季的送风状态（$h_{O'}$，$d_{O'}$），即

$$h_{O'} = h_N - Q/G$$
$$d_{O'} = d_N - W/G$$

当冬夏季采用相同的送风量 G 时，如果全年散湿量 W 不变，则由公式（1-32）知，Δd 是个常数，则过夏季送风状态点 O 的等含湿量线 d_0 与冬季热湿比 ε' 线的交点就是所求的冬季送风状态 O'。实际上，由所求出的（$h_{O'}$，$d_{O'}$）确定的冬季送风状态点 O' 与室内状态 N 点的连线就是冬季工况的热湿比线。

【例1-4】 仍按［例1-3］题的基本条件，如冬季空调房间总余热量 $Q=-1.105\text{kW}$，余湿量 $W=0.264\text{g/s}$，试确定该空调房间冬季工况的送风状态和送风量。

【解】（1）取与夏季相同的送风量

1）求冬季热湿比

$$\varepsilon = Q/W = (-1105/0.264)\text{kJ/kg} \approx -4186\text{kJ/kg}$$

2）由于冬、夏季室内散湿量相同，因而，冬季送风量状态的含湿量应当与夏季相同，即

$$d_{O'} = d_0 = 8.2\text{g/kg}$$

如图1-14所示，过室内状态点 N 作热湿比 $\varepsilon=-4186$ 的过程线，与 $d_0=8.2\text{g/kg}$ 的等含湿量线的交点即是所求的冬季送风状态点 O'，从 h-d 图上可查得

$$h_{O'}=48.4\text{kJ/kg} \quad t_{O'}=27.4℃$$

实际上，由于冬季送风量与夏季相同，可直接通过计算求出冬季送风状态点的焓值，即

$$h_{O'}=h_N+Q/G=(45+1.105/0.33)\text{kJ/kg}=48.4\text{kJ/kg}$$

在 h-d 图上可查得 $t_{O'}=27.4℃$

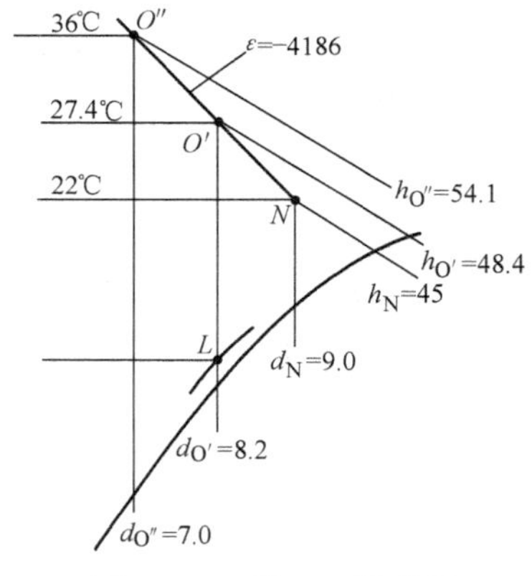

图1-14　例1-4示意图

（2）取与夏季不同的送风量

如果希望冬季采用较大的送风温差，减少送风量，则可按与夏季类似的步骤确定冬季的送风状态点和送风量。

1）求冬季热湿比

$$\varepsilon=Q/W=(-1105/0.264)\text{kJ/kg}\approx-4186\text{kJ/kg}$$

2）确定冬季送风状态点。设取冬季送风温度 $t_{O''}=36℃$，则可由送风温度与冬季热湿比 $\varepsilon=-4186$ 的交点得到冬季送风状态点 O''，从 h-d 图上可查得

$$h_{O''}=54.1\text{kJ/kg} \quad d_{O''}=7.0\text{g/kg}$$

3）计算送风量

$$G=Q/(h_N-h_{O''})=[-1.105/(45-54.1)]\text{kg/s}=0.121\text{kg/s}$$

1.4　新风量的确定和空气平衡

1.4.1　室内空气品质（Indoor Air Quality——IAQ）及其评价

随着人们生活水平的提高，人们对室内环境的要求已经不只停留在过去的温度和湿度的基本条件上了。建筑室内的热舒适性、光线、噪声、视觉环境和空气品质等因素也综合影响着人们的身体健康，这些因素中空气品质是一个极为重要的因素，它与身体健康有直接关系。

最初室内空气品质几乎完全等价于一系列污染物浓度的指标，近年来，人们认识到这种纯客观的定义不能完全涵盖空气品质的内容。丹麦哥本哈根大学教授 P. O. Fanger 提出：品质反映了满足人们要求的程度，如果人们对空气满意，就是高品质；反之，就是低品质，即衡量室内空气的标准是人们的主观感受。1989 年美国采暖制冷和空调工程师学会颁布的 ASHRAE 标准 62 中提出了合格空气品质的新定义：合格的空气品质应当是空气中没有浓度达到有关权威机构确定的有害程度指标的已知污染物，并且在这种环境当中人群的绝大多数（80% 或更多）没有表示不满意。这个定义的前一句话的意思是用已知污染物的允许浓度指标作客观评价指标；后一句话是用人的感受作主观评价指标。合格的空气品质应当既符合客观评价指标，又符合主观评价指标。

目前，室内空气品质评价一般采用量化检测和主观调查结合的方法进行。其中的量化检测是指直接测量室内污染物浓度来客观了解、评价空气品质，而主观评价是利用人们的感受器官进行描述与评判工作。例如某一环境，各项已知污染物指标都不超过允许浓度，但该环境中有 20% 以上的人们对空气品质不满意，则定为该环境的空气品质不合格。主观的方法利用人类极敏感的嗅觉器官感受空气品质，解决了很多情况下仪器不能或难以测定室内空气品质综合作用的困难。

《室内空气质量标准》（GB/T 18883—2002）是客观评价室内空气品质的主要依据。2002 年 12 月 18 日，由国家质检总局、环保局、卫生部联合制定并发布了我国第一部《室内空气质量标准》。该标准从保护人体健康出发，首次全面规定了空气的物理性、化学性、生物性、放射性四类共 19 个参数的限量值。明确提出“室内空气应无毒、无害、无异常臭味”的要求。该标准已于2003 年3 月1 日正式实施。室内空气质量标准的一些参数见表 1-26。

表 1-26　室内空气质量标准

序号	参数类别	参数	单位	标准值	备注
1	物理性	温度	℃	22 ~ 28	夏季空调
				16 ~ 24	冬季采暖
2		相对湿度	%	40 ~ 80	夏季空调
				30 ~ 60	冬季采暖
3		空气流速	m/s	0.3	夏季空调
				0.2	冬季采暖
4		新风量	$m^3/(h·人)$	30	

（续）

序号	参数类别	参数	单位	标准值	备注
5	化学性	二氧化硫	mg/m^3	0.5	1h 均值
6		二氧化氮	mg/m^3	0.24	1h 均值
7		一氧化碳	mg/m^3	10	1h 均值
8		二氧化碳	%	0.10	日平均值
9		氨	mg/m^3	0.20	1h 均值
10		臭氧	mg/m^3	0.16	1h 均值
11		甲醛	mg/m^3	0.10	1h 均值
12		苯	mg/m^3	0.11	1h 均值
13		甲苯	mg/m^3	0.20	1h 均值
14		二甲苯	mg/m^3	0.20	1h 均值
15		苯并［a］芘 B（a）P	mg/m^3	1.0	日平均值
16		可吸入颗粒物	mg/m^3	0.15	日平均值
17		总挥发性有机物	mg/m^3	0.60	8h 均值
18	生物性	菌落总数	cfu/m^3	2500	依据仪器定
19	放射性	氡	Bq/m^3	400	年平均值（行动水平）

1.4.2 新风量的确定

1. 室内卫生要求的新风量

在人员停留时间较长的空调房间里，新鲜空气的多少对人们的健康有直接的影响。因此，室内空气必须满足一定的卫生要求，一般是根据室内所允许的二氧化碳浓度通过计算确定。即

$$G_{w1} = \rho_w X/(y_n - y_0) \tag{1-34}$$

式中 G_{w1}——空调房间所需要的新风量（kg/h）；

X——室内产生的二氧化碳量（L/h）；

y_n——室内允许的二氧化碳浓度（L/m^3）；

y_0——室外新风中的二氧化碳浓度（L/m^3），对于一般的农村和城市，y_0 在 0.33 ~ 0.5L/m^3（0.5 ~ 0.75g/kg）的范围内；

ρ_w——新风的密度（kg/m^3）。

公共建筑主要空间的设计新风量，应符合表 1-27 的规定。

表1-27 公共建筑主要空间的设计新风量

<table>
<tr><th colspan="3">建筑类型与房间名称</th><th>新风量/[m³/(h·p)]</th></tr>
<tr><td rowspan="11">旅游旅馆</td><td rowspan="3">客房</td><td>5星级</td><td>50</td></tr>
<tr><td>4星级</td><td>40</td></tr>
<tr><td>3星级</td><td>30</td></tr>
<tr><td rowspan="4">餐厅、宴会厅、多功能厅</td><td>5星级</td><td>30</td></tr>
<tr><td>4星级</td><td>25</td></tr>
<tr><td>3星级</td><td>20</td></tr>
<tr><td>2星级</td><td>15</td></tr>
<tr><td>大堂、四季厅</td><td>4~5星级</td><td>10</td></tr>
<tr><td rowspan="2">商业、服务</td><td>4~5星级</td><td>20</td></tr>
<tr><td>2~3星级</td><td>10</td></tr>
<tr><td colspan="2">美容、理发、康乐设施</td><td>30</td></tr>
<tr><td rowspan="2">旅店</td><td rowspan="2">客房</td><td>一~三级</td><td>30</td></tr>
<tr><td>四级</td><td>20</td></tr>
<tr><td rowspan="3">文化娱乐</td><td colspan="2">影剧院、音乐厅、录像厅</td><td>20</td></tr>
<tr><td colspan="2">游艺厅、舞厅（包括卡拉OK歌厅）</td><td>30</td></tr>
<tr><td colspan="2">酒吧、茶座、咖啡厅</td><td>10</td></tr>
<tr><td colspan="3">体育馆</td><td>20</td></tr>
<tr><td colspan="3">商场（店）、书店</td><td>20</td></tr>
<tr><td colspan="3">饭馆（餐厅）</td><td>20</td></tr>
<tr><td colspan="3">办公</td><td>30</td></tr>
<tr><td rowspan="3">学校</td><td rowspan="3">教室</td><td>小学</td><td>11</td></tr>
<tr><td>初中</td><td>14</td></tr>
<tr><td>高中</td><td>17</td></tr>
</table>

2. 补充排风量或燃烧需要的空气量

当空调房间设有排除有害气体的局部排风装置时，为了不使房间产生负压，空调系统中必须有相应的新风量来补偿排风量，即

$$G_w = G_p \tag{1-35}$$

式中 G_p——空调房间的局部排风量（kg/h）。

3. 保持正压的新风量

保持房间正压的新风量等于在室内外一定压差下通过门缝、窗缝等缝隙渗出的风量，可按式（1-36）计算。

$$G_s = 3600\rho_n\mu f_c(\Delta p)^n \quad (1-36)$$

式中 G_s——从房间缝隙渗出的风量，即正压风量（kg/h）；

f_c——缝隙（门、窗等）面积（m^2）；

ρ_n——室内空气的密度（kg/m^3）；

Δp——房间内正压，缝隙两侧的压差，一般取5～10Pa；

μ——流量系数，0.39～0.64；

n——流动指数，0.5～1，一般取0.65。

通常按上述计算方法比较繁琐，而且在设计时，尚无确定的缝隙资料，因此，工程上常按换气次数进行估算。有外窗的房间，正压新风量可取换气次数为1～2次/h（根据窗的多少取值）；无窗和无外门房间取换气次数为0.5～0.75次/h。

在大多数实际工程中，有时按照以上方法计算出的新风量过小，不足总送风量的10%。为了确保室内空气卫生和安全，此时也应按照送风量10%的最少新风量计算。图1-15给出了确定空调房间最小新风量的框图。

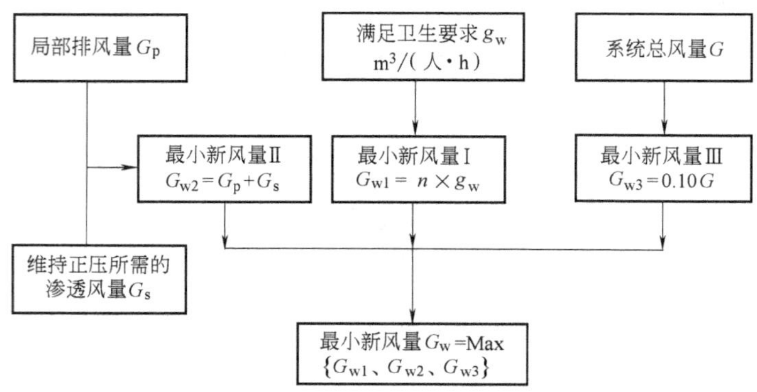

图1-15 空调房间最小新风量的确定方法

1.4.3 室内空气的平衡

对于全年新风量可变的系统，在室内要求正压并借助门窗缝隙渗透排风的情况下，空气平衡关系如图1-16所示。设房间总送风量为G，门窗的渗透风量为G_s，从回风口吸走的风量为G_x，进入空调箱的回风量为G_h，排风量为G_p，新风补充量为G_w，则

对空调房间 $G = G_x + G_s$

对空调箱 $G = G_h + G_w$

对空调系统 $G_w = G_s + G_p$

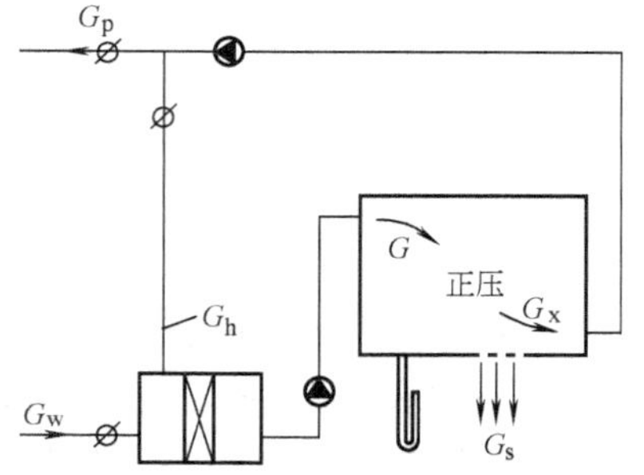

图1-16 空调系统风量平衡关系

当过渡季节采用的新风量比设计工况下的新风量大，且要求室内正压恒定时，必然有$G_x > G_h$及$G_w > G_s$。而$G_x - G_h = G_p$，G_p即为系统要求的机械排风量。通常在回风管上装回风机和排风管进行排风，根据新风的多少来调节排风量（新风阀门和回风阀门连接控制），这就可以保持室内恒定的正压，这一系统称为双风机系统。

单元小结

本单元主要介绍了空气调节的概念与作用、空气调节系统的组成与分类、室内外空气计算参数的确定原则与方法、空调房间负荷的计算和送风量的计算、室内空气品质的评价与新风量的确定方法等内容。通过学习应掌握空气调节系统的分类、空调房间负荷与送风量的计算、新风量的确定等知识。

空气调节对提高劳动生产率、保证安全生产、保护人体健康、创造舒适的工作和生活环境具有越来越重要的作用。各种空调方式有不同的特点和适用范围，可以从初投资、能源消耗、机房面积、风水管占用空间、控制方法和运行维护等方面对各种空调方式进行比较，结合实际工程的用途、规模、使用特点、负荷变化情况、所在地区气象条件与能源状况等，确定合理的空调方式。

空调房间冷（热）、湿负荷是确定空调系统送风量和空调与制冷设备容量的基本依据。房间冷（热）、湿负荷的计算必须以室外气象参数和室内要求保持的气象条件为依据。本书所述的空调冷负荷计算方法是冷负荷系数法，用冷负荷温度计算围护结构传热形成的冷负荷，用冷负荷系数计算日射得热、照明散热、人体和设备显热散热形成的冷负荷。

在夏、冬季节采用的回风量越多，使用的新风量越少，就越经济。但实际上，不能无限制地减少新风量。要根据卫生要求、补充局部排风量和保持空调房间的正压要求来确定新风量。在春、秋过渡季节，可以提高新风比例，从而利用新风所具有的冷量或热量以节约系统的运行费用。

复习思考题

1. 简述空气调节系统的分类。
2. 简述空调房间得热量和冷负荷的关系。
3. 什么是空调房间冷负荷、系统冷负荷、附加冷负荷？
4. 确定新风量时主要考虑哪些因素？

实训练习题

南京市某商场空调冷、湿负荷和送风量的计算。

原始资料：

（1）建筑物平面图如图1-17所示，该商场高5.0m，吊顶底标高3.6m。

（2）屋顶：结构同附录D表D-2中序号2，$K=0.86W/(m^2\cdot℃)$，属Ⅲ型。

（3）外墙：$K=0.83W/(m^2\cdot℃)$，属Ⅱ型。

（4）门、窗：外门为铝合金玻璃门，M-1、M-2、M-3的高均为3.2m。内门为单层木门，M-4、M-5、M-6的高均为2.1m。窗为单层塑钢窗（5mm厚普通玻璃），C-1的高为1.2m，C-2的高为2.1m，均挂深色窗帘。

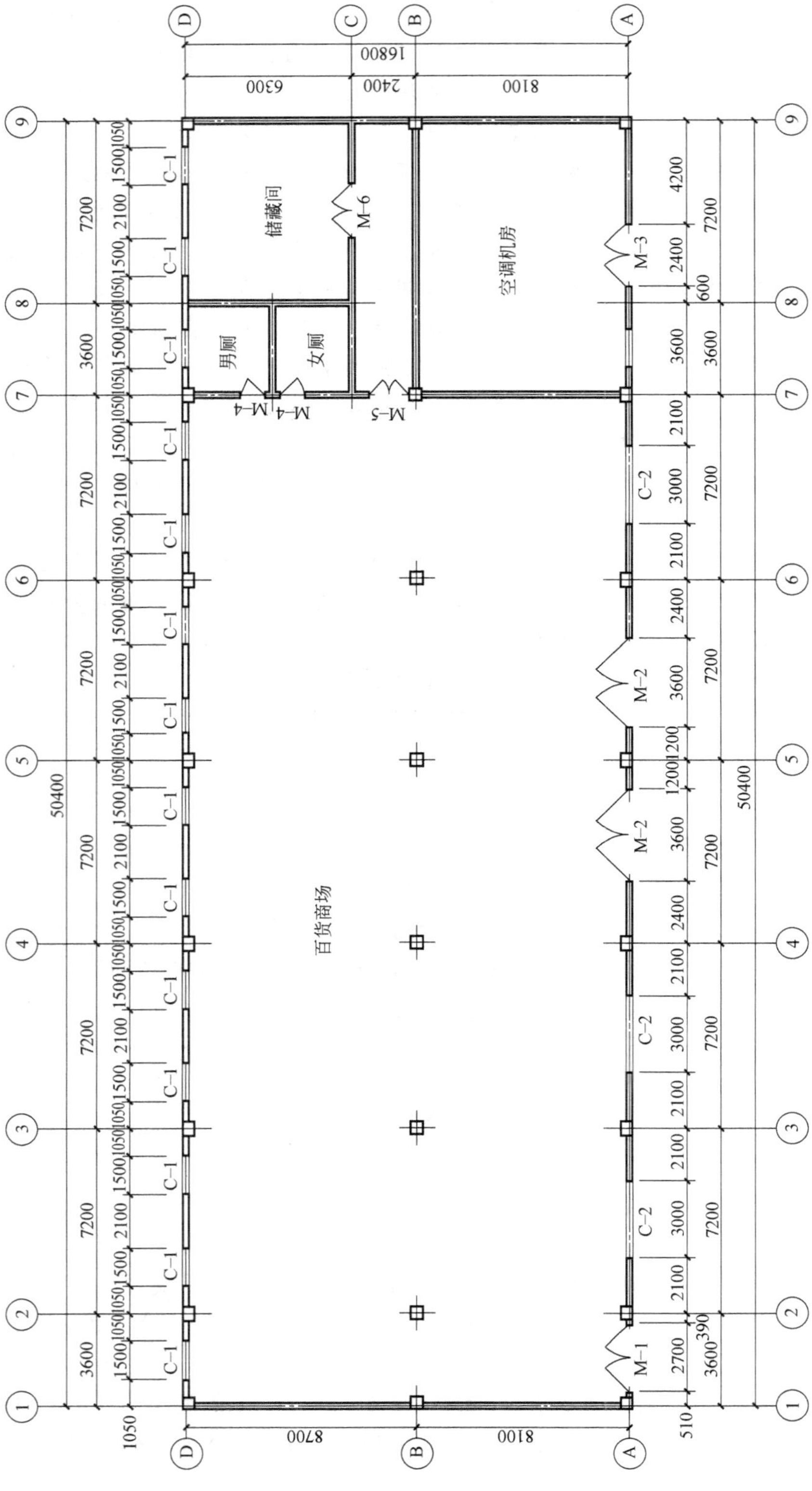

图1-17　南京市某商场平面图

（5）内墙：内墙为240mm砖墙，内外表面分别抹20mm厚白灰。

（6）室内有140人工作，从上午9时至晚上7时。

（7）照明散热量为20W/m²。

要求：

（1）收集有关资料。

（2）提交计算书，要求有计算过程和计算用表格。

单元 2

组合式空调机组安装

☞ **知识能力目标**

掌握一次回风系统夏季、冬季的空气处理方案及设计计算；掌握组合式空调机组的性能参数及其选型计算；掌握组合式空调机组施工图的识读与绘制；掌握组合式空调机组施工准备、施工工艺及施工质量标准。

具备组合式空调机组选型计算和安装的能力。

☞ **学习任务要求**

1. 组合式空调机组选型计算。
2. 空调机房平剖面图的识图与绘制。
3. 组合式空调机组的安装。

2.1 定风量式空调系统

定风量式空调系统是指送风量全年固定不变，为适应室内负荷的变化，通过改变其送风温度来适应空调负荷变化，以调节室内温、湿度的空调系统。普通集中式空调系统（指常用的低速单风道全空气空调系统）是典型的定风量式空调系统，利用空调设备对空气进行较完善的集中处理后，通过风管系统将具有一定品质的空气送入空调房间，实现其环境控制的目的。这种系统的基本特征是空气处理设备集中，风管断面大（管道内风速都较低，一般不大于8m/s），占用空间多，适用于民用与工业建筑中具有较大空间布置设备、管路的场所，如剧院、体育馆、商场等。

除了少数全部采用室外新风和无法或无需使用室外新风的特殊工程采用直流式和（封闭）循环式外，通常大都采用新风和回风相混合的方式。根据新风、回风混合过程的不同，工程上常见的有两种形式：一种是回风与室外新风在喷水室（或空气冷却器）前混合，称一次回风式；另一种是回风与新风在喷水室前混合并经喷雾处理后，再次与回风混合，称二次回风式。下面着重对一次回风空调系统的空气处理过程进行分析和计算。

2.1.1 一次回风空调系统夏季空气处理过程

1. 系统图示及空气处理过程（图2-1）

根据前面所介绍的送风状态点和送风量的确定方法，可在 $h-d$ 图上标出室内状态点 N

(图2-1b)，过N点作室内的热湿比线（ε线）。根据选定的送风温差Δt_0，画出t_0线，该线与ε线的交点O即为送风状态点。为了获得O点状态空气，通常将室内外空气进行混合到点C，经表面式空气冷却器冷却减湿到L点（L点称为机器露点，一般位于$\varphi=90\%\sim95\%$线上），再从L点加热到O点，然后送入房间，吸收房间的余热、余湿后变为室内空气状态点N，一部分空气被排到室外，另一部分返回到空调机组与新风混合。整个处理过程为

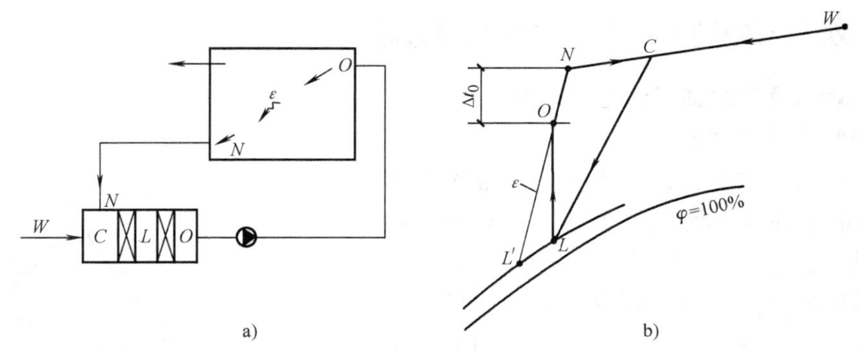

图2-1　一次回风空调系统夏季处理过程

a）系统图示　b）$h-d$图示

$$\left.\begin{matrix}W\\N\end{matrix}\right\rangle \xrightarrow{\text{混合}} C \xrightarrow{\text{冷却去湿}} L \xrightarrow{\text{加热}} O \xrightarrow{\varepsilon} N$$

从$h-d$图上可以看出空气混合的比例关系为$\dfrac{\overline{NC}}{\overline{NW}}=\dfrac{G_w}{G}$，即新风量与总送风量之比为新风百分比，从而确定了状态点C。

根据$h-d$图上的分析，为了将Gkg/s的空气从C点冷却减湿到L点，该设备夏季处理空气所需要的冷量为

$$Q_0 = G(h_C - h_L) \tag{2-1}$$

2. 系统冷量分析

系统冷量也就是应由冷源系统通过制冷剂或载冷剂提供给空气处理设备的冷量。为深入理解Q_0的概念，可通过系统热量平衡与风量平衡分析（图2-2）来认识，它反映了如下三部分负荷：

室内冷负荷　　$Q = G(h_N - h_O)$

新风负荷　　$Q_w = G_w(h_W - h_N)$

再热负荷　　$Q_{zr} = G(h_O - h_L)$

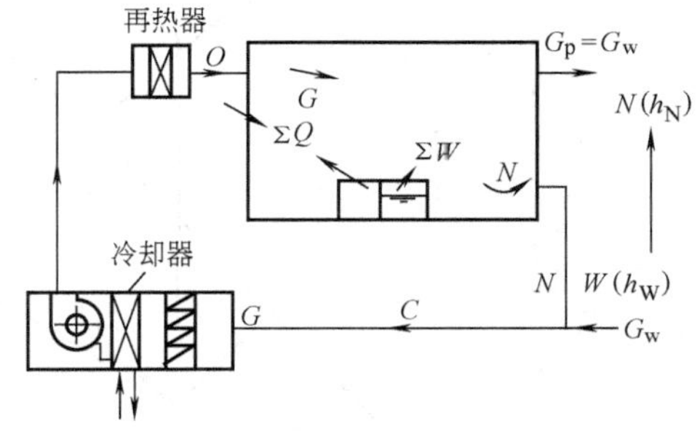

图2-2　一次回风系统冷量分析

注意到混合过程中$\dfrac{G_w}{G}=\dfrac{h_C-h_N}{h_W-h_N}$这一关系，则可得到

$$Q_0 = Q + Q_w + Q_{zr} = G(h_C - h_L)$$

上述转换揭示了几种负荷之间的内在关系，也进一步证明了系统冷量在$h-d$图上的计算方法与热平衡概念之间的一致性。

需要注意的是，对于空调精度要求不高的系统，如舒适性空调系统可以采用露点送风，即图2-1中的L'点，不需再加热送入室内，这样一方面可以省去再热量，另一方面也可以减少抵消这部分再热的冷量，有利于节能。露点送风处理过程为

$$\left.\begin{matrix}W\\N\end{matrix}\right\rangle \xrightarrow{\text{混合}} C \xrightarrow{\text{冷却去湿}} L' \xrightarrow{\varepsilon} N$$

2.1.2 一次回风空调系统冬季空气处理过程

1. 采用喷水室绝热加湿的处理过程

(1) 空气的处理过程

图2-3所示为该空气处理过程在$h-d$图上的表示。图中的室外空气状态点W'由当地冬季空调室外计算干球温度和相对湿度的交点确定。

在全年送风量固定的空调系统里，如果冬季工况与夏季工况的室内状态点N一样，而且冬季和夏季的余湿量也相同，则冬、夏季工况的送风状态点将位于同一条等含湿量d_0上（冬、夏季机器露点L相同），这时d_0线与室内的热湿比线ε'的交点O'即为冬季的送风状态点。把h_L与$\overline{NW'}$线的交点C'作为冬季一次回风的混合点。处理过程为

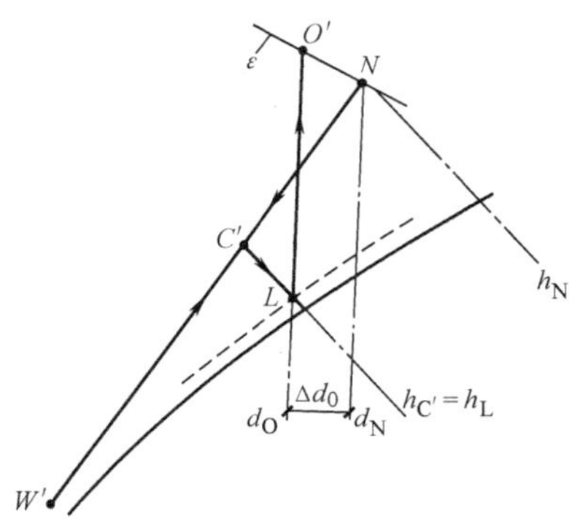

图2-3 一次回风冬季工况的空气处理过程

$$\left.\begin{matrix}W'\\N\end{matrix}\right\rangle \xrightarrow{\text{混合}} C' \xrightarrow{\text{绝热加湿}} L \xrightarrow{\text{加热}} O' \xrightarrow{\varepsilon'} N$$

当冬季采用喷水室绝热加湿空气的处理方案时，新风和一次回风的混合点C'应当落在h_L线上，即$h_{C'}=h_L$。但是，在设计最小新风比的情况下，新风和一次回风的混合点h_L不一定正巧落在h_L线上，而有可能落在h_L线的上方或下方，如图2-4所示。

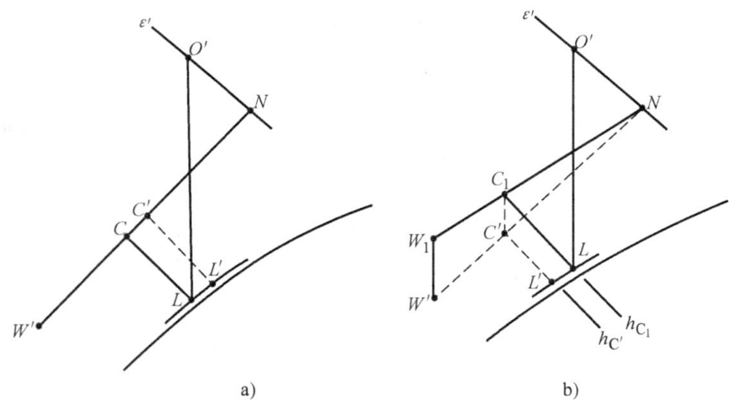

图2-4 一次回风混合点C'的位置

a) 在h_L线的上方 b) 在h_L线的下方

当新风和回风的混合点 C'落在 h_L 线的上方，即 $h_{C'}>h_L$ 时，为了保证机器露点 L 不变，缩短制冷系统运行的时间，可通过加大新风量和减少一次回风量，即通过调整新风和一次回风混合比的方法使混合点落在 h_L 线上，然后绝热加湿把空气处理到 L 点。

调整后的新风量的大小可由下面的比例关系确定

$$G_w/G=(h_N-h_C)/(h_N-h_{W'})$$

并注意到 $h_C=h_L$，则调整后的新风量为

$$G_w=G(h_N-h_L)/(h_N-h_{W'}) \tag{2-2}$$

当混合点落在 h_L 线的下方，即 $h_{C'}<h_L$ 时，则需要把新风预热后再与回风混合到 h_L 线上，或者先把新风和回风混合后，然后一次加热到 h_L 线上，再用喷水室进行绝热加湿处理到 L 点。处理过程为

$$\left.\begin{matrix}W'\xrightarrow{\text{加热}}W_1\\N\end{matrix}\right\rangle\xrightarrow{\text{混合}}C_1\xrightarrow{\text{绝热加湿}}L\xrightarrow{\text{加热}}O'\xrightarrow{\varepsilon'}N$$

或

$$\left.\begin{matrix}W'\\N\end{matrix}\right\rangle\xrightarrow{\text{混合}}C'\xrightarrow{\text{加热}}C_1\xrightarrow{\text{绝热加湿}}L\xrightarrow{\text{加热}}O'\xrightarrow{\varepsilon'}N$$

在保证最小新风百分比的条件下，新风预热后的焓值也可用公式计算。

由于 $(h_N-h_{C_1})/(h_N-h_{W_1})=G_w/G=m$ 而 $h_{C_1}=h_L$

所以

$$h_{W_1}=h_N-(h_N-h_L)/m \tag{2-3}$$

如果 $h_{W'}<h_{W_1}$，说明需要预热，而当 $h_{W'}\geqslant h_{W_1}$时，则不需要预热。所以式（2-3）是一次回风系统采用喷水室绝热加湿时是否需要预热的判别式。

在有些寒冷地区，如果将新风与回风直接混合，其混合点有可能处于过饱和区（雾状区）内产生结露现象，对空气过滤器的工作极其不利。另外，由于在纺织厂的回风中含有灰尘和短纤维，空气经加热器加热时，短纤维容易烧焦。此时，应将新风先预热后再与回风混合。

（2）加热量的确定

1）一次加热量的确定。

$$Q_1=G_w(h_{W_1}-h_{W'})=G(h_{C_1}-h_{C'}) \tag{2-4}$$

2）二次加热量的确定。由图2-3的空气处理过程可知，在喷水室中绝热加湿处理到机器露点 L 的空气，需沿着其等含湿量 $d_{O'}$（$d_{O'}=d_L$）再次加热后，才能处理到冬季工况的送风状态点 O'，这部分再热量又称为二次加热量，其大小为

$$Q_2=G(h_{O'}-h_L) \tag{2-5}$$

2. 采用喷蒸汽加湿的处理过程

（1）空气的处理过程

如图2-5所示，室外新风和一次回风混合状态点 C'的确定方法与采用喷水室绝热加湿空气的处理过程相同。采用低压蒸汽加湿空气是一个等温过程，因此，过一次回风混合点 C'的等温线与送风含湿量线的交点，即为蒸汽加湿后的状态点 E。空气的处理过程为

$$\left.\begin{matrix}W'\\N\end{matrix}\right\rangle\xrightarrow{\text{混合}}C'\xrightarrow{\text{蒸汽加湿}}E\xrightarrow{\text{加热}}O'\xrightarrow{\varepsilon'}N$$

或 $\left.\begin{matrix}W' \\ N\end{matrix}\right\rangle \xrightarrow{\text{混合}} C' \xrightarrow{\text{加热}} M \xrightarrow{\text{蒸汽加湿}} O' \xrightarrow{\varepsilon'} N$

当新风与回风混合之后，存在着两种可能方案：即先加热后加湿和先加湿后加热。理论与实践表明，应采取先加热后加湿为好，因为被加湿空气温度升高后，它所能容纳的水蒸气的数量增大，遇到冷表面不容易凝结出来，以确保加湿效果。

（2）蒸汽加湿量的确定

最大蒸汽加湿量由式（2-6）计算。

$$W = G(d_{O'} - d_{C'}) \tag{2-6}$$

（3）加热量的确定

1）一次加热量的确定。对于北方寒冷（或严寒）地区，如果将新风与回风直接混合，其混合点有可能处于过饱和区（雾状区）内而产生结露现象，需要设预热器对新风进行预热，工程上通常将新风预热到5℃，然后再与回风进行混合。混合空气经再热器加热到冬季送风温度后，再喷干蒸汽加湿到送风状态点，其空气处理过程如图2-6所示。

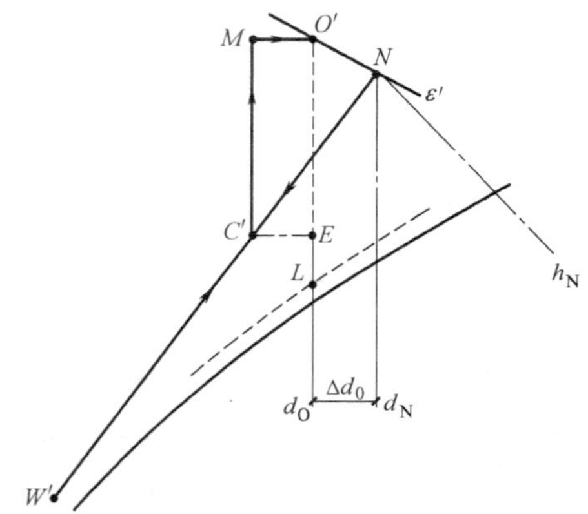

图2-5　冬季采用喷蒸汽加湿时的空气处理过程

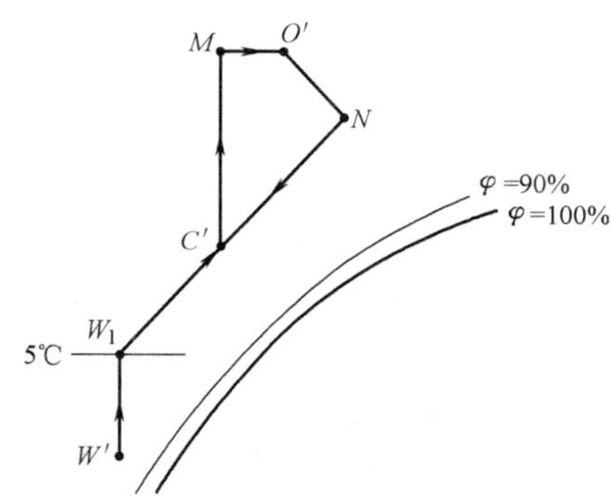

图2-6　冬季采用喷蒸汽加湿时的预热

一次加热量的大小为

$$Q_1 = G_w(h_{W_1} - h_{W'}) \tag{2-7}$$

2）二次加热量的确定

$$Q_2 = G(h_M - h_{C'}) \tag{2-8}$$

【例2-1】 某空调房间夏季冷负荷 $Q=4.89\text{kW}$，余湿量很小可以忽略不计，室内设计参数 $t_N=23℃$，$\varphi_N=60\%$（$h_N=49.8\text{kJ/kg}$），已知当地夏季空调室外计算参数 $t_W=35℃$，$h_W=92.2\text{kJ/kg}$，大气压力 $B=101325\text{Pa}$。现采用一次回风系统处理空气，取送风温差 $\Delta t_0=4℃$，新风百分比为15%，试确定空气处理所需要的冷量。

【解】（1）计算室内热湿比

$$\varepsilon = \frac{Q}{W} = \frac{4.89}{0} = \infty$$

（2）确定送风状态点

过 N 点作 $\varepsilon=\infty$ 的直线与 $\varphi=90\%$ 的等相对湿度线交于 L 点（图2-7），可查得

$$t_L = 16.4℃ \quad h_L = 43.1\text{kJ/kg}$$

取 $\Delta t_0 = 4℃$，得送风状态点 O 为

$$t_O = 19℃ \quad h_O = 45.6\text{kJ/kg}$$

(3) 计算所需要的送风量

$$G = \frac{Q}{h_N - h_O} = \left(\frac{4.89}{49.8 - 45.6}\right)\text{kg/s}$$

$$= 1.164\text{kg/s}(4190\text{kg/h})$$

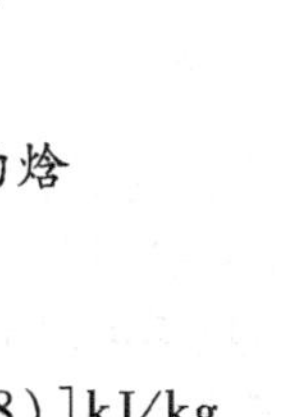

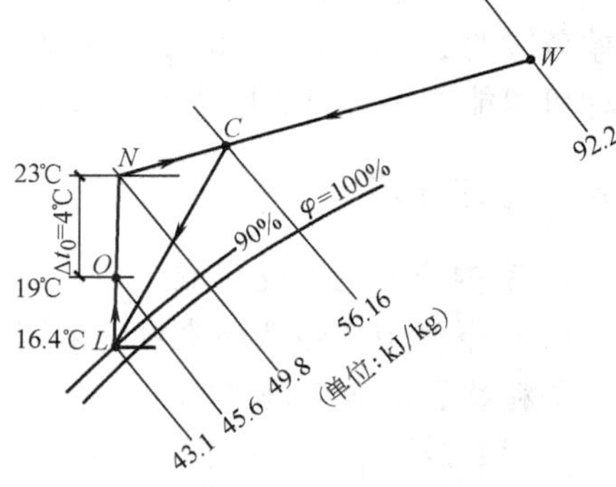

图2-7 例题2-1图

(4) 确定新风和回风混合状态点的焓

由 $G_w/G = (h_C - h_N)/(h_W - h_N)$

可得混合状态点 C 的焓为

$$h_C = [49.8 + 0.15 \times (92.2 - 49.8)]\text{kJ/kg}$$

$$= 56.16\text{kJ/kg}$$

(5) 计算空调系统所需冷量

$$Q_0 = G(h_C - h_L) = [1.164 \times (56.16 - 43.1)]\text{kW} = 15.2\text{kW}$$

(6) 冷量分析

室内负荷：$Q_1 = G(h_N - h_O) = [1.164 \times (49.8 - 45.6)]\text{kW} = 4.89\text{kW}$

新风冷负荷：$Q_2 = G_w(h_W - h_N) = [1.164 \times 0.15 \times (92.2 - 49.8)]\text{kW} = 7.40\text{kW}$

再热负荷：$Q_3 = G(h_O - h_L) = [1.164 \times (45.6 - 43.1)]\text{kW} = 2.91\text{kW}$

总冷负荷：$Q_0 = Q_1 + Q_2 + Q_3 = (4.89 + 7.40 + 2.91)\text{kW} = 15.2\text{kW}$，与上述方法的计算结果一致。

2.2 组合式空调机组的功能段

组合式空调机组是以冷、热水或蒸汽为媒介，对空气进行过滤，加热，冷却，加湿，减湿，消声，热回收，新风处理和新、回风混合等功能的箱体组合而成的机组。由各种空气处理段组装而成的不带冷、热源的一种空调设备。机组的功能段是对空气进行一种或几种处理功能的单元体。功能段可包括：空气混合段、均流段、粗效过滤段、中效过滤段、高中效过滤或亚高效过滤段、冷却段、一次和二次加热段、加湿段、送风机段、回风机段、中间段、喷水段、消声段、热回收段等。选用时应根据工程的需要和业主的要求，有选择地选用其中若干功能段。图2-8为几个功能段组合成的空调机组示意图。

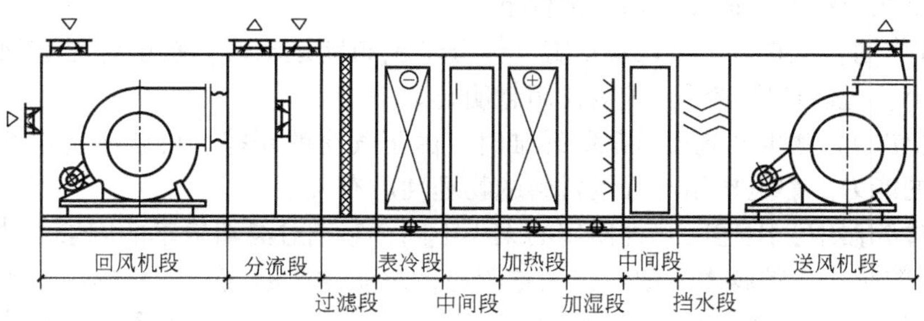

图2-8 若干功能段组合成的空调机组示意图

目前国内生产的卧式组合式空调机组的风量一般为2000～200000m^3/h，能处理的空气焓差范围为20.9～29.3kJ/kg，风量（m^3/h）与冷量（W）的比为（1∶4.16）～（1∶5.83）。这种机组能应用于风管阻力等于或大于100Pa的空调系统。

2.2.1 过滤段

1. 室内空气的净化标准

（1）空气中颗粒状污染物的浓度表示法

颗粒状悬浮微粒是空气净化的主要对象，这类污染物浓度表示方法有三种。

1）质量浓度。单位体积中含有的悬浮微粒质量（mg/m^3）。

2）计数浓度。单位体积空气中含有的悬浮微粒颗粒数（粒/m^3或粒/L）。

3）粒径颗粒浓度。单位体积空气中所含的某一粒径范围内的悬浮微粒颗粒数（粒/m^3或粒/L）。

一般的室内空气允许含悬浮微粒浓度采用质量浓度，而洁净室的洁净标准（洁净度）采用计数浓度（每升空气中大于等于某一粒径的悬浮微粒的总数）。

（2）室内空气的净化标准

空气的净化处理是指除去空气中的污染物质，确保空调房间或空间空气洁净度要求的空气处理方法。空气中的悬浮污染物包括粉尘、烟雾、微生物和花粉等，它们会对人体和工业生产产生危害。空气的净化处理常见于电子、医药工业以及某些散发对人体非常有害的微粒或有高度放射性的场所，根据生产要求和人们工作生活的要求，通常将空气净化分为三类。

1）一般净化。无确定的净化控制指标要求。

2）中等净化。对空气中悬浮微粒的质量浓度有一定要求。

3）超净净化。对空气中悬浮微粒的大小和数量均有严格要求，具体数据可查相关资料。

2. 空气过滤器的过滤机理

空调系统中使用的空气过滤器主要是玻璃纤维和合成纤维，以及由这些材料制成的滤布和滤纸。它的过滤机理比较复杂，其主要机理如下。

1）惯性作用（撞击作用）。尘粒在惯性力作用下，来不及随气流绕弯与滤料碰撞后而被除掉。

2）拦截作用（接触阻留作用）。当尘粒粒径大于滤料的孔隙尺寸时被阻留下来（筛滤作用）；对于非常小的粒子（亚微米粒子）惯性可以忽略，它随着流线运动，当气流紧靠纤维表面时，尘粒与纤维表面接触而被截留下来。

3）扩散作用。尘粒（$d_g<1\mu m$）随气体分子做布朗运动时，接触纤维表面而附在表面上。尘粒越小，过滤速度越低，扩散作用越明显。

4）静电作用。含尘气流经过某些纤维时，由于气流的摩擦，可能产生电荷，从而增加了吸附尘粒的能力。静电作用与纤维材料的物理性质有关。

在各种过滤器中，上述的几种作用的大小不同，影响过滤器效率的因素主要有：

1）尘粒粒径。尘粒越大，惯性作用越明显，过滤效率越高。尘粒越小，布朗运动产生的过滤效果越明显。因此，对有些过滤器，当采用非常小的滤速和很细的纤维直径时，对捕捉0.2～0.4μm的尘粒来说，惯性和扩散等几种作用的综合效果最差，因此这个尺寸范围就成为最难捕集的区域。

2）滤粒纤维的粗细和密实性。在同样密实条件下，纤维直径越小，接触面积越大，从而过滤效果越好。纤维越密实，过滤效率越高，但阻力越大。

3）过滤风速。风速越大时，惯性作用越大，但阻力也随之增大。风速过大时，甚至可使附着的尘粒被吹出。所以在高效过滤器中为了充分利用扩散作用和减小阻力，都取极小滤速。

4）附尘影响。附着在纤维表面上的尘粒，可以提高滤料的过滤效率，但阻力也有所上升。阻力过大，既不经济又使空调系统风量降低，而且阻力过大，会使气流冲破滤料，所以过滤器需要经常清洗。

3. 空气过滤器的性能

（1）过滤效率和穿透率

过滤效率指在额定风量下，经过滤器捕集的尘粒量与过滤前空气含尘量的比值。

$$\eta = \frac{C_1 - C_2}{C_1} \times 100\% = \left(1 - \frac{C_2}{C_1}\right) \times 100\% = (1 - p) \times 100\% \tag{2-9}$$

$$p = \frac{C_2}{C_1} \times 100\% \tag{2-10}$$

式中 C_1、C_2——分别为过滤前后的含尘浓度；

p——过滤器的穿透率，即过滤后空气的含尘浓度与过滤前空气含尘浓度的比值。

过滤器的穿透率 p 是其过滤能力的另一种表示方法，与效率相比，它更强调过滤后的效果。例如一过滤器的效率为99.98%，而另一过滤器的效率为99.99%，两者的效率差微小，但它们的穿透率相差两倍。故对于高效过滤器常用穿透率来评价其性能。

（2）过滤器的阻力

过滤器的阻力一般包括滤料阻力和结构（如框架、分隔片及保护面层等）阻力。过滤器的阻力大多用实验的方法确定，对未沾尘的新纤维材料过滤器，常用式（2-11）来表示。

$$\Delta p = Av + Bv^m \tag{2-11}$$

式中 Δp——过滤器的阻力（Pa）；

v——过滤器迎风面的气流速度（m/s）；

A、B、m——由实验确定的系数和指数。

当过滤器沾尘后，随着沾尘量的增加阻力亦增加。过滤器未沾尘的阻力称为初阻力，一般用初阻力的2倍作为终阻力。依此选择风机，以保证系统正常运行。

（3）过滤器的额定风量

气流流速会影响过滤器的过滤效率和系统的正常运行。常由生产厂家根据过滤器类型和规格，选择适宜的气流速度和过滤面积所确定的过滤风量，称为过滤器的额定风量。

（4）过滤器的容尘量

在额定风量下，过滤器的阻力达到终阻力时，其所容纳的尘粒总质量称为过滤器的容尘量。由于滤料性质不同，粒子的组成、粒径、密度、粘滞性及浓度的不同，过滤器的容尘量会有较大的变化范围。

4. 空气过滤器简介

空气过滤器按其过滤效率分为粗效、中效、高中效、亚高效和高效 5 种类型。其中高效过滤器又细分为 A、B、C、D 四类。从粗效到亚高效统称为一般空气过滤器。工程中常见的有粗效、中效和高效，而高中效和亚高效则属于国内较新的分类。

(1) 粗效过滤器

粗效过滤器的过滤对象是 10 ~ 100μm 的大颗粒尘埃，用于空调系统的初级过滤，保护中效过滤器。粗效过滤器的滤材多采用玻璃纤维、人造纤维、金属网丝及粗孔聚氨酯泡沫塑料等。粗效过滤器大多做成 500mm × 500mm × 50mm 扁块（图 2 - 9）。其安装方式多采用人字排列或倾斜排列，以减少所占空间（图 2 - 10）。

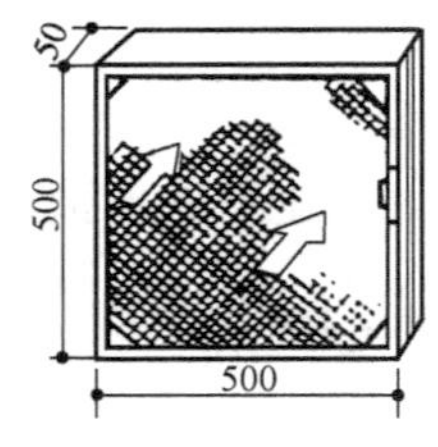

图 2 - 9　粗效过滤器

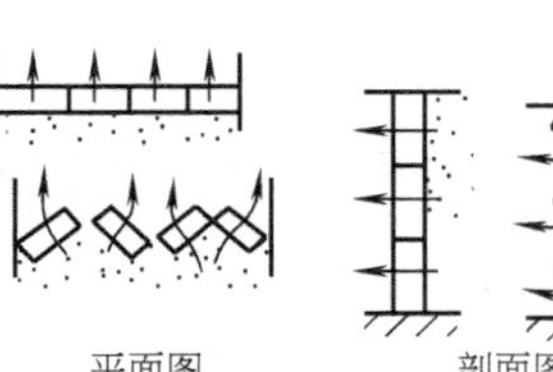

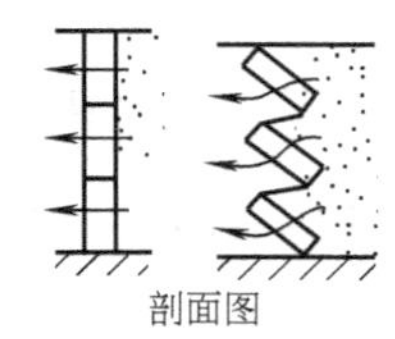

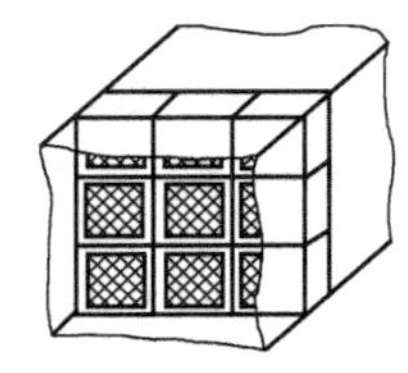

图 2 - 10　粗效过滤器安装方式

(2) 中效过滤器

中效过滤器的过滤对象主要是 1 ~ 10μm 的中等粒子尘埃，用于空调系统的中级过滤，保护末级过滤器。中效过滤器的主要滤料是玻璃纤维（比粗效过滤器的玻璃纤维直径小，约 10μm）、人造纤维（涤纶、丙纶、腈纶等）合成的无纺布及中细孔聚乙烯泡沫塑料等。这种滤料一般可做成袋式和板式，如图 2 - 11 所示。中效过滤器用无纺布和泡沫塑料作滤料时，可以清洗后再用，而玻璃纤维过滤器则只能更换。

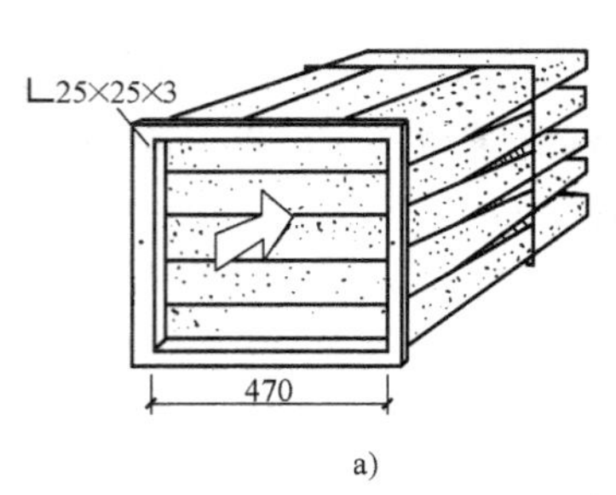

a)

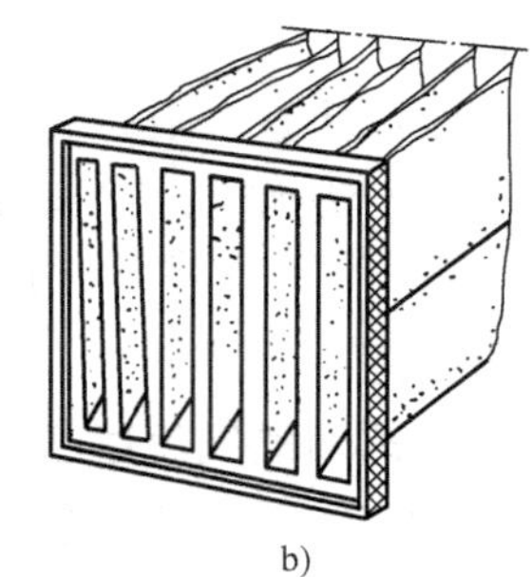

b)

图 2 - 11　中效过滤器结构

a) 泡沫塑料　b) 无纺布

(3) 高效过滤器

高效过滤器的过滤对象是粒径小于 1μm 的尘粒，用于普通 100 级以上洁净室送风的末级过滤。同时还能有效地滤除细菌，用于超净和无菌净化。高效过滤器在净化系统中作为三级过滤的末级过滤器。滤料一般是用超细玻璃纤维或合成纤维加工制成的滤纸。空气穿过滤纸的速度极低（通常为每秒几厘米），因此为了增大过滤面积而将滤纸做成折叠状。常见的带折叠状的过滤纸如图 2 - 12a 所示，近年来发展的无分隔片的高效过滤器（图 2 - 12b），这

种高效过滤器为多折式，厚度较小，靠在滤纸正反面一定间隔处贴线（或涂胶）保持滤料间隙，便于空气通过。

除上述各种过滤器外，在空气净化中还有采用湿式过滤、静电过滤等其他类型的过滤装置。

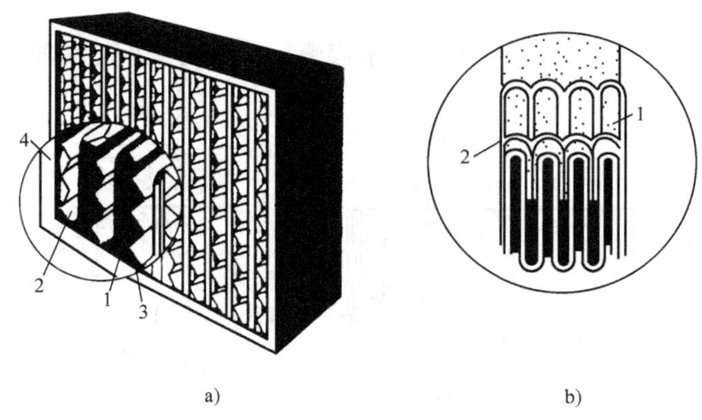

图2-12　高效过滤器的结构形式

a）折叠状过滤器　b）无分隔片多折式过滤器

1—滤纸　2—密封胶　3—分割板　4—木外框

5. 空气过滤器的选择和应用

对于有一般净化要求的空调系统，选用一道粗效过滤器，将大颗粒的尘粒滤掉即可。机组一般内装粗效的以无纺布为滤料的平板式过滤器或袋式过滤器，经清洗后仍可重复使用，也有的装无纺布自动卷绕式过滤器。

对有中等净化要求的空调系统，可设置粗、中效两道过滤器。中效过滤段内设有中效的以无纺布为滤料的板式过滤器或袋式过滤器。亚高效过滤段内设有以玻璃纤维滤纸为滤料的亚高效过滤器。

对于有超净净化要求的空调系统，则应至少设置三道过滤器，第一、二道为粗、中效过滤器（不宜选用浸油式，以防送风中带油），作为预过滤，这样可延长下一道过滤器的使用寿命，而高效过滤器则作为末级过滤器。

为了避免污染空气漏入系统，中效过滤器应设置在系统的正压段。同时，为防止管道对洁净空气的再污染，高效过滤器应设置在系统的末端（即送风口处）。此外，高效过滤器的安装要求十分严密，否则将无法保证室内的洁净度。

各种空气过滤器一般均按额定风量或低于额定风量选用。若按低于额定风量选用，必然会增加所需过滤器的数量，虽然一次投资会有所增加，但在运行过程中，可增长过滤器的清洗和更换周期，并减小系统阻力的增长速率，从而有利于系统风量的稳定。

2.2.2　喷水室段

1. 喷水室的类型和构造

（1）喷水室的类型

喷水室的主要优点在于能够实现多种空气处理过程，具有一定的空气净化能力，消耗金属少且容易加工制作；缺点是对水质要求高，占地面积大，水泵耗能多。在温湿度要求较高的场合，如纺织厂、卷烟厂等使用的工艺性空调中仍大量使用。

按照热湿处理的功能不同分为单级 2 排（一顺一逆）喷水段、单级 3 排（一顺两逆）喷水段和双级 4 排喷水段三种。

（2）喷水室的构造

喷水室的构造如图 2-13 所示，主要构件有喷嘴、挡水板、外壳和排管、底池及附属设施。

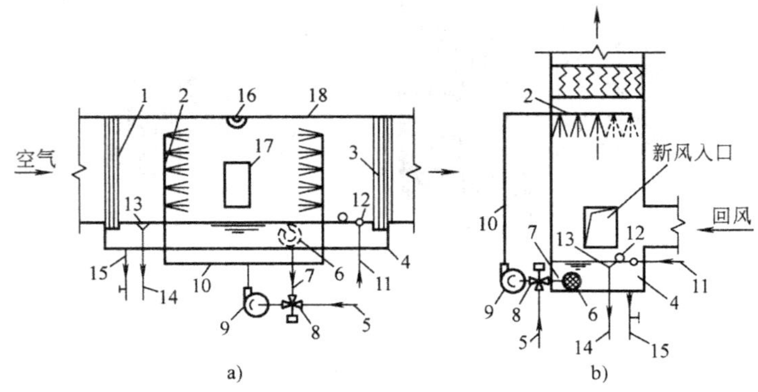

图 2-13 喷水室的构造

1—前挡水板 2—喷嘴与排管 3—后挡水板 4—底池 5—冷水管 6—滤水器 7—循环水管 8—三通混合阀 9—水泵 10—供水管 11—补水管 12—浮球阀 13—溢水器 14—溢水管 15—泄水管 16—防水灯 17—检查门 18—外壳

1）喷嘴。国内常用的是 Y—1 型离心喷嘴，如图 2-14 所示。近年来陆续研制出 BTL—1 型、FKT 型、FL 型和 PY—1 型喷嘴。喷嘴的材料一般采用黄铜、尼龙、塑料和陶瓷等。喷嘴喷出的水滴大小、水量多少、喷射角和作用距离等与喷嘴的构造、喷嘴前的水压及喷嘴的孔径有关。同一类型的喷嘴，孔径越小，喷嘴前水压越高，喷出的水滴越细；孔径相同时，水压越高，则喷水量越大。

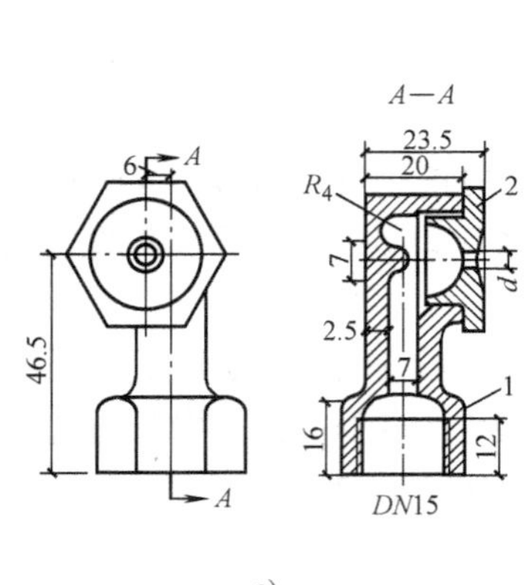

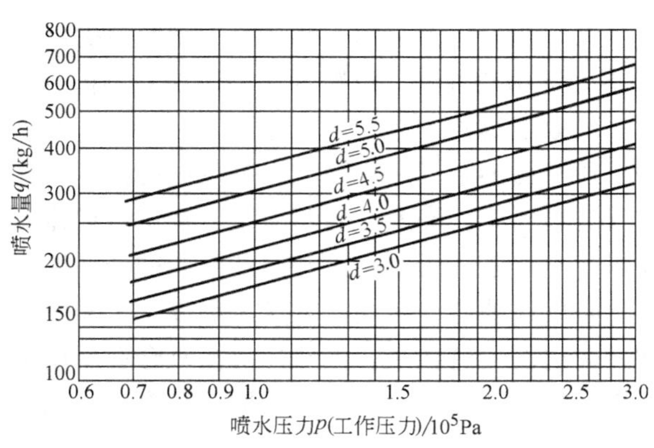

图 2-14 Y—1 型离心喷嘴

a）构造 b）喷水量与喷水压力、喷嘴孔径的关系

1—喷嘴本体 2—顶盖

根据喷出水滴直径的大小，喷嘴可分为粗喷、中喷和细喷。

细喷时，喷嘴的孔径为2.0～2.5mm，喷嘴前的水压大于0.25MPa，水滴直径为0.05～0.2mm，与空气接触时温度升高快，容易蒸发，适用于空气的加湿过程。中喷时，喷嘴的孔径为2.5～3.5mm，喷嘴前的水压在0.2MPa左右，水滴直径为0.15～0.25mm。粗喷时，喷嘴的孔径为4.0～5.5mm，喷嘴前的水压为0.05～0.15MPa，水滴直径为0.2～0.5mm。中喷和粗喷时，喷嘴喷出的水滴直径较大，与空气接触时的温升慢，适用于空气的冷却干燥。

为了使喷出的水滴能均匀地布满整个喷水室断面，喷嘴一般布置成梅花形，如图2-15所示。

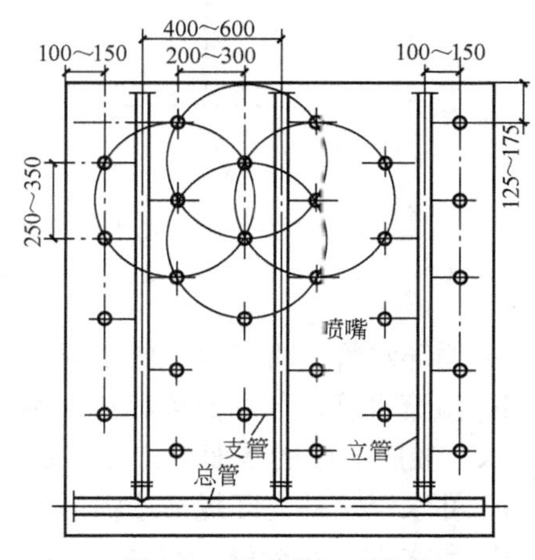

图2-15　喷嘴布置形式

2）挡水板。挡水板分为前挡水板（分风板）和后挡水板，用ABS工程塑料或铝合金热挤轧一次成型，也有的用玻璃钢制作，形式如图2-16所示。当夹带水滴的空气流经挡水板的曲折通道时，被迫改变运动方向，水滴在惯性作用下，与挡水板表面碰撞，积聚在挡水板面上流入底池。

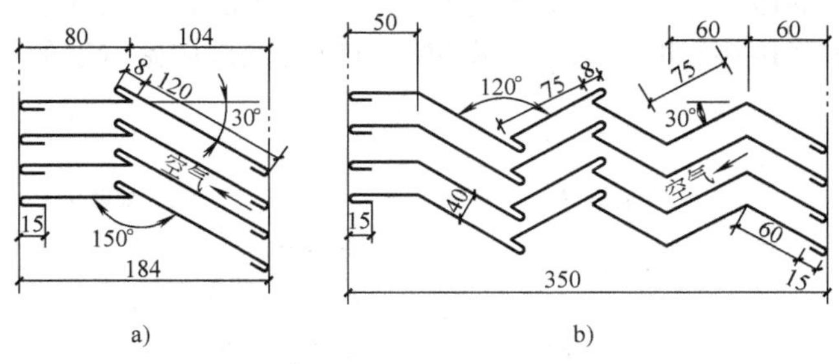

图2-16　挡水板的断面形式

a）前挡水板　b）后挡水板

当挡水板的折数较多、夹角较小、板间距小及空气流速较低时，挡水的效果较好，但这时空气的阻力较大，并且增大了挡水板的迎风面积。因此，在实际工程中前挡水板一般取2～3折，夹角取90°～150°，后挡水板一般取4～6折，夹角为90°～120°，挡水板间距为25～40mm。

3）外壳和排管。喷水段的箱体可用玻璃钢或钢板内衬玻璃钢制作，并与水槽成为整体，也可用镀锌钢板或按用户需要改用不锈钢制作箱体。喷水室的断面做成矩形，高宽比为1.1∶1～1.3∶1，断面的大小根据通过的风量及推荐流速2～3m/s确定。

喷嘴排管与供水干管的连接方式有下分、上分、中分和环式几种，如图2-17所示。不论采用哪种连接方式，都要在水管的最低点设泄水丝堵，以便在冬季不用时泄水，防止冻裂水管。

4）底池及附属设施。底池一般可按3%～5%的总喷水量确定，池深500～600mm。底池中接有四种管道：

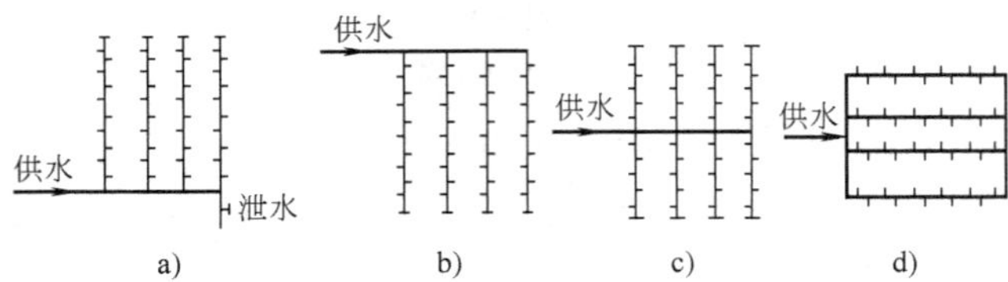

图 2-17　喷嘴排管与供水干管的连接方式

a）下分式　b）上分式　c）中分式　d）环式

a. 循环水管。将底池中的水通过滤水器后吸入水泵循环使用。

b. 溢流水管。与溢流器相连，用于排除夏季空气中冷凝下来的水和其他原因带至底池中的水，使底池中的水面维持在一定的高度。

c. 补水管。补充因耗散或泄露等造成的集水量不足，补水由浮球阀自动控制。

d. 泄水管。在检修、清洗、防冻时把底池中的水排入下水道。

2. 喷水室的热交换效率

（1）空气与水直接接触时的空气状态变化过程

空气与水热湿交换原理如图 2-18 所示。当空气流经水面或水滴周围时，就会把边界层中的饱和空气带走一部分，而补充的新空气在与水滴表面进行热湿交换后，又达到饱和状态。这样，水滴表面的饱和空气层不断地与流过的空气相混合，就使整个空气状态发生着变化。因此，空气与水直接接触时的热湿交换过程可以看做是初始状态的空气与水滴边界层中饱和空气的混合过程。

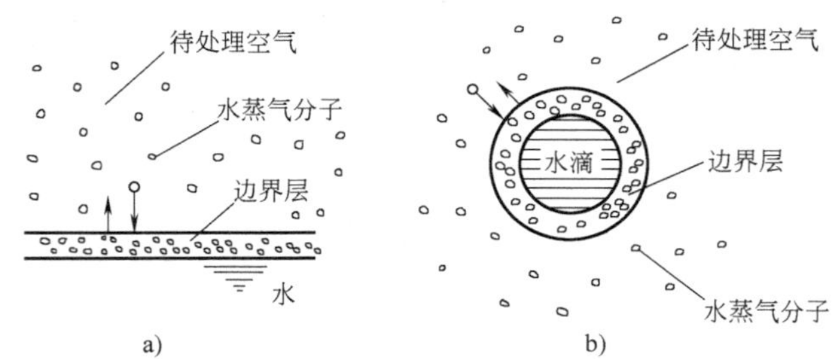

图 2-18　空气与水热湿交换

a）敞开的水面　b）飞溅的水滴

根据两种不同状态空气混合的规律可知，混合后的状态点应当在空气的初始状态点与喷水温度下的饱和空气状态点的连线上。参与混合的饱和空气越多，空气的终状态点（即混合后的状态点）就越靠近饱和线。若满足下列假设条件时：①与空气接触的水量无限大；②空气与水接触的时间无限长，则全部空气都能达到饱和状态。这时，空气的终状态点将位于饱和线上，空气的终温就是喷水温度。由此，不难推知，当喷水温度（即与空气接触的水温）不同时，空气的状态变化过程也就不同。用喷水室处理空气，采用不同的喷水温度，可以实现图 2-19 和表 2-1 所示的七种空气状态变化过程。下面对其中的 A—2、A—4 和 A—6 过程做些分析。

1）A—2 过程。用温度等于空气露点温度的水（$t_w = t_L$）喷淋空气时可以实现这一过

程。这时，空气虽然与水接触，但由于 $d_2=d_A$，过程的湿交换量为零，空气既没加湿也没减湿，只是由于 $t_2<t_A$，存在显热交换，空气向水传热而使温度下降，空气的状态变化为等湿冷却过程。

2）A—4 过程。用温度等于空气湿球温度的水（$t_w=t_s$）喷淋空气时可以实现这一过程。这时，由于 $t_4<t_A$，表明空气向水传热，温度下降，显热减少。但由于 $d_4>d_A$，说明空气被加湿，由于空气得到了在湿球温度 t_s 下蒸发的 Δdkg 水蒸气所具有的潜热，空气的潜热增加。如果忽略空气得到的原来处于 t_s 温度下的液体热 Δdct_s，则空气的总热交换量为零。空气的状态变化为一等湿球温度过程。由于等湿球温度线与等焓线非常接近，此过程近似为等焓加湿降温过程。

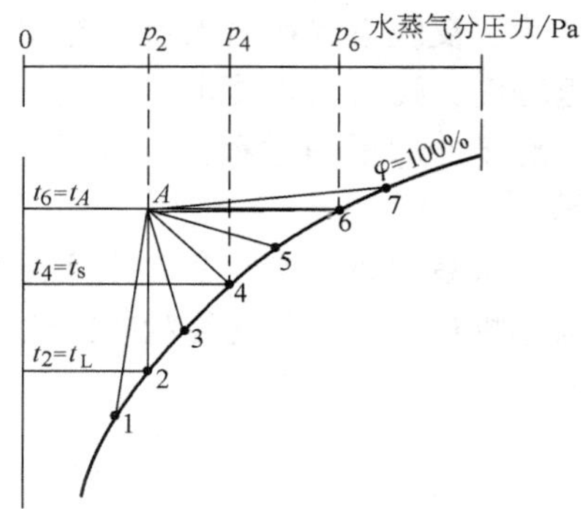

图 2-19　空气与水直接接触时的状态变化过程

3）A—6 过程。用温度等于空气干球温度的水喷淋空气时可以实现这一过程。这时，因为 $t_w=t_A$，空气与水之间无显热交换，但由于 $d_6>d_A$，说明空气被加湿，同时潜热增加。空气状态变化的总效果为一等温增焓加湿过程。

根据处理上面这三种典型的空气状态变化过程的喷水温度，可判断在某一特定的喷水温度下，可以实现的空气变化过程是加湿还是减湿，是增焓还是减焓，是升温还是降温过程，见表 2-1。

表 2-1　空气与水直接接触时各种过程的特点

过程线	水温特点	t 或 Q_x	d 或 Q_q	h 或 Q_z	过程名称
$A\to1$	$t_w<t_L$	减	减	减	减湿冷却
$A\to2$	$t_w=t_L$	减	不变	减	等湿冷却
$A\to3$	$t_L<t_w<t_s$	减	增	减	减焓加湿
$A\to4$	$t_w=t_s$	减	增	不变	等焓加湿
$A\to5$	$t_s<t_w<t$	减	增	增	增焓加湿
$A\to6$	$t_w=t$	不变	增	增	等温加湿
$A\to7$	$t_w>t$	增	增	增	增温加湿

前面介绍用喷水室处理空气，根据喷水温度不同，可以实现七种空气状态变化过程时指出，在满足两个假设条件的基础上，空气的终状态将位于饱和线上，而且空气的终温就是喷水温度。但是，实际用喷水室处理空气时，喷水量总是有限的，空气与水接触的时间也不可能无限长。因此，空气状态和水温都是在不断地发生变化，空气的终状态也很难达到饱和。实践表明，对于单级喷水室空气终状态的相对湿度一般只能达到 95%～98%，采用双级喷水室处理空气时，空气终状态的相对湿度才能达到 100%。

（2）喷水室的热交换效率

为了反映空气在喷水室中热湿交换的实际过程与理想过程的接近程度，通常引入喷水室的热交换效率来评价喷水室的热工性能。对于冷却干燥过程，空气的状态变化和水温变化如图 2-20 所示。

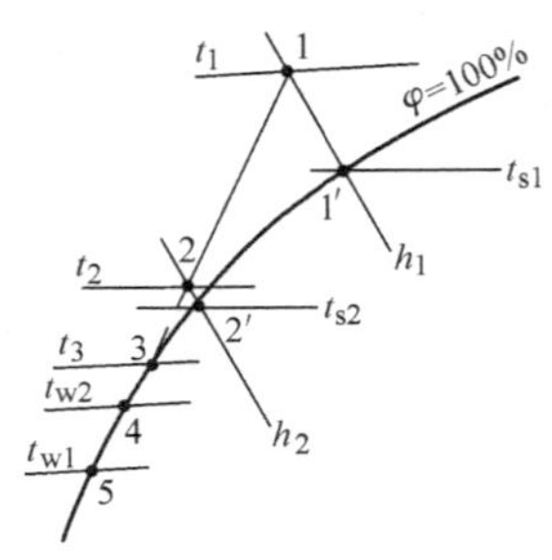

图 2-20　冷却干燥过程空气与水的状态变化

喷水室的热交换效率 E 用实际变化过程下空气初终状态的焓差与理想过程下空气初终状态的焓差之比来表示，其定义式为

$$E=\frac{\overline{12}}{\overline{13}}=1-\frac{\overline{23}}{\overline{13}}$$

因为 Δ131′和 Δ232′几何相似，所以

$$\frac{\overline{23}}{\overline{13}}=\frac{t_2-t_{s2}}{t_1-t_{s1}}$$

代入定义式有

$$E=1-\frac{t_2-t_{s2}}{t_1-t_{s1}} \quad (2-12)$$

3. 影响喷水室热交换效率的因素

影响喷水室热湿交换效果的因素很多，如空气的质量流速，喷嘴的型号与布置密度，喷嘴孔径与喷嘴前水压，空气与水的接触时间，空气与水滴的运动方向以及空气和水的初、终参数等。但是，对于一定的空气处理过程而言，可将主要的影响因素归结到以下三个方面。

（1）空气的质量流速 $v\rho$

喷水室内的热湿交换与空气的流动状况有关，由于空气在流动过程中，随着温度的变化，空气的密度和流速也将发生变化。因此，通常引入空气的质量流速来反映空气流动状况的稳定因素，其定义式为

$$v\rho=G/(3600f) \quad (2-13)$$

式中　$v\rho$——通过喷水室断面的空气质量流速［$kg/(m^2\cdot s)$］；

G——通过喷水室的空气质量（kg/h）；

f——喷水室的横断面积（m^2）。

从上式可知，空气的质量流速实际上是在单位时间内通过每平方米喷水室断面空气的质量流量，它不随温度的变化而变化。

实验证明，增大 $v\rho$ 可使喷水室的热交换效率变大，并且在风量一定的情况下可缩小喷水室的断面尺寸，但 $v\rho$ 过大也会引起挡水板的过水量及喷水室的阻力的增大，运行费用增加。所以常用的空气质量流速的范围是 $v\rho=2.5\sim3.5kg/(m^2\cdot s)$。

（2）喷水系数 μ

喷水量的大小常用喷水系数来反映，它是处理每千克空气所用的水量，用式（2-14）计算。

$$\mu=W/G \quad (2-14)$$

式中　W——喷水室喷出的水量（kg/h）。

实践表明，在一定范围内加大喷水系数 μ 可增大 E。对不同的空气处理过程，喷水系数

μ 也应不同。对于空气的冷却干燥，由于空气的焓降较大，喷水系数 μ 一般为1.0～1.5；而对于冬季空气的绝热加湿，喷水系数 μ 在0.5～1.0的范围内。喷水系数的具体值应由热工计算确定。

（3）喷水室结构特性

喷水室结构特性是指喷嘴的排数、喷嘴密度、喷水方向、排管间距和喷嘴孔径等，它们对喷水室的热交换效果均有影响。

1）喷嘴排数。实验表明，单排喷嘴的热交换效果比双排差，而三排的效果和双排差不多。因此，工程上通常采用双排喷嘴，当喷水系数较大时采用三排喷嘴。

2）喷嘴密度。实验表明，喷嘴密度过大时，水苗相互重叠，不能充分发挥各自的作用，过小水苗则不能覆盖整个喷水室的断面，使部分空气旁通而过，热交换效率下降。通常，喷嘴密度一般取13～24个/(m^2·排)，当需要较大的喷水量时，采用提高喷嘴前水压的做法进行调节，但是喷嘴前水压应小于等于0.25MPa。

3）喷水方向。实验表明，单排喷嘴，逆喷比顺喷的热交换效果好；双排喷嘴，对喷的热交换效果好，因为水苗可更好地覆盖喷水室断面；当采用三排喷嘴时，则以一顺两逆的喷水方式为好。

4）排管间距。对于Y—1型喷嘴，无论是顺喷还是逆喷，喷嘴排数间距取600mm为宜。

5）喷嘴孔径。在其他条件相同时，孔径小则热交换效果好，但喷嘴容易堵塞，需要的喷嘴多，而且不利于空气的冷却干燥，实际过程中应优先选用孔径较大的喷嘴。

从上面的分析可知，影响喷水室热湿交换效果的因素很多，难以用纯数学的方法进行计算，而只能用实验方法来获取。热交换效率

$$E = A(\upsilon\rho)^m\mu^n \qquad (2-15)$$

式中的 A、m 和 n 均为实验的系数和指数，它们因喷水室结构参数及空气处理过程不同而不同。

4. 喷水室的阻力

喷水室的阻力由前后挡水板阻力、喷嘴排管阻力和水苗阻力三部分组成。

2.2.3　加热段

按照加热空气所用热媒的不同，加热段有蒸汽加热段、热水加热段和电加热段三种。通常将新风段或新回风混合段之后的加热段，称为预热段（或第一次加热段）；将喷水段或空气冷却器段之后的加热段，称为再热段（或第二次加热段）。

以蒸汽或热水为热媒的加热段，通常设有钢管绕钢翅片式SRZ型、钢管绕铝翅片式SRL型、铜管串铝片式等翅片管式空气加热器，其构造如图2-21所示。只有棉、麻、毛纺织工业的空调系统，才采用光管式加热器。

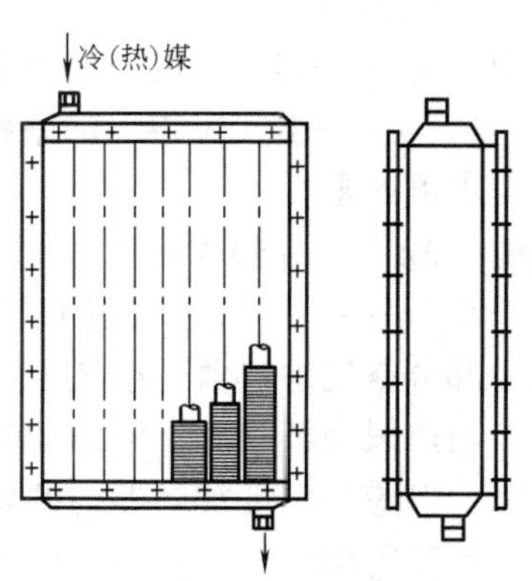

图2-21　翅片管式空气加热器

1. 表面式空气加热器

对结构形式一定的表面式加热器，其传热系数 K 是通

过实验确定的。

对于用热水做热媒的空气加热器的传热系数为

$$K = A'(v\rho)^{m'}\omega^{n'} \tag{2-16}$$

对于用蒸汽做热媒的空气加热器的传热系数为

$$K = A''(v\rho)^{m''} \tag{2-17}$$

式中 $v\rho$——空气的质量流速；

ω——水的流速；

A'、A''、m'、m''、n'——通过实验确定的系数和指数。

部分空气加热器的传热系数计算公式见附录 F。

空气加热器的计算原则是加热器的供热量应等于加热空气所需要的热量。如果已知被加热空气量为 G（kg/s），加热前的空气温度为 t_1，加热后的空气温度为 t_2 时，加热空气所需热量可按式（2-18）计算。

$$Q = Gc_p(t_2 - t_1) \tag{2-18}$$

空气加热器提供的热量可按式（2-19）计算。

$$Q' = KF\Delta t_m \tag{2-19}$$

式中 K——加热器的传热系数［W/(m²·℃)］；

F——加热器的传热面积（m²）；

Δt_m——热媒与空气间的对数平均温差（℃）。

对于空气加热过程来说，由于冷热流体在进出口端的温差比值常常小于2，所以可用算术平均温差 Δt_p 代替对数平均温差 Δt_m。

当热媒为热水时

$$\Delta t_p = \frac{t_{w1} + t_{w2}}{2} - \frac{t_1 + t_2}{2} \tag{2-20}$$

当热媒为蒸汽时

$$\Delta t_p = t_q - \frac{t_1 + t_2}{2} \tag{2-21}$$

式中 t_q——蒸汽的温度（℃）。

空气加热器的阻力分为空气侧的阻力和水侧的阻力。

空气侧的阻力 $$\Delta p = B(v\rho)^p \tag{2-22}$$

式中 Δp——加热器的空气侧阻力（kPa）；

B、p——由实验得出的系数和指数。

水侧的阻力 $$\Delta h = C\omega^q \tag{2-23}$$

式中 Δh——加热器热水一侧的阻力（kPa）；

C、q——由实验得出的系数和指数。

部分空气加热器的空气阻力和水阻力计算公式见附录 F。

当热媒为蒸汽时，依靠加热器前的剩余压力来克服蒸汽流经加热器时的阻力，不必进行计算，但应当保证加热器前的剩余压力不小于 0.3 个表压。

计算得出的加热器空气侧阻力和水侧的阻力宜分别乘以 1.1 和 1.2 的安全系数。

为了能有效地控制加热后的空气温度，空气加热器应设置旁通风门（阀）。它的作用

是，随着室外空气温度的上升，可打开旁通风门，让一部分空气不经过加热直接从旁通风门流过，从而达到调节加热后空气温度的目的。这样，也有利于降低非供暖季节里空气侧的压力损失。

2. 电加热器

电加热器是让电流通过电阻丝发热而加热空气的设备，具有结构紧凑、加热均匀、热量稳定、控制方便的优点。但是电加热利用的是高品位的热能，它只宜在一部分空调机组和小型空调系统中使用，在恒温精度要求较高的大型空调系统中，也常用电加热器控制局部加热或末级加热。

常用的电加热器有裸线式和管式两种。

裸线式电加热器由裸露在空气中的电阻丝构成，通常做成抽屉式以便于维修。裸线式电加热器的优点在于热惰性小，加热迅速，结构简单。

管式电加热器由管状电热元件组成，如图2-22所示。它是把电阻丝装在特制的金属套管内，套管中填充有导热性好但不导电的材料。这种电加热器的优点是加热均匀，热量稳定，使用安全，缺点是热惰性大，结构也比较复杂。

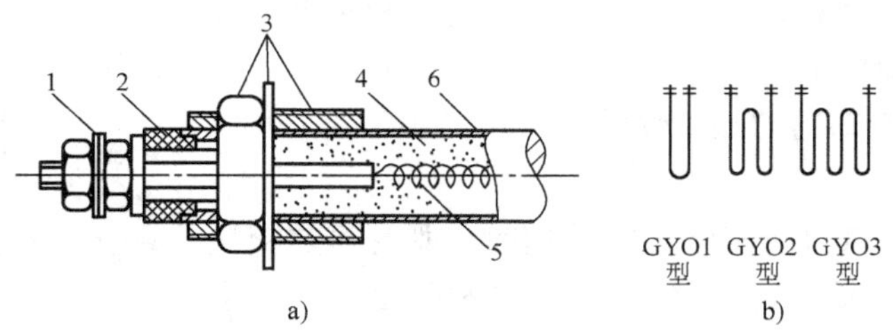

图2-22 管式电加热器

a）管式电加热器构造组成 b）不同型号管式电加热器的形式

1—接线端子 2—瓷绝缘子 3—紧固装置 4—绝缘材料 5—电阻丝 6—金属套管

为了确保安全，设计电加热系统特别是采用裸线式电加热器时，必须满足下列要求：

1）电加热器宜设在风管中，尽量不要放在空调器内；电加热器应与送风机联锁。

2）安装电加热器的金属风管应有良好的接地；在电加热器后的风管中应安装超温保护装置。

3）电加热器前后各0.8m范围内的风管，其保温材料均应采用绝缘的非燃烧材料。

4）安装电加热器的风管与前后风管连接法兰中间须加绝缘材料的衬垫，同时也不要让连接螺栓导电。

5）暗装在吊顶内风管上的电加热器，在相对于电加热器位置处的吊顶上开设检修孔。

电加热器的功率按下式确定

$$N=\frac{L\Delta t}{3000E} \tag{2-24}$$

式中 N——电加热器的功率（kW）；

L——送风量（m^3/h）；

E——电加热器的效率，$E=0.85\sim0.9$，一般取$E=0.85$；

Δt——电加热器中要求的空气温升（℃）。

2.2.4 冷却段或冷却挡水段

冷却段或冷却挡水段内设有铜管绕皱褶铜片的UⅡ型或铜管套铝片的YG型空气冷却器，其构造与表面式加热器相同，如图2-23所示。表面式冷却器的热湿交换过程如图2-24所示。凝结水盘（滴水盘）下面设冷凝水排出管。

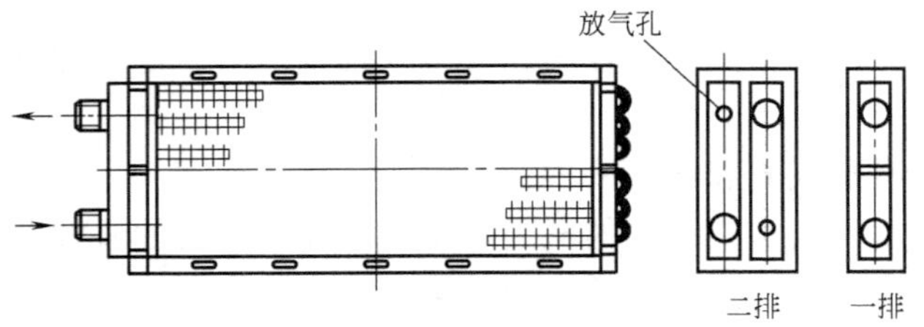

图2-23　空气冷却器的构造

为防止被处理空气带走空气冷却器表面上的冷凝水，保证空气的冷却减湿处理效果，可在空气冷却器后面装上特制的挡水板，成为冷却挡水段。

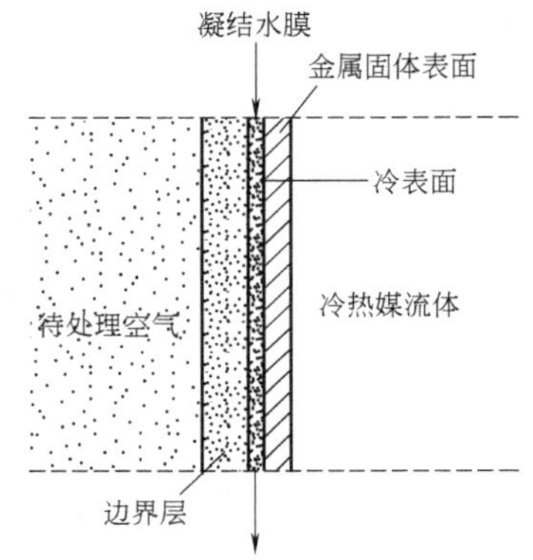

图2-24　表面式冷却器的热湿交换过程

1. 表面式空气冷却器的热工参数

（1）析湿系数

在用表冷器对空气进行减湿冷却处理时，既有显热交换又有潜热交换（水分凝结），显热与潜热之和为全热。在空调工程中通常把全热交换和显热交换的比值称为湿工况的析湿系数。

$$\xi = \frac{h_1 - h_2}{c_p(t_1 - t_2)} \tag{2-25}$$

式中　ξ——表冷器湿工况时的析湿系数；

h_1、t_1——进入表冷器空气的焓（kJ/kg）、温度（℃）；

h_2、t_2——流出表冷器空气的焓（kJ/kg）、温度（℃）。

对于没有水分凝结的干工况，$\xi = 1$，而且ξ越大，水分析出越多，因此称ξ为析湿系数。

（2）表冷器的传热系数

传热系数即为单位传热面积和单位传热温差时的换热量。表冷器传热系数的大小和表冷器结构、管外风速v_y、管内水流速ω以及析湿系数有关。一般采用下列经验公式

$$K = \left[\frac{1}{A v_y^m \xi^p} + \frac{1}{B\omega^n}\right]^{-1} \tag{2-26}$$

式中　K——表冷器的传热系数［W/(m²·℃)］；

A、B、m、p、n——由实验得出的系数和指数；

v_y——表冷器的迎风面风速（m/s）；

ξ——析湿系数；

ω——管内水流速（m/s），一般取 $\omega = 0.6 \sim 1.5$m/s。

部分水冷式表冷器的传热系数实验公式见附录G。

式（2-26）既可以用于湿工况，也可以用于干工况，干工况时 $\xi = 1$。

（3）表冷器的热交换效率

同喷水室类似，表冷器的热交换效率是指空气的实际状态变化过程接近理想过程的程度。

$$E = 1 - \frac{t_2 - t_{s2}}{t_1 - t_{s1}}$$

经理论推导，对于一定结构的表冷器，且把空气的密度也看做定值，则表冷器热交换效率 E 主要与迎风面风速 v_y 和肋片管排数 N 有关，即

$$E = f(v_y, N) = 1 - \exp[-(\alpha_w a N)/(v_y \rho c_{p,a})] \tag{2-27}$$

式中　α_w——表面传热系数［W/(m²·℃)］；

N——肋片管的排数；

v_y——表冷器的迎风面风速（m/s）；

$c_{p,a}$——空气的定压比热容；

a——肋通系数，通常将每排肋片管外表面与迎风面积的比值称为肋通系数，即 $a = F/(NF_y)$，式中 F 为表冷器的换热面积（m²），F_y 为表冷器的迎风面积（m²）；$F_y = \dfrac{G}{3600 v_y \rho}$。

根据表冷器的型号、排数、迎风面风速，可从附录H中查出表面冷却器的 E 值。

由式（2-27）可知，N 增加和 v_y 减小均有利于提高表冷器的 E 值。但应注意 N 增加会引起空气阻力增加，且后几排还会因空气与水之间温差过小而减弱传热作用，所以一般以不超过8排为宜。此外，迎风面风速最好控制在 2～3m/s 范围，因为 v_y 过低将导致表冷器规格加大，初投资增加；过大则既使 E 降低，也会增加空气阻力，还可能把冷凝水带入送风系统，影响送风参数。工程中当 $v_y > 2.5$m/s 时，表冷器后面就应装设挡水板。

空气放出的热量应当等于冷冻水所吸收的热量，即

$$Q = G(h_1 - h_2) = Wc(t_{w2} - t_{w1}) \tag{2-28}$$

式中　W——表冷器管内水流量（kg/s）。$W = f_w \omega \rho_w$，式中 f_w 为表冷器管子的通水截面积（m²）；ρ_w 为水的密度（kg/m³），取 10^3kg/m³。

2. 表面冷却器的阻力

表冷器的阻力分空气侧阻力和水侧阻力两种。目前这两种阻力大多采用经验公式计算。空气侧阻力的大小和空气流速及析湿系数有关，而水侧阻力和水流速大小有关。它们可分别采用下式计算

$$\Delta p = c v_y^{\alpha} \xi^{\beta} \tag{2-29}$$

式中　Δp——表冷器的空气侧阻力（Pa）；

c、α、β——由实验得出的系数和指数。

$$\Delta h = D\omega^{y} \tag{2-30}$$

式中 Δh——表冷器的水阻力（kPa）；

D、y——由实验得出的系数和指数；

ω——管内水流速（m/s）。

部分水冷式表冷器的空气阻力和水阻力实验公式见附录G。

2.2.5 加湿段

在空调系统中，常将空气加湿设备布置在组合式空调机组或送风管道内，通过送风的集中加湿来实现对所服务房间的湿度调控。另一种情况是将加湿器装入系统末端机组或直接布置到房间内，以实现对房间空气的局部补充加湿。空气加湿器很多，根据其加湿的机理可分为两大类。

1. 用外界热源产生的蒸汽来加湿空气

这类方法在 $h-d$ 图上是一等温加湿过程。

（1）蒸汽喷管加湿

蒸汽喷管加湿是使低压蒸汽通过管子上的小孔直接喷到空气中加湿空气的方法。蒸汽喷管可以放在组合式空调机组内，也可以放在需要加湿的地方。

蒸汽喷管上开有2~3mm的小孔，蒸汽在管网压力作用下，从这些小孔中喷出，混合到从蒸汽喷管周围流过的空气中去。为了使蒸汽能均匀地从管中喷出，喷管的长度宜小于1m，孔间距大于或等于50mm。每个孔喷出的蒸汽量用式（2-31）计算。

$$g = 0.594f(1+p)^{0.97} \tag{2-31}$$

式中 g——每个孔喷出的蒸汽量（kg/h）；

f——每个喷孔的面积（mm^2）；

p——蒸汽的工作压力（MPa），常取 $p=0.1$MPa。

根据所需的加湿量，结合上式和具体安装条件即可确定喷管尺寸和喷孔数目与大小。

蒸汽喷管虽然构造简单，容易加工，但喷出的蒸汽中带有凝结水滴，影响加湿效果的控制。为了防止蒸汽的冷凝水滴进入空气，通常采用称为“干蒸汽加湿器”的设备来加湿空气。

（2）干蒸汽加湿器

干蒸汽加湿器的构造如图2-25所示。为了防止蒸汽喷管中产生凝结水，蒸汽接管1先进入外套2，对喷管中的蒸汽加热、保温和防止其冷凝。由于外套的外壁直接与被处理的空气接触，所以外套内将产生少量凝结水并随蒸汽进入分离室4。由于分离室断面大，使蒸汽减速，再加上惯性作用及分离挡板3的阻挡，冷凝水被拦截下来。分离出凝结水的蒸汽经由分离室顶端的调节阀孔5减压后，再进入干燥室6，使残留在蒸汽中的水滴在干燥室中汽化，最后从喷管8喷出的便是没有凝结水滴的干蒸汽。

（3）电加湿器

电加湿器是直接用电加热水，产生蒸汽来加湿空气。根据工作原理的不同，目前使用的电加湿器主要有电热式和电极式两种，如图2-26所示。

电热式加湿器是将管状电热元件置于水槽内制成的（图2-26a）。元件通电后加热水槽中的水，使之汽化。补水靠浮球阀自动调节，以免发生缺水烧毁现象。

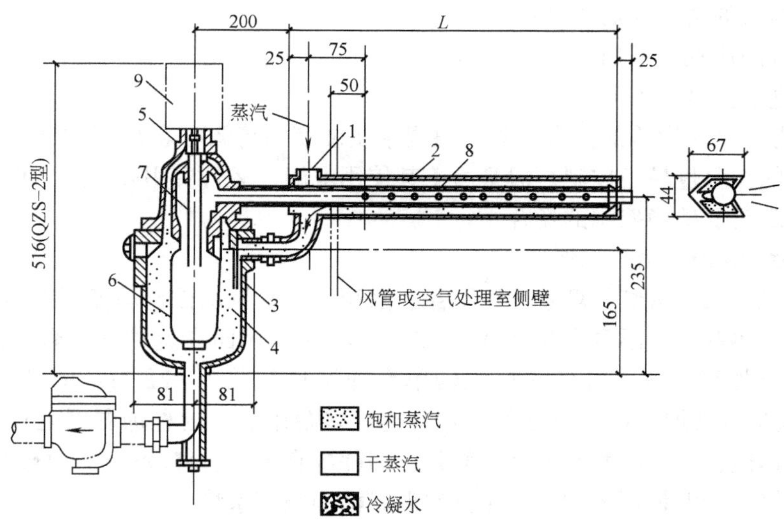

图2-25　干蒸汽加湿器

1—接管　2—外套　3—挡板　4—分离室　5—阀孔　6—干燥室

7—消声腔　8—喷管　9—电动或气动执行机构

电极式加湿器是利用三根铜棒或不锈钢棒插入盛水的容器中作电极（2-26b），当电极和三相电源接通后，电流从水中流过，水的电阻转化的热量把水加热产生蒸汽。电极式加湿器结构紧凑，加湿量易于控制。但耗电量较大，电极上易产生水垢和腐蚀，因此，适用于小型空调系统。

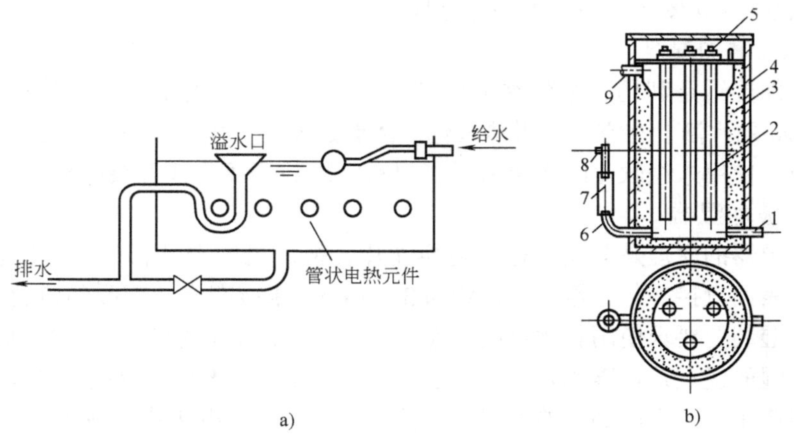

图2-26　电加湿器

a）电热式加湿器　b）电极式加湿器

1—进水管　2—电极　3—保温层　4—外壳　5—接线柱　6—溢水管

7—橡皮短管　8—溢水嘴　9—蒸汽出口

电加湿器所需要的功率用式（2-32）确定。

$$N = kW(h_q - c_w t_w) \tag{2-32}$$

式中　N——电加湿器的功率（kW）；

　　W——蒸汽发生量（kg/s）；

h_q——蒸汽的焓值（kJ/kg）；

c_w——水的比热容［kJ/(kg·℃)］；

t_w——进水温度（℃）；

k——考虑结垢影响的安全系数，根据水质硬度的高低可取 $k=1.05\sim1.20$。

电加湿器的加湿量易于控制，但是由于其使用电能，运行费用高，通常仅用于加湿量小和房间相对湿度需要精确控制的场合。

（4）红外线和PTC蒸汽加湿器

红外线加湿器主要由红外灯管、反射器、水箱、水盘及水位自动控制阀等部件组成。它使用红外线灯作热源，其温度高达2200℃左右，箱内水表面在这种红外辐射热作用下产生过热蒸汽并用以加湿空气。红外线加湿器单台加湿量约2.2～21.5kg/h，额定功率为2～20kW，根据系统所需加湿量大小可单台安装也可多台组装。这种加湿器运行控制简单，动作灵敏，加湿迅速，产生的蒸汽无污染微粒，但耗电量大，价格较高，十分适宜用于对温湿度控制要求严格、加湿量不大的中、小型空调或洁净空调系统。

PTC蒸汽加湿器由PTC热电变阻器（氧化陶瓷半导体）、不锈钢水槽、给水装置、排水装置、防尘罩及控制系统组成。PTC氧化陶瓷半导体发热元件直接放入水中，通电后水即被加热而产生蒸汽。这种发热元件在一定电压下随温度的升高电阻加大。加湿器进行加湿初期水温较低，启动电流为额定电流的3倍，水温很快上升，5s后即可达到额定电流并产生蒸汽。日本定型产品PTC蒸汽发生器加湿量约2～80kg/h，额定功率为1.5～60kW。适宜于温湿度要求较严格的中、小型空调系统中。

2. 用水吸收空气中的显热蒸发来加湿空气

这类方法在 $h-d$ 图上是一等焓加湿过程。

（1）高压喷雾加湿器

高压喷雾加湿器是利用水泵将水加压到0.3～0.6MPa（表压）进行喷雾，可获得平均粒径小于15μm的水滴，在空气中吸热汽化。优点是加湿量大，噪声低，运行费用低；缺点是有水滴析出，使用未经软化的水会出现“白粉”现象（钙、镁等杂质析出）。

（2）超声波加湿器

超声波加湿器的原理是电能通过压电换能片转换成机械振动，向水中发射1.7 MHz的超声波，使水表面直接雾化，雾粒直径约为3～5μm，水雾在空气中吸热汽化，从而加湿空气。超声波加湿装置要求使用软化水或去离子水，以防止换能片结垢而降低加湿能力。

超声波加湿的优点是：雾化效果好；运行稳定可靠；噪声低；反应灵敏而易于控制；雾化过程中还能产生有益人体健康的负离子；耗电不多（约为电热式加湿的10%左右）。其缺点：是价格贵，对水质要求高。目前国内空调机组尚无现成的超声波加湿段，但可以把超声波加湿装置直接装于空调机组中。

（3）透湿膜加湿器

透湿膜加湿采用化学工业中膜蒸馏原理的加湿技术。水与空气被疏水性的微孔湿膜（透湿膜，如聚四氯乙烯微孔膜）隔开，在两侧不同的水蒸气分压差的作用下，水蒸气通过透湿膜传递到空气中而加湿空气；水、钙、镁和其他杂质等则不能通过。透湿膜加湿器通常是由用透湿膜包裹的水片层及波纹纸板叠放在一起组成，空气在波纹纸板间通过，如图2-27所示。这种加湿设备结构简单，运行费用低，节能，且能实现干净加湿（无“白粉”现象）。

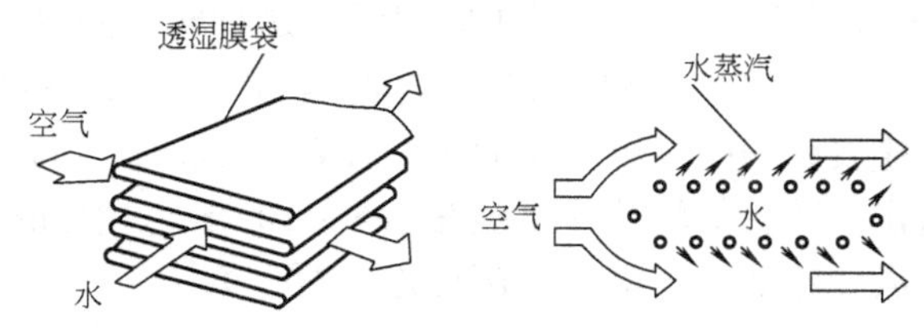

图 2-27 透湿膜加湿原理图

此外还有离心式加湿器和压缩空气喷雾器等。

2.2.6 减湿段

1. 固体吸湿剂减湿及其减湿原理

某些固体材料具有较强的吸水性，这类固体吸湿材料称为固体吸湿剂。

固体吸湿剂按其吸湿原理可分为两类。一类固体吸湿材料，如硅胶、活性炭等，它们本身具有大量的微小孔隙，形成大量的吸附表面。这些吸附表面上的水蒸气分压力比周围空气中的水蒸气分压力低，因此可以从空气中吸收水分，这类固体材料的吸湿过程是纯物理过程。另一类固体吸湿材料，如氯化钙、生石灰等，它们表面上的水蒸气分压力也比周围空气中的水蒸气分压力低，因而，也可以吸收空气中的水分，但这类固体材料在吸收了水分之后，本身也变成了含有多个结晶水的水化物，如果继续吸收水分，还会从固态变成液态，这类材料的吸湿过程是物理化学过程。

空调工程中，常用的固体吸湿剂是硅胶和氯化钙。

硅胶（SiO_2）是一种无毒、无臭、无腐蚀性的半透明晶体，它不溶于水，孔隙率可达到70%左右，吸湿能力为自重的30%左右。硅胶吸附达到饱和后，可用150～180℃的热风再生，把吸收的水分蒸发掉。再生后的硅胶仍可重新使用，但吸湿能力有所下降。

氯化钙是白色的多孔结晶体，吸湿后潮解，最后变成氯化钙溶液。氯化钙对金属有较强的腐蚀作用，使用起来不如硅胶方便，但是它价格便宜，吸湿能力较强，加热再生后可重复使用，所以用得也较多。常用的氯化钙有工业纯氯化钙和无水氯化钙两种，工业纯氯化钙的纯度在70%左右，吸湿量为自身质量的15%左右，因此，使用工业纯氯化钙较为经济。

2. 固体吸湿剂的减湿方法

固体吸湿剂的减湿方法分为静态和动态两种。

静态吸湿是让潮湿的空气呈自然状态与吸湿剂接触吸湿；动态吸湿则是让潮湿空气在风机的强制作用下，通过固体材料层，达到减湿目的。

硅胶吸湿通常采用静态方法，这种吸湿方法简单，但吸湿过程慢，通常用于局部小空间，如仪器箱，密闭工作箱等。使用时可将硅胶平铺在玻璃器皿里或放在纱布口袋中部。

氯化锂转轮除湿机是以氯化锂为吸湿剂的一种干式动态吸湿设备。它利用一种特制的吸湿纸来吸收空气中的水分。吸湿纸是以玻璃纤维滤纸为载体，将氯化锂等吸湿剂和保护加强剂等液体均匀地吸附在滤纸上烘干而成。存在于吸湿纸里的氯化锂的晶体吸收水分后生成结晶体而不变成水溶液。常温时吸湿纸表面水蒸气分压力比空气中蒸汽分压力低，所以能够从空气中吸收水蒸气；而高温时吸湿纸表面水蒸气分压力比空气中水蒸气分压力高，所以又将吸收的水蒸气释放出来。如此反复达到除湿的目的。

图 2-28 是氯化锂转轮除湿机的基本工作原理图。这种转轮除湿机由吸湿转轮、传动机构、外壳、风机、再生加热器（电加热器或热媒为蒸汽的空气加热器）等组成。转轮由交替放置的平吸湿纸和压成波纹的吸湿纸卷绕而成。在转轮上形成了许多蜂窝状通道，因而也形成了相当大的吸湿面积。转轮的转速非常缓慢（8～10r/h），潮湿空气由转轮的 3/4 部分进入干燥区，再生空气从转轮的另一端 1/4 部分进入再生区。

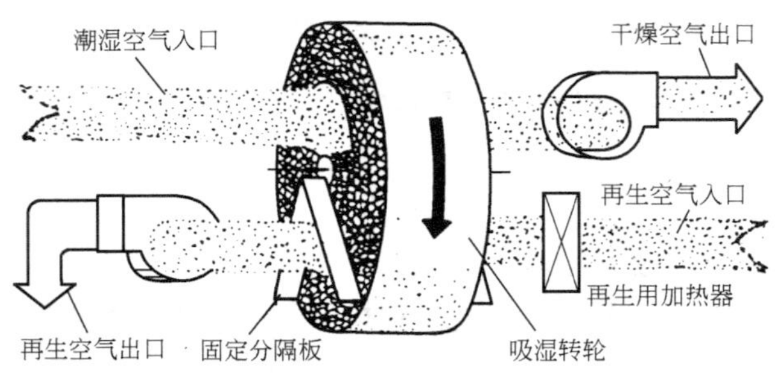

图 2-28　氯化锂转轮除湿机工作原理图

卧式组合式转轮除湿机的外形结构示意如图 2-29 所示。

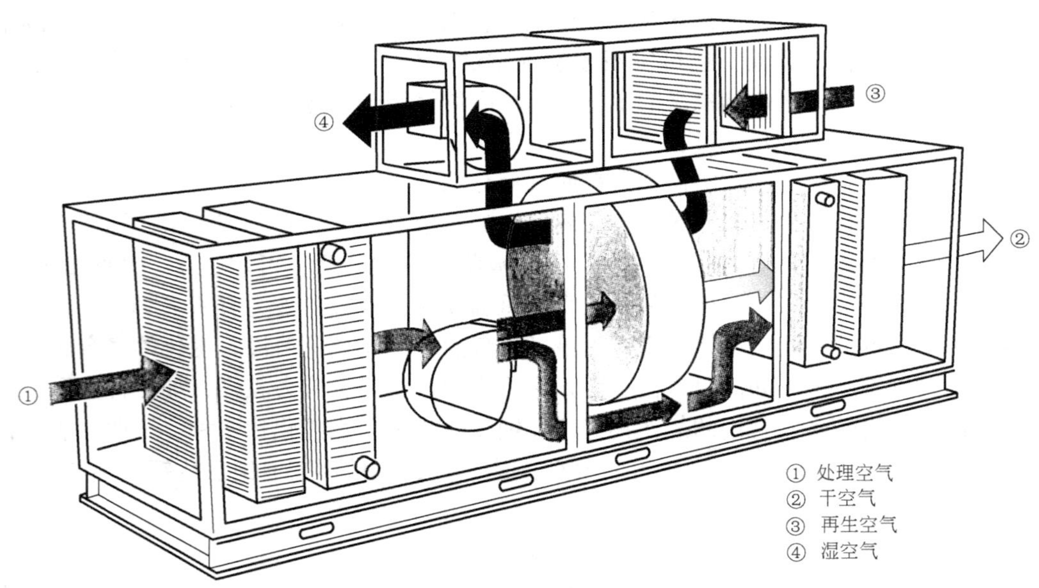

图 2-29　卧式组合式转轮除湿机的外形结构

转轮除湿机的除湿量可以从以下两个方面进行调节：一是控制处理风量的大小；二是控制再生温度的高低。对于前者，当要求除湿量大时，则让全部处理空气通过干燥（吸湿）转轮；若要求除湿量减少时，则让部分处理空气从旁通风管流过。对于后者，若要减少除湿量则应降低再生空气的温度，使再生区的载体内仍有少量水分未能排出，待转到吸湿区时，吸湿能力降低，除湿量减少。

转轮除湿机的主要特点是除湿量大，湿度可调，容易控制处理后空气的湿度；对低温低湿空气除湿效果显著，是冷冻除湿法难以达到的；吸湿转轮性能稳定，使用年限长；除湿机具有良好的控制功能，其运行可靠、易于操作、维护简便、设备体积小、安装简便。

2.2.7 新风段或新回风混合段

新风段用来接新风风管。新风进风有顶进风和侧进风两种方式，配有对开式多叶风量调节阀，有手动、电动和气动三种控制形式。

对单风机系统用的新回风混合段，顶部接回风管，侧部接新风管；或者顶部接新风管，侧部接回风管，由设计者根据具体情况而定。若是直流式系统，则封闭回风管口即可。

有的厂家的产品不单独设新回风混合段，而是将它与粗效过滤段结合在一起，成为混合粗效过滤段。

2.2.8 风机段

一般采用双进风的离心风机，风机的出口有水平的和垂直向上的两种形式。风机与电动机装在特制的钢架上，下部装有弹簧减振器，属于电动机内置式。有些厂家将电动机装在机组箱体的顶部，此为电动机外置式。当采用外置电动机结构时，整个回风机段做成整体减振，它与相邻功能段之间做柔性接口，以隔断振动的传递。

为便于进行风机性能调节，有的厂家可为用户配用风机变频器或双速电动机。

2.2.9 消声段

消声段内设有片式消声器或微穿孔板消声器。按空气流动方向，处在回风机段前面的是回风消声段，设在送风机段后面的是送风消声段。

2.2.10 中间段（空段）

中间段内部不装任何空气处理设备，仅为某些功能段（例如，粗效、中效过滤段，空气冷却挡水段，加热段和喷水段等）提供内部检修空间而设置。在操作面一侧设有供人员出入的检修门。此外，在风机段和混合段操作面一侧，同样要设检修门。

目前，国内有些厂家生产的组合式空气处理机组，设有能量回收段。该段为双风机系统，运行时将新风与排风在交叉板式能量回收器中进行热交换，达到回收显热能量的目的。具体地说，冬季利用排风中的热量来预热新风；夏季利用排风中的冷量使新风得到预冷。由于新风、排风互不接触，所以尤其适用于回收直流式系统中排风的能量。

为有效地监测粗、中效过滤段中的过滤器的积尘情况，在该段的段体外设有压差指示仪表，用户可根据压差读数，判断过滤器是否达到终阻力，以便及时更换过滤器。

为方便组合式空气处理机组的运行管理，在上述有关功能段内，例如过滤段、新回风混合段、风机段、喷水段、冷却挡水段、加热段、送风段等，装有低压防水电灯，供检修时照明用。

2.3 组合式空调机组的性能参数及其选型计算

2.3.1 组合式空调机组的分类（Air Handling Unit - AHU）

组合式空调机组的分类见表2-2。

表 2-2 组合式空调机组的分类

分类方式	分类	代号	适 用 范 围
结构形式	立式	L	中小规模集中空调系统，新风机组
	卧式	W	集中空调全空气系统
	吊顶式	D	风量较小的空调系统，新风机组
	其他	Q	
箱体材料	金属	J	清洁空气，空气湿度不大的环境
	玻璃钢	B	空气湿度大，有喷淋段的场合
	复合	F	
	其他	Q	
用途特征	通用机组	T	工业、民用建筑的全空气空调系统
	新风机组	X	空调系统的新风系统
	净化机组	J	微电子、医药行业、医院等空气需净化的场合
	专用机组	Z	
	其他	Q	

组合式空调机组按各功能段的排列顺序与被处理空气流动方向间的相互关系分类：①左式：当人站在操作面一侧面对空气处理机组时，空气由右向左流动；②右式：当人站在操作面一侧面对空气处理机组时，空气由左向右流动。

组合式空气处理机组的操作面规定为：①设有检修门的一面作为操作面；②袋式过滤器能装卸过滤袋的一侧；③自动卷绕式过滤器设有控制箱的一侧；④冷（热）媒进、出口的一侧，有排水管一侧；⑤喷水室（段）喷水管接水管的一侧。

2.3.2 组合式空调机组的性能参数

1. 术语

额定风量：在标准空气状态下，单位时间通过机组的空气体积流量，单位为 m^3/h 或 m^3/s。

机组余压：机组克服自身阻力后在出风口处的动压和静压之和，单位为 Pa。

额定供冷量：机组在规定试验工况下的总除热量，即显热和潜热除热量之和，单位为 kW。

额定供热量：机组在规定试验工况下供给的总显热量，单位为 kW。

漏风率：机组的漏风量与额定风量之比率，用% 表示。

断面风速均匀度：指断面上任一点的风速与平均风速之差的绝对值不超过平均风速 20% 的点数占总测点数的百分比。

标准空气状态：指温度20℃、相对湿度65%、大气压力101.3kPa、密度1.2kg/m³ 时的空气状态。

2. 基本规格和参数

机组的基本规格用额定风量表示，按分段等差级数排列，见表2-3。

表2-3 组合式空调机组的基本规格

规格代号	2	3	4	5	6	7	8	10	15	20	25
额定风量/(m^3/h)	2000	3000	4000	5000	6000	7000	8000	10000	15000	20000	25000
规格代号	30	40	50	60	80	100	120	140	160	200	
额定风量/(m^3/h)	30000	40000	50000	60000	80000	100000	120000	140000	160000	200000	

组合式空调机组型号的表示方法

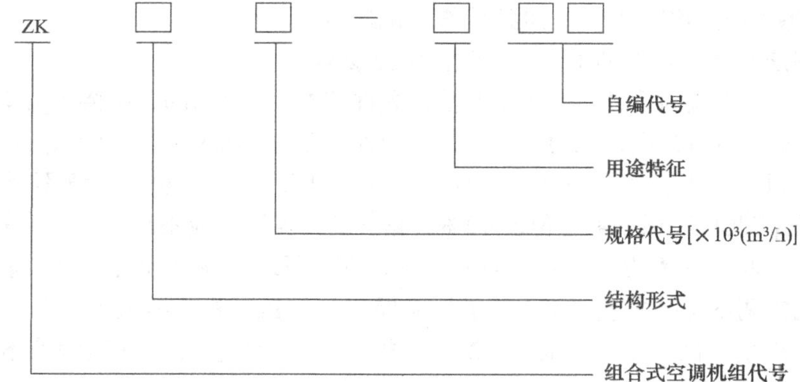

如ZKW20—X表示卧式新风机组，额定风量为20000m³/h。

3. 技术要求

（1）基本要求

1）机组应按规定程序批准的图样和技术文件制造。

2）机组的基本规格和参数应符合规定。

3）机组的结构应满足下列要求：

① 机组箱体保温层与壁板应结合牢固、密实。壁板保温的热阻不小于0.74m²·K/W，箱体应有防冷桥措施。

② 喷水段应有观察窗、挡水板和水过滤装置。

③ 机组应设排水口，排放应畅通、无溢出和渗漏。

④ 机组连接水管穿过箱体要绝热和密封。

⑤ 机组的检查门应严密、灵活、安全。

⑥ 机组的风机出口应有柔性接管，风机应设隔振装置。

⑦ 各功能段的箱体应有足够的强度，在运输和启动、运行、停止后不应出现凹凸变形。

⑧ 机组横断面上的气流不应产生短路。

⑨ 机组必要时可留测孔和测试仪表接口，并设电压不超过36V的安全照明。

⑩ 过滤段检修门应便于过滤器取出，并有足够的更换空间。

⑪ 室外机组箱体应有防渗雨、防冻措施。

4）机组内配置的风机，冷、热盘管，过滤器，加湿器以及其他零部件应符合国家有关标准的规定。

5）机组采用黑色金属制作的构件表面应作除锈和防腐处理。

（2）外观要求

1）机组外表面应无明显划伤、锈斑和压痕，表面光洁，喷涂层均匀，色调一致，无流痕、气泡和剥落。

2）机组应清理干净，箱体内应无杂物。

（3）性能要求

1）启动

① 机组在额定电压下能正常启动和运转。

② 机组在使用现场组装后，应进行检查和试运转。

2）盘管耐压性能。在下列条件之一时，应无渗漏。

① 水压试验压力应为设计压力的1.5倍，允许偏差±0.02MPa，保持压力至少3min。

② 气压试验压力应为设计压力的1.2倍，允许偏差±0.02MPa，保持压力至少1min。

3）风量、机外静压、输入功率。在规定的试验工况下，风量实测值不低于额定值的95%，机外静压实测值不低于额定值的90%，输入功率实测值应不超过额定值的10%。

4）漏风率。机组内静压保持正压段700Pa，负压段－400Pa时，机组漏风率不大于2%。用于净化空调系统的机组，机组内静压应保持1000Pa，机组漏风率不大于1%。

5）额定供冷量和供热量。在试验工况下，机组供冷量和供热量的实测值不低于额定值的95%。

6）喷水段的空气热交换效率。在喷水压力小于等于245kPa时，空气的热交换效率不得低于80%。

7）空气过滤器的过滤效率和初阻力应符合表2-4的规定。

表2-4　过滤效率和初阻力

类别 性能	粗效	中效	高中效	亚高效
大气尘粒径/μm	≥5	≥1	≥1	≥0.5
计数效率 E（%）	20≤E<80	20≤E<70	70≤E<99	95≤E<99.9
初阻力/Pa	≤50	≤80	≤100	≤120

8）凝露试验。机组在试验工况下运行，机组表面应无凝露滴下。

9）凝结水排除能力。机组在试验工况下运行，凝结水排放流畅，无溢出。

10）机组噪声声压级应不超过表2-5的规定。

表2-5 机组声压级噪声限值 ［单位：dB（A）］

额定风量/(m^3/h)	机组全静压/Pa				
	350	500	750	1000	1500
2000～3000	60	63	66	69	72
5000	62	65	68	71	74
6000	63	66	69	72	75
10000	65	68	71	74	77
12000	66	69	72	75	78
20000	68	71	74	77	80
25000	69	72	75	78	81
30000	70	73	76	79	82
50000	72	75	78	81	84
80000	74	77	80	83	86
100000	75	78	81	84	87
160000	77	80	83	86	89
200000	78	81	84	87	90

注：风量和机组全静压在表中规定值之间可按插入法确定。

11）机组的振动。机组的振幅不应大于15μm（垂直）。

12）断面风速均匀度。在距盘管或过滤器迎风断面200mm处，均布风速测点，统计所测风速与平均风速之差不超过平均风速20%的点数占总点数的百分比应不小于80%。

13）安全性能要求应符合《空气处理机组 安全要求》（GB 10891）的规定。

（4）材料要求

机组箱体采用的绝热、隔声材料应无毒、无腐蚀、无异味和不易吸水，其材料外露部分和箱体具有不燃或难燃特性。

（5）试验条件

试验工况应符合表2-6的规定。

表 2-6　试验工况

<table>
<tr><th rowspan="2">序号</th><th rowspan="2" colspan="2">项目</th><th colspan="2">进口空气状态</th><th colspan="4">供水参数</th><th>供蒸汽状态</th><th rowspan="2">风量/(m³/h)</th><th rowspan="2">机外静压/Pa</th><th rowspan="2">电压/V</th><th rowspan="2">频率/Hz</th></tr>
<tr><th>干球温度/℃</th><th>湿球温度/℃</th><th>进口水温/℃</th><th>进出口水温差/℃</th><th>供水状态</th><th>喷水压力/kPa</th><th>表压力/MPa</th></tr>
<tr><td>1</td><td colspan="2">风量、机外静压和输入功率</td><td>5~35</td><td>—</td><td>—</td><td>—</td><td>不供</td><td>—</td><td>不供</td><td>—</td><td>—</td><td rowspan="9">额定值</td><td rowspan="9">额定值</td></tr>
<tr><td rowspan="2">2</td><td rowspan="2">供冷量</td><td>回风</td><td>27</td><td>19.5</td><td>7</td><td>5</td><td>供</td><td>—</td><td>不供</td><td rowspan="8">额定值</td><td rowspan="8">不低于额定值85%</td></tr>
<tr><td>新风</td><td>35</td><td>28</td><td>7</td><td>5</td><td>供</td><td>—</td><td>不供</td></tr>
<tr><td>3</td><td colspan="2">喷水段热工性能</td><td>27</td><td>19.5</td><td>7</td><td>5</td><td>供</td><td>≤245</td><td>不供</td></tr>
<tr><td rowspan="2">4</td><td rowspan="2">供热量</td><td>热水</td><td>15</td><td>—</td><td>60</td><td>10</td><td>供</td><td>—</td><td>不供</td></tr>
<tr><td>蒸汽</td><td>15</td><td>—</td><td>—</td><td>—</td><td>不供</td><td>—</td><td>0.2</td></tr>
<tr><td rowspan="2">5</td><td rowspan="2">新风机组供热量</td><td>热水</td><td>7</td><td>—</td><td>60</td><td>10</td><td>供</td><td>—</td><td>不供</td></tr>
<tr><td>蒸汽</td><td>7</td><td>—</td><td>—</td><td>—</td><td>不供</td><td>—</td><td>0.2</td></tr>
<tr><td>6</td><td colspan="2">凝结水排除能力</td><td>27</td><td>24</td><td>7</td><td>5</td><td>供</td><td>—</td><td>不供</td></tr>
<tr><td>7</td><td colspan="2">凝露试验</td><td>27</td><td>24</td><td>7</td><td>5</td><td>供</td><td>—</td><td>不供</td></tr>
<tr><td>8</td><td colspan="2">漏风量</td><td>5~35</td><td>—</td><td>—</td><td>—</td><td>不供</td><td>—</td><td>不供</td><td>—</td><td>—</td><td>—</td><td>—</td></tr>
</table>

注：当采用风管焓差法凝露试验时，环境露点温度应为22.8~26.2℃。

2.3.3　组合式空调机组的选型

组合式空调机组是集中式空调系统的关键设备，选择的正确与否关系到系统的舒适性、投资和运行费用。

1. 机组型号的选择

组合式空调机组的型号应根据设计风量来选择。组合式空调机组的型号主要用额定风量来表示。用式（1-32）计算各空调房间的送风量，将系统所承担各空调房间的送风量相加即得到总送风量。根据总送风量查空调设备手册或厂家的产品样本来确定机组的型号。

2. 组合式空调机组功能段的选择

组合式空气处理机组各功能段的组合，主要根据空调系统夏、冬季空气处理方案以及空气净化要求，并结合空调机房的具体条件等来确定。

例如，有喷水室的组合式空气处理机组如图2-30所示，该组合式空气处理机组对应的夏季 $h-d$ 如图2-1b所示，冬季 $h-d$ 如图2-3所示。

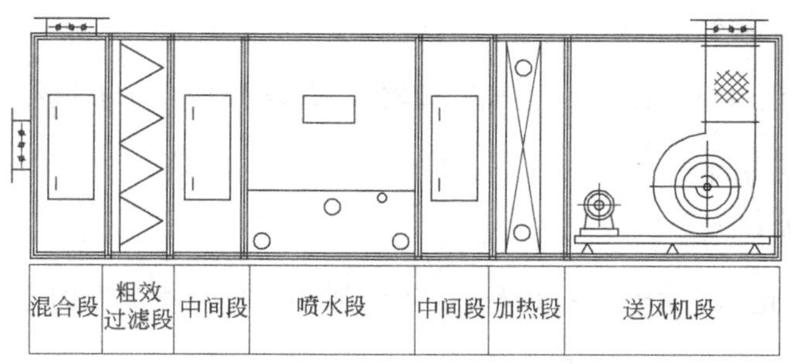

图 2-30　有喷水室的组合式空气处理机组

夏季空气处理流程为

新风、回风 $\xrightarrow{混合}$ 粗效过滤器 ⟶ 喷水室（冷却减湿）⟶ 加热器（等湿加热）⟶ 送至空调房间

冬季空气处理流程为

新风、回风 $\xrightarrow{混合}$ 粗效过滤器 ⟶ 喷水室（喷循环水，等焓加湿）⟶ 加热器（等湿加热）⟶ 送至空调房间

对于北方寒冷地区，应设预热器，如图 2-31 所示。冬季处理过程及其 $h-d$ 如图 2-4 所示。

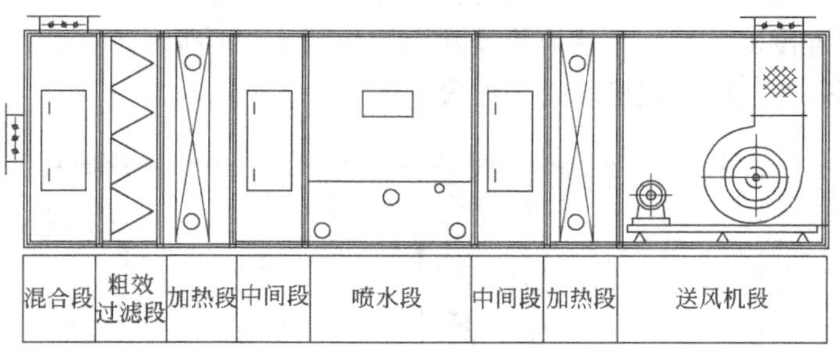

图 2-31　设预热器和喷水室的组合式空气处理机组

有空气冷却器和喷干蒸汽（或喷高压水雾）加湿的组合式空气处理机组如图 2-32 所示。该组合式空气处理机组对应的夏季 $h-d$ 如图 2-1b 所示，冬季 $h-d$ 如图 2-5 所示。

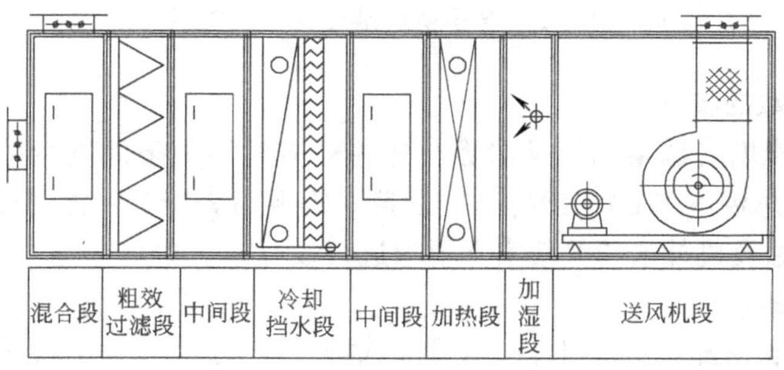

图 2-32　设空气冷却器的组合式空气处理机组

夏季空气处理流程为

新风
回风 〉$\xrightarrow{混合}$ 粗效过滤器 ⟶ 空气冷却器（冷却减湿）⟶ 加热器（等湿加热）

⟶ 送至空调房间

冬季空气处理流程为

新风
回风 〉$\xrightarrow{混合}$ 粗效过滤器 ⟶ 加热器（等湿加热）⟶ 喷蒸汽加湿器（等温加湿）

⟶ 送至空调房间

对于北方寒冷（或严寒）地区，需要设预热器对新风进行预热，空气处理过程如图 2-6 所示。设预热器的组合式空气处理机组如图 2-33 所示。

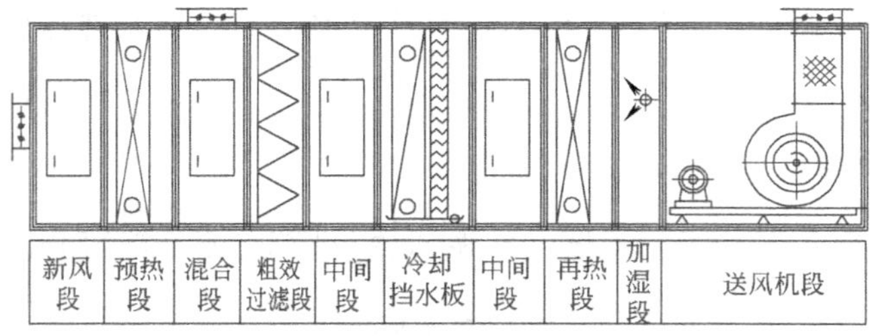

图 2-33 设预热器的组合式空气处理机组

对舒适性空调来说，为减少能耗，通常以机器露点作为送风状态点，夏季 $h-d$ 如图 2-1b 所示。另外，为节省投资，夏、冬季换热器共用，如图 2-34 所示。在我国南方地区，如果冬季空气处理过程不需要加湿，则可取消加湿段。

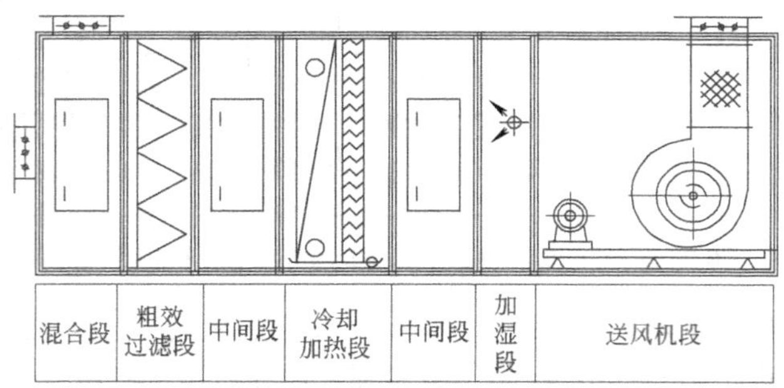

图 2-34 夏、冬季换热器共用组合式空调机组

3. 机组性能参数的校核

产品样本的性能规格是系列标准参数，选用时应对使用条件进行核算。如进风的参数（干球温度 DB 和湿球温度 WB）、冷冻水的温度。需要对表冷器、加热器的排数、加湿器的加湿量、风机的风量及机外余压等按实际要求进行核算。

（1）机组冷量的校核

表冷段中表冷器一般可分为四排、六排和八排。在进风参数相同的条件下，在同样的冷负荷下，选用不同风量和排数的表冷器，其送风状态点不同，导致室内温湿度不同。

根据下式来确定表冷器的排数：

$$E = f(V_y, N)$$

根据风量 L、冷量 Q_0、表冷器进风参数、排数 N、冷水温度，查产品样本进行校核，当样本中提供的冷量大于或等于所计算的冷量时，即满足要求。若样本中没有与实际进风相同的参数，应选用较实际进风参数低的参数所对应的冷量数据进行校核，这样做偏安全。

（2）机组热量的校核

工程上经常是一个表面式换热器冷热两用，夏季通冷水做表冷器，冬季通热水做加热器，既节省投资又少占地方，是较好的方案。若夏季冷负荷与冬季热负荷数值上相差不大，而夏季供回水温差 Δt 为5℃，冬季供回水温差 Δt 约为10℃，由式 $Q = Wc\Delta t$ 可见，在水量 W 不变时，所提供的热量远大于所需要的。但是，冷冻水系统若在冬季和夏季保持水量 W 不变运行，会出现大流量、小温差的现象，浪费了水泵所消耗的电能。因此，在进行冷冻水系统设计时，冬、夏季节可采用变水量系统，以利于节能。

（3）机外静压的校核

当所选机组的机外静压大于或等于所需机外静压时，即为满足要求。

所需机外静压计算方法：计算风管最不利段的总压力损失（即沿程损失与局部损失之和），并加大10%即得所需的机外静压（常称机外余压）。工程上也可采用下式进行估算

$$\Delta P = R_m l(1 + k) \tag{2-33}$$

式中　ΔP——总压力损失（Pa）；

R_m——风管单位长度的摩擦阻力（Pa/m），在低速风道系统中 R_m 值可取0.8～1.5；

l——风管最不利管路总长度（m）；

k——局部阻力与摩擦阻力损失的比值，局部配件少时，取 k =1.0～2.0；局部配件多时，取 k =3.0～5.0。

（4）机组的过滤段

除净化空调有特殊要求外，一般空调不需要计算。现厂家均采用无纺布或泡沫塑料作滤料，对一般舒适性空调系统采用初效过滤段即可，要求较高时，可加设中效和高效过滤段。特殊情况下，应加设消毒和除菌装置，如在预防“非典”期间，建设部、卫生部、科技部联合下发的《建筑空调通风系统预防“非典”、确保安全使用的应急管理措施》中规定：“空调系统中应安装空气过滤装置与消毒装置（安装紫外线灯）。”

此外，选择机组时还应根据工程实际考虑到机组形式、风口大小、位置、进出水管方向（左右式）、材质等。

4. 选用组合式空调机组应注意的问题

1）空调机组选用应按最不利的条件来确定，应考虑最大限度地利用回风以及过渡季全部利用室外新鲜空气。

2）空调机组冷却器的迎面空气重量流速采用2.5～3.5kg/(m^2·s）时，宜在冷却器后增设挡水板。

3）空调机组的壳体保温层厚度一般是按照机组在室内安装确定的，当机组安装在室外时，应重新核算保温层厚度，并采用相应的防雨与保温措施，其顶部应加设整体的防雨盖。

4）选用机组时应按产品说明书中的规定，确定接管方式（左、右式）。

5）产品样本的性能规格是系列标准参数，选用时应对使用条件进行核算。如冷却器、加热器的面积、加湿器的加湿量、风机的风量、风压均需按实际要求进行核算加以确认。

6）选用机组时，应注意机组管道连接方式是否合理，冷凝水排放是否流畅。机房内应设地漏，用于排放凝结水和检修排管时排水。

7）应考虑空调机组检修方式及检修面的最小检修尺寸。机组旁边需留有至少和机组宽度等长的空间，以便拆卸盘管和抽取过滤器。

8）新风机应采用防冻裂措施，以防止冬季把新风机盘管冻裂。

9）设计选用空调机组应注意电源引入的位置，以及与电源的连接方式。

10）画出组合式空调机组所需功能段的组合示意图。示意图上应注明所选机组型号、规格、段号、功能段长度、排列先后次序及左右式方位等基本要求，并应明确以下内容。

① 机组名称，型号，额定风量，机外余压，供冷量，供热量，空气进出口干球、湿球温度，水阻力。

② 额定电压、额定功率、额定频率。

③ 风机段的出口方位、风机转速。

④ 冷水管、供热管的接口方位、管径。

⑤ 冷水系统、供热系统的工作压力、温度。

⑥ 功能段的名称，材质，具体要求（如：粗、中效过滤，四、六排盘管等）与排列顺序。

⑦ 外形尺寸（长×宽×高）。

2.4　组合式空调机组安装

2.4.1　组合式空调机组安装的准备工作

1. 材料设备

1）设备与材料应具有出厂合格证及质量证明文件。

2）设备、材料的名称、型号和规格应符合设计要求。

3）设备及其零、部件应无缺损、锈蚀、变形。

4）其他安装时使用的相关材料应符合设计要求，且不得有质量缺陷。

2. 主要机具

1）机械：卷扬机、捯链、滑轮、咬口机、套丝机等。

2）工具：钢尺、活动扳手、钢丝钳、线坠、水平尺、角尺、水准仪等。

3. 作业条件

1）施工前应具备设计和设备的相关技术文件。认真熟悉图样，编制施工方案。若属大型设备，应单独编制设备运输吊装施工方案。完成技术安全交底，做好施工技术准备工作。

2）对运输所经过的道路进行清理，核实预留的运输孔洞尺寸，主要材料和机具及劳动力等有充分准备，并已做出合理安排。

3）利用建筑结构作为起吊、搬运设备的承力点时，应对结构的承载力进行核算，必要时应经设计单位的同意方可利用。

4）建筑物屋面、外墙、门窗和内部粉刷等工程应基本完工，有关的基础、沟道等工程应已完工，其混凝土强度不应低于设计强度的75%；安装施工地点及附近的建筑材料、泥土、杂物等，已清除干净。

2.4.2　组合式空调机组安装

1. 安装工艺流程

开箱检查与验收→基础制作及验收→现场运输→分段组对安装→设备调试

2. 安装方法

（1）开箱检查与验收

参加开箱检查与验收的人员包括：监理工程师、建设单位项目专业技术负责人、供应商代表、施工单位项目专业质量（技术）负责人。验收合格后必须形成文字记录，填写进场验收记录和核查记录，验收人员签字应齐全。如有缺损或与要求不符的情况出现，应及时由厂家更换。开箱检查的内容包括：

1）开箱前检查箱号、箱数以及包装情况。

2）认真核对设备的名称、型号、规格和数量。

3）设备、材料出厂质量证明文件及检测报告是否齐全。组合式空调机组的冷量、热量、风量、风压、功率及额定热回收效率。

4）设备及附件应无缺损、表面锈蚀、变形、装错等现象。

5）手动盘车，检查叶轮与外壳有无擦碰、摩擦。

（2）基础制作及验收

组合式空调机组基础图如图2-35、图2-36所示。

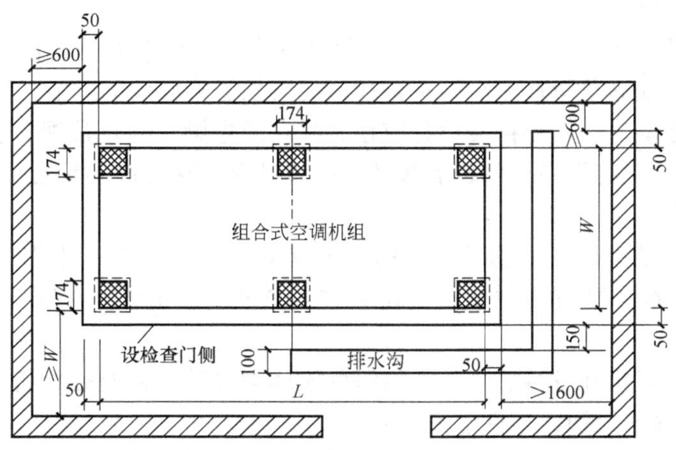

图2-35　基础平面图

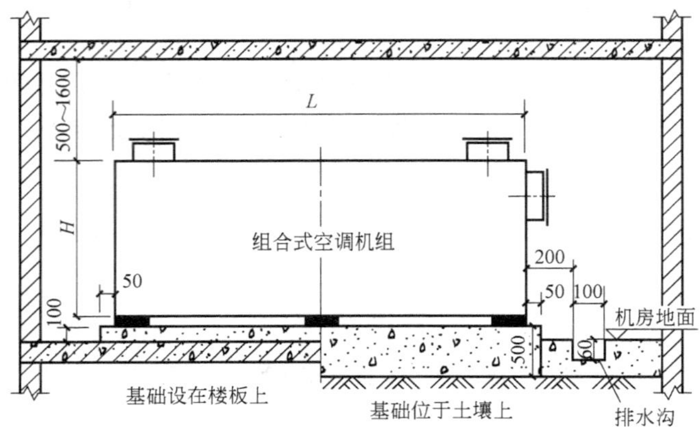

图 2-36　机组及基础剖面图

1）组合式空调机组的基础应采用混凝土平台，基础的长度及宽度应按照设备的外形尺寸两侧各加 100mm，基础的位置、标高应符合设计要求，并考虑凝结水水封的高度及管道安装坡度，基础高度不小于 100mm。设备基础平面必须水平，对角线水平误差应不超过 5mm。

2）设备基础应符合现行国家标准《混凝土结构工程施工质量验收规范》的规定，并应有验收资料或记录。设备基础表面应进行清理，放置垫铁部位的表面应凿平。

3）设备就位前，应按施工图和建筑物的轴线或边缘线及标高线，放出安装的基准线。

4）互相有连接、衔接或排列关系的设备，应放出共同的安装基准线。必要时，应按设备的具体要求，埋设一般的或永久性的中心标板或基准点。

5）组合式空调机组不宜直接落地安装，如设计无混凝土基础时，应采用型钢制作设备基础。

（3）设备现场运输

1）大型设备的现场运输应按施工方案的要求进行，未经审批不得修改施工方案。

2）设备水平运输时尽量使用小拖车，如使用滚杠需采取保护措施，防止设备磕碰。

3）设备垂直运输时，对于裸装设备应在其吊耳或主梁上固定吊绳，整装设备根据受力点选好固定位置将吊绳稳固在外包装上起吊，吊装时应采取措施，保证人员及设备的安全。

（4）分段组对安装

1）设备置于基础上后，根据已确定的定位基准面、线或点，对设备进行找正、调平。复检时亦不得改变原来测量的位置。当设备技术文件无规定时，宜在设备的主要工作面确定。

2）组合式空调机组在安装前先复查机组各段体与设计图样是否相符，各段体内所安装的设备、部件是否完整无损，配件应安装齐全。

3）分段组装的组合式空调机组安装时，因各段连接部位螺栓孔大小、位置均相同，故需注意段体的排列顺序必须与图样相符，安装前对各功能段进行编号，不得将各段位置排错。

4）空调机组组装时应从空调设备上的一端开始，逐一将各段体抬上基座校正位置后加衬垫，将相邻的两段用螺栓连接严密牢固。每连接一个段体前，将内部清除干净。

表面式换热器可以垂直、水平和倾斜安装。对于用蒸汽作热媒的空气加热器，水平安装时，为了排除凝结水，应当考虑有 $i=0.01$ 的坡度。对于表冷器，在垂直安装时必须使肋片处于垂直位置，以免肋片积水增加空气的阻力和降低传热系数。为了接纳凝结水并及时将凝结水排走，表冷器的下部应当设置滴水盘和排水管，如图2-37所示（p 为空调机组在该处负压绝对值）。

表面式换热器在空气流动方向上可以并联、串联或既有并联又有串联。多个表面式换热器组合时，空气量大时采用并联，要求空气的温升或温降大时采用串联。

5）对于有喷淋段的空调机组组装时，首先安装喷淋段，再组装两侧的其他功能段。

6）风机单独运输的情况下，先安装风机段空段体，再将风机装入段体。

7）空调机组与供、回水管的连接应正确，且应符合产品技术说明的要求。

表面式换热器冷、热媒管路有并联与串联之分。对于使用蒸汽作热媒的表面式换热器，因为进口余压一定，蒸汽管路与各台换热器之间只能并联。一般相对于空气来说，并联的冷却器其冷水管路也必须并联，串联的冷却器其冷水管路也必须串联，如图2-38所示。

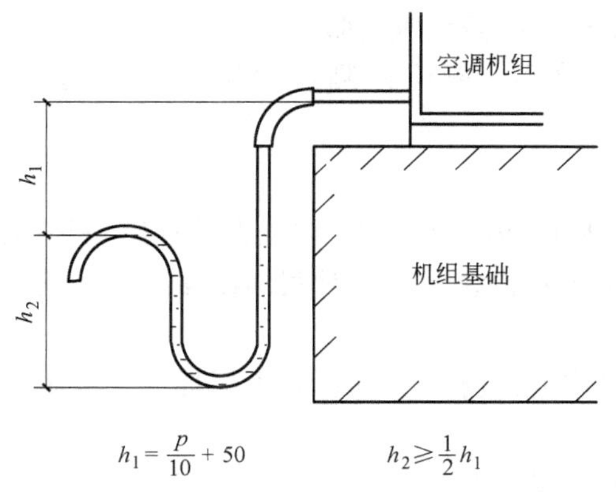

图2-37　滴水盘和排水管的安装

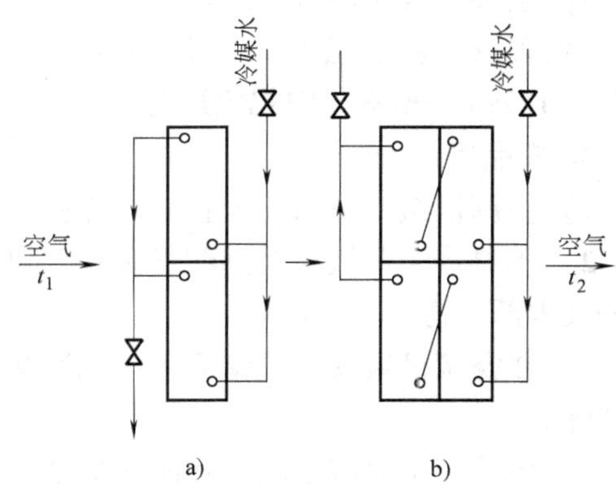

图2-38　表面式换热器的管路连接
a）相对于空气流向，两台并联
b）相对于空气流向，两台并联、两台串联

为便于使用和维修，冷、热媒管路上应装设阀门、压力表和温度计。在蒸汽加热器的管路上还应设蒸汽压力调节阀和疏水器。为保证换热器正常工作，在水系统最高点应设排气阀，在最低点则应设泄水、排污阀门。

8）密闭检视门及门框应平正、牢固，无滴漏，开关灵活；凝结水的引流管（槽）畅通，冷凝水排放管应有水封，与外管路连接应正确。

9）组合式空调机组各功能段之间的连接应严密，连接完毕后无漏风、渗水、凝结水排放不畅或外溢等现象出现。安装完的组合式空调机组，其各功能段之间的连接应严密、整体平直。检查门开启灵活，水路畅通。应注意的质量问题及防治措施见表2-7。

表 2-7　质量问题及防治措施

质量问题	产生原因	防治措施
空调机组漏风	密封垫片歪斜或脱落，基础不平	调整基础平整、补垫片、调整空调机组
过滤器、表冷器阻力过大	未清洗	认真清洗过滤器、表冷器
排水管漏风	排水管无水封或水盘倒坡	排水管加水封，调整空调机组排水坡向

(5) 设备单机调试

1) 设备单机调试前，应对设备机房及设备内部进行清理。机房内清扫干净，不得留有杂物，避免开机时被机组吸入。

2) 单机调试前，电源应连接好，且符合电气规范的有关要求。

3) 单机调试的内容主要是设备内风机的调试，风机调试详见《通风机安装施工工艺标准》中关于风机试运转及验收的规定。

4) 空调机组应进行冷凝水通水试验和表面式热交换器水压试验。

5) 现场组装的组合式空调机组应进行漏风检测，漏风检测按《组合式空调机组》(GB/T 14294—2008) 中规定进行。

3. 成品保护

1) 空调机组就位未配风管前，应将空调机组接口做临时封闭，防止杂物落入机组内。

2) 不得将空调机组及其配管做脚手架用。在室内装修时，应对其加以覆盖，防止污染机体及内部管道。

3) 在空调机组安装就绪后未正式移交使用单位的情况下，应有防止损坏、丢失零部件的措施。

4) 冬季施工时应采取防寒防冻措施，防止表冷器存水冻坏设备。

2.4.3　组合式空调机组安装质量标准与验收

1. 一般规定

1)《通风与空调工程施工质量验收规范》(GB 50243—2002) 中通风与空调设备安装的相关规定适用于工作压力不大于 5kPa 的通风机与空调设备安装质量的检验与验收。

2) 通风与空调设备应有装箱清单、设备说明书、产品质量合格证书和产品性能检测报告等随机文件，进口设备还应具有商检合格的证明文件。

3) 设备安装前，应进行开箱检查，并形成验收文字记录。参加人员为建设、监理、施工和厂商等单位的代表。

4) 设备就位前应对其基础进行验收，合格后方能安装。

5) 设备的搬运和吊装必须符合产品说明书的有关规定，并应做好设备的保护工作，防止因搬运或吊装而造成设备损伤。

2. 主控项目

1）通风机的安装应符合下列规定

① 型号、规格应符合设计规定，其出口方向应正确。

② 叶轮旋转应平稳，停转后不应每次停留在同一位置上。

③ 固定通风机的地脚螺栓应拧紧，并有防松动措施。

检查数量：全数检查。

检查方法：依据设计图核对、观察检查。

2）通风机传动装置的外露部位以及直通大气的进、出口，必须装设防护罩（网）或采取其他安全设施。

检查数量：全数检查。

检查方法：依据设计图核对、观察检查。

3）空调机组的安装应符合下列规定

① 型号、规格、方向和技术参数应符合设计要求。

② 现场组装的组合式空气调节机组应做漏风量的检测，其漏风量必须符合现行国家标准《组合式空调机组》的规定。

检查数量：按总数抽检20%，且不得少于1台。净化空调系统的机组，1～5级全数检查，6～9级抽查50%。

检查方法：依据设计图核对，检查测试记录。

4）静电空气过滤器金属外壳接地必须良好。

检查数量：按总数抽查20%，且不得少于1台。

检查方法：核对材料、观察检查或电阻测定。

5）电加热器的安装必须符合下列规定

① 电加热器与钢构架间的绝热层必须为不燃材料，接线柱外露的应加设安全防护罩。

② 电加热器的金属外壳接地必须良好。

③ 连接电加热器风管的法兰垫片，应采用耐热不燃材料。

检查数量：按总数抽查20%，且不得少于1台。

检查方法：核对材料、观察检查或电阻测定。

6）干蒸汽加湿器的安装，蒸汽喷管不应朝下。

检查数量：全数检查。

检查方法：观察检查。

3. 一般项目

1）通风机的安装应符合下列规定

① 通风机安装的允许偏差应符合表2-8的规定。叶轮转子与机壳的组装位置应正确，叶轮进风口插入风机机壳进风口或密封圈的深度，应符合设备技术文件的规定，或为叶轮外径值的1/100。

② 现场组装的轴流风机叶片安装角度应一致，达到在同一平面内运转，叶轮与筒体之间的间隙应均匀，水平度允许偏差为1/1000。

③ 安装隔振器的地面应平整，各组隔振器承受荷载的压缩量应均匀，高度误差应小于2mm。

表 2-8 通风机安装的允许偏差

<table>
<tr><th>项次</th><th colspan="2">项目</th><th>允许偏差</th><th>检验方法</th></tr>
<tr><td>1</td><td colspan="2">中心线的平面位移</td><td>10mm</td><td>经纬仪或拉线和尺量检查</td></tr>
<tr><td>2</td><td colspan="2">标高</td><td>±10mm</td><td>水准仪或水平仪、直尺、拉线和尺量检查</td></tr>
<tr><td>3</td><td colspan="2">带轮轮宽中心平面偏移</td><td>1mm</td><td>在主、从动带轮端面拉线和尺量检查</td></tr>
<tr><td>4</td><td colspan="2">传动轴水平度</td><td>纵向 0.2/1000
横向 0.3/1000</td><td>在轴或带轮 0°和 180°的两个位置上，用水平仪检查</td></tr>
<tr><td rowspan="2">5</td><td rowspan="2">联轴器</td><td>两轴芯径向位移</td><td>0.05mm</td><td rowspan="2">在联轴器互相垂直的四个位置上，用百分表检查</td></tr>
<tr><td>两轴线倾斜</td><td>0.2/1000</td></tr>
</table>

④ 安装风机的隔振钢支、吊架，其结构形式和外形尺寸应符合设计或设备技术文件的规定；焊接应牢固，焊缝应饱满、均匀。

检查数量：按总数抽查 20%，且不得少于 1 台。

检查方法：尺量、观察或检查施工记录。

2）组合式空调机组及柜式空调机组的安装应符合下列规定

① 组合式空调机组各功能段的组装应符合设计规定的顺序和要求，各功能段之间的连接应严密，整体应平直。

② 机组与供回水管的连接应正确，机组下部冷凝水排放管的水封高度应符合设计要求。

③ 机组应清扫干净，箱体内应无杂物、垃圾和积尘。

④ 机组内空气过滤器（网）和空气热交换器翅片应清洁、完好。

检查数量：按总数抽查 20%，且不得少于 1 台。

检查方法：观察检查。

3）空气处理室的安装应符合下列规定

① 金属空气处理室壁板及各段的组装位置应正确，表面平整，连接严密、牢固。

② 喷水段的本体及其检查门不得漏水，喷水管和喷嘴的排列、规格应符合设计的规定。

③ 表面式换热器的散热面应保持清洁、完好。当用于冷却空气时，在下部应设有排水装置，冷凝水的引流管或槽应畅通，冷凝水不外溢。

④ 表面式换热器与围护结构间的缝隙，以及表面式换热器之间的缝隙，应封堵严密。

⑤ 换热器与系统供回水管的连接应正确，且严密不漏。

检查数量：按总数抽查 20%，且不得少于 1 台。

检查方法：观察检查。

4）空气过滤器的安装应符合下列规定

① 安装平整、牢固，方向正确。过滤器与框架、框架与围护结构之间应严密无穿透缝。

② 框架式或粗效、中效袋式空气过滤器的安装，过滤器四周与框架应均匀压紧，无可

见缝隙，并应便于拆卸和更换滤料。

③ 卷绕式过滤器的安装，框架应平整，展开的滤料应松紧适度，上下筒体应平行。

检查数量：按总数抽查 10%，且不得少于 1 台。

检查方法：观察检查。

5）转轮式换热器安装的位置、转轮旋转方向及接管应正确，运转应平稳。

检查数量：按总数抽查 20%，且不得少于 1 台。

检查方法：观察检查。

6）转轮去湿机安装应牢固，转轮及传动部件应灵活、可靠，方向正确；处理空气与再生空气接管应正确；排风水平管须保持一定的坡度，并坡向排出方向。

检查数量：按总数抽查 20%，且不得少于 1 台。

检查方法：观察检查。

7）蒸汽加湿器的安装应设置独立支架，并固定牢固；接管尺寸正确、无渗漏。

检查数量：全数检查。

检查方法：观察检查。

4. 工程质量验收记录用表

（1）规范要求验收记录用表

《通风与空调工程施工质量验收规范》（GB 50243—2002）的工程质量验收记录用表。

1）通风与空调设备安装检验批质量验收记录（表 2 - 9）。通风与空调分部工程的检验批质量验收记录由施工单位本专业质量检查员填写，监理工程师（建设单位项目专业技术负责人）组织项目专业质量检查员等进行验收，并按各个分项工程的检验批质量验收表的要求记录。

2）通风与空调分项工程质量验收记录。通风与空调分部工程的分项工程质量验收记录由监理工程师（建设单位项目专业技术负责人）组织施工项目经理和有关专业设计负责人等进行验收，并按表 2 - 10 记录。

3）通风与空调子分部（分部）工程质量验收记录。通风与空调子分部（分部）工程质量验收记录由总监理工程师（建设单位项目专业技术负责人）组织项目专业质量检查员等进行验收，并按表 2 - 11、表 2 - 12 记录。

（2）施工过程用表

1）施工技术交底记录见表 2 - 13。

2）设备（开箱）进场验收记录见表 2 - 14。

3）设备基础复检记录见表 2 - 15。

4）材料、设备质量证明书汇总见表 2 - 16。

5）风机、空调机组单机试运转记录见表 2 - 17。

6）通风机、空调机组调试记录见表 2 - 18。

7）现场组装空调机组漏风检测记录见表 2 - 19。

表 2-9　通风与空调设备安装检验批质量验收记录（空调系统）

<table>
<tr><td colspan="3">单位（子单位）工程名称</td><td colspan="3"></td></tr>
<tr><td colspan="3">分部（子分部）工程名称</td><td colspan="2"></td><td>验收部位</td></tr>
<tr><td colspan="3">施工单位</td><td colspan="2"></td><td>项目经理</td></tr>
<tr><td colspan="3">分包单位</td><td colspan="2"></td><td>分包项目经理</td></tr>
<tr><td colspan="3">施工执行标准名称及编号</td><td colspan="3"></td></tr>
<tr><td colspan="4">施工质量验收规范规定</td><td>施工单位检查评定记录</td><td>监理（建设）单位验收记录</td></tr>
<tr><td rowspan="6">主控项目</td><td>1</td><td>通风机的安装</td><td>第 7.2.1 条</td><td></td><td rowspan="6"></td></tr>
<tr><td>2</td><td>通风机安全措施</td><td>第 7.2.2 条</td><td></td></tr>
<tr><td>3</td><td>空调机组安装</td><td>第 7.2.3 条</td><td></td></tr>
<tr><td>4</td><td>静电空气过滤器安装</td><td>第 7.2.7 条</td><td></td></tr>
<tr><td>5</td><td>电加热器的安装</td><td>第 7.2.8 条</td><td></td></tr>
<tr><td>6</td><td>干蒸汽加湿器安装</td><td>第 7.2.9 条</td><td></td></tr>
<tr><td rowspan="11">一般项目</td><td>1</td><td>通风机的安装</td><td>第 7.3.1 条</td><td></td><td rowspan="11"></td></tr>
<tr><td>2</td><td>组合式空调机组的安装</td><td>第 7.3.2 条</td><td></td></tr>
<tr><td>3</td><td>现场组装的空气处理室安装</td><td>第 7.3.3 条</td><td></td></tr>
<tr><td>4</td><td>单元式空调机组的安装</td><td>第 7.3.4 条</td><td></td></tr>
<tr><td>5</td><td>消声器的安装</td><td>第 7.3.13 条</td><td></td></tr>
<tr><td>6</td><td>风机盘管机组安装</td><td>第 7.3.15 条</td><td></td></tr>
<tr><td>7</td><td>粗、中效空气过滤器安装</td><td>第 7.3.14 条</td><td></td></tr>
<tr><td>8</td><td>空气风幕机的安装</td><td>第 7.3.19 条</td><td></td></tr>
<tr><td>9</td><td>转轮式换热器安装</td><td>第 7.3.16 条</td><td></td></tr>
<tr><td>10</td><td>转轮式除湿器安装</td><td>第 7.3.17 条</td><td></td></tr>
<tr><td>11</td><td>蒸汽加湿器安装</td><td>第 7.3.18 条</td><td></td></tr>
<tr><td colspan="3" rowspan="2">施工单位检查结果评定</td><td>专业工长（施工员）</td><td>施工班组长</td><td></td></tr>
<tr><td colspan="3">项目专业质量检查员：　　年　月　日</td></tr>
<tr><td colspan="3">监理（建设）单位验收结论</td><td colspan="3">专业监理工程师
（建设单位项目专业技术负责人）：　　年　月　日</td></tr>
</table>

表 2 - 10　通风与空调分项工程质量验收记录

工程名称		结构类型		检验批数	
施工单位		项目经理		项目技术负责人	
分包单位		分包单位负责人		分包项目经理	

序号	检验批部位、区段	施工单位检查评定结果	监理（建设）单位验收结论
1			
2			
3			
4			
5			
6			
7			
8			
9			
10			
11			
12			
13			
14			
15			
16			
17			
18			
19			

检验结论	项目专业 技术负责人： 年　月　日	验收结论	监理工程师： （建设单位项目专业技术负责人） 年　月　日

表 2-11　通风与空调子分部工程质量验收记录

<table>
<tr><td colspan="2">工程名称</td><td></td><td>结构类型</td><td></td><td>层　　数</td><td></td></tr>
<tr><td colspan="2">施工单位</td><td></td><td>技术部门
负责人</td><td></td><td>质量部门
负责人</td><td></td></tr>
<tr><td colspan="2">分包单位</td><td></td><td>分包单位
负责人</td><td></td><td>分包技术
负责人</td><td></td></tr>
<tr><td>序号</td><td colspan="2">分项工程名称</td><td>检验批数</td><td colspan="2">施工单位检查评定意见</td><td>验收意见</td></tr>
<tr><td>1</td><td colspan="2">风管与配件制作</td><td></td><td colspan="2"></td><td rowspan="11"></td></tr>
<tr><td>2</td><td colspan="2">部件制作</td><td></td><td colspan="2"></td></tr>
<tr><td>3</td><td colspan="2">风管系统安装</td><td></td><td colspan="2"></td></tr>
<tr><td>4</td><td colspan="2">风机与空气处理设备安装</td><td></td><td colspan="2"></td></tr>
<tr><td>5</td><td colspan="2">消声设备制作与安装</td><td></td><td colspan="2"></td></tr>
<tr><td>6</td><td colspan="2">风管与设备防腐</td><td></td><td colspan="2"></td></tr>
<tr><td>7</td><td colspan="2">风管与设备绝热</td><td></td><td colspan="2"></td></tr>
<tr><td>8</td><td colspan="2">系统调试</td><td></td><td colspan="2"></td></tr>
<tr><td></td><td colspan="2"></td><td></td><td colspan="2"></td></tr>
<tr><td></td><td colspan="2"></td><td></td><td colspan="2"></td></tr>
<tr><td></td><td colspan="2"></td><td></td><td colspan="2"></td></tr>
<tr><td colspan="3">质量控制资料</td><td></td><td colspan="2"></td><td></td></tr>
<tr><td colspan="3">安全和功能检验（检测）报告</td><td></td><td colspan="2"></td><td></td></tr>
<tr><td colspan="3">观感质量验收</td><td colspan="4"></td></tr>
<tr><td rowspan="5">验收单位</td><td colspan="2">分包单位</td><td colspan="4">项目经理：　　　　年　　月　　日</td></tr>
<tr><td colspan="2">施工单位</td><td colspan="4">项目经理：　　　　年　　月　　日</td></tr>
<tr><td colspan="2">勘察单位</td><td colspan="4">项目负责人：　　　　年　　月　　日</td></tr>
<tr><td colspan="2">设计单位</td><td colspan="4">项目负责人：　　　　年　　月　　日</td></tr>
<tr><td colspan="2">监理（建设）单位</td><td colspan="4">总监理工程师：
（建设单位项目专业负责人）　　　　年　　月　　日</td></tr>
</table>

表2-12　通风与空调分部工程质量验收记录

<table>
<tr><td>工程名称</td><td colspan="2"></td><td>结构类型</td><td></td><td>层　　数</td><td></td></tr>
<tr><td>施工单位</td><td colspan="2"></td><td>技术部门
负责人</td><td></td><td>质量部门
负责人</td><td></td></tr>
<tr><td>分包单位</td><td colspan="2"></td><td>分包单位
负责人</td><td></td><td>分包技术
负责人</td><td></td></tr>
<tr><td>序号</td><td colspan="2">子分部工程名称</td><td>检验批数</td><td colspan="2">施工单位检查评定意见</td><td>验收意见</td></tr>
<tr><td>1</td><td colspan="2">送、排风系统</td><td></td><td colspan="2"></td><td rowspan="11"></td></tr>
<tr><td>2</td><td colspan="2">防、排烟系统</td><td></td><td colspan="2"></td></tr>
<tr><td>3</td><td colspan="2">除尘系统</td><td></td><td colspan="2"></td></tr>
<tr><td>4</td><td colspan="2">空调系统</td><td></td><td colspan="2"></td></tr>
<tr><td>5</td><td colspan="2">净化空调系统</td><td></td><td colspan="2"></td></tr>
<tr><td>6</td><td colspan="2">制冷系统</td><td></td><td colspan="2"></td></tr>
<tr><td>7</td><td colspan="2">空调水系统</td><td></td><td colspan="2"></td></tr>
<tr><td></td><td colspan="2"></td><td></td><td colspan="2"></td></tr>
<tr><td></td><td colspan="2"></td><td></td><td colspan="2"></td></tr>
<tr><td></td><td colspan="2"></td><td></td><td colspan="2"></td></tr>
<tr><td></td><td colspan="2"></td><td></td><td colspan="2"></td></tr>
<tr><td colspan="3">质量控制资料</td><td></td><td colspan="2"></td><td></td></tr>
<tr><td colspan="3">安全和功能检验（检测）报告</td><td></td><td colspan="2"></td><td></td></tr>
<tr><td colspan="3">观感质量验收</td><td colspan="4"></td></tr>
<tr><td rowspan="5">验
收
单
位</td><td colspan="2">分包单位</td><td colspan="4">项目经理：　　　　　　年　　月　　日</td></tr>
<tr><td colspan="2">施工单位</td><td colspan="4">项目经理：　　　　　　年　　月　　日</td></tr>
<tr><td colspan="2">勘察单位</td><td colspan="4">项目负责人：　　　　　　年　　月　　日</td></tr>
<tr><td colspan="2">设计单位</td><td colspan="4">项目负责人：　　　　　　年　　月　　日</td></tr>
<tr><td colspan="2">监理（建设）单位</td><td colspan="4">总监理工程师：
（建设单位项目专业负责人）　　　　　　年　　月　　日</td></tr>
</table>

表 2-13　施工技术交底记录

<table>
<tr><td colspan="2">建设单位</td><td></td><td>工程名称</td><td></td></tr>
<tr><td colspan="2">交底日期</td><td></td><td>交底地点</td><td></td></tr>
<tr><td colspan="2">交底部位</td><td colspan="3"></td></tr>
<tr><td colspan="2">引用规范规程</td><td colspan="3"></td></tr>
<tr><td rowspan="4">施工图设计交底内容</td><td colspan="4">技术：</td></tr>
<tr><td colspan="4">质量：</td></tr>
<tr><td colspan="4">产品保护：</td></tr>
<tr><td colspan="4">安全：</td></tr>
<tr><td rowspan="2">出席人员签字</td><td colspan="4"></td></tr>
<tr><td colspan="2">班（组）长（签字）
年　月　日</td><td colspan="2">交底人（签字）
年　月　日</td></tr>
</table>

表2-14　设备（开箱）进场验收记录

<table>
<tr><td colspan="3">工程名称</td><td colspan="4"></td><td colspan="2">施工单位</td><td colspan="2"></td></tr>
<tr><td colspan="3">分项工程名称</td><td colspan="4"></td><td colspan="2">监理（建设）单位</td><td colspan="2"></td></tr>
<tr><td colspan="3">设备名称</td><td colspan="2"></td><td colspan="2">编　　号</td><td colspan="2"></td><td>规格型号</td><td></td></tr>
<tr><td colspan="3">制造厂名</td><td colspan="2"></td><td colspan="2">装箱单号</td><td colspan="2"></td><td>收到件数</td><td></td></tr>
<tr><td rowspan="5">检验记录</td><td colspan="4">包装情况</td><td colspan="6"></td></tr>
<tr><td colspan="4">随机文件</td><td colspan="6"></td></tr>
<tr><td colspan="4">备件与附件</td><td colspan="6"></td></tr>
<tr><td colspan="4">外观情况</td><td colspan="6"></td></tr>
<tr><td colspan="4">测试情况</td><td colspan="6"></td></tr>
<tr><td rowspan="10">检验结果</td><td colspan="10">缺、损附（备）件明细表</td></tr>
<tr><td>序号</td><td colspan="2">名称</td><td colspan="2">规格</td><td colspan="2">单位</td><td>数量</td><td colspan="2">备注</td></tr>
<tr><td></td><td colspan="2"></td><td colspan="2"></td><td colspan="2"></td><td></td><td colspan="2"></td></tr>
<tr><td></td><td colspan="2"></td><td colspan="2"></td><td colspan="2"></td><td></td><td colspan="2"></td></tr>
<tr><td></td><td colspan="2"></td><td colspan="2"></td><td colspan="2"></td><td></td><td colspan="2"></td></tr>
<tr><td></td><td colspan="2"></td><td colspan="2"></td><td colspan="2"></td><td></td><td colspan="2"></td></tr>
<tr><td></td><td colspan="2"></td><td colspan="2"></td><td colspan="2"></td><td></td><td colspan="2"></td></tr>
<tr><td></td><td colspan="2"></td><td colspan="2"></td><td colspan="2"></td><td></td><td colspan="2"></td></tr>
<tr><td></td><td colspan="2"></td><td colspan="2"></td><td colspan="2"></td><td></td><td colspan="2"></td></tr>
<tr><td></td><td colspan="2"></td><td colspan="2"></td><td colspan="2"></td><td></td><td colspan="2"></td></tr>
<tr><td colspan="11">结论：</td></tr>
<tr><td colspan="4">施工单位：
项目专业技术
（质量）负责人：
专业质量检查员：

（公章）　　年　月　日</td><td colspan="4">供应单位：

（公章）　　年　月　日</td><td colspan="3">监理（建设）单位：
监理工程师：
（建设单位项目
专业技术负责人）

（公章）　　年　月　日</td></tr>
</table>

表 2-15　设备基础复检记录

<table>
<tr><td>工程名称</td><td colspan="2"></td><td colspan="2">施 工 单 位</td><td></td></tr>
<tr><td>分包单位</td><td colspan="2"></td><td colspan="2">监理（建设）单位</td><td></td></tr>
<tr><td>基础名称</td><td colspan="2"></td><td colspan="2">复 查 日 期</td><td></td></tr>
<tr><td>施工图号</td><td colspan="2"></td><td colspan="2">分项工程名称</td><td></td></tr>
<tr><td>复查依据施工图样、隐蔽工程记录</td><td colspan="5"></td></tr>
<tr><td>复查内容</td><td colspan="5"></td></tr>
<tr><td>复查结果</td><td colspan="5"></td></tr>
<tr><td>鉴定处理意见</td><td colspan="5"></td></tr>
<tr><td colspan="4">施 工 单 位</td><td colspan="2">监理（建设）单位</td></tr>
<tr><td>检测人：</td><td>专业质量检查员：</td><td colspan="2">项目专业技术
（质量）负责人：

（公章）</td><td colspan="2">监理工程师：
（建设单位项目
专业技术负责人）：

（公章）</td></tr>
</table>

表2-16　材料、设备质量证明书汇总表

单位（子单位）工程					
分部（子分部）工程					
序号	材料（设备）名称	型号规格	生产（供应）厂商	证明书名称	备注
施工单位：			填表人：		
				年　月　日	

表 2-17　风机、空调机组单机试运转记录

单位（子单位）工程：

<table>
<tr><td colspan="2">系统名称</td><td colspan="4"></td><td colspan="2">安装区域</td><td colspan="3"></td></tr>
<tr><td colspan="2">系统编号</td><td colspan="4"></td><td colspan="2">施工技术员</td><td colspan="3"></td></tr>
<tr><td colspan="2">机组类别</td><td colspan="2"></td><td>检测依据</td><td colspan="6"></td></tr>
<tr><td rowspan="2">序号</td><td rowspan="2">型号
规格</td><td colspan="2">电动机转速/(r/min)</td><td colspan="2">风机转速/(r/min)</td><td colspan="2">额定值</td><td rowspan="2">电流实
测值</td><td rowspan="2">轴承温
度/℃</td><td rowspan="2">测定
结果</td></tr>
<tr><td>额定值</td><td>实测值</td><td>额定值</td><td>实测值</td><td>功率</td><td>电流</td></tr>
<tr><td></td><td></td><td></td><td></td><td></td><td></td><td></td><td></td><td></td><td></td><td></td></tr>
<tr><td></td><td></td><td></td><td></td><td></td><td></td><td></td><td></td><td></td><td></td><td></td></tr>
<tr><td></td><td></td><td></td><td></td><td></td><td></td><td></td><td></td><td></td><td></td><td></td></tr>
<tr><td></td><td></td><td></td><td></td><td></td><td></td><td></td><td></td><td></td><td></td><td></td></tr>
<tr><td></td><td></td><td></td><td></td><td></td><td></td><td></td><td></td><td></td><td></td><td></td></tr>
<tr><td></td><td></td><td></td><td></td><td></td><td></td><td></td><td></td><td></td><td></td><td></td></tr>
<tr><td></td><td></td><td></td><td></td><td></td><td></td><td></td><td></td><td></td><td></td><td></td></tr>
<tr><td></td><td></td><td></td><td></td><td></td><td></td><td></td><td></td><td></td><td></td><td></td></tr>
<tr><td></td><td></td><td></td><td></td><td></td><td></td><td></td><td></td><td></td><td></td><td></td></tr>
<tr><td></td><td></td><td></td><td></td><td></td><td></td><td></td><td></td><td></td><td></td><td></td></tr>
<tr><td></td><td></td><td></td><td></td><td></td><td></td><td></td><td></td><td></td><td></td><td></td></tr>
<tr><td></td><td></td><td></td><td></td><td></td><td></td><td></td><td></td><td></td><td></td><td></td></tr>
<tr><td></td><td></td><td></td><td></td><td></td><td></td><td></td><td></td><td></td><td></td><td></td></tr>
<tr><td colspan="6">建设单位（或监理单位）（章）</td><td colspan="5">施工单位（章）</td></tr>
<tr><td colspan="6">现场代表：

年　　月　　日</td><td colspan="5">测试人员：

年　　月　　日</td></tr>
</table>

表 2-18 通风机、空调机组调试记录

<table>
<tr><td colspan="2">单位（子单位）工程</td><td colspan="4"></td></tr>
<tr><td>系统名称</td><td colspan="2"></td><td>系统编号</td><td colspan="2"></td></tr>
<tr><td>设备名称</td><td colspan="2"></td><td>设备编号</td><td colspan="2"></td></tr>
<tr><td>型号规格</td><td></td><td>安装区域</td><td></td><td>施工技术员</td><td></td></tr>
<tr><td>检测依据</td><td colspan="5"></td></tr>
<tr><td>序号</td><td>测试项目</td><td>设计值</td><td>铭牌值</td><td colspan="2">实测值</td></tr>
<tr><td>1</td><td>电动机转速/(r/min)</td><td></td><td></td><td colspan="2"></td></tr>
<tr><td>2</td><td>风机转速/(r/min)</td><td></td><td></td><td colspan="2"></td></tr>
<tr><td>3</td><td>余压/Pa</td><td></td><td></td><td colspan="2"></td></tr>
<tr><td>4</td><td>总风量/(m^3/h)</td><td></td><td></td><td colspan="2"></td></tr>
<tr><td>5</td><td>功率/kW</td><td></td><td></td><td colspan="2"></td></tr>
<tr><td>6</td><td>电压/V</td><td></td><td></td><td colspan="2"></td></tr>
<tr><td>7</td><td>电流/A</td><td></td><td></td><td colspan="2"></td></tr>
<tr><td>评定意见</td><td colspan="5"></td></tr>
<tr><td colspan="3">建设单位（或监理单位）（章）</td><td colspan="3">施工单位（章）</td></tr>
<tr><td colspan="3">现场代表：
年 月 日</td><td colspan="3">测试人员：
年 月 日</td></tr>
</table>

表 2-19　现场组装空调机组漏风检测记录

<table>
<tr><td>工程名称</td><td></td><td colspan="2">施工单位</td><td colspan="2"></td></tr>
<tr><td>分包单位</td><td></td><td colspan="2">监理（建设）单位</td><td colspan="2"></td></tr>
<tr><td>分项工程名称</td><td></td><td colspan="2">试验日期</td><td colspan="2"></td></tr>
<tr><td>设备名称</td><td></td><td colspan="2">型号规格</td><td colspan="2"></td></tr>
<tr><td>额定风量/(m^3/h)</td><td></td><td colspan="2">允许漏风率（%）</td><td colspan="2"></td></tr>
<tr><td>工作压力/Pa</td><td></td><td colspan="2">测试压力/Pa</td><td colspan="2"></td></tr>
<tr><td>允许漏风量/(m^3/h)</td><td></td><td colspan="2">实测漏风量/(m^3/h)</td><td colspan="2"></td></tr>
<tr><td colspan="2" rowspan="9">检测区段图示：</td><td>序号</td><td>分段表面积/m^2</td><td>试验压力/Pa</td><td>实际漏风量/(m^3/h)</td></tr>
<tr><td>Ⅰ</td><td></td><td></td><td></td></tr>
<tr><td>Ⅱ</td><td></td><td></td><td></td></tr>
<tr><td>Ⅲ</td><td></td><td></td><td></td></tr>
<tr><td>Ⅳ</td><td></td><td></td><td></td></tr>
<tr><td>Ⅴ</td><td></td><td></td><td></td></tr>
<tr><td>Ⅵ</td><td></td><td></td><td></td></tr>
<tr><td>Ⅶ</td><td></td><td></td><td></td></tr>
<tr><td>Ⅷ</td><td></td><td></td><td></td></tr>
<tr><td colspan="4">施工单位</td><td colspan="2">监理（建设）单位</td></tr>
<tr><td>检测人：</td><td>专业质量检查员：</td><td colspan="2">项目专业技术（质量）负责人：

（公章）</td><td colspan="2">监理工程师：
（建设单位项目专业技术负责人）

（公章）</td></tr>
</table>

单元小结

本单元主要介绍了普通集中式空调系统夏季和冬季的空气处理方案及计算、组合式空调机组各功能段结构与处理空气的过程、组合式空调机组的性能参数、组合式空调机组的选型和安装等方面的内容。通过学习应掌握组合式空调机组各功能段处理空气的过程、组合式空调机组的选型、安装方法和要求。

普通集中式空调系统夏季和冬季的空气处理方案及计算是进行组合式空调机组选择的基础。组合式空调机组的型号应根据设计风量查产品样本选择。选择功能段主要根据空调系统夏、冬季空气处理方案以及空气净化要求，并结合空调机房的具体条件等来确定。由于产品样本的性能规格是系列标准参数，选用时应对使用条件进行核算，如进风的参数（干球温度DB和湿球温度WB）、冷冻水的温度等；需要对表冷器、加热器的排数、加湿器的加湿量、风机的风量及机外余压等按实际要求进行核算。

组合式空调机组的安装要根据设计图样和规范要求进行。检查机组基础，要求基础符合设计要求、平整，基础高于地面；按照设计顺序将机组各段组装成型，同时清理机组内部；机组下部的冷凝水排放管，设置水封，与外管道连接正确；各功能段连接严密，整体平直，检查门开启灵活，水路畅通。

复习思考题

1. 简述普通集中式空调系统夏季和冬季处理过程。
2. 简述组合式空调机组的概念及各功能段的作用。
3. 空气过滤器应如何选择?
4. 简述表冷器的热交换效率及影响因素。
5. 用蒸汽来加湿空气的方法有哪些?
6. 图2-39所示为夏、冬季换热器共用组合式空调机组示意图。对舒适性空调来说，为减少能耗，以机器露点作为送风状态点。请按图分别写出夏、冬季处理空气流程。

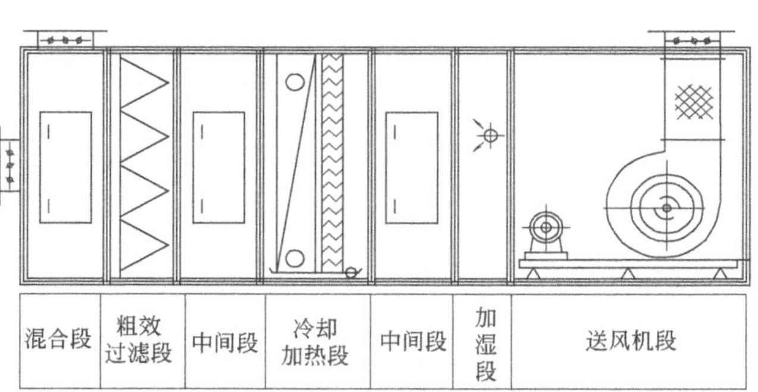

图2-39　夏、冬季换热器共用组合式空调机组

7. 简述组合式空调机组安装的工艺流程和安装步骤。
8. 工程质量验收所用的记录表格有哪些?

实训练习题

1. 单元1实训练习题中当商场采用定风量空调系统时，进行组合式空调机组选择、布置，并绘制出空调机房的平面图和剖面图。冷冻水供水温度为7℃，回水温度为12℃。其他原始资料结合具体情况，查相关规范自定。

要求：

（1）组合式空调机组选型。

（2）画出组合式空调机组所需功能段的组合示意图。示意图上应注明所选机组型号、规格、段号、功能段长度、排列先后次序及左右式方位等基本要求。

（3）绘制出空调机房的平面图和剖面图。

2. 组合式空调机组的安装与要求。

组合式空调机组一台，要求：

（1）制订组合式空调机组安装程序。

（2）指出组合式空调机组各功能段的名称及作用。

（3）组合式空调机组的安装要求。

单元3

变风量末端装置安装

☞ 知识能力目标

掌握变风量系统的概念、原理及应用场合；了解VAV末端装置的类型、特点及选型，了解变风量空调系统总风量控制方法；掌握变风量系统施工图的识读与绘制；掌握VAV末端装置的施工准备、施工工艺及施工质量标准。

具备VAV末端装置选型计算和安装的能力。

☞ 学习任务要求

1. VAV末端装置的选型计算。
2. 变风量系统施工图的识图与绘制。
3. VAV末端装置的安装。

3.1 变风量空调系统

3.1.1 变风量空调系统工作原理

1. 变风量空调系统概念

变风量（Variable Air Volume－VAV）系统是利用改变室内的送风量来实现对室内温度调节的全空气空调系统，它的送风状态保持不变。由于空调系统大部分时间在部分负荷下运行，变风量空调系统可以根据室内负荷变化自动调节送风量，而风量的减少可以带来风机能耗的降低，提高了设备和系统的效能，因而变风量空调系统是一种较先进的空调系统，适用于新建的智能化办公大楼。

2. 变风量空调系统工作原理

图3-1是典型的变风量单风道空调系统。变风量空调系统由空气处理机组、送（回）风系统、变风量末端及自动控制系统组成。其中空气处理机组与定风量空调系统一样。送入每个区或房间的送风量由变风量末端装置（VAV Terminal Device）控制。每个变风量末端机组可带若干个风口。当室内负荷变化时，则由变风量末端机组根据室内温度调节送风量，以维持室内温度。空调机组内的送风机、回风机应是变频风机，根据系统控制器的指令，改变风机的转速，达到改变风量、节约电能的目的。如图3-2所示单风道变风量空调系统夏季调节过程，由于室内的显热冷负荷和湿负荷的变化并不一定同步，即随着室内负荷的变化，

室内的热湿比也在变化，那么根据温度调节的结果，就不一定满足房间湿度调节的要求，调节后室内状态点 N_1、N_2 的湿度偏离了原来 N 点的湿度。

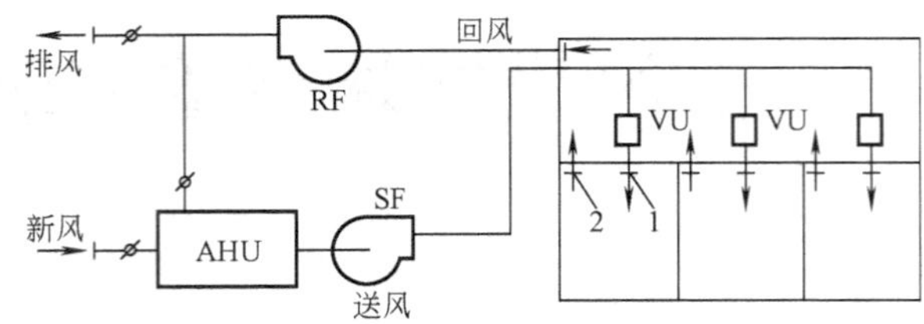

图 3-1　变风量单风道空调系统

AHU—空气处理机组　VU—变风量末端机组　RF—回风机　SF—送风机

1—送风口　2—回风口

当房间负荷变得很小时，就有可能使送风量过小，导致房间得不到足够量的新风，或导致室内气流分配不均匀，最终使室内温度不均匀，影响人体舒适感。因此变风量末端机组都有定位装置，当送风量减小到一定值时就不再减小了。通常变风量末端机组的风量可减少到 30%～50%。在最小负荷时，变风量末端机组已在最小风量下运行，有可能出现室内温度过低。为此，可以在变风量末端机组中增加再加热器，在最小风量时启动再加热器进行补充加热，以维持室内温度。

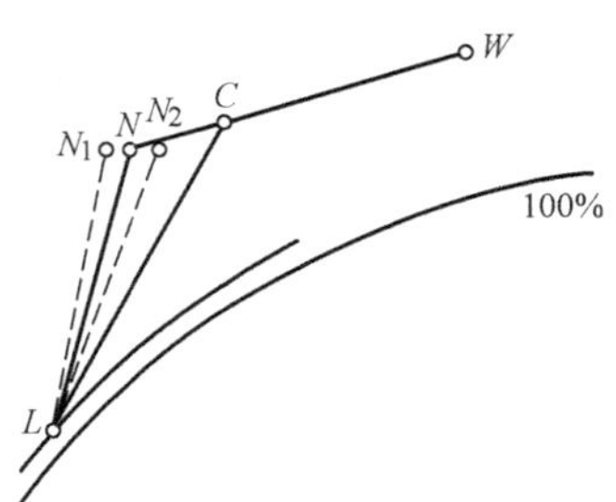

图 3-2　单风道变风量系统夏季调节过程

3. 变风量空调系统节能分析

变风量空调系统最主要的特点是，由于风量随负荷的变化而变化，可以有效地节省风机能耗，运行经济。变风量空调系统实现风量减小的节能过程主要通过变频调速来完成，使用的设备是变频器。变频器是把工频电流（50Hz）变换成各种频率的交流电流，以实现对电机变速运行的设备。

风机的运行工况点是由管路特性曲线和风机特性曲线来确定的。如图 3-3 所示，管路特性曲线与风机特性曲线的交点 A 就是风机的运行工况点。在采用变频调节后，风机的工作点随着空调系统负荷的变化而变化，根据流体力学中的原理，其风量、风压、轴功率与转速关系满足下列公式

$$\Delta P = S \cdot L^2 \tag{3-1}$$

$$N = L \cdot \Delta P \tag{3-2}$$

$$\frac{L}{L_m} = \sqrt{\frac{\Delta P}{\Delta P_m}} = \sqrt[3]{\frac{N}{N_m}} = \frac{n}{n_m} \tag{3-3}$$

式中　ΔP——n 时的风压（Pa）；

S——管道阻抗（kg/m^7）；

L——n 时的流量（m^3/s）；

N——n 时的轴功率（W）；

L_m——n_m 时的流量（m^3/s）；

ΔP_m——n_m 时的风压（Pa）；

N_m——n_m 时的轴功率（W）；

n——运行转速（r/min）；

n_m——基准（额定）转速（r/min）。

若空调系统的冷负荷下降，可以通过变频调速装置来调节风机的转速，从而减小风机的运行输出风量，节省电机的耗电量，节约能源。如图3-4所示，为变频调速节能与常用风阀控制风量的比较，轴功率 N_a 与面积 $A\Delta P_aOL_1$ 成正比，当风量由 L_1 变为 L_2 时，如果调节风阀，则相当于改变了管路的特性，即管路的特性由曲线Ⅰ变为曲线Ⅱ，系统的工况点由 A 点变到 B 点，风压由 ΔP_a 变为 ΔP_b，且 $\Delta P_b > \Delta P_a$，轴功率 N_b 与面积 $B\Delta P_bOL_2$ 成正比，耗能减少不明显；如果采用变频调速，风机的特性将由曲线 $(\Delta P-L)_1$ 变为曲线 $(\Delta P-L)_2$，在同样 L_2 流量的情况下，工况点由 A 点变到 C 点，风压由 ΔP_a 变为 ΔP_c，且 $\Delta P_c < \Delta P_a$，轴功率 N_c 与面积 $C\Delta P_cOL_2$ 成正比，节能显著。

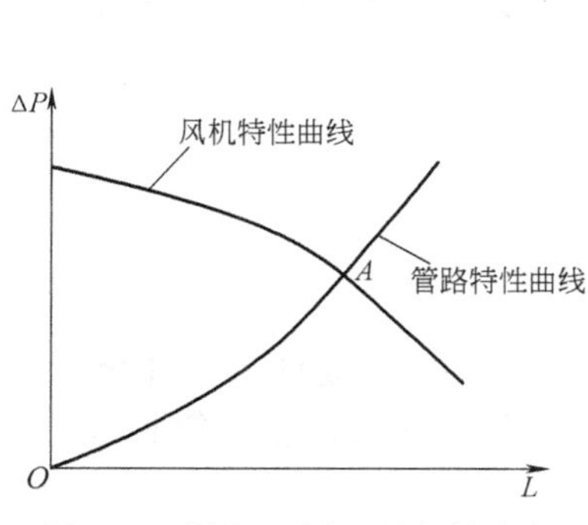

图3-3　风机运行工况点的确定

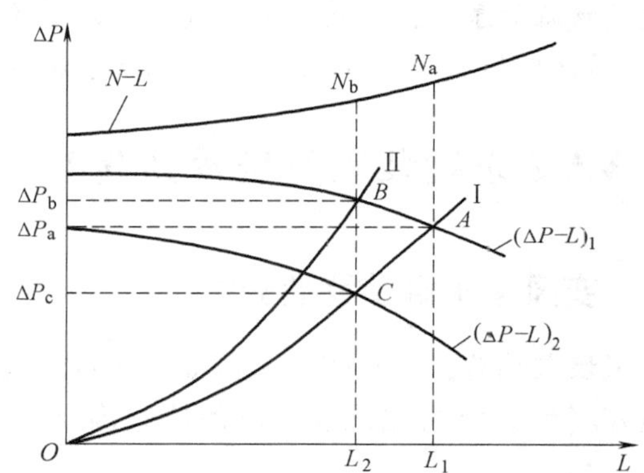

图3-4　变频调速节能与常用风阀控制风量的比较

3.1.2　变风量空调系统特点

1. 分区温度控制

全空气定风量（CAV）系统只能控制某一特定区域的温度，对于一个风系统服务于多个房间时，定风量系统不可能满足每个房间的温度要求。若采用VAV系统，由于每个房间内变风量末端装置可随该房间温度的变化自动控制送风量，使得空调房间过冷或过热现象得以消除，也使能量得以合理利用。

2. 设备容量减小，运行能耗节省

采用一个定风量系统担负多个房间的空调时，系统的总冷（热）量是各房间最大冷（热）量之和，总送风量也应是各房间最大送风量之和。采用VAV系统时，由于各房间变风量末端装置独立控制，系统的冷、热量或风量应为各房间逐时冷、热量和风量之和的最大值，而非各房间最大值之和。因此，在设计工况下，VAV系统的总送风量及冷（热）量少于定风量系统的总送风量和冷（热）量，于是使系统的空调机组减小，冷水机组和锅炉安装容量减小，占用机房面积也因此而减小。总装机容量可以减少10%～30%左右。

在空调系统全年运行中，只有极少时间处于设计工况，绝大多数时间均是在部分负荷下运行。当各空调区负荷减少时，各末端装置的风量将自动减少，系统对总风量的需求也会下

降，通过变频等控制手段，降低空调机组送风机的转速，使其能耗降低，节省系统运行能量。

3. 房间分隔灵活

对于较大规模的高档写字楼来说，一般采用大开间设计，待其出租或出售后，用户通常会根据各自的使用要求对房间进行二次分隔及装修。VAV 系统由于其末端装置的布置灵活，能比较方便地满足用户的要求。

4. 维修工作量少

VAV 系统只有风管（或者热水管）而没有冷水管、空气冷凝水管进入空调房间，避免了由于水管阀门漏水和冷水管保温未做好以及空气冷凝水管坡度未按要求设置，排水堵塞而使凝结水滴下损坏吊顶的现象，减少了日常的维修工作量。

《公共建筑节能设计标准》（GB 50189—2005）规定，下列全空气空气调节系统宜采用变风量空气调节系统：①同一个空气调节风系统中，各空调区的冷、热负荷差异和变化大、低负荷运行时间较长，且需要分别控制各空调区温度。②建筑内区全年需要送冷风。

3.2 VAV 末端装置类型及其选型

3.2.1 变风量末端装置的分类

变风量末端装置（VAV Terminal Device）是指在空调系统中，自动调节空调管道系统中送风量和（或）空气温湿度，以保持室内空气所需参数的空调末端设备，简称 VAV 末端装置。

1. 分类和标记

（1）按风量调节方式分

1）节流型 VAV 末端装置，代号为 T。

2）旁通型 VAV 末端装置，代号为 BP。

3）诱导型 VAV 末端装置，代号为 I。

4）可调散流器 VAV 末端装置，代号为 MD。

（2）按风道数量分

1）单风道 VAV 末端装置，代号为 S。

2）双风道 VAV 末端装置，代号为 D。

（3）按与压力相关性分

1）压力相关型 VAV 末端装置，代号为 PD。

2）压力无关型 VAV 末端装置，代号为 PI。

（4）按附属部件分

1）带风机 VAV 末端装置，代号为 FP。

① 风机串联 VAV 末端装置，代号为 SFP。

② 风机并联 VAV 末端装置，代号为 PFP。

2）带热交换器 VAV 末端装置，代号为 HE。

① 带水盘管 VAV 末端装置，代号为 WHE。

② 带电加热器 VAV 末端装置，代号为 EHE。

（5）按进口尺寸分

推荐的 VAV 进口尺寸及额定风量见表 3 - 1。

表 3 - 1　VAV 进口尺寸及额定风量

进口风道直径/mm	额定风量/（m^3/h）
100	280
120	410
140	550
160	720
180	920
200	1130
220	1370
250	1770
280	2220
320	2890
360	3660
400	4520
450	5720
500	7070
560	8860
630	11220
700	13850

注：1. 其他尺寸 VAV 末端装置额定风量按进口风道尺寸对应面积（m^2）乘以 10m/s 风速确定。

2. 对串联风机动力 VAV 末端装置，一次风额定风量应小于风机额定风量或依据表中数据。

3. 可调散流器型变风量末端额定风量取喉部风速为 4m/s 的流量。

表 3 - 2 列举了变风量末端装置的分类。目前国内最常用的是串联与并联式风机动力型和单风管节流型末端装置。

表 3 - 2　变风量末端装置的分类

分类名称	类　型
末端形式	单风管型、双风管型、诱导型、旁通型、串联式风机动力型、并联式风机动力型
再热方式	无再热型、热水再热型、电热再热型
风量调节	压力相关型、压力无关型
调节阀	单叶平板式、多叶平板式、文丘里管式、皮囊式
风量检测	毕托管式、风车式、热线热膜式、超声波式
控制方式	电气模拟控制、电子模拟控制、DDC 控制
箱体	圆型、矩型、风口型
保温消声	带/无保温型、带/无消声型

2. 串联式风机动力型 VAV 末端装置

串联式风机动力型 VAV 末端装置（简称 SFP 末端装置）是指可调节的一次风和回风混合后通过内置连续运转的风机送出恒定风量的 VAV 末端装置，如图 3-5 所示。在变风量箱内，一次风既通过一次风风阀，又通过增压风机。一次风经末端内置的一次风风阀调节，再与吊顶内二次回风混合后通过末端风机增压送入空调区域。此类末端也可增设热水或电热加热器，用于外区冬季供热和区域过冷再热，供热时一次风保持最小风量。末端装置运行性能随负荷变化的情况如图 3-6 所示。图中有加热过程线 1、2、3。当加热量采用双位调节时（如电加热器）为水平线 1（开启时）或 2（关闭时），出风口温度呈阶跃变化。当采用比例调节时（如热水盘管）为斜线 3，出风口温度呈连续变化。

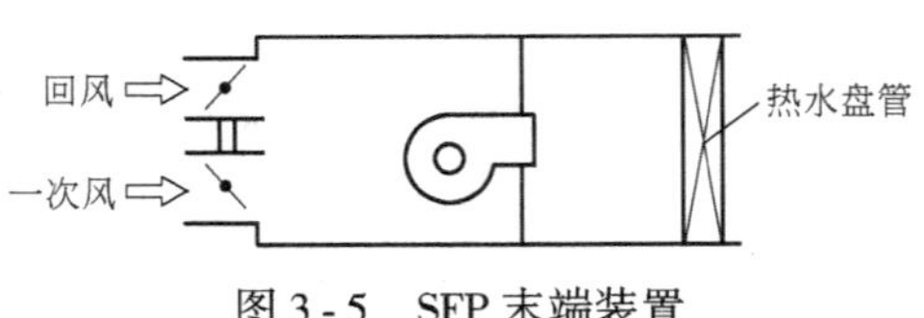

图 3-5　SFP 末端装置

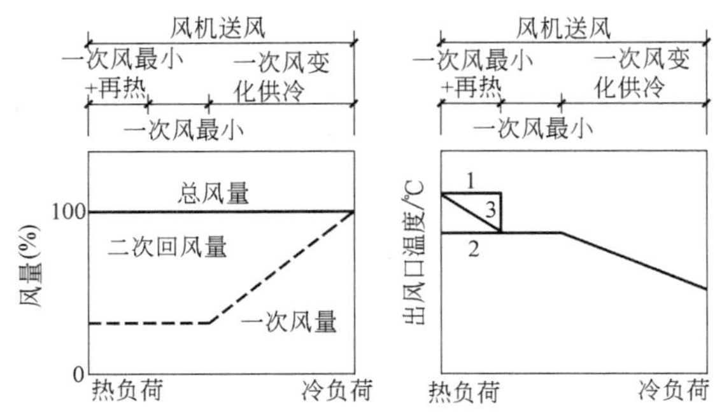

图 3-6　SFP 末端装置运行性能图

供冷时，SFP 末端装置一、二次风混合可提高出风温度，适用于低温送风。因送风量稳定，即使采用普通送风口也可防止冷风下沉，以保持室内气流分布均匀性。供热时，二次回风有两个作用，一是保持足够的风量，降低出风温度，防止热风分层；二是可减少一次风的再热损失。当一次冷风调到最小值后区域仍有过冷现象时，必须再热。二次回风可以利用吊顶内部分照明冷负荷产生的热量（约高于室内 2℃）抵消一次风部分供冷量，以减少区域过冷再热量。

SFP 末端装置一般用于一次送风低温送风空调系统或冰蓄冷空调系统中，它将较低温度的一次风与同温度的顶棚内空气混合成所需温度的空气送到空调房间内。采用大温差、低温送风系统具有集中式空气处理机组较小，可减小送回风管及其配件的尺寸，节省设备初投资费用和降低吊顶空间等优点。

SFP 末端装置始终以恒定风量运行，因此该变风量箱还可用于需要一定换气次数的场所，如民用建筑中的大堂、休息室、会议室、商场及高大空间等场所。

现在，国内外各种 SFP 末端装置的静压值一般为 75 ~ 150Pa，设计风量为 160 ~ 5000m^3/h。正常情况下，SFP 的增压风机每年需运行 3000 ~ 6000h。

3. 并联式风机动力型

并联式风机动力型 VAV 末端装置（简称 PFP 末端装置）是指回风空气通过风机后和一次风混合的 VAV 末端装置，如图 3-7 所示。PFP 末端装置的增压风机与一次风风阀并排设

置，经集中式空气处理机组处理后的一次风只通过一次风风阀而不通过增压风机。一次风经末端内置的一次风风阀调节后，直接送入空调区域。大风量供冷时末端风机不运行，风机出口止回阀关闭。此类末端常带热水或电热加热器，用于外区冬季供热和区域过冷再热。供热时一次风保持最小风量。在小风量供冷或供热时，启动末端风机吸入二次回风，与一次风混合后送入空调区域。和SFP末端装置一样，二次回风加大了送风量，保证了供热和室内气流组织的需要。对于区域过冷现象，二次回风可以利用吊顶内部分照明冷负荷产生的热量（约高于室内2℃）抵消一次风部分供冷量，以减少区域过冷再热量。该型末端装置运行性能随负荷变化情况如图3-8所示。图中加热过程线1、2、3的含义同串联式风机动力型末端装置。

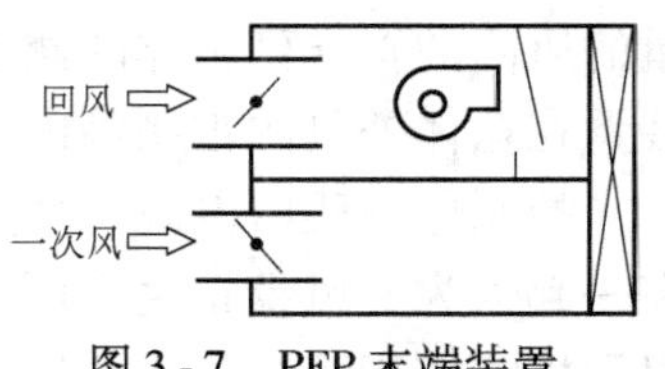

图3-7　PFP末端装置

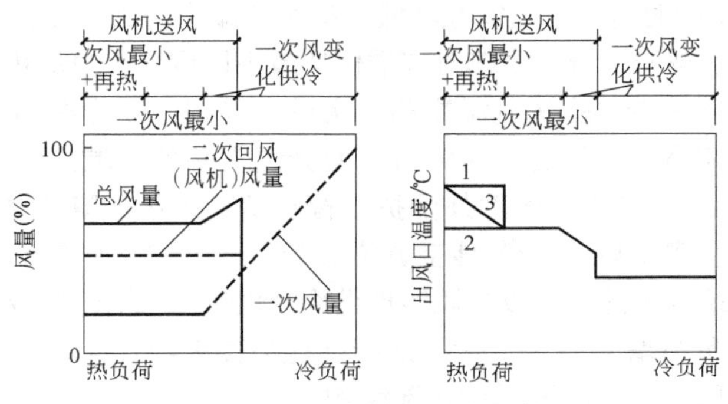

图3-8　PFP末端装置运行性能图

PFP末端装置增压风机仅在为了保持最小循环风量或加热时运行。因此，其风机能耗小于SFP末端装置。PFP末端装置的增压风机根据空调房间所需最小循环空气量或按PFP末端装置设计风量的50%～80%选型。在大多数项目中，并联型FPB的增压风机每年运行在500～2500h之间。

PFP末端装置的风机也可在冷热工况下连续运行，用于低温送风系统。PFP末端装置的风机也可变风量运行，与一次风量反比调节，用以保持末端送风量稳定、室内气流分布均匀。

4. 节流型VAV末端装置

常用的节流型VAV末端装置的基本构成比较简单，它主要由箱体、控制器、风速传感器、室温控制器、电动风阀等组成（图3-9）。系统运行时，由变风量空气处理机组送出的一次风，经末端内置的风阀调节后送入空调区域。

箱体由0.7～1.0mm的镀锌薄钢板制成，内贴经特殊化学材料处理过的离心玻璃棉或其他保温吸声材料。装置入口处设风速传感器用以检测经变风量箱的风量。有的在入口处设一多孔均流板，以使空气能够比较均匀地流经风速传感器，保证装置的风量控制精度。调节风

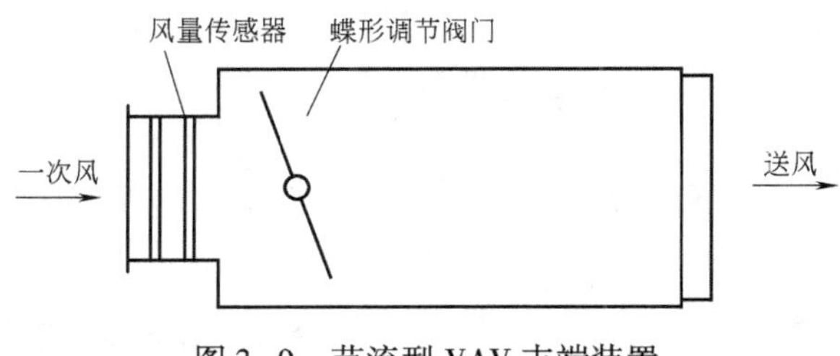

图3-9　节流型VAV末端装置

量的风阀的轴伸到箱体的侧壁外边，与传动机构或执行器相连；电源电路、控制和执行机构装置在箱体外侧的控制箱内。

控制器一般由电源、变送器、逻辑控制电路等组成，有的公司把执行器同控制器等组合在一起，为变风量箱生产厂家组装控制器提供了方便。变风量装置控制器须配有与微型计算机和楼宇控制系统相连的接口电路，便于与楼宇控制系统进行数据通信或现场设置、修改变风量装置的参数。

电动风阀是VAV变风量箱对送风进行节流的唯一部件，风阀的流量特性的优劣直接影响到变风量装置的控制效果。大多数生产厂家采用单片蝶阀作为变风量箱风阀，而有的生产厂家采用自己研制的专利产品，如以两片阀片的位移来调节风量的ZEBRA型风阀和仿文丘里式风阀等。后两种风阀的流量特性和风量控制精度要优于前者。

节流型VAV末端还可细分为三种形式：单冷型、单冷再热型和冷热型。前两型运行性能如图3-10所示，供冷时送风量随室温降低（冷负荷减小）而减小，直至最小风量。单冷再热型加热器有电热、热水之分，供热时末端保持最小风量。图中加热过程线1、2、3的含义同串联式风机动力型末端。受送风温度和一次风量限制，单冷再热型VAV供热量有限，仅适合于部分内热负荷小且人员密集的房间（如会议室）的区域过冷再热，用以调节送风温度。单冷再热型VAV也可用于冬季外围护结构热负荷很小的夏热冬暖地区的外区供热，除此之外，一般单风管型VAV宜与其他空调措施结合，分别处理冬季的冷、热负荷。冷热型单风道末端依靠系统送来的冷风或热风实现供冷或供热。与前述供冷工况相反，供热时送风量随室温降低（热负荷增大）而增大，运行性能如图3-11所示。这种形式多用于不分内、外区的夏季送冷风、冬季送热风的空调系统中。

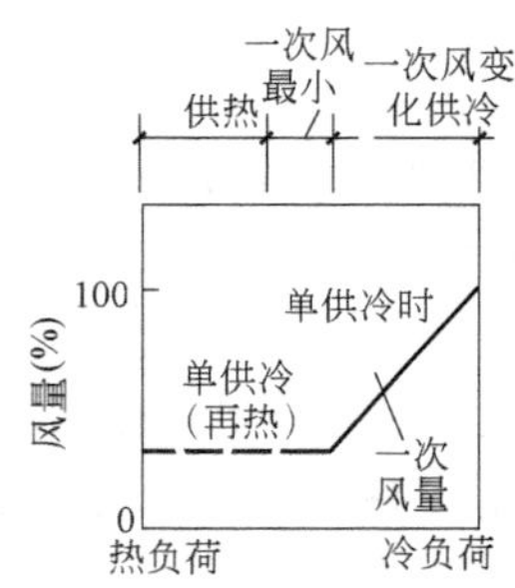

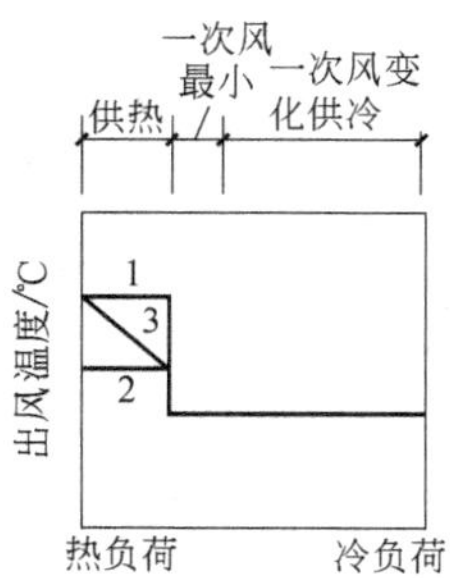

图3-10　节流单冷（再热）型末端运行性能图

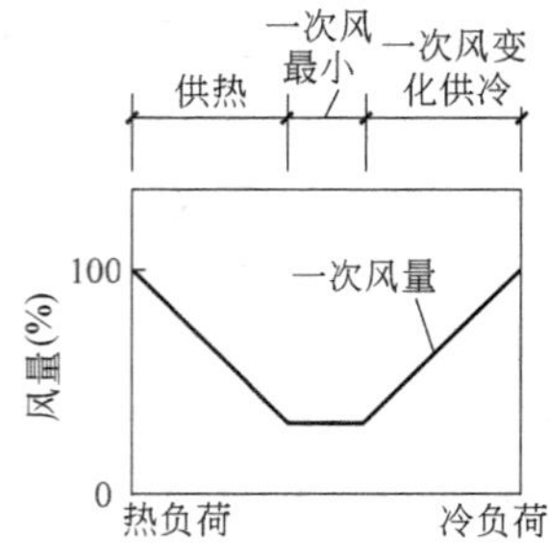

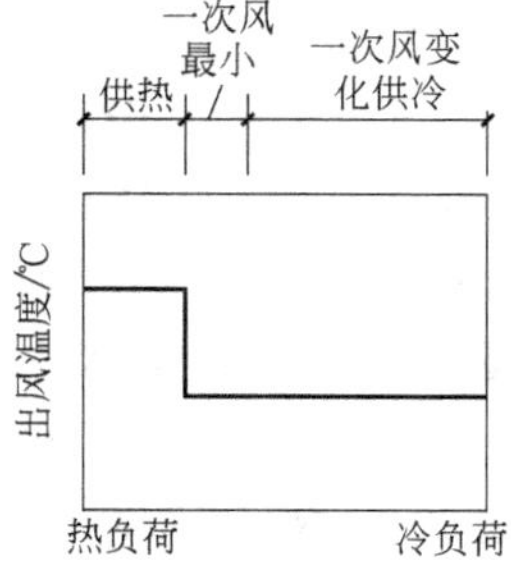

图3-11　节流冷热型末端运行性能图

对于各种机型的节流型 VAV 末端装置，各生产厂家都提供了装置的公称风量、最大风量设定范围、最小风量设定范围等参数，有的厂家还提供了最大风量设定推荐值供空调设计工程师选用。实际使用时变风量装置的最小风量必须大于装置的最小风量设定界限；最大风量必须小于装置的最大风量设定界限，且变风量装置的实际使用最小风量和最大风量可以通过检测计算机在工厂调试时设定好，也可通过手提计算机在安装现场进行设定或修改。

节流型 VAV 末端装置也可作为定风量装置使用，只要把变风量装置的实际使用最大风量与最小风量设定为相同的值即可。因此，节流型 VAV 末端装置可以使用在定风量空调系统中，也可设置在新风系统或排风系统中来确保系统的新风送风量和排风量。

3.2.2 变风量末端装置的主要部件

1. 风量检测装置

采用欧美技术的末端，常用毕托管型风量检测装置，其优点是结构简单、价格便宜；缺点是只输出压差（即全压与静压之差，或称为动压）信号，再由气电转换器转换为电信号。因受普通型压差传感器精度限制，它不能检测较低风速。采用日本技术的末端，常用风车型、热线热膜型、超声波型等风量检测装置，可直接输出电信号，能检测较低风速，缺点是价格较贵。

2. 风量调节阀

早期变风量末端的风量调节依赖机械装置，调节阀的流量随开度线性变化，如文丘里管型调节阀、皮囊式调节阀等。随着 DDC 控制技术的发展，风量调节阀日趋简单，多采用单叶或多叶平板调节阀。

3. 加热器

变风量末端的辅助加热器有热水型和电热型两种。对于大中型系统，热水加热器在经济性和消防安全性方面都优于电加热器。

4. 末端风机

风机动力型变风量末端的风机，一般采用单相交流外转子电机，电机效率较低（$\eta = 30\% \sim 40\%$）；有些生产厂采用直流无刷电机，电机效率提高至 $\eta = 70\% \sim 80\%$。提高电机效率不仅可以节电，而且可以减少风机散热量。由于直流无刷电机价格较高，工程中使用尚少。末端风机一般设有电子调速器，供现场调试使用以达到设计风量与风压。末端风机设计时可选择高、中、低不同转速，出厂先粗定转速，现场再由电子调速器细调。

5. 控制执行器

压力相关型末端：末端不设风量检测装置，风阀开度仅受室温控制器调节，在一定开度下，末端送风量随主风管内静压 P 波动而变化，室内温度不稳定，其控制原理如图 3-12 所示。

压力无关型末端：末端增设风量检测装置，由测出室温与设定室温之差计算出需求风量，按其与检测风量之差计算出风阀开度调节量。主风管内静压 P 波动引起的风量变化将立即被检测并反馈到末端控制器，控制器通过调节风阀开度来补偿风量的变化。因此，送风量与主风管内静压 P 无关，室内温度比较稳定，其控制原理如图 3-13 所示。目前国内除少数压力相关型变风量风口外，常用的变风量末端几乎都是压力无关型。

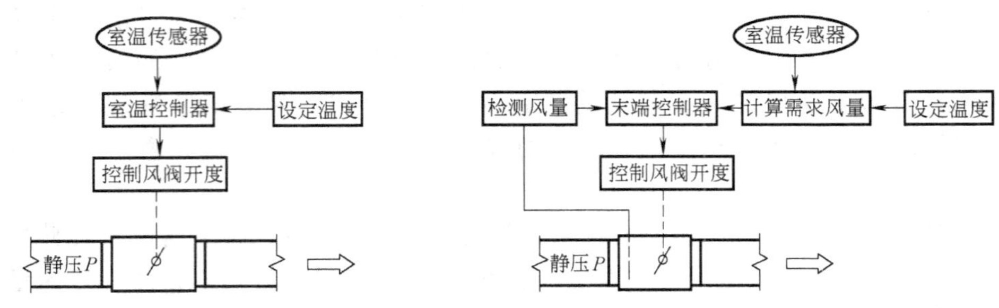

图 3-12　压力相关型末端控制原理图　　图 3-13　压力无关型末端控制原理图

3.2.3　常用变风量末端装置的特点与适用范围

几种常用变风量末端因结构差异，基本性能有所不同，其特点与适用范围见表 3-3。

表 3-3　常用变风量末端装置的特点与适用范围

项目	SFP 末端装置	PFP 末端装置	节流型末端装置
风机	供冷、供热期间连续运行	仅在一次风小风量供冷和供热时运行	无风机
出口送风量	恒定	供冷时变化，非供冷时恒定	变化
出口送风温度	供冷时因一、二次风混合，送风温度变化；供热时送风温度呈阶跃或连续变化	大风量供冷时因仅送一次风，故送风温度不变，小风量供冷和供热时风机运行，一、二次风混合，故送风温度变化；供热时送风温度呈阶跃或连续变化	一次风供冷、供热时送风温度不变；再加热时送风温度呈阶跃或连续变化
风机风量	一般为一次风量设计值的 100% ~130%	一般为一次风量设计值的 60%	无
箱体占用空间	大	中	小
风机耗电	大	小	无
噪声源	风机连续噪声 + 风阀噪声	风机间歇噪声 + 风阀噪声	仅风阀噪声
适用范围	可用于内区或外区，供冷或供热工况	可用于外区供冷或供热工况	可用于内区或外区，主要用于供冷工况

3.2.4　几种末端装置性能参数

1. 变风量末端装置型号表示方法

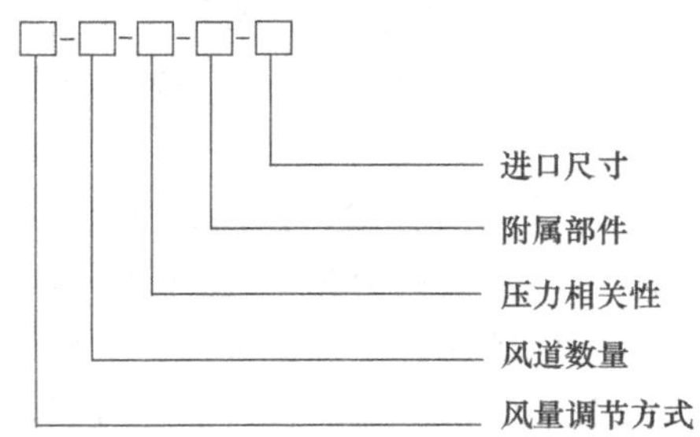

例如：T－S－PD－SFP/WHE－100，表示节流型、单风道、压力相关、风机串联/水盘管、规格为100的VAV末端装置。

2. 几种末端装置性能参数

（1）45系列风机动力式末端装置

美国开利（Carrier）公司生产的45系列风机动力式末端装置，分为45T系列并联风机动力式末端装置和45S系列串联风机动力式末端装置两大类。它们的构造大体相同，都由箱体（内衬1.25cm厚玻璃纤维隔热吸声层）、多叶调节阀、再循环风机及电或热水再热器、控制器几部分组成。

45T系列并联风机动力式末端装置构造及外形尺寸如图3-14所示，性能规格见表3-4，一次冷空气可控制的最大风量和最小风量见表3-5。

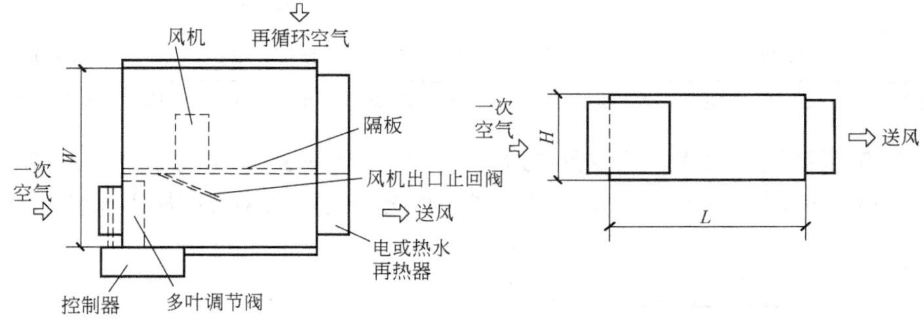

图3-14 45T系列并联风机动力式末端装置构造及外形尺寸

表3-4 45T系列末端装置的性能规格

型号	标准风量				外形尺寸							
	一次空气		风机		一次空气入口		H		W		L	
	m^3/h	CFM	m^3/h	CFM	mm	in	mm	in	mm	in	mm	in
06	850	500	510	300	150	6	381	$15\frac{1}{4}$	800	32	738	$29\frac{1}{2}$
08	1360	800	680	400	200	8	381	$15\frac{1}{4}$	850	34	813	$32\frac{1}{2}$
10	2210	1300	1530	900	250	10	381	$15\frac{1}{4}$	900	36	863	$34\frac{1}{2}$
12	3230	1900	2040	1200	300	12	444	$17\frac{3}{4}$	1000	40	913	$36\frac{1}{2}$
14	4250	2500	2890	1700	350	14	444	$17\frac{3}{4}$	1075	43	913	$36\frac{1}{2}$
16	5100	3000	3060	1800	400	16	506	$20\frac{1}{4}$	1150	46	913	$36\frac{1}{2}$
18	6800	4000	3060	1800	400×350	16×14	506	$20\frac{1}{4}$	1150	46	913	$36\frac{1}{2}$

注：06、08、10型一次空气入口为圆形短管，12、14、16型一次空气入口为椭圆形短管，18型一次空气入口为矩形短管。CFM为Cubic Footper Minute的缩写，即立方英尺每分钟。

表 3-5 45T 系列末端装置标准风量范围

型号	一次空气风量范围		风机风量范围	
	m^3/h	CFM	m^3/h	CFM
06	0 或 140 ~ 850	0 或 82 ~ 500	128 ~ 510	75 ~ 300
08	0 或 250 ~ 1360	0 或 147 ~ 800	255 ~ 680	150 ~ 400
10	0 或 390 ~ 2210	0 或 230 ~ 1300	680 ~ 1530	400 ~ 900
12	0 或 550 ~ 3230	0 或 324 ~ 1900	1020 ~ 2040	600 ~ 1200
14	0 或 710 ~ 4250	0 或 418 ~ 2500	1105 ~ 2890	650 ~ 1700
16	0 或 870 ~ 5100	0 或 513 ~ 3000	1530 ~ 3060	900 ~ 1800
18	0 或 1170 ~ 6800	0 或 687 ~ 4000	1530 ~ 3060	900 ~ 1800

注：一次冷空气的最小风量数是指可控制的数值，最小风量设定值不应再低于这些数值；或者最小风量设定为“0”。

45S 系列串联风机动力式末端装置构造及外形尺寸如图 3-15 所示，性能规格见表 3-6，一次冷空气可控制的最大风量和最小风量、风机可选择的最大风量和最小风量见表 3-7。

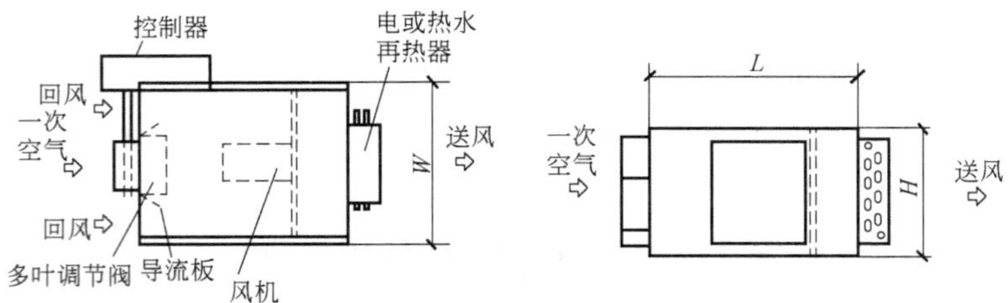

图 3-15 45S 系列串联风机动力式末端装置构造及外形尺寸

表 3-6 45S 系列末端装置性能规格

型号	标准风量		一次空气入口			外形尺寸					
						H		*W*		*L*	
	m^3/h	CFM	形状	mm	in	mm	in	mm	in	mm	in
06	850	500	圆形	150	6	387	$15\frac{1}{4}$	508	20	775	$30\frac{1}{2}$
08	1360	800	圆形	200	8	387	$15\frac{1}{4}$	610	24	775	$30\frac{1}{2}$
10	2210	1300	圆形	250	10	451	$17\frac{3}{4}$	660	26	851	$33\frac{1}{2}$
12	3230	1900	椭圆形	300	12	451	$17\frac{3}{4}$	864	34	851	$33\frac{1}{2}$
14	3740	2200	椭圆形	350	14	514	$20\frac{1}{4}$	1016	40	851	$33\frac{1}{2}$
16	5100	3000	椭圆形	400	16	514	$20\frac{1}{4}$	1118	44	851	$33\frac{1}{2}$

表3-7 45S系列末端装置标准风量范围

型号	一次空气风量范围		风机风量范围	
	m^3/h	CFM	m^3/h	CFM
06	0或140~850	0或82~500	510~850	300~500
08	0或250~1360	0或147~800	935~1360	550~800
10	0或390~2210	0或230~1300	1105~2210	650~1300
12	0或550~3230	0或324~1900	1785~3230	1050~1900
14	0或710~3740	0或418~2200	2295~3740	1350~2200
16	0或870~5100	0或513~3000	3400~5100	2000~3000

注：一次冷空气的最小风量是指可控制的数值，最小风量设定值不应再低于这些数值；或者最小风量设定为“0”。

（2）SDx系列节流型末端装置

江森公司生产的SDx系列节流型末端装置构造及外形尺寸如图3-16所示，性能参数见表3-8。

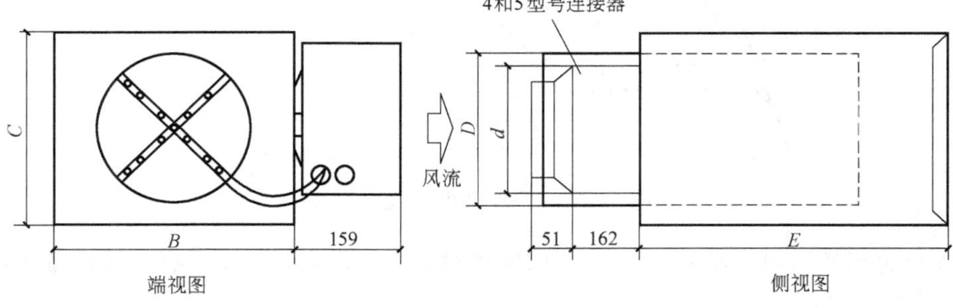

图3-16 SDx型单风道变风量末端装置

表3-8 SDx系列变风量末端装置的性能参数

型号	最小风量/(m^3/h)	最大风量/(m^3/h)	B/mm	C/mm	D/mm	d/mm	E/mm
SDx4	44	382	305	203	149	99	394
SDx5	71	595	305	203	149	124	394
SDx6	105	765	305	203	149	N/A	394
SDx7	144	1104	305	254	175	N/A	394
SDx8	187	1359	305	254	200	N/A	394
SDx9	238	1784	356	318	225	N/A	394
SDx10	306	2294	356	318	251	N/A	394
SDx12	459	3568	406	381	302	N/A	394
SDx14	680	5437	508	445	352	N/A	496
SDx16	968	6796	610	457	403	N/A	496

3.2.5 变风量末端装置选择计算与选型

1. 送风温度及系统风量计算

（1）供冷送风温度确定

在对空调房间进行分区、系统负荷计算和新风量确定后，可按系统夏季设计工况下的最大风量在焓湿图上作热湿处理分析计算。

1）根据室内点 N、夏季热湿比 ε、冷水盘管出风相对湿度（表 3-9），确定送风露点温度 t_L，并应考虑风机与风道温升 t_O-t_L（约 2℃），由此可确定 t_O、t_L（分别约为 13～15℃、11～13℃），如图 3-17 所示。

表 3-9　冷水盘管出风相对湿度

盘管排数	2	4	6	8	10
出风相对湿度（%）	76	86	92	95	96

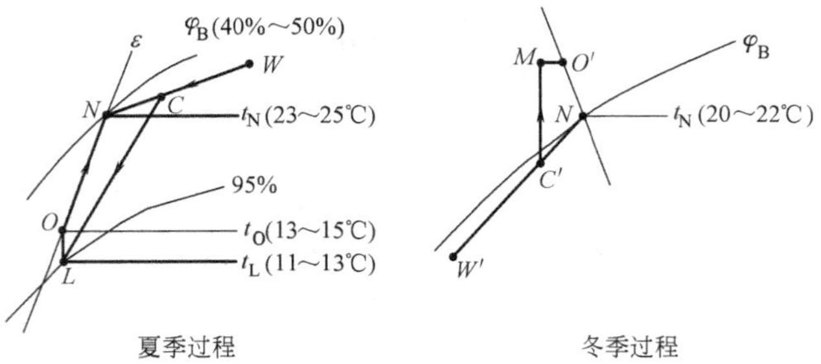

图 3-17　系统热湿处理 h-d 图

2）如计算出的送风温度 t_O 与设计要求偏离过大，可适当调整室内点 N（调整相对湿度）。

（2）系统风量计算

$$G=\frac{Q_s}{1.01(t_N-t_O)}=\frac{Q}{h_N-h_O} \tag{3-4}$$

式中　Q_s、Q——系统夏季室内显热冷负荷、全热冷负荷（kW）；

h_N、h_O——室内空气焓值、送风焓值（kJ/kg）；

t_N、t_O——室内空气干球温度、送风温度（℃）；

G——系统送风量（kg/s）。

（3）供热送风温度 $t_{O'}$ 校核

如系统冬季需送热风，需进行供热送风温度 $t_{O'}$ 校核。如该系统全年送冷风，则 $t_{O'}$ 无需校核。

$$t_{O'}=t_N+\frac{Q'_s}{1.01G} \tag{3-5}$$

式中　Q'_s——系统冬季室内显热热负荷（kW）；

$t_{O'}$——系统供热送风温度（℃）。

理论上还应考虑风机温升，因供热多在部分风量下运行，风机温升小且与风管温降相抵，故省略。

2. 空气处理机组选用

详见单元2组合式空调机组安装中各功能段选用，本节重点介绍风机的选择。

空气处理机组（简称AHU）风机的最大风量 G_{max} 即为系统风量 G［式（3-4）］；风机最小风量 G_{min} 理论上应为系统最小显热负荷下的风量。实际上为保证区域新风量、区域良好的气流组织和末端最小风量限制，末端风量不可太小［见式（3-8）、式（3-9）］，故相应的AHU风机最小风量一般为最大风量的30%～40%，即 $G_{min}=(0.3\sim0.4)G_{max}$。

系统最大阻力应为AHU全风量下的阻力、风管全风量下的阻力及末端消耗的全压力降之和。在厂商样本中，各种末端在不同风量下的入口最小静压差的含义是：空气在末端风阀全开时流经末端的静压力降，最大风量时该值一般在50Pa左右。相同风量下，风阀较小开度与全开时相比，流经末端的空气静压力降也会增加。末端风阀在较小开度下最大风量流经末端的空气全压差称为末端的全压降。根据国外资料，在综合考虑了初投资、能耗和全寿命周期后，末端所需的全压降建议取125～150Pa。

风机应根据 G_{max} 和 G_{min} 以及系统最大阻力选择。变风量空气处理机组的送风机一般为离心式风机。风机叶轮有前向、后向之别。前向式风机噪声低、体积小、价格低，但效率低、风量风压小；后向式风机效率高、风量风压大、曲线平滑，但价格高、体积大、噪声高。故20000m^3/h或1200Pa以下时建议用前向式风机，反之可用后向式风机。变风量系统常在部分风量下工作，一般宜以系统额定风量的80%值作为风机最高效率选择点。

3. 变风量末端装置风量计算

1）一次风最大风量：按各温度控制区域内最大显热冷（热）负荷与相应的送风温差计算出一次风最大冷（热）风量，不计各空调温控区内的潜热负荷。取冷、热一次风最大风量中较大值为选择设备用的一次风最大风量。

2）一次风最小风量：综合考虑新风量和气流组织确定。

3）保证新风需求的送风量：对于设备发热量小，人员多的区域（如会议室），应校核一次风最大风量是否满足新风需求，若不满足可采取局部再热措施，提高送风温度，增加送风量。

4）FP风机风量：SFP风机的风量一般为一次风最大风量的1.0～1.3倍；PFP风机风量一般为一次风最大风量的0.6倍；也可按一、二次风温度计算确定。

上述各种风量的计算公式见表3-10。

表3-10 末端风量计算公式表

项目	单位	串联型FPB	并联型FPB	单风管VAV
一次风最大冷风量 g	kg/s	$g_s=\dfrac{q_s}{1.01(t_N-t_O)}$ (3-6)		
一次风最大热风量 g'	kg/s	—	—	$g'=\dfrac{q_s'}{1.01(t_{O'}-t_N)}$ (3-7)
一次风最小风量 g_{min}	kg/s	$g_{min}\geqslant0.3g$ (3-8)	$g_{min}\geqslant0.4g$ (3-9)	
保证新风量最小送风量 g_V	kg/s	$g_V=\dfrac{g_f}{X_0/100}$ (3-10)		
风机风量 g_{fan}	kg/s	$g_{fan}=\dfrac{t_N-t_O}{t_N-t_{SM}}g$ (3-11) 或 $=(1.0\sim1.3)g$ (3-12)	$g_{fan}=\dfrac{t_{SM}-t_O}{t_N-t_{SM}}g$ (3-13) 或 $=0.6g$ (3-14)	—

式中 g_f——区域设计新风量（kg/s）；

q_s、q'_s——最大显热冷负荷、最大显热热负荷（kW）；

t_N、t_O、t'_O——室内干球温度、一次风冷风送风温度、热风送风温度（℃）；

t_{SM}——FP 末端装置下游送风温度，根据室内气流组织要求与风口形式确定（℃）；

X_0——全风量下新风比（%）。

4. 变风量末端装置选型及要点

变风量末端装置选型应根据计算得到的各种参数，参照产品样本进行。根据末端装置的风量范围表进行选型，使最小风量和最大风量的设定必须处于末端装置风量范围之内，保证所选末端装置的风量控制能力。同时要考虑末端装置的控制精度与控制性能、风机性能（风机动力型末端装置）、热水再热盘管与电加热器加热量、末端装置的噪声等要求。

选择时应注意下列几点：

1）各空调区域的设备余量：在计算空气处理机组的盘管时，送风温度宜留有 0.5～1.0℃的余量。各末端可按一次风最大风量选型，不宜放大风量。否则，末端难以应对小负荷，影响末端的风量调节性能。

2）某些进口产品样本中的风机风量、风压是 60Hz 电源的数据，用于国内 50Hz 电源时，风量、风压均减小到 80% 左右，故应根据供应商提供的 50Hz 下的相应数据或试验实测数据选型。

3.3 变风量空调系统总风量控制

3.3.1 定静压法

定静压控制法是变风量空调系统最经典的风量控制方法。其基本原理是在送风管道中选择某一点，在系统运行过程中，通过调节风机转速，改变风机的送风量，始终保持这一点的静压值不变。

图 3-18 中显示了在定静压法控制下风机变频调速工作点的轨迹。当各温度控制区的显热负荷减小、变风量末端装置调节风阀调到最小风量时，管道的阻力曲线由 0－1 变化到 0－2，风机工作点由 a 点移动到 b 点。此时风机输出全压为 P_b，而实际需要全压仅为 P_c，超压值为 P_b-P_c，它使 P 点的静压实测值 P_m 远大于设定值 P_S。系统 DDC 控制器根据静压测定值 P_m 与静压设定值 P_S 的差值变频调节风机转速，使风机工作点由 b 点移动到 c 点，风机输出全压由 P_b 下降到 P_c，此时 P 点的静压实测值 P_m 接近设定值 P_S。由于主风管的静压降低，各变风量末端装置在同样的送风量下风阀开度增大，系统管道阻力曲线再由 0－2 变化到 0－5 后稳定下来。风机转速下降，使风机在较小风量时输出全压减小，运行功率也随之减小。根据国外文献记载，当系统静压设定值为总设计静压值的三分之一、系统风量为设计风量的 50% 时，风机运行功率仅为设计功率的 30%。

定静压控制实现起来相对比较简单，使用较普遍。在送风管道中某一点设置静压传感器，送风机采用变频调速装置（变频器 INV），不需要反馈末端装置的阀位信号，就可实现

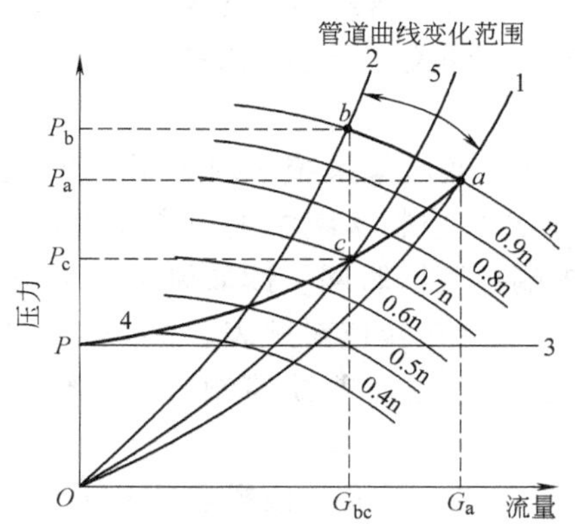

图3-18 定静压法风量风压分析图

1—末端全开时管道曲线 2—末端关小时管道曲线 3—定静压值线

4—定静压法控制下的风机工作点轨迹 5—定静压法控制下瞬时管道曲线

a—设计点 *b*—末端关小，转速不变 *c*—末端关小，定静压调速

定静压控制，如图3-19所示。

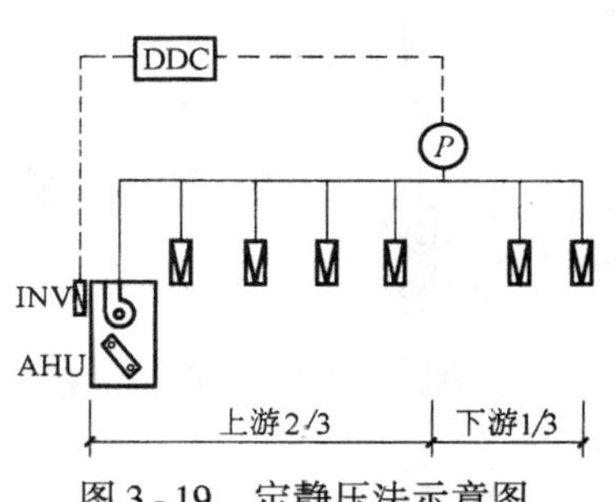

图3-19 定静压法示意图

定静压控制法的难点在于如何找到稳定、合适的静压点位置，以及定静压设定值大小。正确选择静压设定点对系统的性能非常重要，不能预先计算出最佳设定点，必须在现场进行判断。如果设定点静压值太低，风机运行固然可以节能，但VAV末端装置的调节风阀即使开度到100%，其实际通过的风量还会小于所需要的风量，VAV末端就不能达到房间温度的设定点，不能获得足够的空气以满足区域温度要求，不能保证舒适度。如果设定点静压值过高，系统中的所有VAV末端装置的调节风阀则只需打开一部分，甚至有的开度很小，便可达到所需要的送风量，其结果是各房间的舒适度可以满足要求，但末端装置内的风阀调节范围缩小了，风阀的阀位稍一变化，就会对送风量产生较大影响。同时，风阀关闭太小，容易产生噪声。另外，静压设定值过高，风机运行时也难于稳定地保持该设定值，导致系统工作不稳定，风机的能耗增加。ASHRAE标准90.1—2001提出："除了变定静压控制法外，设计工况下变风量空调系统静压传感器所在位置的设定静压不应大于风机总设计静压的1/3。"系统静压设定点应设置在离空调机组出口约1/3长度处的主送风管上。

3.3.2 变静压法（静压优化法）

当变风量系统负荷变小，送风量相应减少时，管路系统内静压设定点并不始终维持一个不变的静压值，而是随负荷变化不断改变并再调该静压值，以适应由于风量减少而变小了的管路阻力值。换句话说，为了适应负荷变小的运行需要，不是仍维持一个不变的较高的静压设定值而通过改变并关小末端装置中调节风阀来减少送进房间的风量，而是让各末端装置的调节风阀都尽可能保持最大开度，至少有一台末端装置的调节风阀开度为100%，管路系统中维持一个较低静压设定值，从而减少送进房间的风量。这样，就可以使送风机在运行时的风压降低，也消除了末端装置内风阀关得很小带来的噪声困扰，与定静压控制相比运行更为节能。

变静压控制要能有效地实现，变风量系统必须采用 DDC 控制手段，来自末端装置控制器的某些信号，必须要反馈到 DDC 控制系统中去，指出末端装置的风阀阀位。BA（Building Automation）系统与每个末端控制器联网，读取风量需求值和阀位开度（图 3-20），工程调试时获取末端全开时 AHU 风量与转速对照表。根据各末端需求风量累计值 G_0 及 AHU 风量与转速对照表可初步设定转速 n_0（前馈控制量）。当前馈控制改变很小时不作前馈控制。

变静压法的控制原理如图 3-21 所示。根据各末端风阀开度，修正风机转速：当风阀开度都小于 85% 时，降低转速；当风阀开度为 100% 时，提高转速；当风阀开度为 85% ~99% 时，维持转速不变。变静压法比定静压法更节能，但要求末端能输出阀位信号。

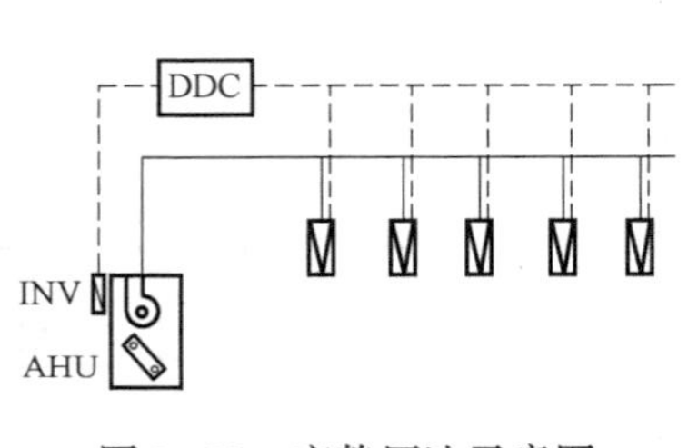

图 3-20　变静压法示意图

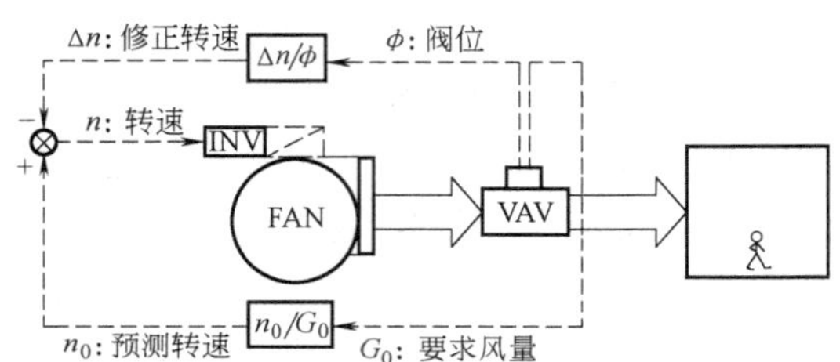

图 3-21　变静压法控制原理图

3.3.3　总风量法

BA 系统与每个末端装置联网，读取各末端的要求风量并累计为总需要风量 $\sum_{i=1}^{n} G_{s_i}$，计算出风机的转速，对风机进行调节。总风量法的节能效果介于定静压法和变静压法之间，一般应用在规模较小的系统中。

3.4　VAV 末端装置安装

VAV 末端装置安装的施工工艺流程如下：

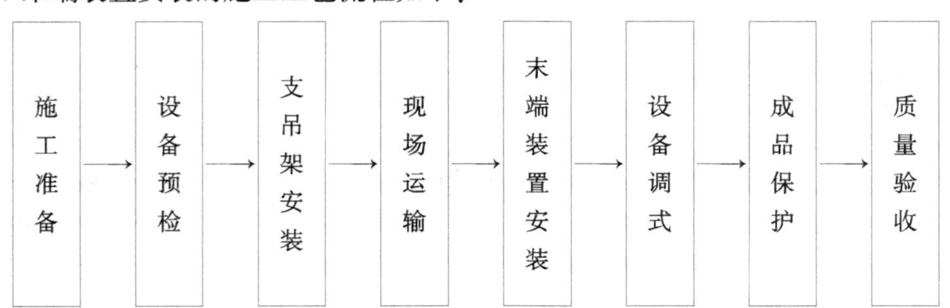

3.4.1　施工准备

1. 材料

1）型钢、螺栓、螺母、垫圈、滤料。

2）海绵橡胶板、橡胶板、耐热垫片、耐热材料密封条、密封胶、硅橡胶、密封液。

2. 主要机具

1）卷扬机、捯链、滑轮、绳索、三脚架。

2）钢直尺、角尺、水平尺、钢卷尺、线坠。

3）气焊工具、活动扳手、套筒扳手、固定扳手、梅花扳手、钢丝钳、螺丝刀、钢锯、电锤、木锤、铁锤、台虎钳、管钳、丝锥、手压泵、管子压力钳。

3. 工作条件

1）安装前检查现场，应具有足够的运输空间和场地。清理干净设备安装地点，场地内无障碍物或无关的管道、设备、设施等。

2）设备型号、结构形式、安装方式、出口方向、进水位置、设备基础尺寸及位置应符合设计要求并应相互符合。

3）与建设单位、设备生产企业共同进行设备的开箱验收，设备所带备件、配件应齐备有效，随设备所带资料和产品合格证应完备，并做好开箱检查记录。

4）采用的 VAV 末端装置应具有产品质量出厂合格证或质量鉴定文件，所使用的主要材料和辅助材料规格、型号应符合设计规定，并具有产品质量出厂合格证。施工方案要有经过审批的技术、质量、安全交底。

5）VAV 末端装置和主、副材料已运抵现场，安装所需工具已准备齐全，且有安装前检测用的场地、水源、电源。建筑结构工程施工完毕，屋顶做完防水层，室内墙面、地面施工完毕。安装位置尺寸符合设计要求，空调系统干管安装完毕。

3.4.2　设备预检

1）设备安装前，应进行开箱检查，开箱检查人员可由建设、监理、施工单位和设备供应厂家的代表组成。将检验检查结果做好记录，由参与开箱检查责任人员签字盖章、作为交接资料和设备技术档案依据。

2）开箱前先核对箱号、箱数量是否与单据相符，然后检查外包装有无损坏和受潮。开箱后设备必须有装箱随机清单、产品（图纸）说明书、合格证和设备技术文件等随机带来文件。进口设备还必须具有商检部门的检验合格文件。按装箱清单认真核对设备名称、规格、型号、技术条件等是否符合设计要求，逐一检查主要设备的附件、专用工具、备用配件等数量是否齐全。设备的进出口应封闭良好，随机的零部件应齐全无缺损。

3）设备的外形应规则、平直，圆弧形表面应平整无明显偏差，结构应完整，焊缝应饱满，表面应无孔洞、缺陷、缺损、损坏、锈蚀、受潮等现象。金属设备的构件表面应作除锈和防腐处理，外表面的色调应一致，且无明显的划伤、锈斑伤痕、气泡和剥落现象。非金属设备的构件材质应符合使用场所的环境要求，表面保护涂层应完整。

4）VAV 末端装置在安装前应对每台进行通电试验检查，机械部分不得摩擦，电气及控制部分不得有漏电现象。

3.4.3 支吊架安装

1）根据施工图确定支架、吊架生根的位置，生根一般可以采用膨胀螺栓。

2）VAV 末端装置安装应设置独立的支架、吊架固定，与风管连接前宜做动作试验。

3）VAV 末端装置吊装应符合建筑物承重要求，按照不同的型号、重量，选取相应的吊架，吊架安装平整牢固，位置正确。吊杆不应自由摆动，悬吊安装的 VAV 末端装置，其吊杆或支架的固定螺栓应有防松装置。

4）减振吊架的安装应符合设计要求。VAV 末端装置吊架安装如图 3-22 所示。

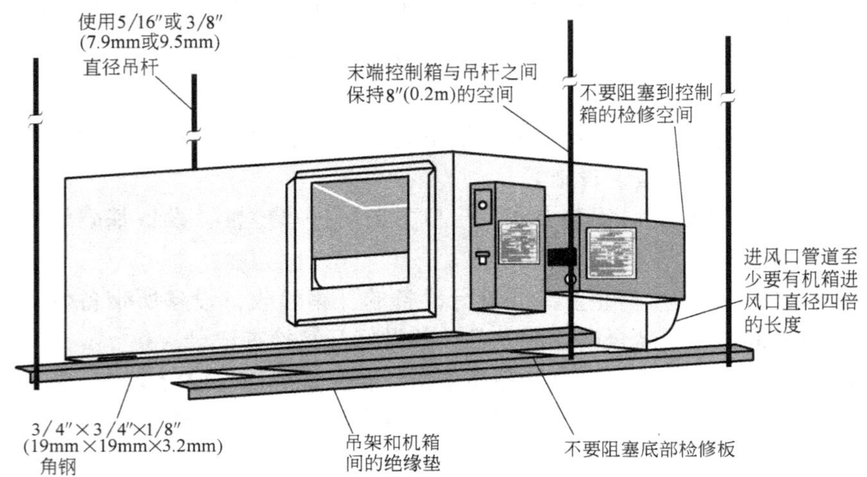

图 3-22 VAV 末端装置吊架安装

3.4.4 设备现场运输

1）VAV 末端装置在水平和垂直运输之前尽可能不要开箱，并保留好底座。

2）变风量末端装置由于风量传感器、压力信号传感器等外露线路较多，搬运和安装时要注意保护，不能用进出口风管、控制箱、风阀轴的外伸端作为受力点。

3）使用绳索运输时，与设备外壳接触的绳索，在棱角处应垫好软物，防止绳索受力被棱角切断。绳索捆缚部位不能损伤设备外表面涂敷的保护层。

4）VAV 末端装置就位前应对支吊架进行验收，合格后方可运输安装。

3.4.5 VAV 末端装置安装

1）如图 3-23 所示，按照图示使用吊架或现场装配的吊托架，安装应牢固。吊杆应安全地接在托梁或装配固定物上，高度、位置应正确，这些固定物用连接片或浇铸固定物准确地固定在楼板的结构上。吊杆与托梁相连应用双螺母紧固找平找正，并在螺母上加 3mm 厚的橡胶垫。

2）风机动力型末端装置必须按照控制组件标签上指示的方向安装，这个标签可以在保护罩上找到。

3）VAV 末端装置安装在吊顶处应留有检查门，便于机组整体拆卸和维修检查，并且不

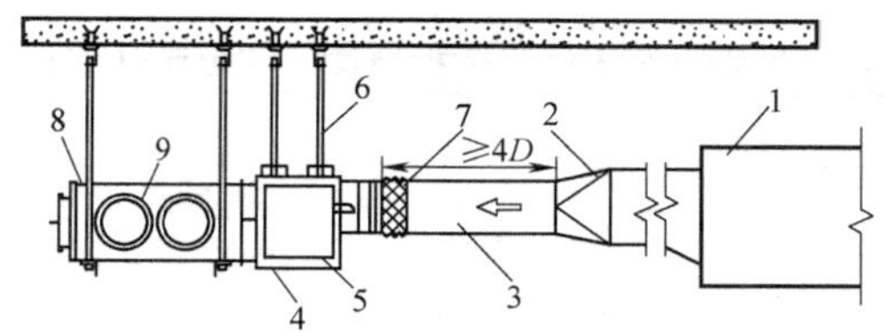

图3-23　VAV末端装置安装示意图

1—风管　2—变径管　3—进口直管段　4—VAV变风量箱　5—控制箱　6—吊杆　7—软接管　8—多出风口噪声衰减器　9—出风接口

要堵塞底部检修孔，以保证风扇维修的净空间。

4）为使气流稳定，保证流量测定准确，在变风量末端装置进风口和出口处，必须用一段至少与进风口尺寸相同、4倍风管直径的直管段相连接。应避免在进风口处直接使用大小口径转接头和弯头，当使用软管连接时，应将它拉直以防止发生凹陷或折叠。风管与VAV末端装置连接处应严密、牢固。

5）不要紧贴楼板安装，避免和其他障碍物接触，如刚性管道等。否则可能会带来额外的振动和噪声传播。

6）末端装置安装在可自由进入装置和控制部件的位置。

7）在进行任何电气工作或检查之前，确保已切断提供末端装置和电盘管的电源。

3.4.6　VAV末端装置调试

变风量空调系统的成功运行，由系统设计、末端装置整定与安装、控制系统调试等几个环节共同完成。其中，变风量末端装置的整定测试是保证整个系统运行良好的基础。

1）变风量末端装置安装完毕后，应进行试运转检查。

2）变风量末端装置应测试调整一次风风量与风速传感器输出变量之间的关系。

3）变风量末端装置还应进行装置箱体漏风量测试、装置的压力无关性能测试、控制精度与控制性能测试、风机性能测试（风机动力型末端装置）、热水再热盘管与电加热器加热量测试、装置的声学性能测试（含箱体辐射噪声测试）等。

4）变风量末端装置应连续运转2h以上，若控制开关动作正确，且末端装置运行状况良好，则末端装置安装运转为合格。

3.4.7　VAV末端装置安装质量验收

1）变风量末端装置的安装，应设单独支、吊架，与风管连接前宜做动作试验。

检查数量：按总数抽查10%，且不得少于1台。

检查方法：观察检查、检查试验记录。

2）工程质量验收记录用表

① 规范要求的验收记录用表。风管系统安装检验批质量验收记录见表3-11，其他表格参见组合式空调机组安装。

② 施工过程用表，参见组合式空调机组安装。

表 3-11　风管系统安装检验批质量验收记录（空调系统）

<table>
<tr><td colspan="3">单位（子单位）工程名称</td><td colspan="4"></td></tr>
<tr><td colspan="3">分部（子分部）工程名称</td><td></td><td>验收部位</td><td colspan="2"></td></tr>
<tr><td colspan="2">施工单位</td><td colspan="2"></td><td>项目经理</td><td colspan="2"></td></tr>
<tr><td colspan="2">分包单位</td><td colspan="2"></td><td>分包项目经理</td><td colspan="2"></td></tr>
<tr><td colspan="3">施工执行标准名称及编号</td><td colspan="4"></td></tr>
<tr><td colspan="4">施工质量验收规范规定</td><td colspan="2">施工单位检查评定记录</td><td>监理（建设）单位验收记录</td></tr>
<tr><td rowspan="8">主控项目</td><td>1</td><td>风管穿越防火、防爆墙</td><td>第 6.2.1 条</td><td colspan="2"></td><td rowspan="8"></td></tr>
<tr><td>2</td><td>风管内严禁其他管线穿越</td><td>第 6.2.2 条</td><td colspan="2"></td></tr>
<tr><td>3</td><td>室外立管的固定拉索</td><td>第 6.2.2~3 条</td><td colspan="2"></td></tr>
<tr><td>4</td><td>高于 80℃ 风管系统</td><td>第 6.2.3 条</td><td colspan="2"></td></tr>
<tr><td>5</td><td>风阀的安装</td><td>第 6.2.4 条</td><td colspan="2"></td></tr>
<tr><td>6</td><td>手动密闭阀安装</td><td>第 6.2.9 条</td><td colspan="2"></td></tr>
<tr><td>7</td><td>风管严密性检验</td><td>第 6.2.8 条</td><td colspan="2"></td></tr>
<tr><td></td><td></td><td></td><td colspan="2"></td></tr>
<tr><td rowspan="12">一般项目</td><td>1</td><td>风管系统的安装</td><td>第 6.3.1 条</td><td colspan="2"></td><td rowspan="12"></td></tr>
<tr><td>2</td><td>无法兰风管系统的安装</td><td>第 6.3.2 条</td><td colspan="2"></td></tr>
<tr><td>3</td><td>风管安装的水平、垂直质量</td><td>第 6.3.3 条</td><td colspan="2"></td></tr>
<tr><td>4</td><td>风管的支、吊架</td><td>第 6.3.4 条</td><td colspan="2"></td></tr>
<tr><td>5</td><td>铝板、不锈钢板的安装</td><td>第 6.3.1~8 条</td><td colspan="2"></td></tr>
<tr><td>6</td><td>非金属风管的安装</td><td>第 6.3.5 条</td><td colspan="2"></td></tr>
<tr><td>7</td><td>复合材料风管安装</td><td>第 6.3.6 条</td><td colspan="2"></td></tr>
<tr><td>8</td><td>风阀的安装</td><td>第 6.3.8 条</td><td colspan="2"></td></tr>
<tr><td>9</td><td>风口的安装</td><td>第 6.3.11 条</td><td colspan="2"></td></tr>
<tr><td>10</td><td>变风量末端装置安装</td><td>第 7.3.20 条</td><td colspan="2"></td></tr>
<tr><td></td><td></td><td></td><td colspan="2"></td></tr>
<tr><td></td><td></td><td></td><td colspan="2"></td></tr>
<tr><td colspan="2" rowspan="2">施工单位检查结果评定</td><td>专业工长（施工员）</td><td></td><td>施工班组长</td><td colspan="2"></td></tr>
<tr><td colspan="5">项目专业质量检查员：　　　　年　　月　　日</td></tr>
<tr><td colspan="2">监理（建设）单位验收结论</td><td colspan="5">专业监理工程师：
（建设单位项目专业技术负责人）：　　　　年　　月　　日</td></tr>
</table>

单元小结

本单元主要介绍了变风量空调系统的概念、原理及应用场合；VAV末端装置类型、特点及选型，变风量空调系统总风量的控制方法；VAV末端装置的施工准备、施工工艺及施工质量标准。通过学习，应掌握变风量空调系统的概念、原理及应用场合，VAV末端装置的选型、安装方法和要求。

变风量（VAV）空调系统是根据室内负荷的变化，自动调节空调系统的送风量，使室内温度达到设定要求的全空气空调系统。变风量空调系统一般由变风量末端装置、集中空气处理机组、送回风管路及其控制系统组成。对于负荷变化较大，同时使用系数较低的场所，节能效果尤为显著。按与压力相关性分压力相关型VAV末端装置和压力无关型VAV末端装置。压力相关型VAV末端装置，通过房间温度与设定温度差值来控制风阀开度，当阀位不变时，VAV末端装置的风量随入口静压变化而变化。压力无关型VAV末端装置，根据房间温度与设定温度差值计算所需风量，与实测风量比较，控制风阀开度，不管进风口处静压是否改变，都将保持恒定的送风量。常用串联式风机动力型VAV末端装置、并联式风机动力型VAV末端装置和节流型VAV末端装置。

变风量末端选型应根据计算得到的各种参数，参照产品样本进行。根据末端装置的最大风量和最小风量的范围来进行末端选型，保证所选末端装置的风量控制能力，应考虑风机动力型VAV末端装置内风机性能确定、热水再热盘管与电加热器加热量、末端装置的噪声的要求，同时还要考虑末端装置的控制精度与控制性能等。

AHU的变频控制是根据各个VAV末端装置的风量需求情况，调整AHU的风机转速，使得总风量满足需求，并尽量节约风机能耗。系统常用的控制方法有：定静压控制法、变静压控制法（静压优化控制法）和总风量控制法。定静压控制法运行稳定、维护费用低、不需要阀位反馈，与压力有关/无关型末端装置都可应用，因此常用定静压控制法，占VAV项目90%以上。变静压控制法节能效果最佳，但VAV末端装置需要联网、需要阀位反馈、控制环路较多、调试工作量大，应用较少。

VAV末端装置的安装要根据设计图和规范要求进行。VAV末端装置在安装前应检查每台设备有无损伤、锈蚀等缺陷。VAV末端装置要有足够的检修空间，引入管要求有2倍管径长度的硬质直管段。

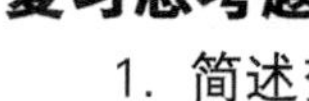

复习思考题

1. 简述变风量空调系统的特点及适用场合。
2. 简述串联式风机动力型VAV末端装置结构及工作原理。
3. 简述并联式风机动力型VAV末端装置结构及工作原理。
4. 简述节流型VAV末端装置结构及工作原理。
5. 如何选择变风量末端?
6. 简述变风量空调系统总风量的控制方法。
7. VAV末端装置安装完成后如何进行调试?

实训练习题

VAV 末端装置的安装与要求。

VAV 末端装置一台，要求：

(1) 指出 VAV 末端装置的主要部件名称及作用。

(2) 制订 VAV 末端装置安装程序。

(3) VAV 末端装置的接管要求。

单元 4

风机盘管机组安装

☞ **知识能力目标**

了解风机盘管加新风系统的特点、应用范围和新风供给方式；掌握风机盘管机组的构造、分类、工作原理、主要技术性能参数和选型计算；掌握风机盘管机组安装的工艺流程、安装方法及验收的知识；掌握风机盘管加新风系统施工图的识读与绘制；能够根据实际工程需要选择不同形式的风机盘管机组。

具备风机盘管机组安装的能力。

☞ **学习任务要求**

1. 风机盘管机组、新风机组的选型与布置。
2. 风机盘管加新风系统施工图的识图与绘制。
3. 风机盘管机组的安装。

4.1 风机盘管加新风系统

4.1.1 风机盘管加新风系统的特点

风机盘管机组在空调工程中的应用大多是和单独处理的新风系统相结合，组成风机盘管加新风系统。该系统主要由风机盘管、新风机组以及送风管道和送风口等组成。

风机盘管直接设置在空调房间内，对室内回风进行处理，新风通常是由新风机组集中处理后通过新风管道送入室内，系统的冷量或热量由空气和水共同承担，所以属于空气—水系统，其特点见表 4-1。

表 4-1 风机盘管加新风系统的特点

优点	布置灵活，容易与装潢工程配合 各房间可独立调节室温，并可随时根据需要开、停机组，节省运行费用，灵活性大，节能效果好 与集中式空调相比，不需回风管道，节省建筑空间 机组部件多为装配式，定型化、规格化程度高，便于用户选择和安装 只需新风空调机房，机房面积小 使用季节较长 各房间之间空气互不串通

（续）

缺点	对机组制作质量要求高，否则维修工作量很大 受噪声的限制，风机转速不能过高，所以机组剩余压头小，室内气流分布受限制 布置分散，敷设各种管线较麻烦，维护管理不方便 无法实现全年多工况节能运行调节 水系统复杂，易漏水 空气过滤效果差
适用性	适用于旅馆、饭店、公寓、医院、办公楼等高层多室的建筑物中 需要增设空调的小面积、多房间的建筑 室温需要进行个别调节的场所

4.1.2 风机盘管机组的新风供给方式

风机盘管机组的新风供给方式如图 4-1 所示。

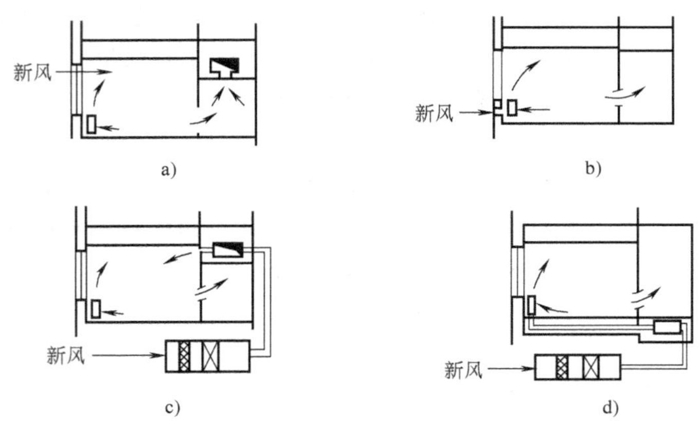

图 4-1 风机盘管机组的新风供给方式

a）室外渗入新风 b）外墙洞口引入新风

c）独立新风系统（单独供给室内） d）独立新风系统（送入风机盘管机组）

1. 靠室内机械排风渗入新风

这种新风供给方式靠设在室内卫生间、浴室等处的机械排风，在房间内形成负压，使室外新鲜空气渗入室内。这种方法比较经济，但室内卫生条件差。受无组织渗风的影响，室内温度场分布不均匀，因此只适用于室内人员较少的情况。

2. 墙洞引入新风

这种新风供给方式是把风机盘管机组设置在外墙窗台下，立式明装，在风机盘管机组背后的墙上开洞，把室外新风用短管引入机组内，新风量可以调节，冬、夏季可按最小新风量，过渡季节尽量多采用新风。这种新风供给方式既能较好地保证室内得到比较多的新风量，又有一定的节能效果，但新风负荷的变化直接影响着室内空气参数的稳定性。这种系统只适用于对室内空气参数要求不太严格的建筑物。

3. 独立新风系统

以上两种新风供给方式的共同特点是：在冬、夏季，新风不但不能承担室内冷热负荷，

而且要求风机盘管负担对新风的处理，这就要求风机盘管机组必须具有较大的冷却和加热能力，使风机盘管机组的尺寸增大，为了克服这些不足，引入了独立新风系统。

独立新风系统是把新风集中处理到一定参数后，送入空调房间或风机盘管机组，使其与房间里的风机盘管共同负担空调房间的冷（热）、湿负荷。在过渡季节，可增大新风量，必要时可关掉风机盘管机组，而单独使用新风系统。这种系统适用于对卫生条件有较严格要求的空调建筑。

根据所处理终参数的情况，新风系统可承担新风负荷和部分空调房间的冷、（热）负荷。具体的做法有两种：

（1）新风管单独接入室内

这时送风口可以紧靠风机盘管的出风口，也可以不在同一地点，从气流组织的角度讲是希望两者混合后再送入工作区。这种系统在安装方面稍微复杂一些，但卫生条件好，应优先采用这种方式。

（2）新风接入风机盘管机组

在这种处理方式下，新风直接送入风机盘管吸入端，与房间的回风混合后，再被风机盘管处理后送入房间。这种方式的优点是比较简单，缺点是由于新风经过风机盘管机组，增加了机组风量的负荷，使运行费用增加、噪声增大，而且一旦风机盘管停机后，新风将从回风口吹出，回风口一般都有过滤器，此时过滤器上灰尘被吹入房间。此外，由于受热湿比的限制，盘管只能在湿工况下运行。因此，一般不推荐采用这种送风方式。

4.1.3　风机盘管机组的布置方式

风机盘管空调系统的布置方式与风机盘管的结构形式、送风方向、空调房间使用性质及建筑形式有关。

1. 明装风机盘管机组

明装风机盘管机组多放置在室内可以看到的地方，因而对其造型和表面油漆、装饰颜色要求均比较高。立式明装风机盘管一般设置在室内地面上，卧式明装风机盘管多设置于天花板下方或门窗上方。机组的控制开关设置在机组的面板上，也可以将它引到床头柜等便于操作的地方。

2. 暗装风机盘管机组

暗装风机盘管机组无装饰板，因为它一般布置在室内看不到的地方，所以对外观装饰及颜色都无具体要求，其价格比明装风机盘管便宜得多。立式暗装风机盘管多设置在窗台下，卧式暗装风机盘管多设置于顶棚内，机组的控制开关可装在墙上或床头柜上。

一般来说，对于宾馆、饭店客房空调，多采用卧式暗装风机盘管，一般可布置在进门的过道顶棚内。如图4-2所示，这种布置形式美观，不占房间的有效空间，噪声小。从室内气流组织和温度分布角度来看，这种布置方式特别适合用于以夏季供冷使用为主的南方地区。

对于办公室、医院病房、门诊部、写字间等房间，如没有安装顶棚，宜选用立式暗装风机盘管机组，布置在外墙窗台下，如图4-3所示。这种布置方式对于空间较大的房间以及冬季需要供热的北方地区尤为适宜。

对于会议室、会客室、接待室等布置比较豪华的空调房间，宜采用明装风机盘管。根据风机盘管的重量和造型，可布置为落地式、挂墙式或吊顶式。

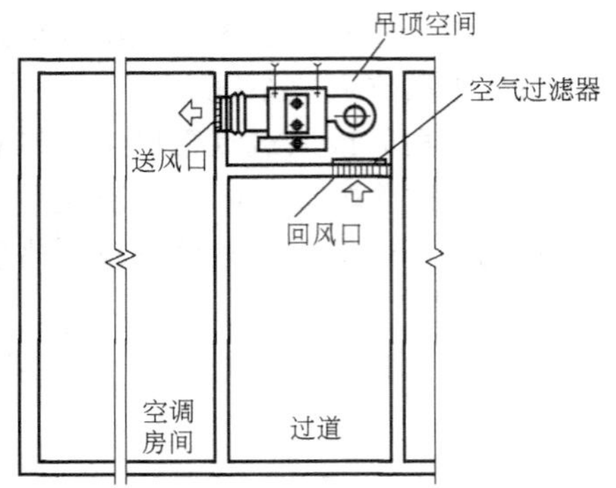

图 4-2　卧式暗装风机盘管的布置

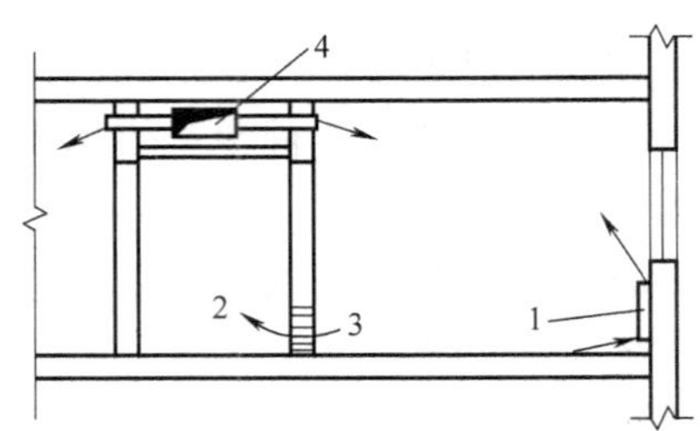

图 4-3　立式暗装风机盘管的布置

1—风机盘管　2—走廊　3—空调房间　4—新风管道

4.2　风机盘管机组的构造、分类和工作原理

4.2.1　风机盘管机组的构造

风机盘管机组（FCU－Fan Coil Unit）是空调系统的末端机组之一，外接冷水、热水，对房间直接送风，具有供冷、供热或分别供冷和供热功能，其送风量为 250～2500m^3/h，出风口静压小于 100Pa。其主要由风机、盘管以及空气过滤器、电动机、室温控制装置等组成，如图 4-4 所示。风机常采用前向多翼离心式风机或贯流式风机，风机的电动机多采用单相电容调速低噪声电机，通过调节输入电压改变转速。盘管则为带肋片的盘管式换热器（一般为 2～3 排铜管串片式）。

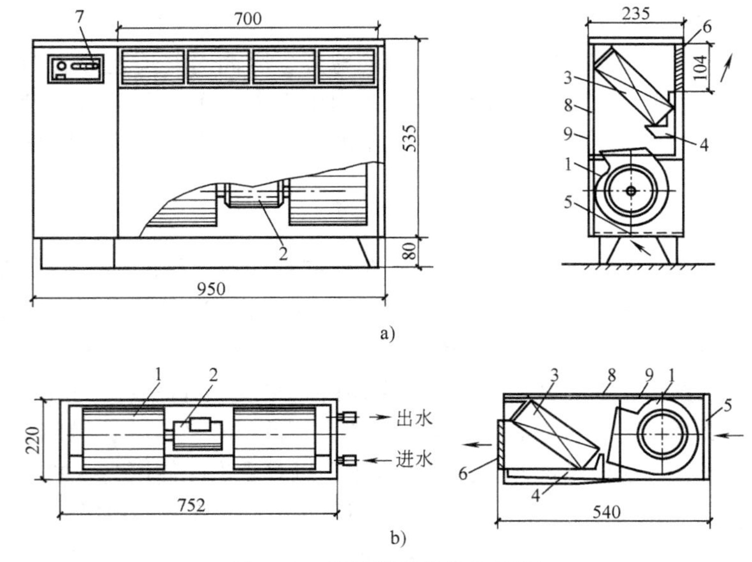

图 4-4　风机盘管构造示意图

a）立式明装　b）卧式暗装

1—风机　2—电机　3—盘管　4—凝结水盘　5—循环风进口及过滤器
6—出风口格栅　7—控制器　8—吸声材料　9—箱体

4.2.2 风机盘管机组的分类

风机盘管机组的种类比较多，按结构形式可分为立式、卧式、卡式和壁挂式；按安装形式可分为暗装和明装；按出口静压可分为低静压型和高静压型（30Pa 和 50Pa）；按出风方向不同，有顶出风、斜出风、前出风之分；按回风方式不同，又可分为下回风、后回风、带回风箱或不带回风箱多种；按进水方式，有左进、右进和后进水之分。

风机盘管机组的类型、特点及适用范围见表 4-2。

表 4-2　风机盘管机组的类型、特点及适用范围

分类	形　式	特　点	适用范围
风机类型	离心式风机	前向多翼型，效率较高，每台机组风机单独控制，采用单向电容调速低噪声电机，调节电机输入电压改变风机转速，高、中、低三档变风量	宾馆客房、写字楼等
	贯流式风机	前向多翼型，端面封闭，全压系数较大，效率较低，进出风口易与建筑物相配合，调节电机输入电压改变风机转速，高、中、低三档变风量	为配合建筑布置时用
结构形式	卧式 W	节省建筑面积，可与室内装饰布置相协调，需用吊顶与管道间	宾馆客房、写字楼、商业建筑等
	立式 L（含低矮式 LD）	暗装可安设在窗台下，出风口向上或向前；明装可安设在地面上，出风口向上、向前或向斜上方，可省去顶棚	要求地面安装，适用于全玻璃结构的建筑物和一些公共场所以及工业建筑；北方冬季停开风机作散热器用
	柱式 LZ	占地面积小；安装、维修、管理方便；冬季可靠机组自然对流散热；可节省管道间与顶棚，造价较贵	宾馆客房、医院等；北方冬季停开风机作散热器用；适用于房间面积较大、不便安装其他空调机组及旧房改造加装中央空调的场合
	卡式 K	有四面送风、双面送风与单面送风类型，供不同形式房间使用；送风叶片可调，适用于全年空调房间；可安装凝结水提升泵；铝合金面板可与室内装饰协调	办公室、会议室、大厅、商业建筑
	壁挂式 B	适合于不便安装顶棚及旧房改造加装中央空调的场合；节省建筑面积，安装、维修、管理方便；须注意凝结水的排除	宾馆客房、办公室等
安装形式	明装 M	维护方便；卧式明装机组吊在顶棚下，可作为建筑装饰品；立式明装安装简便，不美观，可加装饰面板成为立式半明装	卧式明装用于客房、酒吧、商业建筑等要求美观的场所，立式明装用于旧建筑改造或要求节省投资，施工快的场合
	暗装 A	维护麻烦；卧式机组暗装在顶棚内，送风口在前部，回风口在下部或后部；立式机组暗装在窗台下，较美观，占地少	要求整齐美观的房间
出口静压	低静压型	在额定风量时，带风口和过滤器的机组，出口静压为零，不带风口和过滤器的机组，出口静压为 12Pa	机组直接送风、不接风管的场合
	高静压型	在额定风量时，出口静压不小于 30Pa 的机组	机组须接风管与风口送风或采用风阻较大的过滤器

（续）

分类	形　式	特　点	适用范围
盘管配置	单盘管	机组内有一个盘管，冷、热兼用	双管制水系统
	双盘管 ZH	机组内有两个盘管，分别供冷和供热，能同时实现供冷或供热，造价高，体积大	四管制水系统，高级宾馆客房
进水方位	左式	面对机组出风口，供回水管在左侧，代号 Z	根据安装位置选定
	右式	面对机组出风口，供回水管在右侧，代号 Y	

4.2.3　风机盘管机组的工作原理

风机盘管机组的工作原理是借助风机不断地循环室内空气，使之通过盘管而被冷却或加热，以保持房间所要求的温度和一定的相对湿度。

风机盘管制冷时，由冷源为盘管提供7℃左右的低温水，室内空气由低噪声风机吸入，通过滤尘网去掉灰尘，吹向盘管进行热量交换。空气通过换热器降温去湿后，冷空气从出风格栅吹向室内。空气中的水蒸气在盘管肋片上析出的凝结水汇集至凝水盘，然后通过泄水管排出。

风机盘管制热时，由热源为盘管提供60℃左右的热水，室内空气由风机吸入，与盘管表面进行热量交换，再将热空气自出风格栅吹向室内。

风机盘管机组是靠冷热源来实现制冷或制热的，如果没有冷源或热源，就不能进行空气调节。

风机盘管机组一般有三档（高、中、低）变速装置。通过三速开关调节输入电压，以调节风机转速，从而调节风机盘管的风量和冷（热）量。风机高档运行时，风量最大，制冷（热）量也最大；中档运行时，其风量、制冷（热）量居中；风机低档运行时，风量最小，制冷（热）量也最小。

4.3　风机盘管机组的主要技术性能参数及机组的选择

4.3.1　风机盘管机组型号编制

风机盘管机组型号表示方法如下：

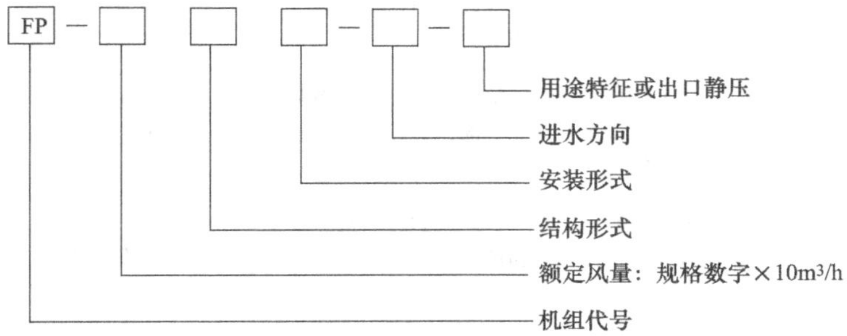

例如：FP—68LM—Z—ZH

表示额定风量为680m³/h的立式明装、左进水、低静压、双盘管机组；FP—51WA—Y—G30表示额定风量为510m³/h的卧式暗装、右进水、高静压30Pa单盘管机组；FP—85K—Z表示额定风量为850m³/h的卡式、左进水、低静压、单盘管机组。

4.3.2　风机盘管机组技术性能参数

风机盘管机组的主要技术性能参数有风量、制冷量、制热量、输入功率、噪声等。

机组在高档转速下的基本规格应符合表4-3和表4-4的规定。

基本技术要求：机组的电源为单相220V，频率50Hz；机组的供冷量的空气焓降一般为15.9kJ/kg；单盘管机组的供热量一般为供冷量的1.5倍。

机组可进行风量调节，设置高中低三档调节时，三档风量按额定风量的1∶0.75∶0.5设置。机组试验工况参数见表4-5。

表4-3　机组额定风量、供冷量、供热量

规格	额定风量/(m³/h)	额定供冷量/W	额定供热量/W
FP—34	340	1800	2700
FP—51	510	2700	4050
FP—68	680	3600	5400
FP—85	850	4500	6750
FP—102	1020	5400	8100
FP—136	1360	7200	10800
FP—170	1700	9000	13500
FP—204	2040	10800	16200
FP—238	2380	12600	18900

表4-4　机组额定风量的输入功率、噪声和水阻

规格	风量/(m³/h)	输入功率/W			噪声/dB（A）			水阻/kPa
		低静压机组	高静压机组		低静压机组	高静压机组		
			30Pa	50Pa		30Pa	50Pa	
FP—34	340	37	44	49	37	40	42	30
FP—51	510	52	59	66	39	42	44	30
FP—68	680	62	72	84	41	44	46	30
FP—85	850	76	87	100	43	46	47	30
FP—102	1020	96	108	118	45	47	49	40
FP—136	1360	134	156	174	46	48	50	40
FP—170	1700	152	174	210	48	50	52	40
FP—204	2040	189	212	250	50	52	54	40
FP—238	2380	228	253	300	52	54	56	50

表 4-5 风机盘管机组试验工况参数

项目			风量和噪声工况	供冷工况	供热工况	凝露实验	凝结水处理实验
进口空气状态	干球温度	℃	14～27	27.0	21	27	
	湿球温度			19.5	—	24	
供水状态	进口水温		—	7.0	60	6	
	水温差			5.0	—	3	
	供水量（kg/h）		不供水	按水温差得出	同冷工况	—	
风机转速			最高额定转速				
风机盘管出口与实验室的空气静压差/Pa	低静压机组		带风口和过滤器等为0		不带风口和过滤器等为12		
	高静压机组		30 或 50				

当风机盘管进口水温各不相同时，其制冷、制热量也各不相同。图 4-5 所示为 FP—51 型风机盘管在不同进水温度（水流量相同）、不同风量时的制冷、制热曲线。

由图 4-5 可知，当风机盘管制冷时，随着进水温度的升高或降低，制冷量急剧降低或提高，但注意水温不可过低，进水温度过低，会使管道及风机盘管严重结露。

当风机盘管制热时，随着进水温度的降低或升高，会使制热量急剧降低或提高，然而进水温度不可过高，过高的进水温度会损失风机盘管的保温材料，并使盘管内壁出现结垢现象。

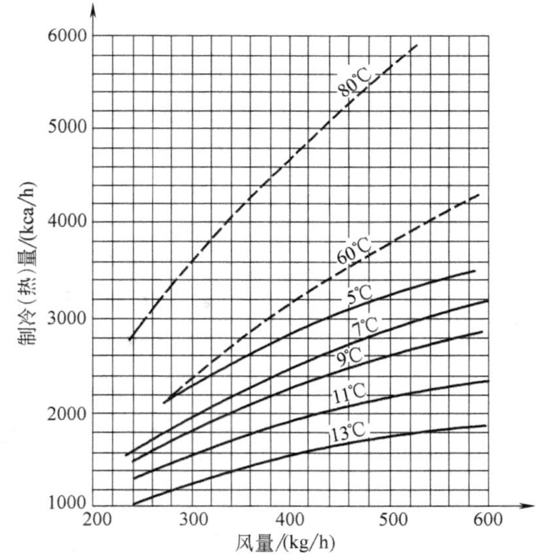

图 4-5 不同进水温度时风机盘管制冷、制热量曲线

4.3.3 部分国产新风机组的主要性能参数

部分国产新风机组的主要性能参数见表 4-6。

表 4-6 BFPX 系列新风机组的主要性能参数

型号	风量/(m^3/h)	余压/Pa	冷量/W	热量/W	水量/(kg/h)	水阻力/kPa	噪声/dB (A)
BFPX—2D	2000	196	22330	25000	3840	2.17	<59
BFPX—3L	3000	262	33500	37500	5760	1.10	<60
BFPX—4L	4000	280	44600	50000	7680	1.90	<60
BFPX—4W	4000	280	44600	50000	7680	1.90	<60
BFPX—5L	5000	358	56000	62500	9600	3.44	<62
BFPX—5W	5000	358	56000	62500	9600	3.44	<62
BFPX—8L	8000	276	89300	100000	15350	11.90	<60
BFPX—8W	8000	276	89300	100000	15350	11.90	<60
BFPX—10W	10000	351	11160	125000	19190	19.00	<62
BFPX—10L	10000	351	11160	125000	19190	19.00	<62
BFPX—12W	12000	283	13400	150000	23000	34.67	<60
BFPX—12L	12000	283	13400	150000	23000	34.67	<60
BFPX—15W	15000	339	167500	187500	28800	55.56	<62
BFPX—15L	15000	339	167500	187500	28800	55.56	<62
BFPX—20W	20000	453	22300	250000	38400	44.105	<65
BFPX—30L	30000	711	33500	375000	57600	109.76	<69

4.3.4 风机盘管机组的选择计算

在设计风机盘管系统时，首先应根据使用要求及建筑情况，选定风机盘管的形式及系统布置方式，然后确定新风供给方式和水管系统类型，最后进行风机盘管的选择计算。

风机盘管机组的选择计算主要以夏季空气处理过程为主，由于不同的新风供给方式，不同的新风处理终参数，风机盘管承担的冷负荷不相同，因此必须根据情况分别加以讨论。

1. 靠自然渗入室外空气补给新风

如图 4-1a 所示，风机盘管处理的基本上全是再循环空气，因而它提供的冷量基本上等于室内冷负荷，通过风机盘管的风量等于房间送风量 G。

2. 墙洞引入新风直接进入机组

如图 4-1b 所示，新风不经过热湿处理直接进入室内，风机盘管提供的冷量应等于室内冷负荷与新风冷负荷之和，通过风机盘管的风量仍为房间送风量 G。

3. 由独立的新风系统供给室内新风

工程中最常用的是将新风处理至室内空气的焓值，不承担室内负荷。风机盘管提供的冷量应等于室内冷负荷，不计入新风冷负荷，新风冷负荷由新风机组承担。

（1）新风直接送入房间

如图 4-1c 所示，其空气处理过程如图 4-6 所示，空气处理流程为：

$$\left.\begin{array}{l} W \xrightarrow{\text{冷却去湿}} L \xrightarrow{\text{自然温升}} K \\ N \xrightarrow{\text{冷却去湿}} M \end{array}\right\rangle \xrightarrow{\text{混合}} O \xrightarrow{\varepsilon} N$$

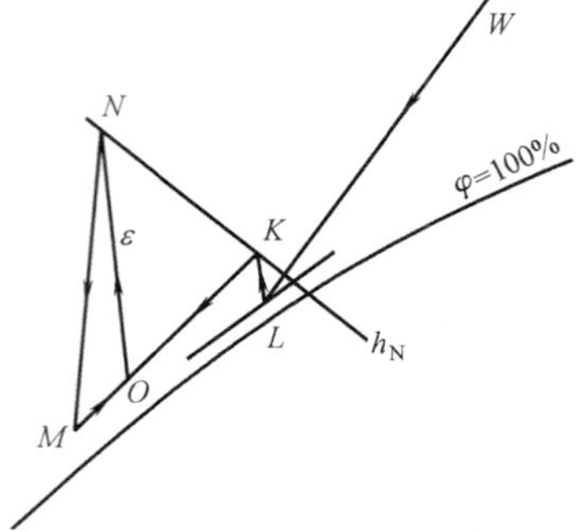

图 4-6 新风送入房间的空气处理过程

夏季供冷设计工况的确定与设备选择可按以下步骤进行。

1）确定新风处理状态。新风机组处理空气的机器露点 L 可达 $\varphi=90\%$，考虑风机、风道温升 $\Delta t=0.5℃$ 和 $h_K=h_N$ 的处理要求，即可确定 W 状态的新风集中处理后的终状态 L 和考虑温升后的 K 点。新风机组处理的风量 G_w 即空调房间设计新风量的总和。故由 $W \longrightarrow L$ 过程决定的新风机组设计冷量 Q_w 应为

$$Q_w = G_w(h_W - h_L) \tag{4-1}$$

2）选择新风机组。考虑一定安全余量后，根据机组所需风量、冷量及机外余压，由产品样本选择新风机组型号和规格。

3）确定房间总风量。房间设计状态点 N 及余热 Q、余湿 W 和 ε 线均已知，过 N 点作 ε 线与 $\varphi=90\%$ 线相交，即可得到风机盘管在最大送风温差下的送风状态点 O，于是房间总风量 G 可由 $G=\dfrac{Q}{h_N-h_O}$ 求得。

4）确定风机盘管处理风量及终状态。由于 $G=G_f+G_w$，从中可求得风机盘管的风量 G_f。风机盘管处理终状态 M 点应处于 $\overline{KO}$ 的延长线上，由新回风混合关系 $\overline{OM}=\dfrac{G_w}{G_f}\overline{KO}$ 即可确定 M 点。风机盘管处理空气的 $N \longrightarrow M$ 过程所需显冷量 Q_{fs} 就可随之确定

$$Q_{fs} = G_f C_p(t_N - t_M) \tag{4-2}$$

5）选择风机盘管机组。根据考虑一定安全余量后，机组所需的风量、全冷量、显冷量及噪声要求，结合建筑装修安装条件等，在相应的产品样本中选择相应的型号和规格。在选择时应注意实际运行工况与样本给定的差异，并应进行相应的修正。当设计工况与风机盘管的额定工况不同时，应将额定制冷量换算到设计工况下的制冷量。目前很多生产厂家在样本中已经给出了风机盘管在各种常见工况下的制冷量。

6）校核机组冬季加热量。夏季设计工况确定以后，原有新风机组和风机盘管在冬季使用能否满足设计要求乃是校核问题。通过校核，可能涉及对某些技术参数进行必要调整。不过在一般情况下，冬、夏两季都用的风机盘管空调系统，按夏季的冷负荷选择的风机盘管，都能满足冬季空调的要求。因为风机盘管在额定工况下的供热量约为制冷量的 1.5 倍。

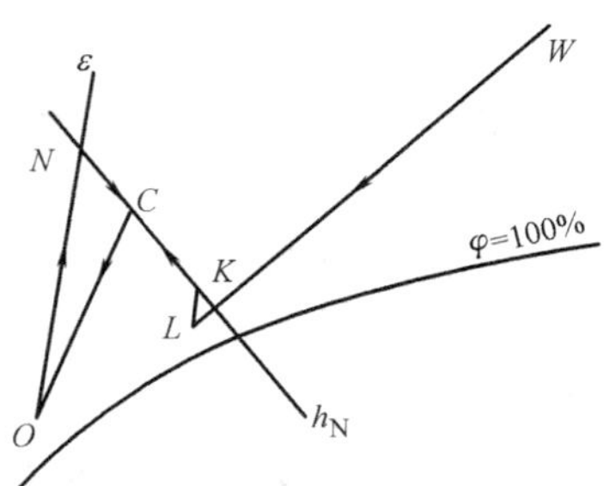

图 4-7 新风送入风机盘管的空气处理过程

（2）新风送入风机盘管机组

如图 4-1d 所示，其空气处理过程如图 4-7 所示，空气处理流程为

$$\left.\begin{array}{r} W \xrightarrow{\text{冷却去湿}} L \xrightarrow{\text{风机温升}} K \\ N \end{array}\right\rangle \xrightarrow{\text{混合}} C \xrightarrow{\text{冷却去湿}} O \xrightarrow{\varepsilon} N$$

空调过程的设计可参照前面的步骤进行，这时风机盘管的风量 $G_f = G$。

【例4-1】 有一空调客房，夏季室内冷负荷为 $Q=2.2\text{kW}$，湿负荷为 $W=0.114\text{g/s}$。室内空气参数 $t_N=25℃$，$\varphi_N=60\%$；室外空气参数为 $t_W=33.2℃$，$t_{WS}=26.4℃$；新风机组和送风管道的温升 $\Delta t=0.5℃$，房间所需新风量 $m=20\%$，大气压力 $B=101325\text{Pa}$。拟采用风机盘管加新风系统（并联方式）。试确定风机盘管机组的风量和显冷量。

【解】 采用新风不负担室内负荷的方案，即送入室内新风的处理到与室内空气焓相等。

（1）室内热湿比及房间送风量

在 $h-d$ 图上作出点 N 和点 W，参见图4-6，得 $h_N=55.9\text{kJ/kg}$，$h_W=82.7\text{kJ/kg}$。

$$\varepsilon=\frac{Q}{W}=\frac{2.2\text{kW}}{0.114\text{g/s}}=19298\text{kJ/kg}$$

（2）送风状态点 O

采用最大送风温差送风，过点 N 作 ε 线，与 $\varphi=90\%$ 线相交，即得送风点 O，查得 $h_O=47.3\text{kJ/kg}$，$d_O=11.6\text{g/kg}$，$t_O=17.8℃$。

送风量 $G=\dfrac{Q}{h_N-h_O}=\dfrac{2.2\text{kW}}{(55.9-47.3)\text{kJ/kg}}=0.256\text{kg/s}$

新风量 $G_w=mG=0.2\times0.256\text{kg/s}=0.0512\text{kg/s}$

风机盘管的风量 $G_f=G-G_w=(0.256-0.0512)\text{kg/s}=0.2048\text{kg/s}=614\text{m}^3/\text{h}$

（3）风机盘管出口空气状态点 M

新风机组和送风管道的温升 $\Delta t=0.5℃$，取 $\overline{LK}=0.5℃$ 与 $\varphi=90\%$ 线和 h_N 线分别相交于点 L 和点 K，得 $h_L=55.4\text{kJ/kg}$，$d_L=13.7\text{g/kg}$，$h_K=55.9\text{kJ/kg}$，$d_K=13.7\text{g/kg}$，$t_K=21.0℃$。

根据混合原理，有 $h_M=\dfrac{Gh_O-G_wh_K}{G_f}=\dfrac{0.256\times47.3-0.0512\times55.9}{0.2048}\text{kJ/kg}=45.2\text{kJ/kg}$，连接点 K 和点 O 并延长，与 h_M 线交于点 M，得 $t_M=17.0℃$。

（4）风机盘管的显冷量

风机盘管的显冷量 $Q_{fs}=G_fC_p(t_N-t_M)=0.2048\times1.01\times(25-17.0)\text{kW}=1.655\text{kW}$

或 $Q_{fs}=GC_p(t_N-t_O)-G_wC_p(t_N-t_K)$

$=[0.256\times1.01\times(25-17.8)-0.0512\times1.01\times(25-21.0)]\text{kW}=1.655\text{kW}$

4.4 风机盘管水系统的形式及管路计算

风机盘管水系统的功能是输配冷（热）水，以满足末端设备或机组的负荷要求。其配置原则：应具备足够的输送能力，经济合理地选定水泵、管材和管径，具有良好的水力工况稳定性，应便于空调系统负荷变化时的运行调节，实现空调系统节能运行要求，并便于维修管理。

4.4.1 空调水系统的形式

1. 开式和闭式水系统

按系统中水是否与空气接触划分，空调水系统可分为开式系统和闭式系统，如图4-8所示。

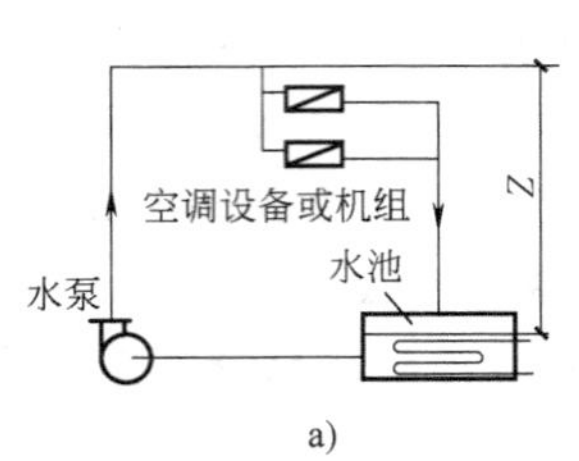

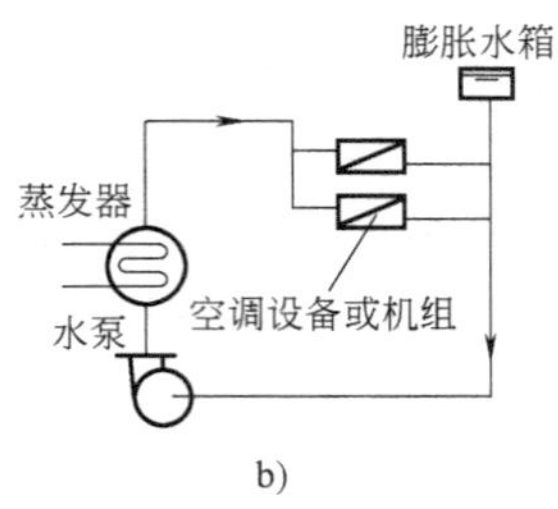

图4-8 开式和闭式水系统

a）开式系统 b）闭式系统

开式系统有较大的水容量，因此温度较稳定，蓄冷能力大。但开式系统水中含氧量高，管路和设备易腐蚀，且循环水泵的扬程除了要克服系统的流动阻力外，还要加上提升介质高度所需的能量，水泵耗电量大，所以近年来在空调工程中，尤其是冷媒水环路中已很少采用。与开式系统相比，闭式系统的管路和设备的腐蚀性小，水泵的扬程只需克服循环阻力，而不用考虑克服提升水的静水压力，设备耗电较小，因而得以广泛应用。但考虑系统的补水、定压和容纳膨胀水量的问题，须在系统的最高点设置膨胀水箱。

2. 同程式和异程式水系统

按系统中的各并联环路中水的流程划分，可将空调水系统分为同程式和异程式系统。异程式水系统管路简单，系统中各循环环路的长度不同，其阻力不易平衡，容易导致水流量分配不均。而同程式系统中由于各并联环路的管路总长度基本相等，各用户盘管的水阻力大致相等，所以系统的水力稳定性好，流量分配均匀，但由于增加了一根同程管，管路布置比较复杂。

在大型建筑物中，为了保持水力工况的稳定性和减少初次调整的工作量，水系统应尽量设计成同程式，但当管路阻力和盘管阻力之比在1:3左右时可用异程式水系统。

3. 定流量和变流量水系统

按系统的循环水量的特性划分，可分为定流量和变流量系统。

定流量系统中的循环水量保持定值，当负荷变化时，可通过改变风量（例如风机盘管的三档风速）或改变供回水温度（例如用表冷器或风机盘管供回水支管上的三通调节阀调节供回水量混合比）进行调节。系统简单，操作方便，不需要复杂的自控设备，但在低负荷时，水泵仍按设计流量运行，输送能耗始终为设计最大值。对于多台冷水机组，且一机一泵的定流量系统，当负荷减少相当于一台冷水机组的冷量时，可以停开一台机组和一台水泵，实行分阶段的定流量运行，这样可节省运输冷量的能耗。

变流量系统中供回水温度保持不变，负荷变化时，可通过改变供水量来调节。输送能耗随负荷减少而降低，水泵容量和电耗也相应减少。变流量系统相对复杂，要配备一定的自控设备。

4. 一次泵和二次泵水系统

按系统中的循环水泵设置情况划分，可分为一次泵水系统和二次泵水系统。

图4-9为一次泵定流量水系统，系统中冷热源侧和负荷侧只用一组循环水泵，系统简

单、初投资少，但这种水系统不能调节水泵流量，不能节省输送能耗，而且不能适应供水分区压降较悬殊的场合，因此一次泵系统一般用于中小型空调水系统。

图 4-10 所示为二次泵变流量水系统，系统中冷热源侧和负荷侧分别设置循环水泵，可以实现负荷侧水泵变流量运行，节省输送能耗，而且可适应供水分区不同的压降，系统的总压力低，减轻了制冷设备的承压。但系统较复杂，初投资也较大，因此二次泵系统一般用于高层建筑等大型空调系统。

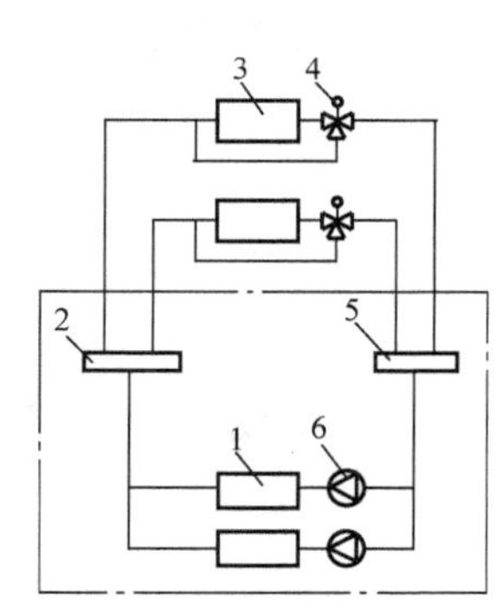

图 4-9　一次泵定流量水系统

1—冷水机组　2—分水器

3—风机盘管或空调机　4—三通阀

5—集水器　6—循环水泵

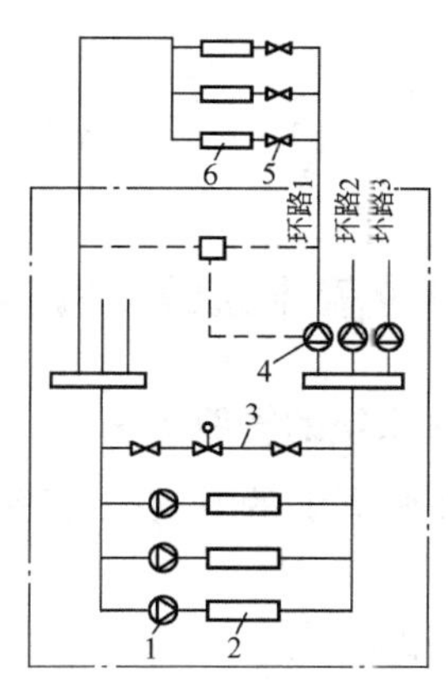

图 4-10　二次泵变流量水系统

1——次泵　2—冷水机组

3—旁通管　4—二次泵

5—二次调节阀　6—风机盘管或空调机

5. 双水管、三水管和四水管系统

(1) 双水管系统

对于具有一根供水管、一根回水管的风机盘管水系统，称为双水管系统，它和机械循环的热水供暖系统相似。夏季供冷水、冬季供热水都是用相同的管路。双水管系统简单，布置方便，投资少，是目前最常用的一种空调水系统。

对于要求全年空调且建筑物内负荷差别很大的场合，例如过渡季内有些房间要求供冷，而有些房间要求供热，双水管系统显然不能全部满足系统需要，对于这种情况可以采取分区供水的方式，或采用三水管系统来达到不同空调房间的不同要求。

(2) 三水管系统

三水管系统采用两根供水管分别供冷水和热水，一根回水管冷、热水共用，如图 4-11 所示。在盘管进口处，由室内温控器控制三通阀进入热水或冷水，能同时满足供冷、供热的要求。但由于共用回水管会造成冷量和热量的混合损失，同时调节控制也较复杂，故实际工程中很少采用。

(3) 四水管系统

四水管系统采用两根供水管、两根回水管，供冷、供热分别由供、回水管承担，构成供冷与供热彼此独立的水系统，如图 4-12 所示。能同时满足供冷、供热的要求，且没有冷、热混合损失。但这种系统初投资较大，管路系统复杂且占用空间大。四水管系统一般在舒适性要求很高的建筑物内采用。

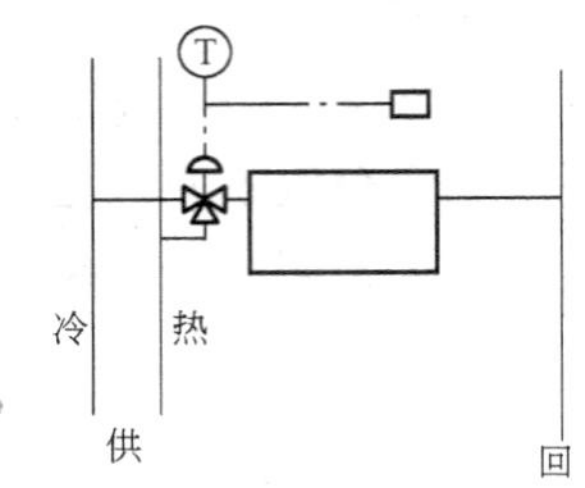

图 4-11　三水管系统

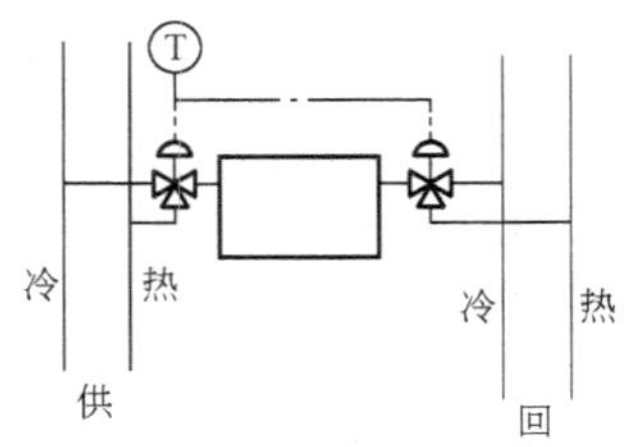

图 4-12　四水管系统

4.4.2　风机盘管水系统的管路计算

1. 冷热水系统的管路计算

空调冷热水系统的管路计算是在已知水流量和推荐流速下，确定水管管径及水流动阻力。

(1) 管径的确定

水管管径 d 由下式确定

$$d = 1.13\sqrt{\frac{W}{3600 \cdot v}} \tag{4-3}$$

式中　W——水流量 (m^3/h)；

v——水流速 (m/s)。

水系统中管内水流速可按表 4-7 中的推荐值选用，经计算来确定其管径，或按表 4-8 根据流量确定管径。

表 4-7　管内水流速推荐值　（单位：m/s）

管径/mm	15	20	25	32	40	50	65	80
闭式系统 开式系统	0.4～0.5 0.3～0.4	0.5～0.6 0.4～0.5	0.6～0.7 0.5～0.6	0.7～0.9 0.6～0.8	0.8～1.0 0.7～0.9	0.9～1.2 0.8～1.0	1.1～1.4 0.9～1.2	1.2～1.6 1.1～1.4
管径/mm	100	125	150	200	250	300	350	400
闭式系统 开式系统	1.3～1.8 1.2～1.6	1.5～2.0 1.4～1.8	1.6～2.2 1.5～2.0	1.8～2.5 1.6～2.3	1.8～2.6 1.7～2.4	1.9～2.9 1.7～2.4	1.6～2.5 1.6～2.1	1.8～2.6 1.8～2.3

表4-8　水系统的管径和单位长度阻力损失

钢管管径/mm	闭式水系统		开式水系统	
	流量/(m^3/h)	kPa/100m	流量/(m^3/h)	kPa/100m
15	0~0.5	0~60	—	—
20	0.5~1.0	10~60	—	—
25	1~2	10~60	0~1.3	0~43
32	2~4	10~60	1.3~2.0	11~40
40	4~6	10~60	2~4	10~40
50	6~11	10~60	4~8	—
65	11~18	10~60	8~14	—
80	18~32	10~60	14~22	—
100	32~65	10~60	22~45	—
125	65~115	10~60	45~82	10~40
150	115~185	10~47	82~130	10~43
200	185~380	10~37	130~200	10~24
250	380~560	9~26	200~340	10~18
300	560~820	8~23	340~470	8~15
350	820~950	8~18	470~610	8~13
400	950~1250	8~17	610~750	7~12

（2）水流动阻力的确定

水在管内流动时产生的阻力为沿程阻力与局部阻力之和，即

$$\Delta p = R_{m} l + \zeta \frac{\rho v^2}{2} \tag{4-4}$$

式中　Δp——水在管内流动时所产生的阻力（Pa）；

R_m——单位沿程阻力（比摩阻）（Pa/m），宜控制在100~300Pa/m，具体可查表4-9，制表时水温为10℃，当量绝对粗糙度K：闭式系统$K=0.2$mm，开式系统$K=0.5$mm；

ζ——局部阻力系数（一些阀门、管配件的局部阻力系数可参见表4-10，一些设备的阻力可参见表4-11）；

l——管道长度（m）；

v——水流速（m/s），参见表4-7。

冷热水管道的阻力损失计算方法、步骤同机械循环采暖系统的水力计算，这里不再介绍，具体可参阅有关资料。

表 4-9 冷冻水管道单位沿程阻力计算表

水流速/(m/s)		公称直径															
		*DN*15	*DN*20	*DN*25	*DN*32	*DN*40	*DN*50	*DN*65	*DN*80	*DN*100	*DN*125	*DN*150	*DN*200	*DN*250	*DN*300	*DN*350	*DN*400
0.2	W	0.14	0.26	0.41	0.72	0.95	1.59	2.61	3.66	6.35	8.84	12.72	24.23	37.93	53.99	72.07	92.30
	R_2	73.38	48.76	35.32	24.33	20.31	14.52	10.5	8.44	5.89	4.81	3.83	2.55	0.98	1.57	1.28	1.08
	R_5	88.49	57.98	41.5	28.25	23.45	16.58	11.87	9.52	6.67	5.4	4.22	2.75	2.06	1.67	1.37	1.18
0.3	W	0.21	0.38	0.62	1.08	1.43	2.38	3.92	5.50	9.53	13.25	19.09	36.35	56.90	80.99	108.11	138.45
	R_2	151.47	100.94	73.18	50.42	42.18	30.12	21.78	17.56	12.36	10.01	7.95	5.3	4.02	3.24	2.65	2.35
	R_5	189.04	123.9	88.88	60.63	50.23	35.51	25.51	20.4	14.22	11.48	9.12	5.98	4.51	3.63	3.04	2.55
0.4	W	0.28	0.51	0.82	1.45	1.90	3.18	5.23	7.33	12.71	17.67	25.45	48.46	75.87	107.99	144.14	184.59
	R_2	255.94	170.79	124	85.54	71.51	51.21	37.08	29.82	20.99	17.07	13.54	9.03	6.87	5.49	4.61	3.92
	R_5	326.77	214.25	153.62	104.57	86.92	61.51	44.15	35.32	24.62	19.91	15.7	10.4	7.85	6.28	5.2	4.51
0.5	W	0.35	0.64	1.03	1.81	2.38	3.97	6.54	9.16	15.88	22.09	31.81	60.58	94.83	134.98	180.18	230.74
	R_2	386.81	258.3	187.67	129.49	108.2	77.5	56.21	45.22	31.88	25.9	20.6	13.73	10.4	8.34	6.97	5.98
	R_5	501.68	329.03	236.03	160.69	133.42	94.57	67.89	54.35	37.87	30.61	24.23	15.99	12.07	9.61	8.04	6.87
0.6	W	0.42	0.77	1.24	2.17	2.85	4.77	7.84	10.99	19.06	26.51	38.17	72.69	113.80	161.98	216.21	276.89
	R_2	543.87	363.26	263.99	182.37	152.45	109.19	79.17	63.77	44.93	36.49	29.04	19.42	14.72	11.77	9.91	8.44
	R_5	713.68	468.04	335.8	228.67	189.92	134.5	96.63	77.3	53.96	43.56	34.43	22.86	17.17	13.73	11.48	9.81

（续）

水流速/(m/s)		公称直径															
		*DN*15	*DN*20	*DN*25	*DN*32	*DN*40	*DN*50	*DN*65	*DN*80	*DN*100	*DN*125	*DN*150	*DN*200	*DN*250	*DN*300	*DN*350	*DN*400
0.7	W	0.49	0.89	1.44	2.53	3.33	5.56	9.15	12.83	22.24	30.13	44.53	84.81	132.77	188.98	252.25	323.04
	R_2	727.12	485.79	353.16	243.97	203.95	146.07	105.95	85.35	60.14	48.85	38.85	26	19.62	15.79	13.24	11.38
	R_5	962.85	631.57	453.03	308.52	256.24	181.58	130.37	104.38	72.89	58.86	46.5	30.8	22.56	18.54	15.5	13.24
0.8	W	0.56	1.02	1.65	2.89	3.80	6.35	10.46	14.66	25.42	35.34	50.89	96.92	151.73	215.97	288.28	369.19
	R_2	936.56	625.78	454.99	314.41	262.81	188.35	136.65	110.07	77.6	62.98	50.13	33.45	25.41	20.4	17.07	14.62
	R_5	1249.21	819.33	587.82	400.35	332.56	235.54	169.22	135.48	94.57	76.32	60.33	39.93	30.12	24.03	20.11	17.17
0.9	W	0.63	1.15	1.86	3.25	4.28	7.15	11.77	16.49	28.59	39.76	57.26	109.04	170.70	242.97	324.32	415.34
	R_2	1172.1	783.33	569.67	393.58	329.03	235.83	171.09	137.93	97.22	78.97	62.78	41.99	31.78	25.51	21.39	18.34
	R_5	1572.64	1031.52	740.07	504.04	418.2	296.65	212.98	170.6	119	96.14	76.03	50.33	37.87	30.31	25.31	21.68
1.0	W	0.70	1.28	2.06	3.6	4.75	7.94	13.07	18.32	31.77	44.18	63.62	121.15	189.67	269.97	360.35	461.48
	R_2	1433.83	958.34	697.0	481.67	402.7	288.61	209.44	168.73	119	96.63	76.81	51.4	38.95	31.29	26.19	22.46
	R_5	1933.16	1268.14	909.78	619.7	514.73	364.64	261.93	209.64	146.37	118.21	93.39	61.9	46.6	37.28	31.1	26.59
1.1	W	0.77	1.40	2.27	3.98	5.23	8.74	14.38	20.15	34.95	48.60	69.98	133.27	208.63	296.96	396.39	507.63
	R_2	1721.66	1150.81	836.99	578.4	483.63	349.63	251.53	202.77	142.93	116.05	92.31	61.7	46.79	37.57	31.49	27.08
	R_5	2330.86	1528.99	1097.05	747.23	620.68	439.68	315.78	252.8	176.48	142.54	112.62	74.65	56.11	44.93	37.47	32.08

（续）

水流速/(m/s)		公称直径															
		*DN*15	*DN*20	*DN*25	*DN*32	*DN*40	*DN*50	*DN*65	*DN*80	*DN*100	*DN*125	*DN*150	*DN*200	*DN*250	*DN*300	*DN*350	*DN*400
1.2	W	0.84	1.53	2.47	4.34	5.70	9.53	15.69	21.99	38.12	53.01	76.34	145.38	227.60	323.96	432.43	553.78
	R_2	2035.67	1360.84	989.73	684.05	571.92	409.96	297.54	239.76	169.03	137.34	109.19	73.08	55.33	44.44	37.28	31.98
	R_5	2765.73	1814.26	1301.69	886.63	736.44	521.79	374.74	299.99	209.44	169.12	133.71	88.58	66.61	53.37	44.44	38.06
1.3	W	0.91	1.66	2.68	4.70	6.18	10.32	17.00	23.82	41.30	57.43	82.70	157.5	246.57	350.96	468.46	599.93
	R_2	2375.79	1588.24	1155.23	798.44	667.67	478.53	347.27	279.98	197.38	160.3	127.53	85.25	64.55	51.89	43.46	37.38
	R_5	3237.69	2123.87	1523.89	1038	862.2	610.87	438.7	351.3	245.15	197.48	156.57	103.69	77.99	62.39	52.09	44.64
1.4	W	0.98	1.79	2.89	5.08	6.65	11.12	18.30	26.65	44.48	61.85	89.06	169.61	265.53	377.95	504.50	646.08
	R_2	2741.99	1833.1	1333.38	921.65	770.67	552.4	400.93	323.14	227.89	185.11	147.15	98.49	74.56	59.94	50.23	43.16
	R_5	3746.73	2457.9	1765.41	1201.1	997.78	706.91	507.67	406.53	283.71	229.16	181.19	119.98	90.25	72.3	60.23	51.6
1.5	W	1.0	1.92	3.09	5.42	7.13	11.91	19.61	27.48	47.65	66.27	95.43	181.73	284.50	404.95	540.53	692.23
	R_2	3134.3	2095.51	1524.28	1053.6	881.04	631.57	458.42	369.44	260.55	211.6	168.34	112.62	85.25	68.57	57.39	49.34
	R_5	4292.95	2816.25	2020.57	1376.3	1143.3	810.01	581.73	465.78	325.1	262.52	207.58	137.44	103.5	82.8	69.06	59.15

注：W 为水流量（m^3/h）；R_2 为当量绝对粗糙度 $K=0.2mm$ 时的比摩阻值（Pa/m）；R_5 为当量绝对粗糙度 $K=0.5mm$ 时的比摩阻值（Pa/m）。

表4-10　局部阻力系数

名称	形式		ζ	名称	形式		ζ
球形（截止）阀	全开	DN40 以下	15.0	闸阀	全开	DN40 以下	0.27
		DN50 以上	7.0			DN50 以上	0.18
角阀	全开	DN40 以下	8.5	90°弯头	短的		0.26
		DN50 以上	3.9		长的		0.20
止回阀			2.0	三通			3.0
突然扩大	$d/D=1/2$		0.55				1.5
突然缩小	$d/D=1/2$		0.36				1.0

表4-11　设备阻力

设备名称	阻力/kPa	设备名称	阻力/kPa
离心式（螺杆式）冷水机组		冷却塔	20～80
蒸发器	30～80	冷热水盘管	20～50（水流速为0.8～1.5m/s）
冷凝器	50～80	热交换器	20～50
吸收式冷水机组		风机盘管机组	10～20（随机组容量的增大而增大，最大为30左右）
蒸发器	40～100	自动控制调节阀	30～50
冷凝器	50～140		

2. 冷凝水系统的管路计算

各种空调设备（如风机盘管、新风机组、组合式空调机组等）在夏季运行时，应对空气进行冷却除湿处理，产生的凝结水汇集在设备的集水盘中，通过冷凝水管路排走。

为保证冷凝水能顺利排走，冷凝水管路设计应注意以下几点。

1）凝结水管宜采用聚氯乙烯塑料管和镀锌钢管，不宜采用水煤气管。采用金属管作为凝结水管时，管外应保温，以防管道表面结露。

2）冷凝水盘的泄水支管沿凝结水流向坡度不宜小于0.01，冷凝水水平干管不宜过长，其坡度不应小于0.003，且不允许有积水部位。

3）当冷凝水集水盘位于机组内的负压区时，为避免冷凝水倒吸，集水盘的出水口处必须设置水封，水封的高度应比集水盘处的负压（水柱高）大50%左右。水封的出口与大气相通（图4-13）。图中 p_1 为表冷器处最大的负压值（折合成水柱高度）；1.2为安全系数。

4）冷凝水管的顶部应设计通大气的透气管，水平干管始端应设置扫除口。

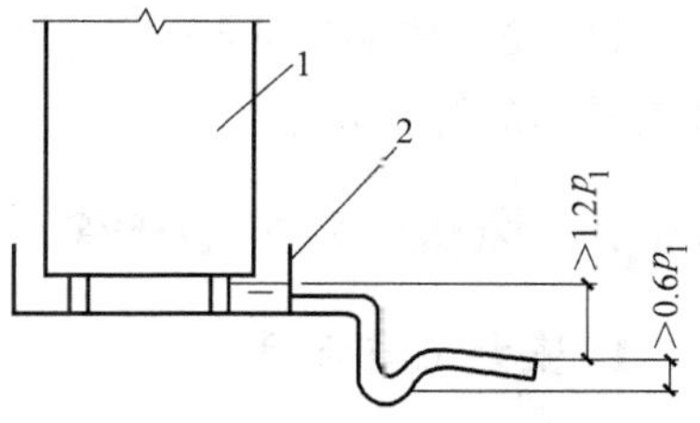

图4-13　冷凝水盘的水封
1—换热设备　2—凝结水集水盘

5）冷凝水排入污水系统时，应有空气隔断措施，冷凝水管不得与室内密闭雨水系统直接连接。

6）设计和布置凝结水管时，必须考虑定期冲洗的可能性，即运行中要定期冲洗水盘，防止凝结水管堵塞和溢流。若在凝结水管内产生藻类，应采取化学处理方法。

7）冷凝水管管径应按冷凝水流量和冷凝水管最小坡度确定。一般情况下，每 1kW 冷负荷最大冷凝水量可按 0.4～0.8kg 估算，在此范围内管道最小坡度为 0.003 时的冷凝水管管径可按表 4-12 选用。

表 4-12　冷凝水管管径估算表

冷负荷/kW	≤42	43～230	231～400	401～1100
DN/mm	25	32	40	50
冷负荷/kW	1101～2000	2001～3500	3501～15000	>15000
DN/mm	80	100	125	150

4.5　风机盘管机组的安装

4.5.1　风机盘管机组安装的准备工作

1. 材料要求

1）风机盘管应具有出厂合格证或质量鉴定文件。

2）风机盘管的结构形式、安装形式、出口方向、进水位置应符合设计安装要求。

3）设备安装所使用的主料和辅助材料规格、型号应符合设计规定，并具有产品质量出厂合格证。

2. 主要机具

1）电锤、手锤、台虎钳、套丝板、手压泵、压力案子、气焊工具等。

2）活扳手、套筒扳手、钢锯、管钳子、丝锥、水平尺、线坠。

3. 作业条件

1）风机盘管和主、辅材已运抵现场，安装所需工具已准备齐全，且有安装前检测用的场地、水源、电源。

2）建筑结构工程施工完毕，屋顶做完防水层，室内墙面、地面施工完毕。

3）安装位置尺寸符合设计要求，空调系统干管安装完毕，接往风机盘管的支管预留管口位置标高符合要求。

4.5.2　风机盘管机组安装

1. 安装工艺流程

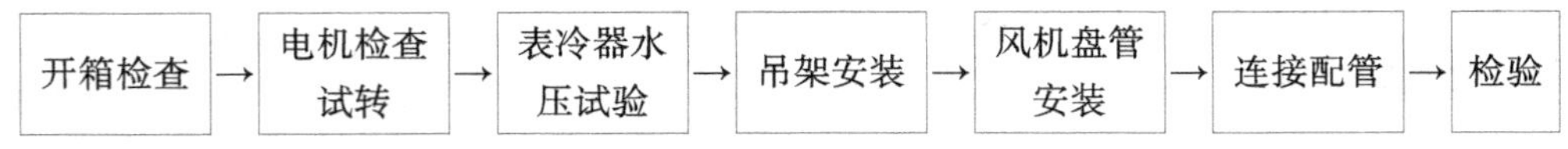

2. 安装方法

（1）开箱检查

1）风机盘管应有装箱单、设备说明书、质量合格证书与产品性能检测报告等随机文件，进口设备还应具有商检合格的证明文件。

2）检查每台风机盘管电机壳体及表面交换器有无损伤、锈蚀等缺陷。

（2）电机检查试转和表冷器水压试验

1）风机盘管应逐台进行通电试验检查和电机三速试运转，机械部分不得摩擦，电气部分不得漏电。

2）风机盘管应逐台进行水压试验，试验强度应为工作压力的1.5倍，定压后观察2～3min，不渗不漏为合格。

（3）吊架和风机盘管安装

1）根据设计图纸和现场实际情况确定风机盘管机组的安装位置。

2）在机组安装时应特别注意机组的进出风方向、进出水方向是否与设计图纸相对应。风机盘管安装过程中注意风机壳体避免碰撞变形。

3）卧式风机盘管应设置独立的支、吊架固定。用角钢短节垂直焊制在圆钢上，并在角钢上打孔用膨胀螺栓穿孔固定，在吊杆另一头套丝，用螺母与风机盘管连接固定。膨胀螺栓规格为M8，吊杆为$\phi8$钢筋。支、吊架安装的高度、位置应正确，且固定牢靠，吊杆不应摆动，并应便于拆卸和维修。吊杆与托盘相连应用双螺母紧固找平整。

（4）连接配管

1）设备供、回水配管，必须采用弹性连接（金属软管和非金属软管）。供、回水管坡度应正确，凝结水应畅通地流到指定位置，并按设备说明书的要求设置水封。水盘应无积水现象，严禁渗漏。阀门及过滤器应靠近风机盘管机组安装。风机盘管水管接管示意图如图4-14所示。

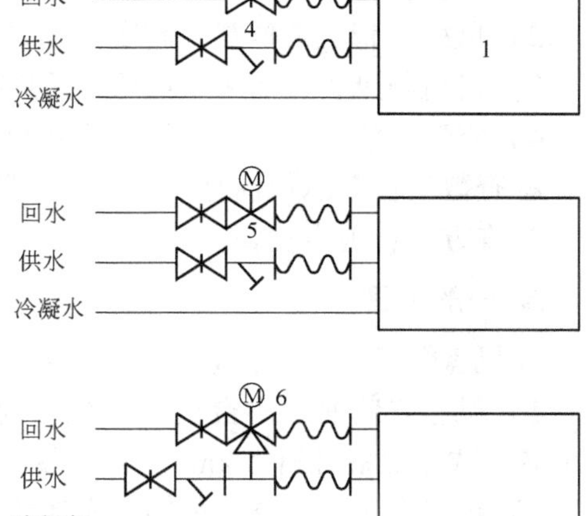

图4-14 风机盘管水管接管示意图

1—风机盘管 2—软接头 3—截止阀 4—过滤器 5—电动二通阀 6—电动三通阀

2）风机盘管与冷热媒管连接，应在管道系统冲洗排污后再连接，以防堵塞换热器。

3）风管、回风箱及风口与风机盘管机组连接处应严密、牢固，回风管应加帆布软接。

4）暗装的卧式风机盘管吊顶上应留有活动检查门，便于机组整体拆卸和维修。

5）在安装过程中，对明装风机盘管机组还应做外观保护。

（5）检验

1）风机盘管水平度应用水平尺测量，通过调节吊杆上的螺帽来找平。

2）风机盘管安装完成后应再次检查电机轴架是否松脱；风机叶轮转动是否灵活；风机风筒是否有凹陷损伤等。

3. 成品保护

1）风机盘管运至现场后要采取措施，妥善保管，码放整齐，并应采取防雨、防雪措施。

2）冬期施工时，风机盘管水压试验后必须随即将水排放干净，以防冻坏设备。

3）风机盘管安装施工要随运随装，与其他工种交叉作业时要注意成品保护，防止碰坏。

4）立式暗装风机盘管，安装完后要配合好土建安装保护罩。屋面喷浆前应采取防护措施，保护已安装好的设备，保证清洁。

4.5.3 风机盘管机组安装质量标准与验收

1. 主控项目

风机盘管机组进场时，应对其供冷量、供热量、风量、出口静压、噪声及功率等技术性能参数进行复验，复验应为见证取样送检。见证取样送检即在监理工程师或建设单位代表见证下，按照有关规定从施工现场随机抽取试样，送至有见证检测资质的机构进行检测，并应形成相应的复验报告。

检验方法：现场随机见证取样送检；核查复验报告。

检查数量：同一厂家的风机盘管机组按数量复验2%，且不得少于2台。

风机盘管机组的安装应符合下列规定：

1）风机盘管机组的规格、数量应符合设计要求。

2）风机盘管机组位置、高度、方向应正确，并便于维护保养。

3）机组与风管、回风箱或风口的连接应严密、可靠。

4）空气过滤器的安装应便于拆卸和清理。

检查数量：按总数抽查10%，且不得少于5台。

检查方法：观察检查。

2. 一般项目

风机盘管机组的安装应符合下列规定：

1）机组安装前应逐台进行单机三速试运转及水压试验。试验压力为系统工作压力的1.5倍，试验观察时间为2min，不渗漏为合格。

2）机组应设独立支、吊架，安装的位置、高度及坡度应正确、固定牢固。

检查数量：按总数抽查10%，且不得少于1台。

检查方法：观察检查、检查试验记录。

3. 工程质量验收记录用表

1）规范要求验收记录用表，参见组合式空调机组安装。

2）施工过程用表。风机盘管水压试验检验记录见表4-13，其他表格参见组合式空调机组安装。

表4-13　风机盘管水压试验检验记录

工程名称				分项工程名称		风机盘管机组安装
施工单位				验收部位		
专业施工员				试验数量		
编号	型号	工作压力/Pa	试验压力/Pa	持续时间/min	试验情况	检查结果
试验人员					试验日期	年　月　日
施工单位检查意见： 项目专业质量检查员：　　　　年　月　日						
监理（建设）单位验收结论： 监理工程师： （建设单位项目专业技术负责人）　　　　年　月　日						

单元小结

本单元主要介绍了风机盘管加新风系统的特点、应用范围和新风供给方式；风机盘管机组的构造、分类、工作原理、主要技术性能参数和选型计算；风机盘管机组安装的工艺流程、安装方法及验收等方面的内容。通过学习应掌握风机盘管加新风系统的特点、应用范围和新风供给方式；掌握风机盘管机组的选型、安装方法和要求。

风机盘机组的选择，首先应根据使用要求及建筑情况，选定风机盘管的形式及系统布置方式；然后确定新风供给方式和水管系统类型。风机盘管机组主要是根据机组所需的风量、全冷量、显冷量及噪声要求，在相应的产品样本中选择相应的型号和规格。在选择时应注意实际运行工况与样本给定的差异，并进行相应的修正。

风机盘管机组的安装要根据设计图纸和规范要求进行。风机盘管机组安装前应进行电机检查试运转，并进行表冷器水压试验。卧式吊装风机盘管机组的吊架安装应平整牢固，位置应正确，吊杆不应摆动，吊杆与托盘相连应用双螺母紧固找平找正。水管与风机盘管机组接管应采用弹性连接（金属软管和非金属软管）。凝结水管坡度应正确，并畅通地流到指定位置。风管、回风箱及风口与风机盘管机组连接处应严密、牢固，回风管应加帆布软接。

复习思考题

1. 简述新风系统的供给方式。
2. 试说明风机盘管机组的分类、形式。
3. 简述风机盘管机组的主要技术性能参数。
4. 试写出风机盘管加新风系统采用并联时的空气处理过程，并将该过程表示在 $h-d$ 图上。
5. 简述风机盘管机组的选型方法。
6. 如何调节风机盘管的风量和冷（热）量?
7. 简述风机盘管机组的安装工艺流程。

实训练习题

1. 南京市某宾馆客房所采用的风机盘管加新风系统的计算选型、布置与绘图。

原始资料：

客房平面图如图 4-15 所示，房间高为 3.6m，每个房间冷负荷（单位为 W）已标注在图中，每个房间宜按照 2 人考虑。

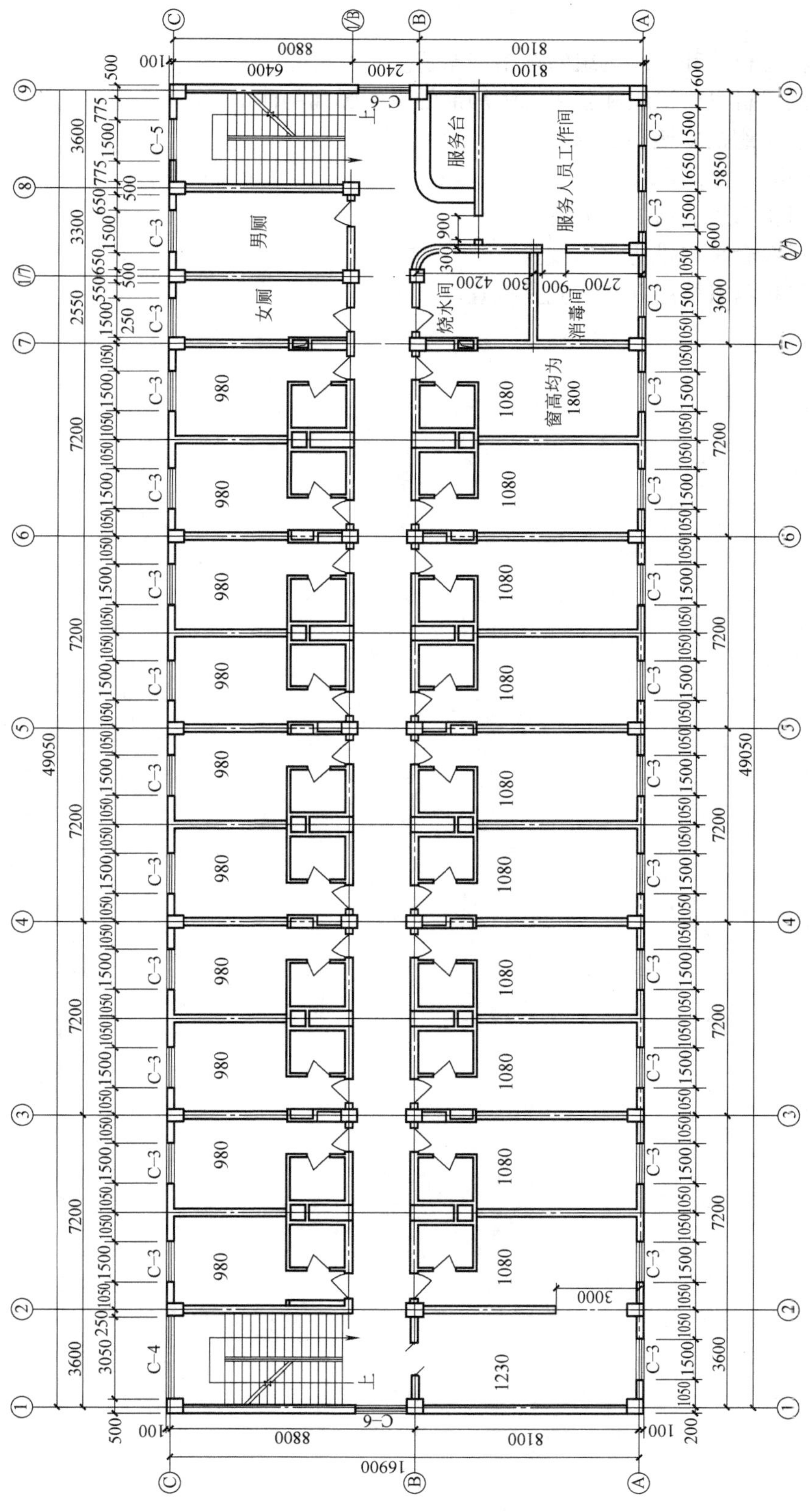

图4-15　南京市某宾馆客房平面图

要求：

（1）风机盘管机组和新风机组的选型与布置。

（2）绘制出风机盘管机组和新风机组局部的平面图和剖面图。

2. 风机盘管机组的安装与要求。

风机盘管机组一台，要求：

（1）制定风机盘管机组安装方案。

（2）对风机盘管机组进行水压试验。

（3）安装风机盘管机组并进行质量检查。

单元 5

房间空调器安装

☞ **知识能力目标**

掌握房间空调器的种类和特点，房间空调器的工作原理及主要技术参数；掌握房间空调器选择和安装等方面的知识。

具备房间空调器选择和安装的能力。

☞ **学习任务要求**

1. 房间空调器的选择计算。
2. 房间空调器的安装。

5.1 房间空调器的工作原理及选择

房间空气调节器（room air conditioner）是一种向密闭空间、房间或区域直接提供经过处理的空气的设备。它主要包括制冷和除湿用的制冷系统以及空气循环和净化装置，还可包括加热和通风装置（它们可被组装在一个箱壳内或被设计成一起使用的组件系统），以下简称空调器。它由制造厂家整机供应，用户按机组规格、型号选用即可，不需对机组中各个部件与设备进行选择计算。

5.1.1 房间空调器的种类和特点

1. 房间空调器的种类

房间空调器的种类很多，大致可以分为以下几种类型。

（1）按使用环境温度分

空调器按使用环境温度可分为温带气候 T1（最高温度 43℃）、低温气候 T2（最高温度 35℃）、高温气候 T3（最高温度 52℃），空调器工作的环境温度见表 5-1。

表 5-1 空调器工作的环境温度

空调器形式	气候类型		
	T1（温带气候）	T2（低温气候）	T3（高温气候）
冷风型	18～43℃	10～35℃	21～52℃
热泵型	-7～43℃	-7～35℃	-7～52℃
电热型	≤43℃	≤35℃	≤52℃

（2）按结构形式分

1）整体式（C）：将空气处理设备、制冷设备以及自动控制设备等全部组装在一起，成为一个紧凑的整体机组（窗式空调器）。其容量较小，制冷量在7kW以下，风量在0.33m^3/s以下。

2）分体式（F）：将空气处理设备和制冷设备分开，分别组成室内机组和室外机组，两机组之间由制冷剂管道相连接。根据室内机组的构造形式不同，又可分为吊顶式（D）、挂壁式（G）、落地式（L）、嵌入式（Q）等多种，室外机组代号为W。

3）一拖多空调器：一种向多个密闭空间、房间或区域直接提供经过处理的空气的设备。它主要是一台室外机组与多于一台的室内机组相连接，可以实现多室内机组同时工作、部分室内机组同时工作或单独室内机组工作的组合体系统。

（3）按供热方式分

1）冷风型：仅用作夏季供冷的空调器。

2）热泵型：夏季由制冷系统供冷，冬季仍由供冷系统供暖。

3）电热型：夏季由制冷系统供冷，冬季由电加热器供暖。

（4）按冷却方式分

1）空冷式，其代号省略。

2）水冷式，其代号为S。

（5）按压缩机控制方式分

1）转速一定（频率、转速、容量不变）型，简称定频型，其代号省略。

2）转速可控（频率、转速、容量可变）型，根据负荷的大小，其压缩机的转速在一定范围内发生3级以上或连续变化，简称变频型，其代号为Bp。

3）容量可控（容量可变）型，根据负荷的大小，压缩机的转速不变，其有效容积输气量（制冷剂质量流量）发生3级以上或无级变化，简称变容型，其代号为Br。

2. 房间空调器的特点

1）房间空调器具有结构紧凑，体积小，占地面积小，自动化程度高等优点。

2）由于机组的分散布置，可以使各空调房间根据自己的需要停开各自的空调机组，以满足各种不同的使用要求，使用灵活方便；同时，各空调房间之间也不会相互污染、串声，发生火灾时，也不会通过风道蔓延，对建筑防火有利。但是，由于机组分散布置，使维修与管理较麻烦。

3）热泵式空调机的发展很快，具有显著的节能效益和环保效益。

4）空调机组的制冷性能系数较小，一般在2.9～3.6范围内。同时，机组系统不能按室外一般气象参数和室内负荷的变化实现全年多工况节能运行调节，过渡季也不能用全新风。

5）空调机组能源的选择和组合受限制，目前普遍采用电力驱动；设备使用寿命短，一般约10年。

6）机组对建筑物外观有一定影响。安装房间空调机组后，经常破坏建筑物原有的建筑立面。另外还有噪声、凝结水、冷凝器热风对环境的污染。

5.1.2 房间空调器的结构和工作原理

1. 窗式空调器的结构和工作原理

(1) 窗式空调器的结构

窗式空调器的结构如图5-1所示，主要分为三个部分：制冷循环部分、通风循环部分和电气线路控制部分。

1) 制冷循环部分。制冷循环部分是由全封闭压缩机、冷凝器、蒸发器、毛细管、制冷管道以及辅助装置构成的密闭的循环系统。系统内充以R22或R134a等制冷剂。辅助装置有四通阀、(干燥)过滤器、储液器单向阀、辅助毛细管、电辅助加热器、配管和消声器等。

2) 通风循环部分。通风循环部分由蒸发器侧的低噪声离心风扇、冷凝器侧的轴流风扇以及与两个风扇共轴的电动机和空调器壳体上的气流导向风口以及空气过滤器等组成。

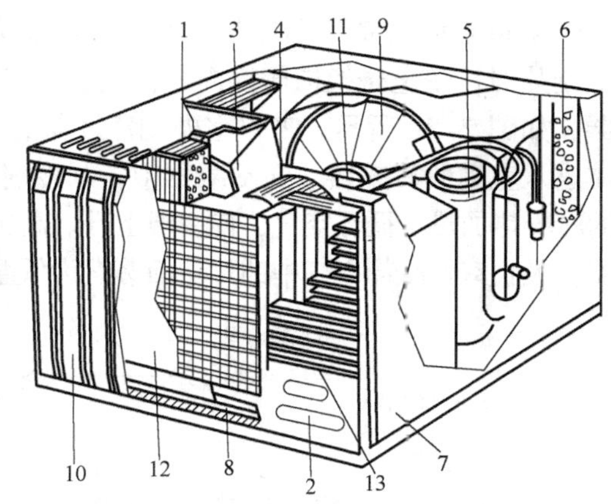

图5-1 窗式空调器结构图

1—蒸发器 2—操作盘 3—风道 4—离心风机 5—压缩机 6—冷凝器 7—箱壳 8—底盘 9—轴流风机 10—前面板 11—风扇电动机 12—过滤网 13—出风栅

3) 电气线路控制部分。电气线路控制部分包括选择开关、中间继电器、温度控制开关、热继电器等。电器控制开关多设置在空调器面板上。

(2) 窗式空调器的工作原理

1) 冷风型空调器的工作原理。冷风型空调器的工作原理如图5-2所示。空调器制冷时，来自蒸发器的低温低压制冷剂蒸气进入压缩机被压缩成高温高压气体，然后进入室外侧的风冷式冷凝器。被轴流风扇吸入的室外空气冷凝成高压过冷液体，再经过毛细管节流降压后，进入室内侧的蒸发器内吸收室内循环空气的热量，使室内温度降低。吸热汽化后的低温低压制冷剂蒸气再被压缩机吸走，进行下一个循环。

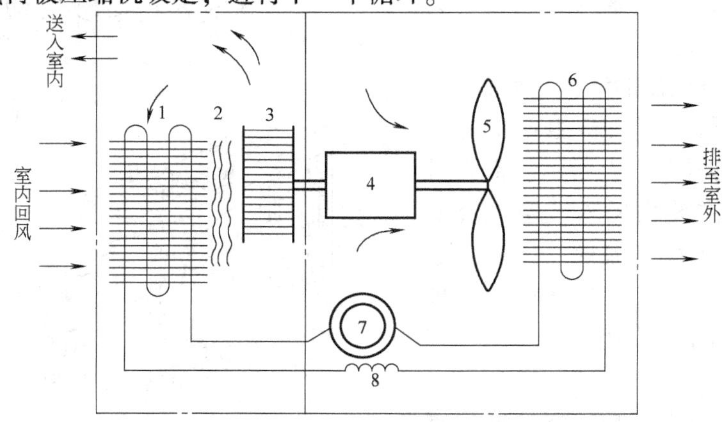

图5-2 冷风型空调器的工作原理

1—室内热交换器 2—电加热器 3—离心风机 4—电动机 5—轴流风扇 6—室外热交换器 7—压缩机 8—毛细管

在循环过程中，由于蒸发器肋片表面的温度通常低于室内循环空气的露点温度，空气中的水蒸气不断从肋片上析出，使室内空气相对湿度下降，因而空调器兼有降温、去湿双重功能。

2）热泵型空调器的工作原理。热泵型空调器只是在冷风型空调器的基础上增加了电磁换向阀和冷热控制开关。

热泵型空调器制冷循环与冷风型空调器完全相同，如图 5-3a 所示。

制热时，使电磁换向阀换向，空调器的室内侧蒸发器变为冷凝器，室外侧的冷凝器变为蒸发器，如图 5-3b 所示。来自室外侧蒸发器的低温低压制冷剂蒸汽，经压缩机压缩成高温高压气体进入室内侧冷凝器。在冷凝器中，制冷剂被室内循环空气冷却成高压液体，相变中释放出来的冷凝热加热了循环空气，使室温上升。高压液体制冷剂经毛细管节流降压后，进入室外侧蒸发器，吸收室外冷却空气中的热量而蒸发为低温低压蒸气，再被压缩机吸入而开始下一个循环。

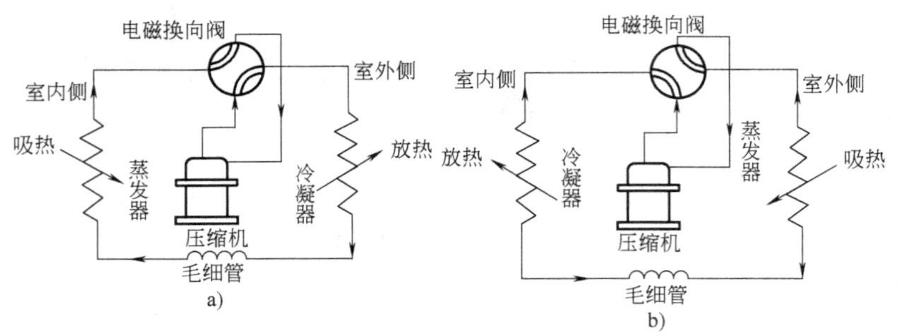

图 5-3　热泵型空调器的工作原理

a）制冷工况　b）制热工况

热泵型空调器除了降温、去湿的功能之外，又增加了一项制热的功能。

2. 分体式空调器的结构和工作原理

分体式空调器是 20 世纪 70 年代中期在窗式空调器的基础上发展起来的一种房间空调器，这种空调器以噪声低的突出优点而广受用户欢迎。

（1）分体式空调器的结构与种类

分体式空调器由室内机组与室外机组两部分组成，如图 5-4 所示。室内机组设置于室内，主要由插入式空气过滤网、蒸发器、毛细管节流阀、风机、电机、温度控制器、电控开关等组成。根据其结构形式不同，又分为落地式、挂壁式、吊顶式三种。

1）落地式：可安装在室内任何位置上，控制开关设置在本体面板上，安装、使用都比较方便。

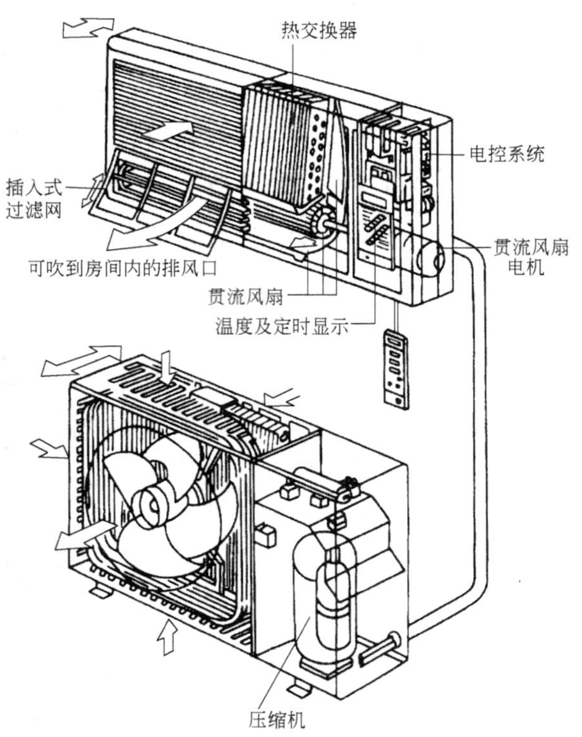

图 5-4　分体式空调器的结构

2）挂壁式：可挂装在墙壁上，不占房间有效面积，冷气流自上而下流动，室内温度场分布比较均匀，制冷效果好。

3）吊顶式：吊顶于房间顶棚上，冷风自上而下流动，制冷效果比较好。

落地式机组多采用离心式风扇，挂壁式与吊顶式机组由于外形长而薄，多采用贯流式风机。

分体式空调器室外机组设置于室外，主要由压缩机、冷凝器、轴流风机、电机以及电气控制部件等组成。根据冷凝器的冷却方式分为水冷式和风冷式两种。

风冷式空调器的室内、外机组之间，由制冷剂管道相连接（图5-4）。

图5-4所示为一台室外机组与一台室内机组相连接的单机组分体式空调器；除此之外，还有一台室外机组与多台室内机组相连接的多机组分体式空调器，如图5-5所示。根据其构造形式不同，又可分为以下两种类型：

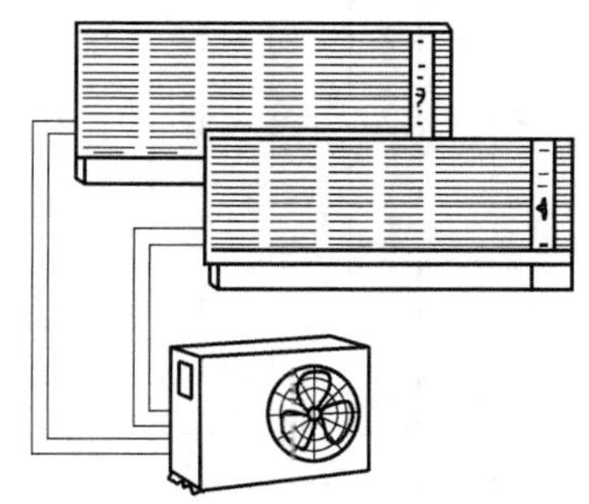

图5-5　多机组分体式空调器

1）制冷系统相互公用的空调系统。这种空调系统每台室内机组中都有一套蒸发器、毛细管节流阀、风扇、风扇电机以及温度控制器等设备，而室外机组中只有一台压缩机、一组冷凝器、一套风扇、风扇电机以及电气控制设备等，与室内机组配套使用。这种制冷系统相互共用的空调系统，室内机组不能同时工作，只能通过转换器开启其中任意一台与室外机组共同运行。因此，这种空调系统，一台室外机组一般只能配合给两台室内机组，俗称“一拖二”分体式空调器。

2）制冷系统彼此独立的空调系统。这种空调系统每台室内机组的装置情况与制冷系统相互公用的空调系统的室内机组一样，但每台室内机组都有一套与各自相配套的压缩机和冷凝器等设备，只是将这些压缩机和冷凝器等统统组装在同一个箱体内，并配置一台或两台轴流风机，制成室外机组，放在室外，各自的制冷系统相互独立，各台室内机组既可同时工作，又可单独运行，互不干扰。这种制冷系统彼此独立的分体式空调器，一台室外机组可带多台室内机组，称为多机组分体式空调器。目前市场上除了这种“1带2”多机组分体式空调器外，还有“1带3”、“1带4”，甚至“1带8”的多机组分体式空调器，1台室外机组带8台室内机组，最大作用半径可达100m，室内外机组高差可达50m。

（2）分体式空调器的工作原理

分体式空调器的工作原理与窗式空调器相同。空调器制冷时，来自室内蒸发器盘管中的低温低压制冷剂蒸气，通过室内外连接管道进入室外压缩机，被压缩成为高温高压制冷剂蒸气排入冷凝器，在冷凝器中通过管壁与轴流风扇吸入的室外空气进行热量交换，使气态制冷剂冷凝成为高压液态制冷剂。高压液态制冷剂通过连接管道进入室内机组，经毛细管节流阀节流降压后进入蒸发器。室内机组中的风扇自进风百叶窗吸入室内空气，经滤尘网穿过蒸发器肋片间隙，与蒸发器中的低压液态制冷剂进行热量交换，温度降低后，由出风格栅吹向室内，使室温下降。蒸发器内的液态制冷剂因吸收了室内循环空气中的热量而汽化成为低温低压制冷剂蒸气，通过连接管道，又被压缩机吸入，开始下一个循环。

分体式空调同样具有既可制冷、又可制热的功能。

电热型分体式空调器的室内机组里加装电加热器，冬季可向室内供暖气。这种空调器加热时，仅室内风扇和加热器工作，压缩机及室外轴流风扇均不工作。

热泵型分体式空调器，是在制冷系统中装上电磁换向阀，利用电磁换向阀来完成制冷或制热的转换过程，工作原理与热泵型窗式空调器相同。

5.1.3 房间空调器的主要技术参数

1. 房间空调器型号的一般表示方法

房间空调器的型号一般按以下规定表示：

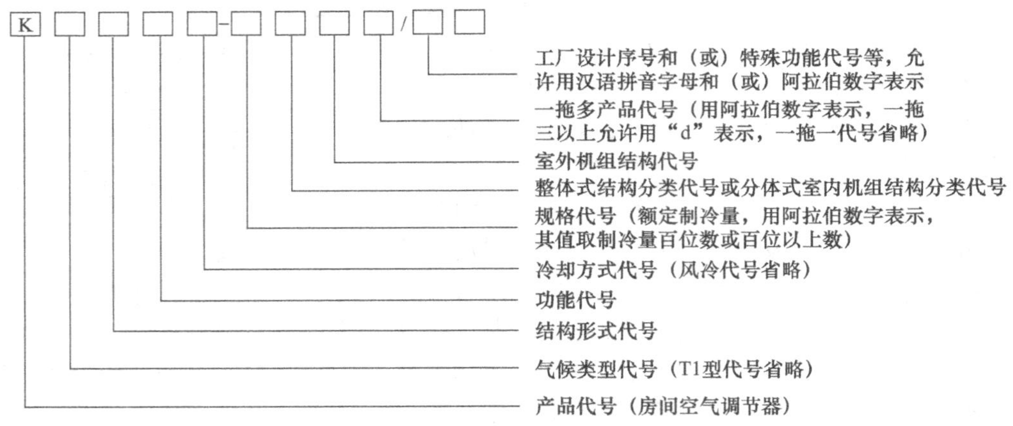

例如：KT3C—G35/A 表示 T3 气候类型、整体（窗式）冷风型房间空气调节器，额定制冷量为 3500W，第一次改型设计。

KFR—28GW 表示 T1 气候类型、分体热泵型挂壁式房间空气调节器（包括室内机组和室外机组），额定制冷量为 2800W。室内机组 KFR—28G 表示 T1 气候类型、分体热泵型挂壁式房间空气调节器室内机组，额定制冷量为 2800W。室外机组 KFR—28W 表示 T1 气候类型、分体热泵型房间空气调节器室外机组，额定制冷量为 2800W。

KFR—50LW/Bp 表示 T1 气候类型、分体热泵型落地式变频房间空气调节器（包括室内机组和室外机组），额定制冷量为 5000W。室内机组 KFR—50L/Bp 表示 T1 气候类型、分体热泵型落地式变频房间空气调节器室内机组，额定制冷量为 5000W。KFR—50W/Bp 表示 T1 气候类型、分体热泵型变频房间空气调节器室外机组，额定制冷量为 5000W。

2. 房间空调器的主要技术参数

房间空调器的主要技术参数有制冷量、制热量、能效比、性能系数、风量以及噪声值等。

（1）制冷量 Q_0

制冷量是指空调器在额定工况和规定条件下进行制冷运行时，单位时间内从密闭空间、房间或区域内除去的热量总和，用符号 Q_0 表示，单位为 W。国外空调器也有用热力马力来表示制冷量的，1 热力马力制冷量约相当于 2500W。

房间空调器铭牌上的制冷量是在各个国家标准规定的制冷工况下测定的，称为名义制冷量。

我国 T1 类型的房间空调器的制冷量测试工况为：室内干球温度 27℃，湿球温度 19℃；室外干球温度 35℃，湿球温度 24℃。日本测试标准与我国相同。美国房间空调器制冷量测

试标准规定：室内干球温度为26.7℃，湿球温度为19.4℃；室外干球温度为35℃，湿球温度为23.9℃。

当室外温度高于测试值时，空调器的制冷量将随之下降。

（2）制热量 Q_R

制热量是指热泵型或电热型空调器运行时，在额定工况和规定条件下进行制热，单位时间内送入密闭空间、房间或区域内的热量总和，用符号 Q_R 表示，单位为W。

空调器铭牌上的制热量是在室内干球温度20℃，室外干球温度7℃、湿球温度6℃的标准工况下测定的。当室外温度低于测试值时，空调器的制冷量将随之下降。

当室外温度高于43℃或低于-5℃时，空调器将因为压缩机排气压力过高或吸气压力过低而不能工作。

（3）能效比EER

能效比是指在额定工况和规定条件下，空调器进行制冷运行时，制冷量与有效输入功率之比，用符号EER表示，其值用W/W表示。有效输入功率指在单位时间内输入空调器内的平均电功率。能效比EER可用下式计算

$$\text{EER} = \frac{\text{空调器制冷量}}{\text{空调器有效输入功率}} \tag{5-1}$$

EER值是一项技术经济性能指标，也是空调器的能耗指标。EER值越大，说明空调器能耗越低，经济性能越好。因此用户在选用空调器时，不但要注意制冷量的大小、价格的高低，而且应特别注意EER值的大小。定速式空调器能效指标见表5-2，共分三级，一级为最高标准，三级为最低标准。节能评价值为表5-2中能效等级的2级。

表5-2　空调器能效指标　　（单位：W/W）

类型	额定制冷量（CC）	能效等级		
		1	2	3
整体式		3.30	3.10	2.90
分体式	$CC \leq 4500$W	3.60	3.40	3.20
	$4500\text{W} < CC \leq 7100$W	3.50	3.30	3.10
	$7100\text{W} < CC \leq 14000$W	3.40	3.20	3.00

（4）性能系数（COP）

在额定工况（高温）和规定条件下，空调器进行热泵制热运行时，制热量与有效输入功率（effective power input）之比，用符号COP表示，其值用W/W表示。

$$\text{COP} = \frac{\text{空调器制热量}}{\text{空调器有效输入功率}} \tag{5-2}$$

（5）循环风量（房间送风量）

空调器铭牌上的风量是指室内侧空气循环量。空调器用于室内、室外空气交换的通风门和排风门（如果有）完全关闭，并在额定制冷运行条件下，单位时间内向密闭空间、房间或区域送入的风量，用符号 G 表示，单位为kg/s或 m^3/h。风量计算公式如下

$$G = \frac{Q_0}{h_1 - h_2} \tag{5-3}$$

式中　h_1、h_2——空调器测试工况下进、出风焓值（kJ/kg）。

由风量计算公式可知，同等制冷量的空调器，在进风焓值相同的条件下，风量大而噪声大，焓差小；风量小而噪声小，但焓差大。焓差大会使空调器的 EER 值下降，电耗增加。因此，应选取最优风量值，使空调器发挥最佳的效能。

（6）噪声

窗式空调器的噪声是由离心风扇、轴流风扇及压缩机产生的，压缩机安装在室外机组的分体式空调器，室内机组的噪声仅由风扇发出，所以室内噪声较低。

空调器噪声大小用 A 声级表示，单位为分贝（dB），记作 dB（A）。

空调器的噪声是在接近名义制冷工况下，当风扇高速档运行时距空调器出风口中心法线方向 1m、距地面不小于 1m 的地方用声级计测量的。当风扇低速运行时，噪声将会降低 4～6dB（A）。

国家有关标准规定的房间空调器噪声值参见表 5-3。

表 5-3　房间空调器的噪声值

额定制冷量/W	室内噪声/dB（A）		室外噪声/dB（A）	
	整体式	分体式	整体式	分体式
<2500	≤52	≤40	≤57	≤52
2500～4500	≤55	≤45	≤60	≤55
>4500～7100	≤60	≤52	≤65	≤60
>7100～14000		≤55		≤65

部分窗式空调器的主要技术参数见表 5-4，部分分体式空调器的主要技术参数见表 5-5。

表 5-4　部分窗式空调器的主要性能参数

型号	制冷量/W	制热量/W	除湿量/(kg/h)	风量/(m^3/h)	消耗功率/W		额定电流/A		噪声/dB（A）	重量/kg
					制冷	制热	制冷	制热		
KC—18	1800		0.7	380	560		3		≤50	37
KCD—18	1800	1800	0.7	400	600	1900	3	8.5	≤49	40
KC—22	2250		0.9	450	730		3.6		≤50	40
KCD—22	2250	1800	0.9	400	800	1900	3.6	8.5	≤49	41
KC—25	2500		1.0	450	860		4.2		≤50	41
KCR—25	2500	2550	1.0	400	900	900	4.7	4.5	≤50	42
KC—33	3300		1.2	480	1300		6.3		≤54	46
KCD—33	3300	2200	1.2	480	1200	2300	5.8	10.5	≤52	47
KC—33R	3300	3300	1.2	480	1300	1300	5.8	5.7	≤52	48
KC—53	5300		2.0	800	2250		11.0		≤60	70

表 5-5　部分分体式空调器的主要性能参数

型号	制冷量/W	制热量/W	除湿量/(kg/h)	风量/(m^3/h)	消耗功率/W		额定电流/A		噪声/dB (A)		重量/kg	
					制冷	制热	制冷	制热	室内	室外	室内机	室外机
KF—22GW	2200		1.2	400	715		3.6		38	47	8.0	33.0
KFR—22GW	2200	2250	1.2	400	715	700	3.6	3.5	38	47	8.0	33.0
KF—25GW	2500		1.3	450	820		4.2		38	48	8.0	36.0
KFR—25GW	2500	2600	1.3	450	820	800	4.2	4.1	38	48	8.0	36.0
KF—25GW	2800		1.5	480	980		4.5		38	48	8.5	38.0
KFR—28GW	2800	2950	1.5	480	980	970	5.0	4.9	38	48	8.5	38.0
KF—32GW	3200		1.6	500	1010		4.6		39	49	8.5	40.0
KFR—32GW	3200	3350	1.6	500	1010	1020	5.2	5.0	39	49	8.5	40.0
KF—36GW	3600		1.8	580	1150		5.8		39	50	9.2	45.0
KFR—36GW	3600	3800	1.8	580	1150	1080	5.8	5.6	39	50	9.2	45.0
KF—40GW	4000		2.0	720	1300		6.6		42	52	20.0	52.0
KFR—40GW	4000	4500	2.0	720	1300	1220	6.6	6.4	42	52	20.0	52.0
KF—45GW	4500		2.2	750	1580		7.6		42	52	20.0	54.0
KFR—45GW	4500	4750	2.2	750	1580	1480	7.6	7.4	42	52	20.0	54.0

5.1.4　房间空调器的选择

目前，市场上的房间空调器品种繁多，型号各异，功能多样，价格相差悬殊。房间空调器又是家用电器中的一个大件商品。因此，如何选择空调器以达到最佳的使用效果，显得十分重要。为此，应按下列步骤来选择家用空调器。

1）首先了解家用空调器的主要技术性能指标（如制冷量、制热量、风量、输入功率、性能系数、噪声等）；并了解安装、使用、保养和维修方面的知识。

2）根据房间的功能、对空调的要求、安装条件、气候条件等选择空调器的类型。北方地区的建筑都有采暖设施，一般可选用单冷式的，只作夏季空调用；当然也可考虑选用热泵型的，以便在室外气温低而集中采暖系统尚不运行时使用。黄河以南地区，当冬季要求采暖，且建筑内无集中采暖设施时可选用热泵型机组。分体式空调安装一般不需对建筑进行改造，因此对旧建筑装空调比较适宜，但对建筑立面影响大。如对建筑立面美观有要求时，可选用对立面影响小一些的窗式空调器。两个房间同时进行空调的时间很少，宜分别选用空调器，或选用两台压缩机拖动两台室内机的空调器；两个房间经常同时进行空调，则可选用一台压缩机拖动两台室内机的空调器。当房间负荷变化比较大，而且空调季长时，宜选用变频空调器；当空调季短或每天使用时间少时，不宜选用变频空调器，否则增加的费用未必能得到回报。

3）根据房间的总冷量来确定空调器容量的大小（型号）。若选热泵式空调器时，还应同时满足冬、夏季的供热与供冷要求。对于一般住宅，冷负荷一般约 70～100W/m^2（考虑有定时开窗换气），但如果这类空调器间歇工作，为使房间开机后很快能降温，可按冷负荷 120～140W/m^2 选用空调器。

5.2 房间空调器的安装

5.2.1 房间空调器安装的准备工作

1. 材料设备

1）设备与材料应具有出厂合格证及质量证明文件。

2）设备、材料的名称、型号和规格应符合设计要求。

3）设备及其零、部件应无缺损、锈蚀、变形。

2. 主要机具

电锤、活动扳手、钢丝钳、螺丝刀、水平尺、水准仪等。

3. 作业条件

1）设备已运抵现场，安装所需工具已准备齐全。

2）建筑结构工程施工完毕，屋顶做完防水层，室内墙面、地面抹完灰。

5.2.2 房间空调器安装

1. 窗式空调器安装

（1）安装工艺流程

（2）安装方法

1）开箱检查

① 检查设备说明书、质量合格证书与产品性能检测报告等随机文件是否齐全。

② 检查空调器在搬动和运输过程中有无损伤，应对空调器进行通电试验，观察其功能和效果。

③ 仔细阅读说明书和技术文件，检查输入功率和额定电流是否与房间配电线路相匹配。

2）窗式空调器安装

① 安装位置的选择。一般安装在窗台上或窗户上，也可安装在墙洞上。安装位置不应受阳光直射，室外部分不得有发热源，要通风良好，且排水顺利，安装高度为 1.5～2.0m。

② 制作固定支架和遮阳防雨板。标准卧式空调器的室外侧应装设支架，支架可用 30×30 的角铁制作，支架在墙上的固定方式有多种，可根据实际情况而定，可用电钻打孔后用膨胀螺栓固定。安装时为顺利排水，室外侧应比室内侧低，倾斜度为 3°～5°。

在空调器室外侧上方应安装遮阳防雨板，并且伸出空调器后部 200mm，但要注意不得妨碍冷凝器的排风。

③ 固定空调器时加装减振框。将空调器固定在窗框上或墙壁上，伸出部分应平稳安置

在室外支架上。随后要在窗式空调器室内部分的四周缝隙，用软性材料封堵，或在安装前单独制作一个与空调器相匹配的软性减振框，这样既可以防止共振产生噪声，又可以避免室内冷气流外逸。

3）检验。空调器安装完成后，便可以接通电源试机。先观察室内风扇和室外风扇是否同步转动，压缩机是否立即运转。约 20min 后，蒸发器应有冷凝水珠产生。在试机的同时，要倾听空调器的运转噪声和与窗框、支架的共振噪声，发现噪声源后应立即排除。

2. 分体式空调器安装

（1）安装工艺流程

开箱检查 → 室内机安装 → 室外机安装 → 连接配管 → 检验

（2）安装方法

1）开箱检查

① 检查设备说明书、质量合格证书与产品性能检测报告等随机文件是否齐全。

② 检查空调器在搬动和运输过程中有无损伤，应对空调器进行通电试验，观察其功能和效果。

③ 仔细阅读说明书和技术文件，检查输入功率和额定电流是否与房间配电线路相匹配。

2）室内机安装

① 室内机应安装在气流组织合理的地方，要考虑到安装、维修和操作的方便，并与室外机组尽量靠近。

② 室内机安装要牢固、可靠。因机组形式不同，安装位置和方法也有所不同。

③ 壁挂式空调器室内机组的背面设有一块长方形安装挂壁板，上有预选用的孔。在安装时，先确定安装位置和高度，画出线框并调整水平度，然后用胀钉或木螺钉将安装架固定在墙上。安装板固定后即可将室内机组挂上，对于机组背面的配管和排水管的走向要事先确定。排水管放在制冷剂管的下方，排列顺畅后用胶带进行包扎。

④ 落地式空调器室内机组选好位置后，可直接放置在地面上，也可以支设支架，但支架不可过高，否则会不稳。为防止机组向前倾斜，把背部的固定用金属件用螺钉与墙壁连接起来，机组下部垫两块防滑垫。

3）室外机安装

① 室外机组安装必须牢固可靠，通风良好，其冷凝器应朝向经常吹风的方向。

② 室外机组落地安装，应安装在水泥底座上，底座下部一般应垫橡胶板，以减少振动。若原地面是水泥地面，可用胀钉制作地脚螺钉。

③ 室外机组吊装在外墙墙壁上时，应用三角架来支撑，目前市场上有通用支架产品，适用于不同规格尺寸的室外机组的安装。安装时用 8 ~ 10mm 粗的膨胀螺钉将三角架固定在墙壁上，并注意不要拧得过紧，待室外机机组与三角架固定好后，再将螺钉拧紧。

4）连接配管

① 室内和室外机组要用随机提供的连接配管连接。配管有两根，一根是较粗的低压回气管，一根是较细的低压供液管。安装时管内不可进灰尘、水分和其他污物，管道弯曲处尽可能放在管子中部，弯曲半径越大越好。

② 室内外机组的连接管采用喇叭口接头形式。连接前应在喇叭口接头内滴入少量的冷

冻油，然后连接并紧固。配管标准长度一般为4～5m，如需要加长配管，需对制冷系统补加制冷剂；配管不应加长过多，否则会影响空调器的制冷能力。

③ 为防止配管外露而损失热量和窗式凝露现象，必须对配管进行良好的保温。一般随机提供有成型的圆筒状保温管，整个配管要用扎带包扎。

④ 配管穿过墙壁前，可先用电锤打出穿墙孔，穿墙孔要从室内向室外略有倾斜，以利于排出冷凝，而且圆洞中要加一个塑料套筒，以保护制冷配管和电线。过墙孔洞在安装完毕后要用油灰等堵死。

⑤ 排水软管一定要布置成流水顺畅的下斜形式，不要将出水口置于水中。

⑥ 室内机组蒸发器中和连接配管中的空气必须排除干净，通常是利用室外机冷凝器中的制冷剂挤出室内机的空气。

5）检验。空调器安装完成后，便可以接通电源试机。检查室内、外机组的噪声，用耳听、手摸等方法检查有无安装不牢或机件碰撞引起的振动和摩擦。检验制冷效果，观察蒸发器和配管结露现象，用温度计测试排风和回风温差，判定制冷剂是否充足。

5.2.3 房间空调器安装质量标准与验收

1. 主控项目

1）房间空调器的规格型号必须符合设计要求，安装应牢固。

2）凝结水管的坡度必须符合排水要求。

检查数量：按总数抽查10%，且不得少于1台。

检查方法：依据设计图核对、观察检查。

2. 一般项目

（1）窗式空调器的安装应符合下列规定

1）支架的固定必须牢靠。

2）应有遮阳、防雨措施，但不得妨碍冷凝器的排风。

3）凝结水盘应有坡度，出水口设在凝结水盘最低处，应将凝结水从出口用软塑料管引至排放地。

4）窗式空调器安装后，四周应用密封条封闭，面板整齐，不得倾斜，运转时应无明显的振动和噪声。

（2）分体式空调器的安装应符合下列规定

1）分体式室外机组的安装，周边空间除应满足冷却风循环要求外，尚应符合环境保护有关规定的要求。

2）室内机组安装位置应正确，目测呈水平，冷凝水的排放应畅通。

3）制冷剂管道连接必须严密无渗漏。

4）管道连接安装时，穿过的墙孔必须密封，雨水不得渗入。

3. 工程质量验收记录用表

参见组合式空调机组安装。

单元小结

本单元主要介绍了房间空调器的种类和特点；房间空调器的工作原理、主要技术参数、房间空调器选择和安装等方面的内容。通过学习应掌握房间空调器的选择和安装方法及要求。

房间空调器按使用环境温度分温带气候 T1、低温气候 T2 和高温气候 T3；按结构形式分为整体式和分体式；按供热方式分为冷风型、热泵型和电热型；按冷却方式分为空冷式和水冷式；按压缩机控制方式分为定频型、变频型和变容型。房间空调器具有结构紧凑，体积小，占地面积小，自动化程度高等优点，适用于面积小、房间分散的空间，如办公室、家庭等。

房间空调器的工作原理与制冷系统相同。房间空调器的主要技术参数有制冷量、制热量、能效比、性能系数、风量以及噪声值等。房间空调器应根据房间的功能、对空调的要求、安装条件、气候条件等选择其类型，根据房间的总冷量来确定空调器容量的大小（型号）。

房间空调器应按照规范《家用和类似用途空调器安装规范》（GB 17790—2008）进行安装。

复习思考题

1. 简述房间空调器的主要特点。
2. 如何选择房间空调器?
3. 简述分体式空调器的安装工艺流程。
4. 房间空调器安装完成后如何进行质量检查?
5. 简述分体式空调器安装质量标准与验收中一般项目的内容。

实训练习题

分体式空调器安装。

室内机一台、室外机一台和连接配管等，要求：

（1）分体式空调器安装，包括室内机安装、室外机安装、连接配管连接、检验、试运转等过程。

（2）质量检查和验收。

单元 6

单元式空气调节机安装

☞ **知识能力目标**

掌握单元式空气调节机的分类、工作原理及基本参数；掌握单元式空气调节机选择和安装等方面的知识。

具备单元式空气调节机选择和安装的能力。

☞ **学习任务要求**

1. 单元式空气调节机的选择计算。
2. 单元式空气调节机的安装。

6.1 单元式空气调节机的结构和工作原理

按照《单元式空气调节机》（GB/T 17758—2010）的规定，单元式空气调节机是指直接向封闭空间、房间或区域提供处理空气的设备。它主要包括制冷系统以及空气循环和净化装置，还可以包括加热、加湿和通风装置。近年来，单元式空气调节机以其结构紧凑、安装灵活和节约机房面积，在一些小、中型商业建筑中得到广泛的应用。

6.1.1 单元式空气调节机的分类

1）按功能分：冷风型，其代号为 L；热泵型，其代号为 R；恒温恒湿型，其代号为 H。
2）按冷凝器的冷却方式分：水冷式（水源）；风冷式（空气源）。
3）按结构形式分：整体型；分体型。
4）按送风形式分：直接吹出型、接风管型。

空调机的具体型式见表 6-1。

表 6-1 空调机的形式

代号	型式	结构
L	水冷冷风型	不表示
LD	水冷冷风电热型	
LF	风冷冷风型	压缩机在室内
		压缩机在室外

（续）

代号	型式	结构
LFD	风冷冷风电热型	压缩机在室内
		压缩机在室外
R	水源热泵型	不表示
RF	空气源热泵型	压缩机在室内
		压缩机在室外
H	水冷恒温恒湿型	不表示
HF	风冷恒温恒湿型	压缩机在室内
		压缩机在室外

6.1.2　单元式空气调节机的结构和工作原理

1. 风冷式柜式空调机

目前，制冷量小于15kW的空调机多为轻型立柜式空调机，一般风机的压头较小，适用于直接放置在房间中使用，如图6-1所示。制冷量大于15kW的柜式空调机，则把机组放置在一个单独的房间里，用接风管的形式将风送入各个需要冷量的空调房间。它的特点是：机组安置在专用的机房内，送风口设在柜机的顶部，可以同时向几个房间送风。回风口在柜机的下部，回风箱内风道处设空气过滤器，室内空气流经蒸发器后由风机再次送入室内。它还设有新风门，以改善室内空气质量，提高空气清新度，一般加入15%的新鲜空气。由于冷凝器采用风冷式，所以可安装在机房的外部或屋顶，再用铜材管道将冷凝器与机组连接起来。

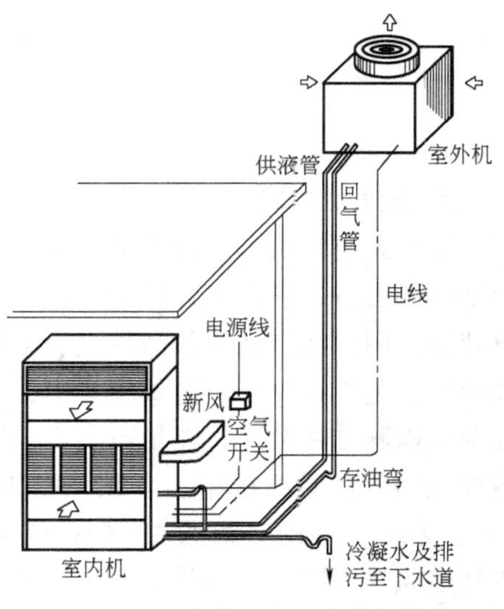

图6-1　风冷式柜式空调机结构图

这类柜式空调机一般都制成冷、热两用型，主要采用电热型制热方式，即在蒸发器附近安装数组电热管，电热管通电后发热，再通过风机将室内空气吸入后，流经电热管时被加热升温，然后吹至空调房间。也有的风冷柜式空调机采用热泵型传热方式，其工作原理同热泵型房间空调器。

2. 水冷式柜式空调机

水冷式柜式空调机是一种制冷量和外形体积比较大的整体式空调机。通常将压缩机、冷凝器、蒸发器、通风机、控制仪表等安装在柜内，其整机放置在室内。冷凝器采用冷却水冷却，机组分接风管型和不接风管型两种形式。它由机箱、制冷系统、电气控制装置、风机和空气过滤器等几部分组成。

箱体包括外壳、面板、支架、出风窗等。制冷系统和通风系统以及控制装置均布置在箱体机壳内。压缩机较多地采用开启式或半封闭式，水冷式冷凝器采用卧式壳管式或套管式，两大部件组成的压缩冷凝机组置于机箱的下部。

通风机设在蒸发器的上部，以电动机为动力，通过皮带传动。送风口设在上方或顶部，送风风向可以调整；回风口设在下方，回风口处的滤网由金属板和锦纶丝制成。房间空气先经过滤尘网滤除净化后，与蒸发器表面进行热交换，降温后经送风口排至室内。

图6-2所示为水冷式柜式空调机结构图，图中所示为顶部出风并外接风管形式的柜式空调机，冷凝器采用循环冷水冷却，制冷量和通风量都较大。

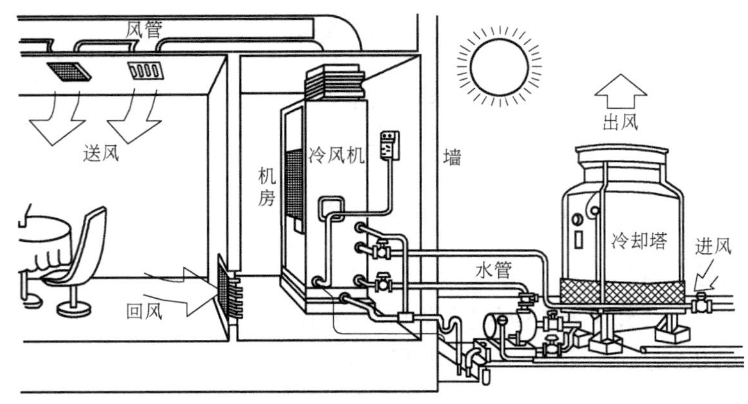

图6-2　水冷式柜式空调机结构图

3. 屋顶式空调机

屋顶式空调机是一种安装于屋顶上并通过风管向密闭空间、房间或区域直接提供集中处理空气的设备。它主要包括制冷系统以及空气循环和净化装置，还可以包括加热、加湿和通风装置。屋顶式空调机是一种大、中型的整体式空调机，它集送风、制冷、加热、加湿、空气净化、电气控制于一卧式箱体中，冷凝器多采用风冷式，多安装于屋顶。近年来，屋顶式空调机以其结构紧凑、能量范围广、调节方便、减少安装时间、节省费用等优点，被越来越多地应用于空调工程中。屋顶式空调机可分为风冷冷风型、风冷冷（热）水型、水冷冷（热）水型。商用空调机主要包括风管送风式、壁挂式、嵌入式、吊顶式及落地式等。其中风管送风式空调机由室外机和室内机构成，室内机接风管后采用多个出风口可以实现多房间共享或大中型商用空间多点送风。

4. 恒温恒湿空调机

恒温恒湿空调机是一种比较完善的空调设备，可以保持空调房间内的温度、湿度在一定范围内恒定。恒温恒湿空调机的温度控制精度为±1℃，相对湿度控制精度为±10%。

（1）恒温恒湿空调机的结构特点

风冷式（HF系列）恒温恒湿空调机的结构包括：

1）制冷系统：由制冷压缩机、冷凝器、节流阀、蒸发器等组成，在制冷的同时也可以除湿。

2）制热系统：由蒸汽加热器或电加热器对空气进行加热处理。

3）加湿系统：有电加湿器、超声波加湿器、红外线加湿器等。

4）电气控制系统：由电接点干、湿球温度计、晶体管温度控制器、动圈式温度调节器

等控制制冷、加热、加湿，从而保证房间内的空气温度和相对湿度保持在一定范围内。

HF系列风冷式恒温恒湿空调机组流程图如图6-3所示。机组分室内、室外两部分。室外机只有风冷式冷凝器，室内机由制冷、加湿、加热、通风和控制等几部分组成。

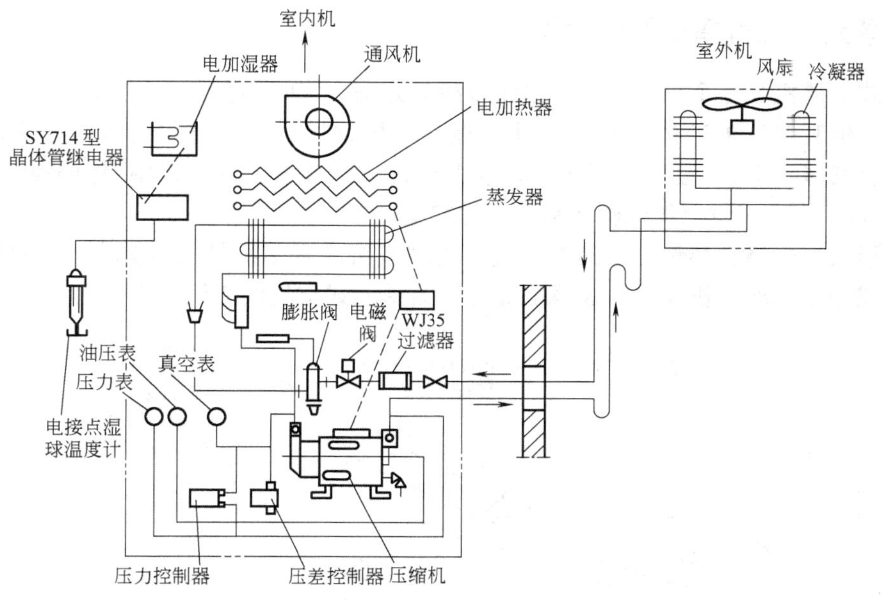

图6-3　HF系列风冷式恒温恒湿空调机组的流程图

水冷式（H系列）恒温恒湿机组，其冷凝器采用水冷却方式，其机组均为整体式（即不设室外机组），一般在冷却水系统中设置冷却塔。

在组装设备中，压缩机多选用高性能压缩机，安全、可靠、能效比高。水冷式冷凝器多为壳管式，制冷剂在壳程冷凝，冷却水为管内流动；风冷式冷凝器多为铜管外整体套铝片式，由换热器生产线制造。蒸发器多为整体套片式，主要利用生产线在线加工。加热器多采用加肋高效电热管，体积小、热功转换效率高。风机多采用高性能、低噪声的离心风机，具有风量大、静压高、噪声低和运转平稳等优点。制冷配件由膨胀阀、过滤器、电磁阀、高低压控制器、压力表等组成。控制方式多采用高性能集成控制仪表，控制精度高、可靠性好。保温层多选用聚乙烯高发泡材料，导热系数小、耐水性能高、抗老化、阻燃、无毒。

（2）恒温恒湿空调机的工作原理

1）制冷：制冷系统工作时由压缩机排出的高温高压的制冷剂气体进入冷凝器被冷凝成中温过冷液体，经膨胀阀节流降压变成低温低压的气液两相混合物进入蒸发器，在其内蒸发并吸收通过蒸发器的空气的热量，使流经蒸发器的空气得以降温，气化后蒸汽再被压缩机吸入，这样不断循环，从而达到降温目的。

2）加热：电加热器接通电源，使流经加热器的空气温度得以升温，这样不断循环，从而达到连续升温目的。

3）除湿：由于蒸发器翅片表面温度低于空气的露点温度，空气流经蒸发器表面时，在蒸发器表面有水分析出。

6.2 单元式空气调节机的性能与参数

6.2.1 单元式空气调节机的性能

单元式空调机是一个采用冷剂直接膨胀冷却处理空气的小型空调装置。虽然它的容量有不同规格，但其空气处理过程有通用性（适应一般地区的室内外设计参数、室内热湿比、送风温差、新风比等）。夏季空调机处理空气的冷、风比（冷量 kW/风量 kg/s）是按 15 ~ 20 来设计的，并相应地配备风机和制冷机的容量。

某一形式、规格、容量已定的单元式空气调节机的基本特性曲线如图 6 - 4 所示。蒸发器特性曲线和压缩冷凝机组特性曲线的交点称为单元式空气调节机的工作点。

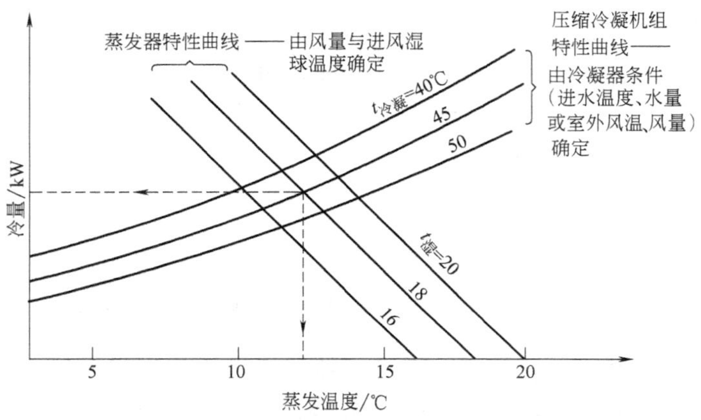

图 6 - 4　单元式空气调节机的基本特性曲线

6.2.2 单元式空气调节机的型号

单元式空气调节机的型号由大写汉语拼音字母和阿拉伯数字组成，例如，制冷量为 28000W，风冷冷风型，压缩机在室外的空调机表示为 LF28W。

6.2.3　单元式空气调节机的基本参数

单元式空气调节机的基本参数有名义制冷量、制热量、能效比等。空调机的名义制冷（热）量按表6-2所列的参数确定，测定时的大气压为101325Pa。空调机的实测制冷（热）量不应小于其名义制冷（热）量的95%。

制冷综合部分负荷性能系数IPLV（C）是在规定工况下，空调机在部分负荷的EER，按照空调机在各种负荷下运行时间的加权因素计算得出的，表示空调机部分负荷效率的指标，其值用W/W表示。

$$\mathrm{IPLV(C)} = 2.3\% \times A + 41.5\% \times B + 46.1\% \times C + 10.1\% \times D$$

式中　A——100%负荷时的EER（W/W）；

B——75%负荷时的EER（W/W）；

C——50%负荷时的EER（W/W）；

D——25%负荷时的EER（W/W）。

制冷季节能效比（SEER）是在制冷季节中，空调机进行制冷运行时，从室内除去的热量总和与消耗的电量总和之比，其值用W/W表示。

全年性能系数（APF）是空调机在制冷季节及制热季节中，从室内空气中除去的热量及向室内送入的热量的总和与同一期间内消耗的电量总和之比，其值用W/W表示。

单冷型风冷式空调机的制冷季节能效比不应小于明示值的95%，且不应小于表6-3中规定的数值。水冷式空调机的制冷综合部分负荷性能系数不应小于明示值的95%，且不应小于表6-3中规定的数值。热泵型风冷式空调机的全年性能系数不应小于明示值的95%，且不应小于表6-3中规定的数值。

表6-2　名义制冷（热）量测定工况参数　　（单位：℃）

条　件	工　况			制冷（制热）	恒温恒湿
制冷	室内侧	温度	干球	27	23
			湿球	19	17
	室外侧		干球	35	35
			湿球	24	24
			进水	30	30
			出水	35	35
制热	室内侧		干球	20	—
			湿球	—	
	室外侧		干球	7	
			湿球	6	

表 6-3　性能系数　　（单位：W/W）

<table>
<tr><th colspan="3">类　型</th><th>SEER</th><th>APF</th><th>IPLV（C）</th></tr>
<tr><td rowspan="4">风冷式</td><td rowspan="2">单冷型</td><td>不接风管</td><td>2.6</td><td rowspan="2">—</td><td rowspan="4">—</td></tr>
<tr><td>接风管</td><td>2.3</td></tr>
<tr><td rowspan="2">热泵型</td><td>不接风管</td><td rowspan="4">—</td><td>2.4</td></tr>
<tr><td>接风管</td><td>2.1</td></tr>
<tr><td colspan="2" rowspan="2">水冷式</td><td>不接风管</td><td rowspan="2">—</td><td>3.2</td></tr>
<tr><td>接风管</td><td>2.9</td></tr>
</table>

现场不接风管的空调机，机外静压为0Pa；接风管的空调机最小机外静压见表6-4。

表 6-4　接风管的空调机最小机外静压

名义制冷（热）量/W	最小机外静压/Pa
>7000～14000	25
>14000～28000	50
>28000～50000	75
>50000～80000	100
>80000～100000	112
>100000～150000	137
>150000	187

单元式空气调节机的噪声测定值应不超过表6-5的规定。

表 6-5　空调机的噪声限值（声压级）　　［单位：dB（A）］

<table>
<tr><th rowspan="2">名义制冷（热）量/W</th><th colspan="2">室内机组</th><th rowspan="2">室外机组</th></tr>
<tr><th>接风管</th><th>不接风管</th></tr>
<tr><td>>7000～10000</td><td>53</td><td>52</td><td>62</td></tr>
<tr><td>>10000～14000</td><td>56</td><td>55</td><td>63</td></tr>
<tr><td>>14000～28000</td><td>65</td><td>63</td><td>67</td></tr>
<tr><td>>28000～50000</td><td>69</td><td>67</td><td>70</td></tr>
<tr><td>>50000～80000</td><td>71</td><td>69</td><td>73</td></tr>
<tr><td>>80000～100000</td><td>74</td><td>72</td><td>76</td></tr>
<tr><td>>100000～150000</td><td>77</td><td rowspan="3">—</td><td>79</td></tr>
<tr><td>>150000～200000</td><td>80</td><td>82</td></tr>
<tr><td>>200000</td><td>按供货合同要求</td><td>按供货合同要求</td></tr>
</table>

6.2.4　部分单元式空气调节机组的性能参数

部分HF系列恒温恒湿空调机的主要技术参数见表6-6，部分H型恒温恒湿空调机的主要技术参数见表6-7。

表6-6 部分HF系列恒温恒湿空调机的主要技术参数

参数			型号	HF9	HF13	HF20	HF26	HF36	HF42	HF54	HF60
机组性能	制冷量		kW	9.1	13.4	20.6	26.8	35.2	42.8	54.6	63.8
机组性能	制冷量		kcal/h	7800	11500	17700	23000	30300	36300	47000	54900
机组性能	制热量	电加热	kW	6.0	7.2	12.0	15.0	18.0	21.0	27.0	36.0
机组性能	制热量	电加热	kcal/h	5160	6200	10300	12900	15500	18000	23200	31000
机组性能	压缩机	型式		全封闭柔性涡旋式							
机组性能	压缩机	功率	kW	2.3	3.3	4.9	7.0	9.2	11.4	14.6	17.2
机组性能	风量		m^3/h	2000	3000	4800	6000	8000	9500	12000	14000
机组性能	机外静压		Pa	80	100	100	150	200	250	250	300
机组性能	机组噪声		dB（A）	60	62	63	64	65	67	68	69
机组性能	能量调节		%	100，0			100，50，0				
机组性能	温控范围及精度			18～28℃，±1.0℃							
机组性能	湿控范围及精度			40%～70%，±5.0%							
机组性能	电源			3N～50Hz 380V（三相四线制）							
机组性能	总功率		kW	11.9	14.3	21.4	26.9	35.8	41.5	51.8	70.6
室内机	蒸发器			铜管套铝翅片管式							
室内机	制冷剂			R22/R407C							
室内机	节流方式			外平衡式热力膨胀阀							
室内机	进风过滤器			初效							
室内机	风机	类型		低噪声离心式							
室内机	风机	功率	kW	0.35	0.6	0.75	1.1	1.5	1.6	2.2	3.0
室内机	加热器	类型		管翅式电加热							
室内机	加热器	功率	kW	6.0	7.2	12.0	15.0	18.0	21.0	27.0	36.0
室内机	加湿器	类型		电极式							
室内机	加湿器	加湿量	kg/h	4	4	4	4	8	8	8	13
室内机	加湿器	功率	kW	3	3	3	3	6	6	6	10
室内机	加湿器	进出水管径	in	1/2							
室内机	外形尺寸	长	mm	600	720	1220	1380	1680	1680	1880	1880
室内机	外形尺寸	宽	mm	480	480	680	680	760	860	860	860
室内机	外形尺寸	高	mm	1900	2100	1850	1850	1900	1900	2000	2000
室内机	重量/kg			160	195	260	360	440	530	610	690
室外机型号				1×SWL1	1×SWL1	1×SWL2	1×SWL3	1×SWL4	1×SWL5	1×SWL7	1×SWL8

表 6-7　部分 H 型恒温恒湿空调机的主要技术参数

参数			型号	H10	H15	H22	H30	H40	H50	H60	H70
机组性能	制冷量		kW	10.8	15.6	22.9	30.8	40.6	48.8	61.2	73.1
			kcal/h	9288	13420	19700	26490	34060	39900	52600	62870
	制热量	电加热	kW	6.0	7.2	12.0	15.0	18.0	21.0	27.0	36.0
			kcal/h	5160	6190	10320	12900	15480	18060	23220	30960
		蒸汽加热	kW	12.0	20.0	30.0	40.0	45.0	55.0	70.0	90.0
			kcal/h	10320	17200	25800	34400	38700	47300	60200	77400
	风量		m^3/h	2000	3000	4800	6000	8000	9500	12000	14000
	机外静压		Pa	80	100	100	150	200	250	250	300
	机组噪声		dB（A）	60	62	63	64	65	67	68	69
	能量调节		%	100，0			100，50，0				
	温控范围及精度			18～28℃，±1.0℃							
	湿控范围及精度			40%～70%，±5.0%							
	电源			3N～50Hz 380V（三相四线制）							
	总功率		kW	11.7	14.1	20.7	26.1	34.7	40.0	49.8	68.0
制冷系统	压缩机	型式		全封闭柔性涡旋式							
		功率	kW	2.3	3.3	4.9	7.0	9.2	11.4	14.6	17.2
	蒸发器			铜管套铝翅片管式							
	制冷剂			R22/R407C							
	节流方式			外平衡式热力膨胀阀							
	进风过滤器			初效							
	冷凝器	类型		板式换热器/壳管式换热器							
		水量	t/h	2.5	3.5	5.0	7.0	9.0	11.0	15.0	19.0
		水阻力	kPa	20～40							
		管径/in		1.2	1.5	1.5	1.5	1.5	2.0	2.0	2.0
风机	类型			低噪声离心式							
	功率		kW	0.35	0.6	0.75	1.1	1.5	1.6	2.2	3.0
加热器	电加热		加热量/kW	6.0	7.2	12.0	15.0	18.0	21.0	27.0	36.0
	蒸汽加热		加热量/kW	12.0	20.0	30.0	40.0	45.0	55.0	70.0	90.0
			管径/in	0.8	1	1	1	1	2	2	2
加湿器	类型			电极式							
	加湿量		kg/h	4	4	4	4	8	8	8	13
	功率		kW	3	3	3	3	6	6	6	10
	进出水管径		in	1/2							
外形尺寸	长		mm	600	720	1220	1380	1680	1680	1880	1880
	宽		mm	480	480	680	720	760	860	860	860
	高		mm	1900	2100	1850	1850	1900	1900	2000	2000
重量			kg	190	230	300	405	490	585	670	760

6.3　单元式空气调节机的选择

单元式空气调节机选择设计的主要任务是合理选用单元式空气调节机、组成空调系统，以满足用户对温、湿度的要求。选择设计的具体要点有：

1）确定空调房间的室内要求，计算冷负荷和湿负荷，确定新风量及新风冷负荷。

2）根据用户的设计条件与参数选择单元式空气调节机组的冷却方式——水冷或是风冷；确定空调系统的集中程度——集中系统或分散系统；确定单元式空气调节机放置方式——设机房或是在空调房间中就地放置。

3）确定单元式空气调节机型号与台数。根据空调房间的总冷负荷（包括新风负荷）、$h-d$图以及处理过程的设计要求，查单元式空气调节机特性曲线或性能表，确定单元式空气调节机的容量与台数，使单元式空气调节机总冷量满足空调房间的总冷负荷，总风量符合房间换气次数要求。

《公共建筑节能设计标准》（GB 50189—2005）规定：名义制冷量大于7100W、采用电动机驱动压缩机的单元式空气调节机、风管送风式和屋顶式空调机时，在名义制冷工况下和规定条件下，其能效比（EER）不应低于表6-8的规定。

表6-8　单元式机组能效比

类　型		能效比/(W/W)
风冷式	不接风管	2.60
	接风管	2.30
水冷式	不接风管	3.00
	接风管	2.70

单元式空气调节机产品样本中所提供的技术参数值均为名义工况下的数据。在设备选用时，应根据使用工况对制冷量等进行必要的换算。

4）集中系统还需进行房间气流组织、风量分配与风管道的设计与计算。风管系统的总阻力（含送风与回风系统）应小于单元式空气调节机铭牌上给出的机外余压。如机外余压不足以克服管路系统的阻力，则需另增加风机，串联在系统中。对噪声有要求的空调房间，还需进行消声设计。

6.4　单元式空气调节机的安装

6.4.1　单元式空气调节机安装的准备工作

1. 材料设备

材料设备准备详见5.2.1。

2. 主要机具

1）卷扬机、捯链、滑轮、绳索、三脚架。

2）钢直尺、角尺、水平尺、钢卷尺、线坠。

3）活动扳手、固定扳手、梅花扳手、钢丝钳、螺丝刀、木锤、方锤、铁锤。

4）扩口器、弯管器、焊接设备、真空泵等。

3. 作业条件

1）安装前检查现场，应具有足够的运输空间和场地。安装地点应保证单元式空气调节机的通风散热，并有足够的维修空间。

2）设备型号、设备基础尺寸及位置应符合设计要求并应相互符合。

3）与建设单位、监理单位、供应商代表共同进行设备的开箱验收。设备所带备件、配件应齐备有效。随设备所带资料和产品合格证应完备，并做好开箱检查记录。

4）要有经过审批的技术、质量、安全交底。

6.4.2 单元式空气调节机组安装

1. 安装工艺流程

开箱检查 → 设备基础验收 → 现场运输 → 单元式空气调节机安装 → 检验

2. 安装方法

（1）开箱检查

1）检查设备说明书、质量合格证书与产品性能检测报告等随机文件是否齐全。

2）根据设备装箱单会同建设单位对制冷设备零件、部件、附属材料及专用工具的规格、数量进行检查，并做好记录。

3）当内机封有氮气保护时，应检查压力表的显示值，确定无泄漏。拆开封盖应有气体喷出（一般封氮压力为0.3MPa），否则，应做氮气试压。

（2）设备基础验收

1）设备安装前应根据设计图、产品样本或设备实物检查设备基础是否符合设备的尺寸、型号的要求。

2）设备基础的位置、几何尺寸和混凝土强度、质量应符合设计规定，并应有验收资料。

3）设备就位前，按施工图和建筑物的轴线或边缘线和标高线，划出安装基准线；确定设备找正、调平的定位基准面、线或点。必要时埋设中心标板和基准点。

（3）现场运输

1）设备在水平运输和垂直运输之前尽可能不要开箱，并保留好底座。

2）设备水平运输时尽量使用小拖车，如使用滚杠需采取保护措施，防止设备磕碰。

3）设备垂直运输时，根据受力点选好固定位置将吊绳稳固在外包装上起吊，吊装时应采取措施，保证人员及设备的安全。

4）设备就位前应对设备基础进行验收，合格后方可运输安装。

（4）单元式空气调节机安装

1）水冷式机组安装

① 水冷式机组安装时，直接安放在混凝土基座上，根据要求也可以在基座上垫橡胶板，以减少机组运转时的振动。

② 机组安装的坐标位置应正确，并对机组找平找正。

③ 机组安装应平稳，并应按照冷却水管道连接及维修保养的要求，四周留有足够的空间。

④ 冷却水管连接应严密，不得有渗漏现象，并应有排水坡度。

⑤ 机组的电气装置及自动调节仪表的接线，应参照电气、自控平面敷设电管、穿线，并参照设备技术文件接线。

实际应用中，单元式空气调节机组采用水冷方式比较少，更多的是采用风冷方式。

2）风冷式机组安装

① 机组根据设计要求固定牢靠。一般常安装在房顶、地面和墙上。安装在房顶或地面上的基础应比地面高出不小于100mm，防止雨水灌入。机组除安装平直外，应保证机组方向正确。安装在墙上的支架应焊接并与墙体连接牢固。

② 机组就位后，按管路的位置钻墙洞或楼板洞，洞内应设置套管，套管的长度长于孔洞的长度10～20mm为宜，并且墙洞或楼板洞必须进行密封，防止雨水渗入。

③ 连接管采用喇叭口接头形式。连接前应在喇叭口接头内滴入少量的冷冻油，然后连接并紧固。连接管中间接头应采用氧—乙炔铜焊或银焊。随机带来的小管径铜管，安装前必须将铜管慢慢地逐段展开，不能猛拉展放铜管，应防止铜管损坏。图6-5为机组管路连接示意图。压缩机在运转过程中，需要润滑油润滑，否则压缩机会因为磨损过热而烧坏。一般在吸气管中容易积存润滑油（此管段上的大部分润滑油是液态），为利于润滑油回到压缩机中，需要设置回油弯，使润滑油分段逐步地返回压缩机。回油弯不能太大，转弯处阻力要小，否则阻力大、积油多，超出压缩机的抽吸回油能力，也会造成回油不畅。

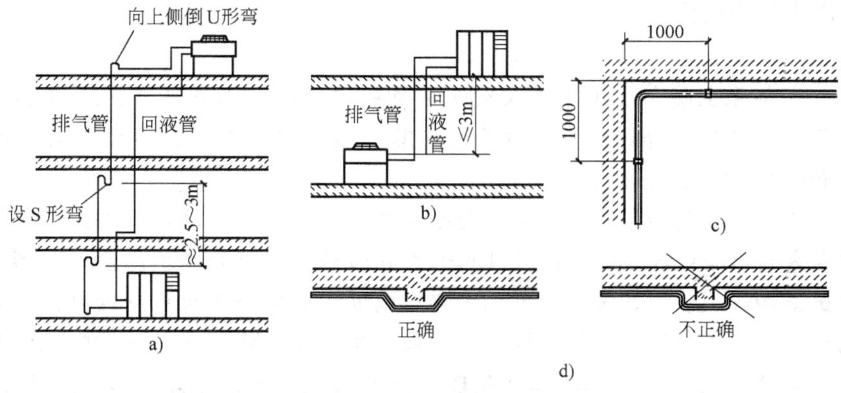

图6-5 风冷式机组管路连接示意图

a）风冷机高于室内机安装 b）风冷机低于室内机安装

c）拐角处制冷管的固定 d）管道过障碍物

④ 机组连接后应排除管道内的空气，排除空气时可利用室内机组或室外机组截止阀上的辅助阀。空气排除后，可开足截止阀进行检漏。确认制冷剂无泄漏，再用制冷剂气体检漏仪进行检漏；在无检漏仪的情况下，也可使用肥皂水涂在连接部位处进行检漏。厂家推荐做法是：先检查内机不漏后（拆开封盖应有气体喷出，否则，应做氮气试压），再抽真空，然后依据管道长度追加制冷剂，具体追加量依据厂家样本手册确定。

⑤ 以上工作完成后，即可在管螺母接头处包上保温材料。

(5) 检验

1) 单元式空气调节机安装完成后，便可以接通电源试机，并检查机组的噪声。

2) 检验制冷效果。

6.4.3 单元式空气调节机安装质量标准与验收

1. 主控项目

1) 空调机组的规格型号必须符合设计要求，安装应牢固。

2) 空调机组管道的连接应严密。

3) 凝结水管的坡度必须符合排水要求。

检查数量：按总数抽查20%，且不得少于1台。

检查方法：依据设计图核对、观察检查。

2. 一般项目

1) 分体式空调机组的室外机和风冷整体式空调机组的安装，固定牢固、可靠；除应满足冷却风循环空间外，还应符合环境卫生保护有关法规的规定。

2) 分体式空调机组的室内机的位置应正确，并保持水平，冷凝水排放应畅通。管道穿墙处必须密封，不得有雨水渗入。

3) 整体式空调机组管道的连接应严密、无渗漏，四周应留有相应的维修空间。

检查数量：按总数抽查20%，且不得少于1台。

检查方法：观察检查。

3. 工程质量验收记录用表

参见组合式空调机组安装。

单元小结

本单元主要介绍了单元式空气调节机的分类、工作原理、基本参数，单元式空气调节机的选择和安装等方面的内容。通过学习应掌握单元式空气调节机的选择和安装方法及要求。

单元式空气调节机按功能分为冷风型、热泵型和恒温恒湿型；按冷凝器的冷却方式分为水冷式和风冷式；按结构形式分为整体型和分体型；按送风形式分为直接吹出型和接风管型。常用的单元式空气调节机有风冷式柜式空调机、水冷式柜式空调机、屋顶式空调机和恒温恒湿空调机，其一般应用在一些小、中型商用建筑。

单元式空气调节机的工作原理与制冷系统相同。单元式空气调节机的基本参数有制冷量、制热量、制冷综合部分负荷性能系数IPLV (C)、制冷季节能效比SEER和全年性能系数APF、风量以及噪声值等。在选择单元式空气调节机时，其能效比EER不应低于《公共建筑节能设计标准》(GB 50189—2005) 的相关规定。

单元式空气调节机安装前应进行开箱检查和设备基础验收。现场搬运或吊装过程中，应保持机体平衡，确保缆绳牢固；机组吊装到安装机组的地板或基础上后，卸去吊索，校正横向纵向中心线和水平度，进行找正找平，确保机组与基础安装精度，固定准确可靠。

复习思考题

1. 简述单元式空气调节机的选择设计要点。
2. 简述单元式空气调节机的安装工艺流程。
3. 单元式空气调节机的安装应符合哪些规定?

实训练习题

单元1实训练习题中商场采用单元式空气调节机的选型与布置。

（1）单元式空气调节机的选择。

（2）绘制出空调的平面图。

单元 7

多联式空调机组安装

☞ **知识能力目标**

掌握多联式空调机组的系统原理、分类、设计、安装和调试与验收等方面的知识。

具备进行多联式空调机组系统设计、安装和调试运转的能力。

☞ **学习任务要求**

1. 多联式空调机组系统的设计计算。
2. 绘制出多联式空调机组系统空调平面图和系统图。
3. 多联式空调机组系统的安装及调试运转。

7.1 多联式空调机组的工作原理与性能

7.1.1 多联式空调机组系统的工作原理

多联式空调机组系统（Multi－connected split air conditioning system，简称多联机空调系统）是一台（组）室外空气（水）源制冷或热泵机组配置多台室内机，通过改变制冷剂流量适应各空调区负荷变化的直接膨胀式空气调节系统。一台（组）室外机通过管路能够向若干个室内机输送制冷剂液体，通过控制压缩机的制冷剂循环量和进入室内各个换热器的制冷剂流量，可以适时地满足室内冷热负荷要求。该系统是日本大金工业株式会社首先研制推出的，并将这种空调方式注册为 VRV（Variable Refrigerant Volume）系统。系统由制冷剂管路连接的室外机和室内机组成，室外机由室外侧换热器、压缩机和其他制冷附件组成；室内机由风机和直接蒸发器等组成。

多联式空调机组系统是一台室外机连接多台室内机，每台室内机可以自由地运转/停止、或群组、或集中等控制。在单台室外机运行的基础上，同时发展出多台室外机并联系统，可以连接更多的室内机。

其主要工作原理是：室内温度传感器控制室内机制冷剂管道上的电子膨胀阀，通过制冷剂压力的变化，对室外机的制冷压缩机进行变频调速控制或改变压缩机的运行台数、工作气缸数、节流阀开度等，使系统的制冷剂流量变化，达到制冷或制热两种方式随负荷变化而改变供冷量或供热量的目的，如图 7-1 所示。

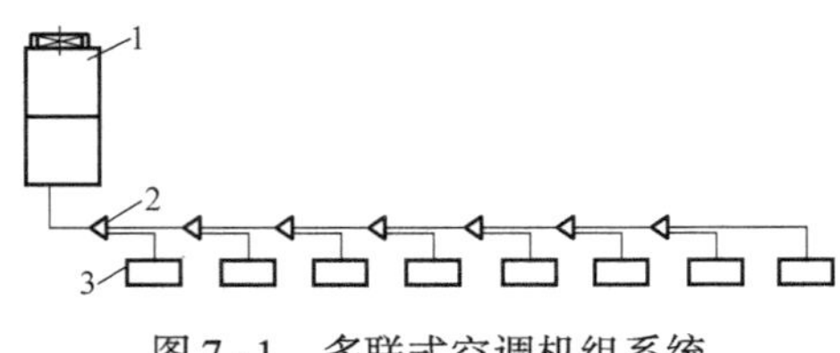

图 7-1　多联式空调机组系统

1—室外机　2—线支管　3—室内机

7.1.2　多联式空调机组的分类及特点

1. 多联式空调机组的分类

多联式空调机组系统根据不同的分类方式有不同的类型。

1）按功能分为：单冷型（代号省略）；热泵型（代号R，包括辅助电热装置d，不包括辅助电热装置可省略）；电热型（代号D）。

2）按机组的结构形式分为：室内机（落地式，代号L；壁挂式，代号G；吊顶式，代号D；嵌入式，代号Q；暗装式，代号N；风管式，代号F）；室外机（代号W）。

3）按使用气候环境分为：温带气候（最高温度T1为43℃）、低温气候（最高温度T2为35℃）、高温气候（最高温度T3为52℃）。

其他分类方法见表7-1。目前国内变制冷剂流量多联分体式空调的主流是风冷变频机组空调和数码涡旋机组空调。

表7-1　变制冷剂流量多联分体式空调系统的分类

分类内容	类型	特点说明
按压缩机类型	变频式	当室内负荷发生变化时，可以通过改变压缩机频率来调节制冷剂流量。在部分室内机开启的情况下，能效比要比满负荷时高。系统整体节能性要比定频式好，系统在50%~80%的使用率情况下，能效比比较高
	定频式（包括数码涡旋）	当室内负荷发生变化时，通过压缩机输出旁通来调节制冷剂流量。在部分室内机开启的情况下，能效比要比满负荷时低。对于数码涡旋压缩机，在电磁阀控制电源的作用下，调节开启—关闭时间的比例，可实现能量调节。下图是数码涡旋压缩机实现能量调节的原理：输出和卸载的比例为2:8，则系统能力输出为2匹；输出和卸载的比例为5:5，则系统能力输出为5匹。由于数码涡旋压缩机是定速压缩机，在系统启动后一直处于运行状态，因此在部分室内机开启的情况下，能效比较满负荷时低
按室外机冷却方式	风冷式	室外换热器换热介质是空气，与水冷式相比安装比较简单，但环境工况恶劣时，对系统性能影响比较大
	水冷式	室外换热器换热介质是水，与风冷式相比，多一套水系统，设计安装比较复杂，但系统性能比较高，环境工况对其影响没有风冷式大。目前国内还没有此类系统的应用
其他类型	热回收式	同一制冷系统中的不同室内机可以分别进行制冷和制热运转，系统性能好
	冰蓄冷式	多联式空调机组系统可以通过与小型冰蓄冷装置相连。在晚间用电低谷时，进行蓄冷，在白天用电高峰时释放冷量，达到转移用电高峰的效果

2. 多联式空调机组系统的特点

1）节能。多联式空调机组系统可以根据系统负荷变化自动调节压缩机转速，改变制冷剂流量，保证机组以较高的效率运行。部分负荷运行时能耗下降，全年运行费用降低。

2）节省建筑空间。多联式空调机组系统采用的风冷式室外机一般设置在屋顶，不像集中式空调系统中冷水机组、冷（热）水循环泵等设备需占用建筑面积。多联式空调机组系统的接管只有制冷剂管和凝结水管，且制冷剂管路布置灵活、施工方便，与集中空调水系统相比，在满足相同室内吊顶高度的情况下，采用多联式空调机组系统可以减小建筑层高，降低建筑造价。

3）施工安装方便、运行可靠。与集中式空调系统比较，多联式空调机组系统施工工作量小得多，施工周期短，尤其适用于改造工程。系统环节少，所有设备及控制装置均由设备供应商提供，系统运行管理安全可靠。

4）满足不同工况的房间使用要求。多联式空调机组系统组合方便、灵活，可以根据不同的使用要求组织系统，满足不同工况房间的使用要求。对于热回收多联式空调机组系统来说，一个系统内，部分室内机在制冷的同时，另一部分室内机可以供热运行。在冬季该系统可以实现内区供冷，外区供热，把内区的热量转移到外区，充分利用能源，降低能耗，满足不同区域空调要求。

表 7-2 列出了变制冷剂流量多联分体式空调系统与传统集中空调相比时的主要优缺点。

表 7-2　变制冷剂流量多联分体式空调系统的应用特点

优点	安装管路简单、节省空间，设计简单、布置灵活，部分负荷情况下能效比高、节能性好、运行成本低，运行管理方便、维护简单，分户计量、分期建设
缺点	初投资较高，对建筑设计有要求，特别是对于高层建筑，在设计时必须考虑系统的安装范围、室外机的安装位置。新风与湿度处理能力相对较差

3. 系统应用场合

变制冷剂流量多联分体式空调系统主要适用于办公楼、饭店、学校、高档住宅等建筑，特别适用于房间数量多、区域划分细致的建筑。另外，对于同时使用率比较低（部分运转）的建筑物来说其节能性更加显著。

根据《公共建筑节能设计标准》（GB 50189—2005）的规定，变制冷剂流量多联分体式空调系统适用于中、小型规模的建筑，不宜用于振动较大及产生大量油污蒸汽的场所，对于变频机组还要尽量避免在有电磁波或高频波产生的场所使用。空调系统全年运行时，宜采用热泵式机组。在同一空调系统中，当同时需要供冷和供热时，宜选择热回收式机组。

变制冷剂流量多联分体式空调系统的工作范围见表 7-3。

表 7-3　变制冷剂流量多联分体式空调系统的工作范围

分类内容	范　围	分类内容	范　围
制冷运行温度	-5℃ ~43℃DB	室内外机高度落差	≤50m
制热运行温度	-15℃ ~16℃WB	同一室外机系统室内机间高度落差	≤18m
室内外机等效配管长度	≤175m	室内外机容量比	≤130%

7.1.3　多联式空调机组性能参数

1. 多联式空调（热泵）机组型号编制

多联式空调（热泵）机组由室内机和室外机构成，其室内、外机的型号由大写汉语拼音字母和阿拉伯数字组成，具体表示方法：

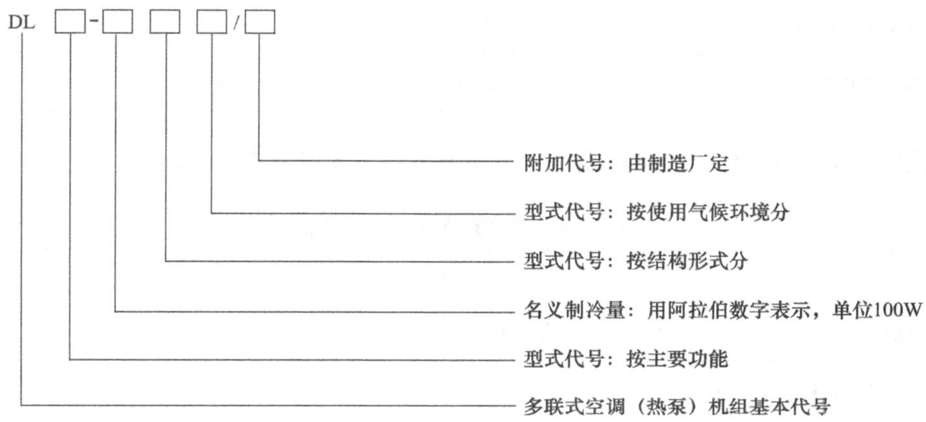

如：室外机：DL－150W；室内机：两台DL－25D，两台DL－35G，一台DL－30Q。

适用于T1型气候类型、多联式空调（热泵）机组，机组名义制冷量为15000W，单冷型，室内机为两台名义制冷量2500W吊顶式、两台名义制冷量3500W壁挂式、一台名义制冷量3000W嵌入式。

2. 多联式空调机组主要技术参数

多联式空调机组主要技术参数有制冷量、制热量、能效比、噪声及机外静压等。

多联分体式空调机组性能的测试条件见表7-4。

多联分体式空调机组能效等级［制冷综合性能系数IPLV（C）］共分五级，能效指标见表7-5，1级为最高标准。节能评价值为表7-5中能效等级的2级。

表7-4　产品性能测试条件

分类内容		范　围
制冷工况（温带气候）	室内温度	27℃DB，19℃WB
	室外温度	35℃DB，24℃WB
制热工况	室内温度	20℃DB
	室外温度	7℃DB，6℃WB
室内外机等效配管长度		7.5m
室内外机高度落差		0m

表 7-5　多联式空调机组能效等级指标　　（单位：W/W）

名义制冷量（CC）/W	能效等级				
	5	4	3	2	1
CC≤28000	2.80	3.00	3.20	3.40	3.60
28000 < CC≤84000	2.75	2.95	3.15	3.35	3.55
CC > 84000	2.70	2.90	3.10	3.30	3.50

多联式空调机组室外机规格见表 7-6，系统室内机规格见表 7-7。

表 7-6　系统室外机规格一览表

小容量形式				
室外机容量	8～16kW（一般适合家用）			
室内机最大连接台数	5～8			
制冷剂	R22/R407C/R410A			
系统能效比	2.8～4.0（部分负荷时最大值 3.6～5.0）			
电源	220V，50Hz			
中容量形式				
室外机容量	14kW	22.4/28kW	33.6/39.2/44.8/50.4/56kW	61.6/67.2/72.8/78.4/84kW
室内机最大连接台数	6～8	10～12	16～18	26～28
制冷剂	R22/R407C/R410A			
系统能效比	2.8～3.8（部分负荷时最大值 3.6～4.8）			
电源	380V，50Hz			
大容量形式				
室外机容量	89.6/95.2/100.8/106.4/112kW		117.6/123.2/128.8/134.4kW	
室内机最大连接台数	32～34		36～38	
制冷剂	R22/R407C/R410A			
系统能效比	2.8～3.8（部分负荷时最大值 3.6～4.8）			
电源	380V，50Hz			

注：不同厂家上述参数略有区别。

表 7-7　系统室内机规格一览表

类　型	容量/kW	备　注
单向出风嵌入型	2.2/2.8/3.6/4.5/5.6	安装高度离地板不宜超过 3m
双向出风嵌入型	2.2/2.8/3.6/4.5/5.6/7.1/8.0/9.0/11.2/14	安装高度离地板不宜超过 3m
四向出风嵌入型	2.2/2.8/3.6/4.5/5.6/7.1/8.0/9.0/11.2/14	安装高度离地板不宜超过 3m
低静压隐藏管道型	2.2/2.8/3.6/4.5/5.6/7.1/8.0/9.0/11.2/14	出口静压一般为 20～49Pa，常使用在层高较低的房间
高静压隐藏管道型	2.2/2.8/3.6/4.5/5.6/7.1/8.0/9.0/11.2/14/22.4/28	出口静压一般为 69～98Pa，最大 147Pa，可接一定长度风管，使用在层高较高、房间面积较大的场所
顶棚悬吊型	3.4/4.5/5.6/7.1/8.0/9.0/11.2/14	使用在房间装修顶部安装空间不够，层高较低的场合
壁挂型	2.8/3.6/4.5/5.6/7.1	使用在房间装修顶部安装空间不够，层高较低的场合
落地型	2.2/2.8/3.6/4.5/5.6/7.1	使用在房间装修顶部安装空间不够，层高较低的场合
电源	220V，50Hz	

注：不同厂家上述参数略有区别。

7.2　多联式空调机组系统的设计

7.2.1　室内机及室外机的选择

多联式空调机组系统设计应确定系统形式。对于只需供冷而不需要供热的建筑，可采用单冷型多联式空调机组系统；对于既需要供冷又需要供热且冷热使用要求相同的建筑可采用热泵型多联式空调机组系统；而对于分内、外区且各房间空调工况不同的建筑可采用热回收型多联式空调机组系统。

1. 设计条件和冷负荷

根据夏季室内要求的空气计算干、湿球温度以及夏季空调室外空气计算干、湿球温度等资料，计算每个房间的冷负荷 $Q_{CL\cdot i}$，$i=1$，2，…k，k 为房间数量。

2. 室内机制冷容量选择

室内机的额定制冷容量 Q_{CD}是在标准空调工况时的制冷量。由于夏季空调系统的设计条件与标准空调工况并不一样，因此空调室内机的实际制冷容量与额定制冷容量也不相同。根据室内空气计算干、湿球温度以及室外空气计算干球温度，在厂家提供室内机制冷容量表中，选出最接近或大于房间冷负荷的室内机。

3. 系统组成和室外机制冷容量选择

在系统组成时，主要考虑以下几个原则：

1）初步估算所连室内机实际总容量对应的室外机额定制冷容量。

2）室外机放置位置。

3）配管布置有关要求。

4）配管长度尽可能短。系统配管越长，系统能力衰减就越大。

5）尽量把经常使用的房间和不经常使用的房间组合在一个系统，系统同时使用率最好能控制在50%～80%，此时系统的能效比较高。如系统同时使用率低于30%，则系统能效比较低、设备利用率低，系统经济性较差。

6）室内外机的容量配比系数是一个系统内所有室内机额定制冷容量之和与室外机额定制冷容量之比。尽管室外机可以在容量配比系数130%以内运行，但在设计选型时应根据系统的具体使用情况来决定，也可参考表7-8选择。需要注意的是，对制热有特殊要求的场合不适合超配。

表7-8 室内外机的容量配比系数选择参考表

同时使用率	最大容量配比系数	同时使用率	最大容量配比系数
小于等于70%	125%～135%	大于80%，小于等于90%	100%～110%
大于70%，小于等于80%	110%～125%	大于90%	100%

7）室内机数量不能超过室外机容许连接的数量。

4. 室外机实际制冷容量计算

根据室内外机的容量配比系数、室内空气计算干、湿球温度以及室外空气计算干球温度，在厂家提供室外机制冷容量表中查出室外机在设计工况下的实际制冷容量 Q_{COF}。

5. 室内机最终实际制冷容量计算

系统中每台室内机的最终实际制冷容量为

$$Q_{CIF\cdot j} = Q_{CD\cdot j} \times Q_{COF} \Big/ \sum_{k=1}^{m} Q_{CD\cdot k} \times \alpha_{C\cdot j} \tag{7-1}$$

式中 $Q_{CIF\cdot j}$——室内机的最终实际制冷容量（W），$j=1, 2, \cdots m$；

$Q_{CD\cdot j}$——室内机的额定制冷容量（W），$j=1, 2, \cdots m$；

Q_{COF}——室外机的实际制冷容量（W）；

m——系统中室内机的数量；

$\alpha_{C\cdot j}$——配管长度及高度差容量修正系数（图7-2），$j=1, 2, \cdots m$。

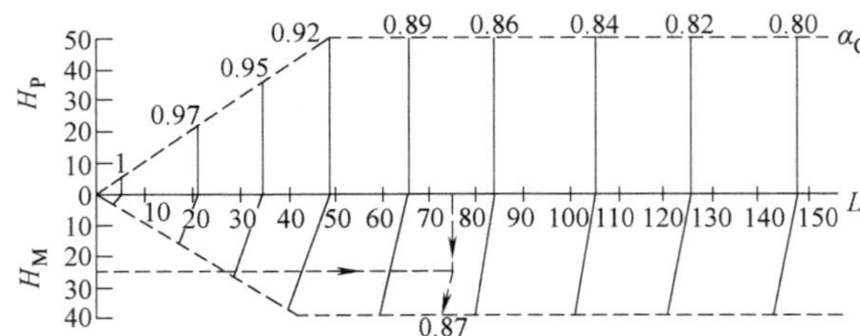

图7-2 室内机制冷容量修正系数图

H_P—室内机置于室外机下方时，室内外机的高度差（m）

H_M—室内机置于室外机上方时，室内外机的高度差（m）

L—等效配管长度（m）

应该指出，不同厂家产品的容量修正系数会略有区别。图中虚线表示了选择线路。容量修正系数选择举例：当 $H_M=25m$，$L=75m$ 时，$\alpha_C=0.87$。

如果按照上式计算出的室内机的最终实际制冷量小于该室内机服务房间的冷负荷，则应重新选择室内机，再按2）~5）步骤进行计算，直到满足要求为止。

对于一般家用场合，由于房间间歇使用空调的间隔时间可能较长，为了使房间的温度在启动后快速下降，可以考虑室内机最终实际制冷容量远大于房间负荷，室内机最终实际容量与房间负荷之比的最大参考值为1.5。若室内机最终实际容量与房间负荷比例值超过最大容许值时，则选配的空调容量会大大超出房间实际所需负荷，运行时会造成能源浪费、房间温度过冷过热、噪声增大等不良现象。家用空调系统同时开启的可能性非常小，室内外机的容量配比系数可选最大容许值。

6. 系统制热能力校核

由于各空调房间内冷、热负荷存在着差异，即冷负荷接近的房间其热负荷可能相差很大，可以满足冷负荷要求的机组不一定能满足热负荷的要求，所以按冷负荷选择机组后，还应对机组的制热能力进行校核。如果计算出的室内机的实际制热量小于该室内机服务房间的热负荷，则应重新选择室内机或加辅助电热器。

【例7-1】 某建筑物所在地有关气象参数（33℃DB），室内空气计算温度（26℃DB，18℃WB），各房间的冷负荷见表7-9。试确定室内机和室外机型号（以某厂家产品为例）。

表7-9　房间冷负荷计算值

房号	R1	R2	R3	R4	R5	R6	R7	R8
负荷/kW	3.0	2.9	3.8	4.2	4.0	4.8	6.1	5.8

【解】 1）根据建筑物所在地气象参数和室内空气计算温度，在室内机的实际制冷容量表中选择接近或大于房间冷负荷的室内机型号，选择结果见表7-10。

表7-10　室内机的额定制冷容量与实际制冷容量

房号	R1	R2	R3	R4	R5	R6	R7	R8
型号	DZR—36	DZR—36	DZR—45	DZR—45	DZR—45	DZR—56	DZR—71	DZR—71
额定制冷容量/kW	3.6	3.6	4.5	4.5	4.5	5.6	7.1	7.1
实际制冷容量/kW	3.4	3.4	4.2	4.2	4.2	5.3	6.7	6.7

所选择的室内机如下：2台DZR—36，3台DZR—45，1台DZR—56，2台DZR—71。室内机额定制冷总容量为：40.5kW。

2）选择室外机制冷容量。根据室内机额定制冷总容量，选择额定容量为39.2kW的DZR—392W/BP室外机。室内外机容量配比系数为40.5/39.2=103%。R1~R4室内机与室外机高差为10m，配管等效长度约40m；R5~R8室内机与室外机高差为5m，配管等效长度约30m，室外机在室内机上方。

3）室外机实际制冷容量计算。根据建筑物所在地气象参数（33℃DB），室内设计温度（26℃DB，18℃WB）以及室内外机容量配比系数103%，通过差值法，在室外机的制冷容量表中查出该室外机设计工况下的实际制冷容量 Q_{COF} 为 38.6kW。

4）室内机最终实际制冷容量计算。根据室内外机的位置，查取 R1～R4 室内机配管长度及高度差修正系数 $\alpha_C=0.94$，R5～R8 室内机配管长度及高度差修正系数 $\alpha_C=0.958$。据式（7-1），每台室内机的实际最终制冷容量见表 7-11。

表 7-11　室内机的最终实际制冷容量

房号	R1	R2	R3	R4	R5	R6	R7	R8
制冷量/kW	3.22	3.22	4.03	4.03	4.11	5.11	6.48	6.48

5）由表 7-11 可以看出，R4 房间室内机的最终实际制冷容量小于房间冷负荷，将 R4 的室内机由 DZR—45 改为 DZR—56，重新进行计算。

① 室内机额定制冷总容量为：41.6kW。

② 室内外机容量配比系数为：41.6/39.2=106%。

③ 室外机的实际制冷容量 $Q_{COF}=39.38$kW。

④ 每台室内机的最终实际制冷容量见表 7-12。

表 7-12　室内机的最终实际制冷容量

房号	R1	R2	R3	R4	R5	R6	R7	R8
制冷量/kW	3.20	3.20	4.00	4.98	4.08	5.08	6.44	6.44

⑤ 最终每个房间的室内机选择见表 7-13。

表 7-13　最终每个房间的室内机型号

房号	R1	R2	R3	R4	R5	R6	R7	R8
型号	DZR—36	DZR—36	DZR—45	DZR—56	DZR—45	DZR—56	DZR—71	DZR—71

⑥ 最终室外机型号为：DZR-392W/BP。

7.2.2　系统配管设计

1. 管道布置方式

常用管道布置方式有三种：线式布管方式（图 7-3）、集中式布管方式（图 7-4）及线式和集中式组合布管方式（图 7-5）。本单元主要介绍线式布管方式，多台室外机线式布管方式如图 7-6 所示。

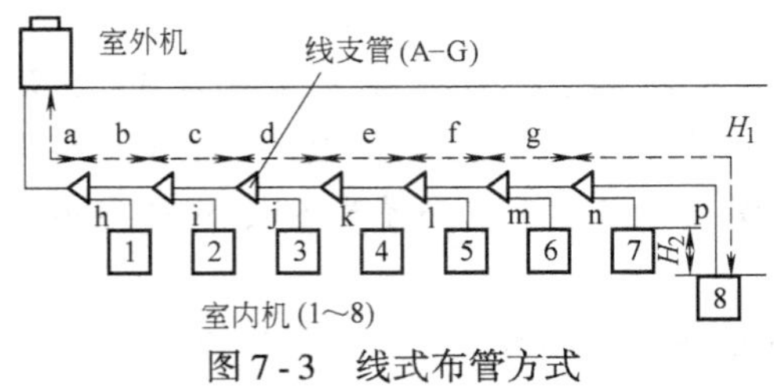

图 7-3　线式布管方式

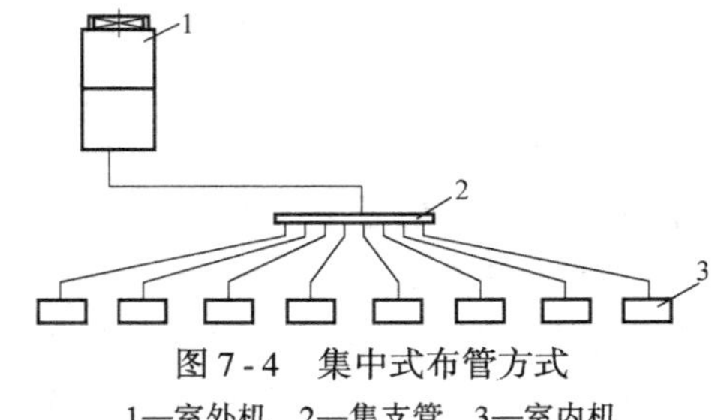

图 7-4　集中式布管方式

1—室外机　2—集支管　3—室内机

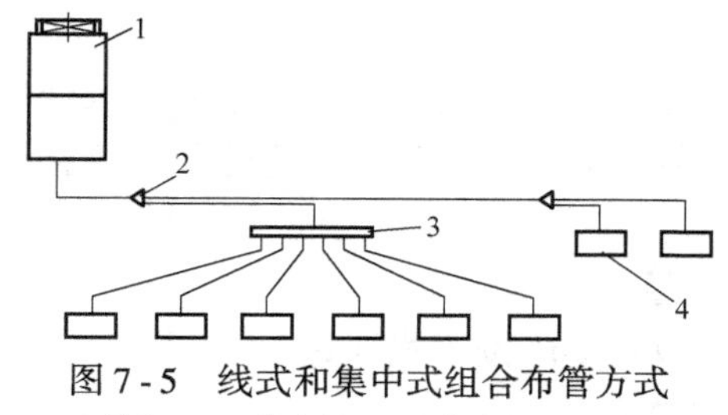

图 7-5　线式和集中式组合布管方式

1—室外机　2—线支管　3—集支管　4—室内机

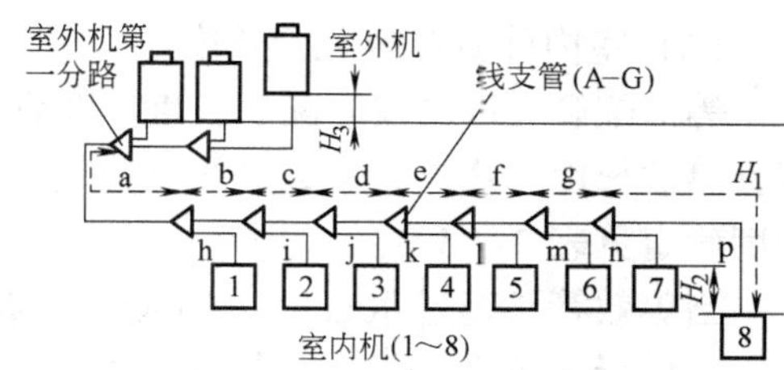

图 7-6　多台室外机线式布管方式

2. 系统配管要求

（1）系统配管要求（表 7-14）。

表 7-14　系统配管要求

最大允许长度	室外机与室内机之间	实际管长	室内/外机间配管长度≤150m
			如：a+b+c+d+e+f+g+p≤150m
		等效配管长度	室内/外机间等效配管长度≤175m
		总长度	室外机到全部室内机间的总管长≤300m
			如：a+b+c+d+e+f+g+p+h+i+j+k+l+m+n≤300m
	室外机分路与室外机之间	实际管长	室外机分路到室外机的管长≤10m
允许高度	室外机与室内机之间	高度差	室内/外机间高度差（H_1）≤50m（如果室外机处于下方时为最大40m），当高度差为30m以上时，每10m需加一个捕油器
	室内机与室内机之间	高度差	相邻室内机间高度差（H_2）≤18m
	室外机与室外机之间	高度差	室外机（主机）与室外机（副机）间高度差（H_3）≤5m
分路后的允许长度		实际配管长度	第一室内线支管与室内机之间管长≤40m
			如：b+c+d+e+f+g+p≤40m
线支管选择		室内机线支管的选择取决于下游室内机的总容量。如C线支管大小取决于3+4+5+6+7+8的室内机总容量	
		室外机线支管的选择取决于上游室外机的总容量。如室外机第一分路线支管大小取决于所有室外机总容量	
配管尺寸选择		室内	主干管（单机：室外机到室内机第一线支管分路的配管；组合机：室外机第一分路到室内机第一线支管分路的配管）选择取决于所有室外机总容量。当等效管长超过90m时，要加大气体端主干管的直径
			分支主干管（线支管到线支管配管）取决于后面线支管下游室内机的总容量。如C线支管和D线支管之间的分支主干管大小取决于4+5+6+7+8的室内机总容量
			线支管与室内机间的管道取决于室内机的连接管道
		组合机室外	分支主干管（线支管到线支管配管）取决于后面线支管上游室外机的总容量。 如图7-6中，线支管和线支管之间的分支主干管大小取决于后面两台室外机总容量
			线支管与室外机间的管道取决于室外机的连接管道

注：当室内外机高度落差为30m以上时，每10m需有一个回油弯。

（2）室内外机等效配管长度

等效配管长度 = 实际配管长度 + 弯管个数 × 低处弯管等效长度 + 回油弯个数 × 低处回油弯管等效长度 + 线支管个数 × 线支管等效长度 + 集支管等效长度，其中，弯管及连接管等效长度确定见表 7 - 15。

当等效管长超过 90m 时，加大气体端主干管的直径。

在进行等效管长制冷、制热容量修正时，总的等效长度应按下式计算：

总的等效长度 = 主干管等效长度 ×0.5 + 其他等效长度

然后按照总的等效长度进行查图，得出制冷、制热容量修正系数。

表 7 - 15　弯管及连接管等效长度确定

<table>
<tr><td rowspan="11">弯管以及回油弯等效长度</td><td>管径/mm</td><td colspan="2">弯管等效长度/m</td><td>回油弯等效长度/m</td></tr>
<tr><td>9.52</td><td colspan="2">0.18</td><td>1.3</td></tr>
<tr><td>12.7</td><td colspan="2">0.2</td><td>1.5</td></tr>
<tr><td>15.88</td><td colspan="2">0.25</td><td>2.0</td></tr>
<tr><td>19.05</td><td colspan="2">0.35</td><td>2.4</td></tr>
<tr><td>22.22</td><td colspan="2">0.4</td><td>3.0</td></tr>
<tr><td>25.4</td><td colspan="2">0.45</td><td>3.4</td></tr>
<tr><td>28.58</td><td colspan="2">0.5</td><td>3.7</td></tr>
<tr><td>31.8</td><td colspan="2">0.55</td><td>4.0</td></tr>
<tr><td>38.1</td><td colspan="2">0.65</td><td>4.8</td></tr>
<tr><td>44.5</td><td colspan="2">0.8</td><td>5.9</td></tr>
<tr><td>线支管等效长度</td><td colspan="4">0.5m</td></tr>
<tr><td rowspan="4">集支管等效长度</td><td colspan="2">集支管连接室内机总容量/kW</td><td colspan="2">等效长度/m</td></tr>
<tr><td colspan="2">78.4 ~ 84.0</td><td colspan="2">2</td></tr>
<tr><td colspan="2">84.0 ~ 98.0</td><td colspan="2">3</td></tr>
<tr><td colspan="2">>98.0</td><td colspan="2">4</td></tr>
</table>

7.3　多联式空调机组的安装

7.3.1　多联式空调机组安装的准备工作

1. 设备和安装材料准备

根据工程图提出设备及材料清单。包括室外机（含压缩机）、室内机、室内线控器、分支管、铜管、控制板（室内有线）、出风口（含面板）、回风口（含面板）、冷凝水管、连接铜管件、电源线、空气开关、通信线、保温管材、其他配件和材料、专用备件及工具等。

2. 现场安装条件

对安装现场进行勘查，具备安装条件。

3. 施工安装机具及调试测试仪器准备

1）施工安装机具：手电钻、电锤、钎焊设备、割管器、扩口器、胀管器、弯管器、力矩扳手、台钻、台钳、捯链、压力钳、螺丝刀、电工钳、真空泵。

2）调试测试仪器：检漏仪、温度计、风速仪、皮托管、倾斜式微压计、数字式涡街流量计、转速表、万用表、钳形电流表、噪声仪等。

7.3.2　多联式空调机组安装

1. 室内机的安装（以低静压隐藏管道型室内机为例）

（1）安装位置的选择

风管机电器盒侧离墙壁至少300mm，以方便接线、地址拨码和有故障时维修。

注意：

1）确保顶部挂件有足够的强度来承受机组的重量。

2）排水管出水方便。

3）进出口无障碍，保持空气良好循环。

4）室内机要确保如图7-7所示要求的安装距离，确保维修保养所需要的空间。

5）远离热源、有易燃气体泄漏和有烟雾的地方。

6）室内、外机、电源线、通信线距电视机、收音机至少保持1m的距离，防止上述家电出现图像干扰和噪声。

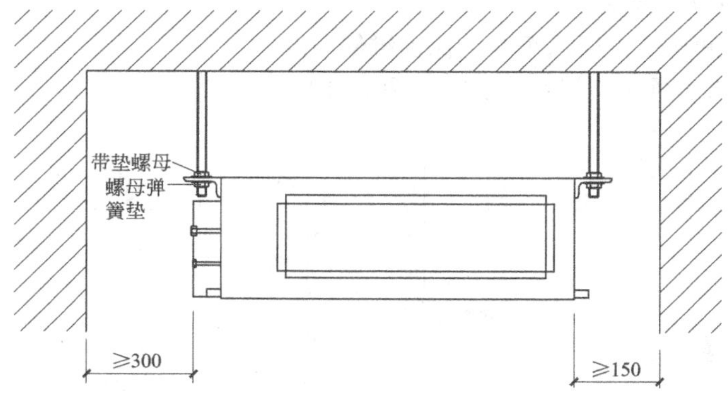

图7-7　室内机安装位置的确定

（2）安装

1）量好室内机吊钩四个孔位的尺寸，在顶棚做好标识，根据标识钻四个孔，用M10膨胀螺栓固定。

2）吊装室内机必须使用带螺纹的吊杆，以便调整室内机位置，吊钩安装固定如图7-8所示。

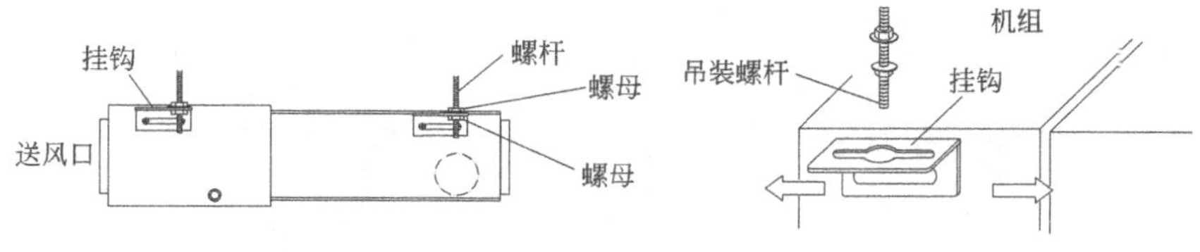

图7-8　吊钩安装固定

3）将室内机安装在顶棚上，根据安装空间可将风管机顶面紧贴顶棚安装，也可有一定的空间。

4）室内机水平检测。为防止产生异常噪声、防止排水盘倾斜使冷凝水流出，室内机组安装完毕后必须检测调整其水平度，如图 7-9 所示。使得机组前后左右必须水平放置，保证水平度在 ±1°以内。

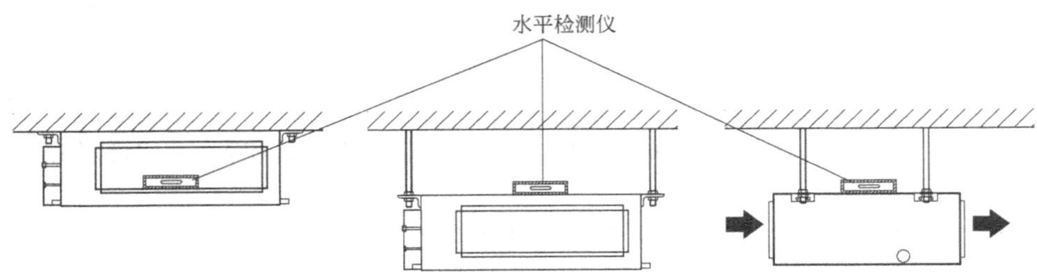

图 7-9　室内机安装检测调整水平度

5）检修口。内藏式风管机安装完毕后，吊顶时必须在室内机电器盒侧预留检修口，检修口尺寸大于 400mm×400mm，方便检修。

6）室内机吊装后要注意防尘、防杂物，可以用随机的包装塑料袋进行保护。

2. 室外机的安装

（1）安装空间尺寸要求

室外机安装空间应防止回风短路，保证维修空间。

1）室外机为前出风时空间尺寸要求如图 7-10 所示。

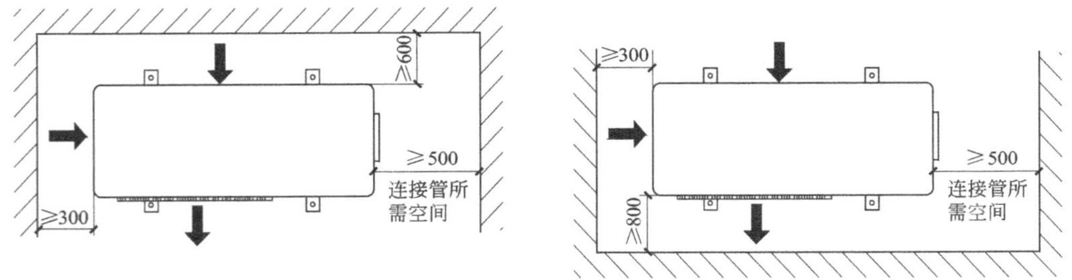

图 7-10　室外机为前出风时空间尺寸

2）室外机为上出风时空间尺寸要求如图 7-11 所示。

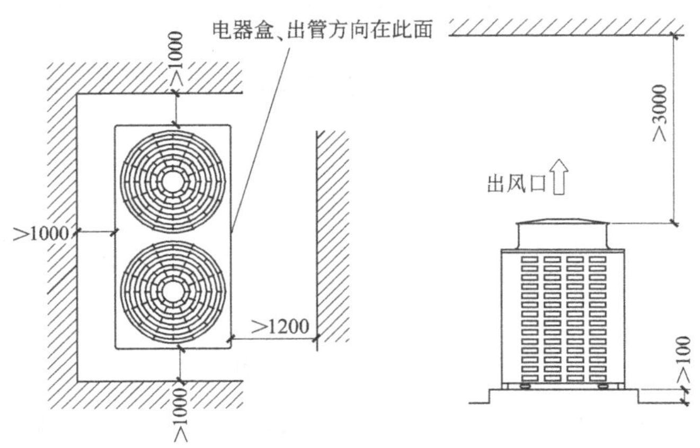

图 7-11　室外机为上出风时空间尺寸

避免气流短路。当机组安装在屋檐下或机组上方有水平障碍物时，机组的安装位置必须在通风良好的地方，否则容易发生气流短路，造成机组散热能力差。

① 安装在屋檐下时，如图7-12a所示，当$H \geqslant 3000$mm时，安装位置满足空间安装尺寸要求；当1000mm<$H \leqslant 3000$mm时，$R \geqslant S$；当$H \leqslant 1000$mm时，$L \geqslant S$。

② 安装在上方有水平障碍物时，如图7-12b所示，当$H \geqslant 3000$mm时，安装位置满足空间安装尺寸要求；当$H \leqslant 3000$mm时，必须安装风道引出障碍物。

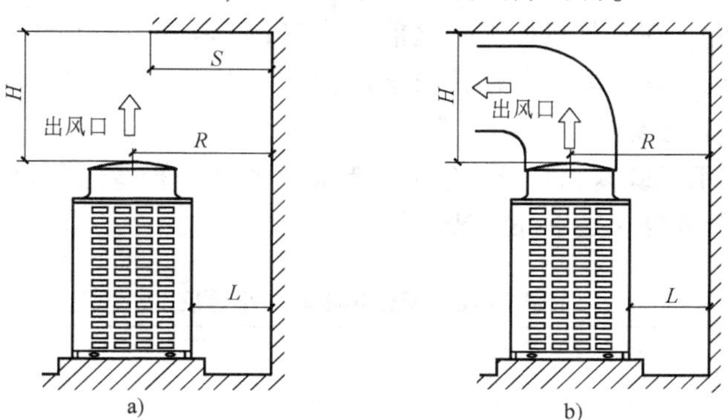

图7-12　室外机上方有水平障碍物的空间尺寸

a）安装在屋檐下时　b）安装在上方有水平障碍物时

（2）室外机的基础

室外机必须安装稳定以防止增大噪声或振动。

1）基础要求。室外机必须安装在混凝土或槽钢上，图7-13所示为室外机安装混凝土基础。室外机四角应安装减振垫。

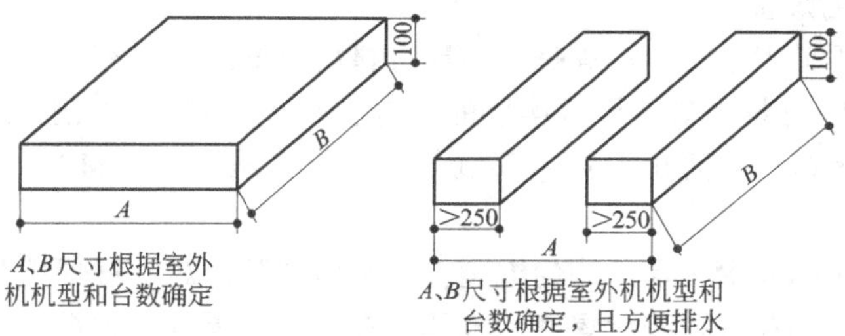

图7-13　室外机安装混凝土基础

2）地脚螺栓孔位置。在修筑安装室外机的水泥墩时，按照图7-14尺寸安装地脚螺栓，地脚螺栓必须高于固定位置表面20mm以上。

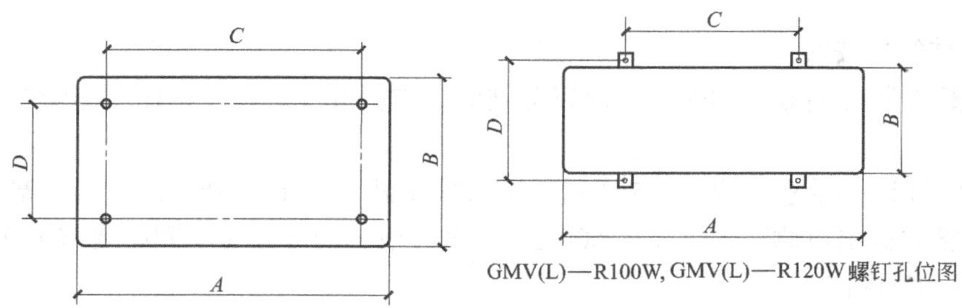

图7-14　地脚螺栓孔位置

（3）搬运室外机

1）搬运室外机时，室外机的倾斜角度在15°以内。

2）搬运室外机时，轻搬轻放，避免剧烈碰撞。

3）吊运室外机时，必须用两根足够长的钢绳，在四个方向吊；为防止机组中心偏移，起吊移动时绳子夹角必须小于40°。

（4）安装室外机

1）水泥墩做好后，在室外机搬上去之前，放20mm厚的橡胶垫片，起防振减振作用。

2）将室外机搬运上水泥墩，压住橡胶垫片，然后用扳手打上四个地脚螺钉。

3. 制冷剂连接管的安装

制冷剂连接管采用无缝紫铜管及铜管件。管道的材质、壁厚必须符合国家规范，最小厚度见表7-16。安装总体要求是干燥、清洁、密封。

表7-16　配管规格及最小厚度

规格	管材	最小壁厚/mm
ϕ19.1 及以下	O	1.0
ϕ44.5 及以下	1/2H	1.4
ϕ44.5 以上	1/2H	1.7

注：O为盘管，1/2H为直管。

（1）制冷剂管的焊接

制冷剂管道采用钎焊连接。钎焊是指用比母材熔点低的钎料和焊件一同加热，使钎料熔化（焊件不熔化）后润湿并填满母材连接的间隙，钎料与母材相互扩散形成牢固连接。焊接铜管时必须充氮焊接，为防止铜管内部氧化，氮气气压为0.02MPa。焊接的部位应清洁、脱脂。

钎焊的焊缝应表面光滑，填角均匀饱满，自然地圆弧过渡。钎焊接头无过烧、焊堵、裂纹、焊缝表面粗糙、烧穿等缺陷。焊缝无气孔、夹渣、未焊满、虚焊、焊瘤等缺陷。

1）在运输、贮存和施工现场，铜管两端用塑料封帽封住，焊接铜管前必须进行清洁（用酒精在管内侧进行拖洗），保证铜管内无灰尘、无水分。

2）安装多套多联式空调机组时，必须对制冷剂管路进行标识，避免机组之间管路混淆。

（2）分歧管的安装

分歧管起着制冷剂分流的作用，所以分歧管的选择和安装对于多联式空调机组的运行是非常重要的。

Y型分歧管连接示意如图7-15所示。进口接室外机或上一分支，出口接室内机或下一分支。分歧管的进出口侧，均要求接500mm的直管段，两分歧管间间距要求1.0m以上。分歧管FQ01尺寸如图7-16所示。

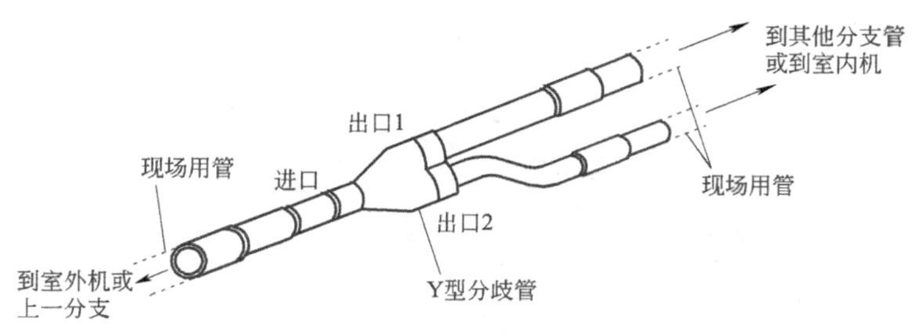

图 7-15 Y 型分歧管连接示意图

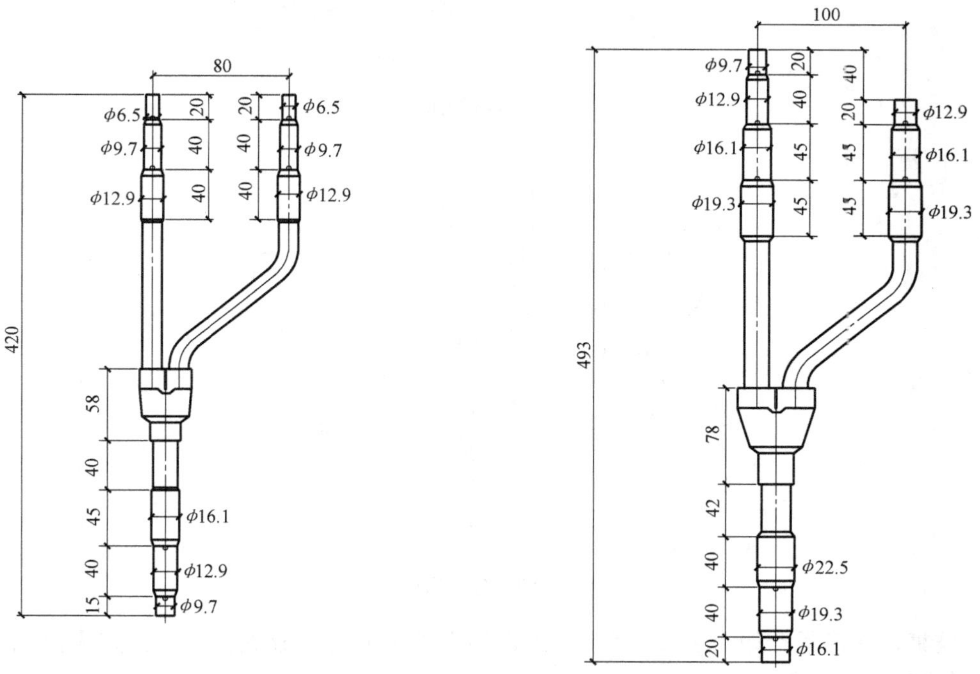

图 7-16 分歧管 FQ01 尺寸

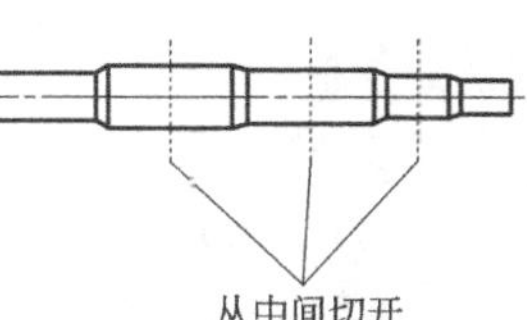

图 7-17 分歧管切开位置

安装步骤：

1）选择分歧管。Y 型分歧管为变径直管，可以连接不同直径的管子，通用性较强。

2）如果所选的现场用管尺寸不同于分歧管接头尺寸，则用切管器在所需的接管尺寸的中部切开，并去除毛刺，如图 7-17 所示。

3）安装 Y 型分歧管尽量使其分歧管水平（或竖向），如图 7-18 所示。水平放置时，倾斜度在 ±15°以内。放置在正确的位置后，充氮焊接。

4）分歧管保温。每个分歧管均配有两泡沫块，如图 7-19 所示。用泡沫块将分歧管包好，上下泡沫用不干胶密封。泡沫部分和无泡沫部分均用保温管包好。泡沫和保温管对接部分用不干胶密封。

（3）分歧集管的安装（FQ10）

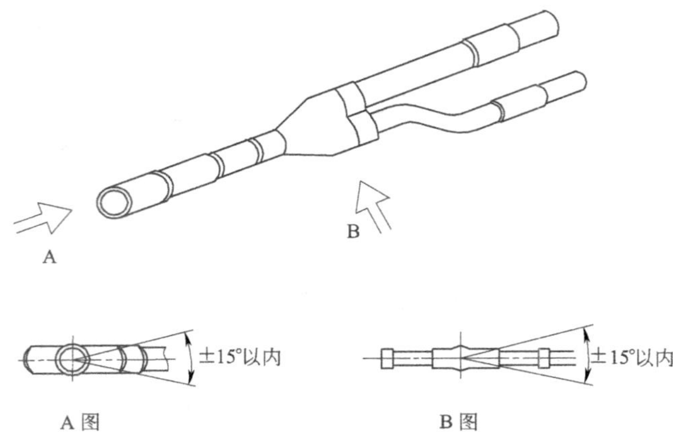

图 7-18　分歧管水平位置

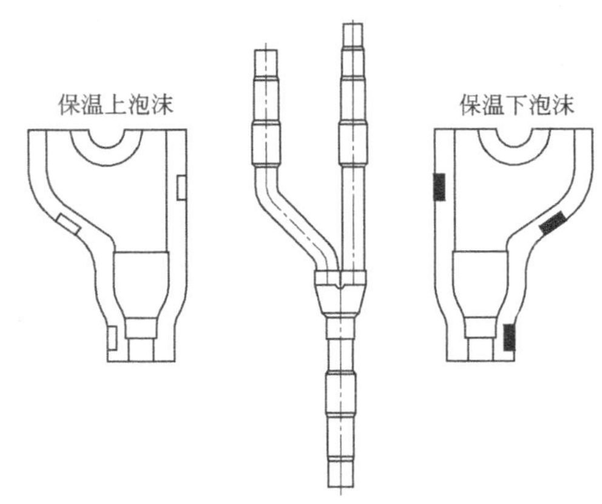

图 7-19　分歧管保温

分歧集管连接示意如图 7-20 所示。进口接室外机或上一分支，出口接室内机或下一分支。分歧集管 FQ10 尺寸如图 7-21 所示。

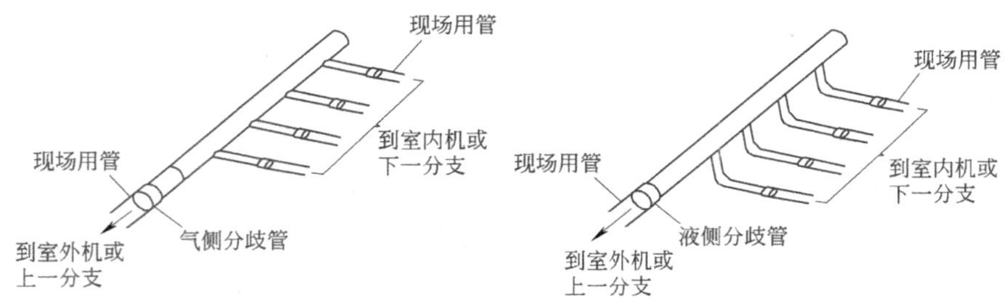

图 7-20　分歧集管连接示意图

安装步骤：

1）选择分歧集管。分歧集管为变径直管，可以连接不同直径的管子。

2）如果所选的现场用管尺寸不同于分歧管接头尺寸，则用切管器在所需的接管尺寸的中部切开，并去除毛刺。

3）不用的分支封闭。可将管口夹扁，然后焊接密封。

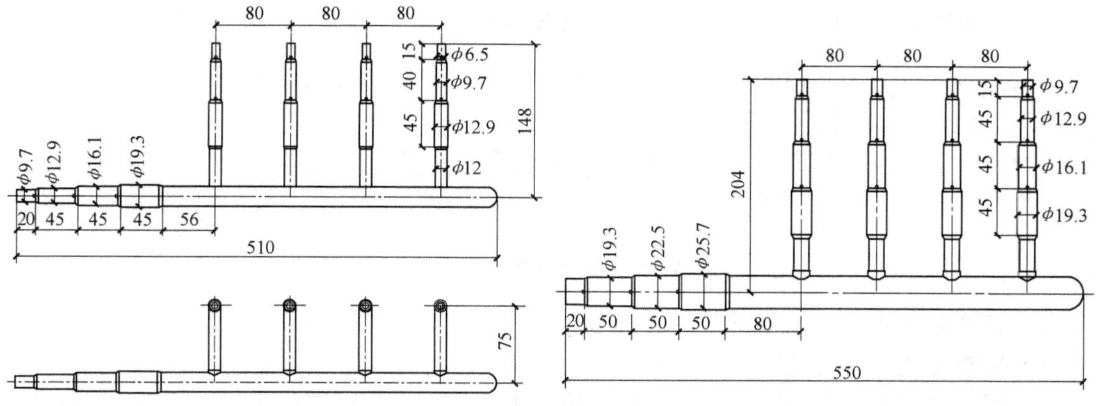

图7-21　分歧集管FQ10尺寸

4）要水平安装分歧集管，不能用于垂直方向，倾斜度在±10°以内，如图7-22所示，位置定好后进行焊接。

5）分歧集管保温如图7-23所示。

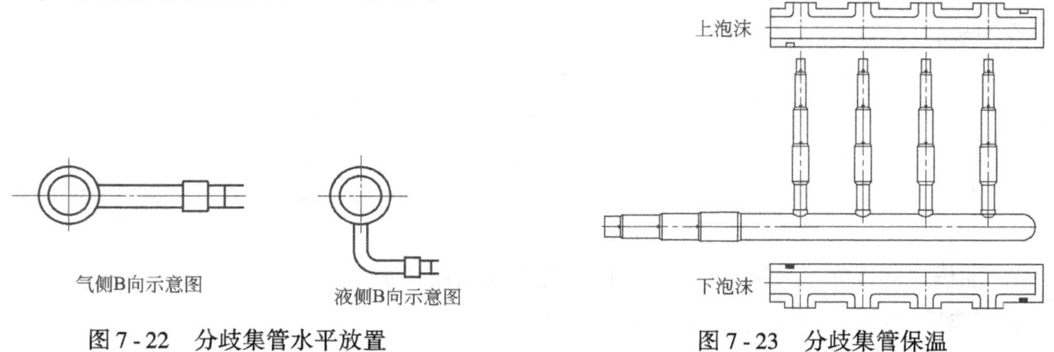

图7-22　分歧集管水平放置　　图7-23　分歧集管保温

（4）制冷剂管道吹扫

制冷剂管道安装完后，必须对管路进行吹扫。吹扫应采用压力为（0.5～0.6）MPa（表压）的干燥压缩空气或氮气去除管内的污物（灰尘、水分、焊接造成的氧化皮等），以免进入压缩机，造成气缸或活塞表面划痕、拉毛甚至造成敲缸等事故。有时，污物还会堵塞膨胀阀、毛细管、过滤器。

室内机A吹扫步骤：

1）将压力表装在氮气瓶上。

2）将压力表高压端接上小管（液管）的注氟嘴，如图7-24所示。

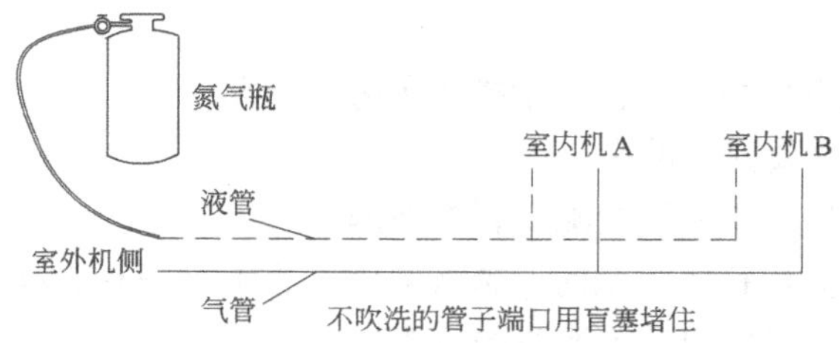

图7-24　管路吹洗连接

3）用盲塞将室内机 A 侧之外的所有铜管接口处堵塞好，如图 7 - 25 所示。

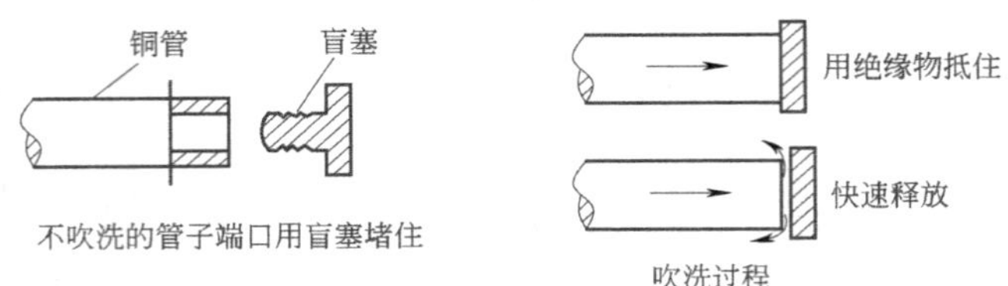

图 7 - 25　管口堵塞与管路吹洗

4）打开氮气瓶阀，维持压力在 0.6MPa。

5）检查氮气是否流过室内机 A 液管。

6）用手中的木块抵住管口，当压力大的无法抵住时，快速释放木块。再用木块抵住管口，如此反复几次吹扫，用白色标识靶检查，直到无污物为止。

7）对室内机 B 吹洗可重复以上操作。对液管吹洗完毕后，再对气管进行吹洗，吹洗步骤跟吹洗液管步骤一样。如果不马上连接或抽真空，必须将管口封好。

（5）制冷剂管道的气密性试验

操作步骤：

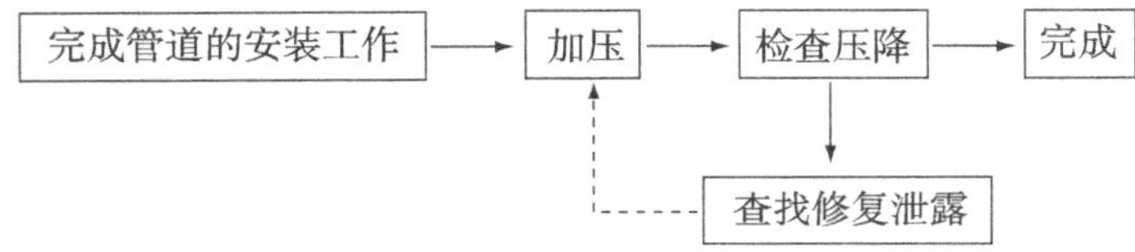

1）加压。在室外机侧的大、小管的注氟嘴处用氮气加压。

① 增加压力到 0.3MPa，持续 3 分钟以上。

② 增加压力到 1.5MPa，持续 3 分钟以上。

③ 对 R410a 系统，增加压力至 4.0MPa，持续 24 小时。

步骤①和②主要检查大漏点，发现大漏点立即重焊或补焊漏点。步骤③主要检查微小的泄露。

2）检查压降。除温度影响外，压力降在 0.02MPa 以内为合格（温度变化 1℃，压力大约变化 0.01MPa）。例如，充氮 2.5MPa，当时温度为 30℃，24 小时后，温度变化为 25℃，发现压力为 2.43MPa 以上为合格，2.43MPa 以下为不合格。

不合格一定要查到漏点，查出漏点后重焊或补焊，然后重复以上步骤，再充氮加压保压，直到压力降在合格的范围内。

3）检测泄漏

① 方法一：当发现有压力降时，仔细按以下方法检漏。

a. 用耳朵检测，听主要泄漏的声音。

b. 用手检测，在连接部位用手检测是否有泄漏。

② 方法二：用上述方法检不出来时，释放氮气，充氟利昂 0.5MPa 左右。

a. 用肥皂和水检测，肥皂泡显示泄漏的位置。

b. 使用检测器（如卤化物检测器）进行检测。

用以上方法，直到查到所有可能的漏点。如果还检查不出来，请将连接管分段检查，一段一段地进行排除，将泄漏点锁定在某一段。

（6）保温

确认制冷剂连接管没有泄漏后，可对连接管进行保温。保温采用橡塑管（75kg/m³），按以下步骤对制冷剂管路进行保温。

1）检查保温管是否达到厚度要求，否则容易造成冷凝水附在保温管上，最终滴水。厚度要求见表7-17。

表7-17　保温管厚度要求

连接管（外径×厚度）/mm	保温材料厚度/mm
ϕ6×0.5	≥10
ϕ9.52×0.71	≥10
ϕ12×1	≥15
ϕ16×1	≥15
ϕ19×1	≥15
ϕ22×1.5	≥20
ϕ25×1.5	≥20
ϕ28×1.5	≥20
ϕ35×1.5	≥20

2）按要求的厚度对制冷剂管进行包扎，保温管之间的缝隙用不干胶密封。

3）用包扎带包扎保温管，延长保温管的使用寿命。

4. 排水管的安装

1）管道坡度不小于1/100。

2）排水管就近排放，尽可能短。

3）室内机安装完成后，要从室内机注水口向积水盘注水，检查排水是否顺畅。

5. 电源线和通信线的连接

（1）电源线连接要求

1）同一机组的室内机要求统一供电，室外机单独供电。电源线连接方式如图7-26所示。

2）电源线的截面积一定要满足要求。

（2）通信线的连接要求

1）为了避免强电与弱电之间的相互干扰，将电源线和通信线分开布线。电源线和通信线分别安装在套管内（可用PVC管），两套管之间间距大于0.3m以上。

2）通信线应串联连接。每台室内、外机机组内配有一条通信线。室外机连接第1台室内机，第1台室内机连接第2台室内机……第 $n-1$ 台室内机连接到第 n 台室内机，通信线的连接如图7-27所示。

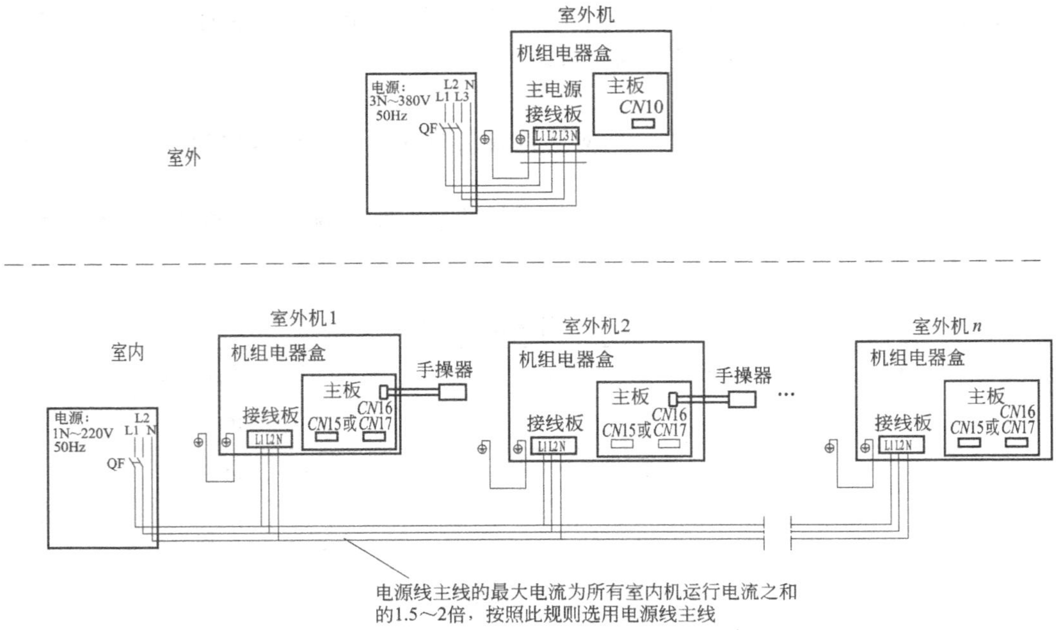

电源线主线的最大电流为所有室内机运行电流之和的1.5～2倍，按照此规则选用电源线主线

图 7-26　电源线连接方式

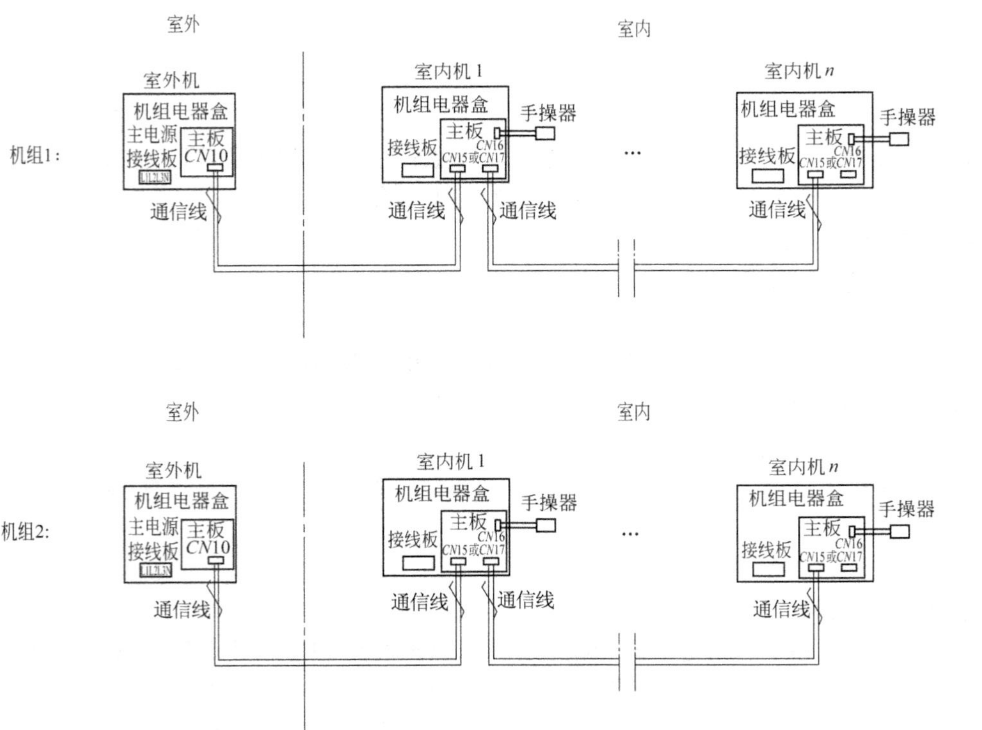

图 7-27　通信线的连接

（3）线控器的安装和地址拨码

线控器的外形尺寸为120mm×120mm×16mm，用2个螺钉固定在墙上。将通信线插头插到线控器的通信线插座上，然后进行线控器地址拨码。

为了识别室内机，必须对室内机进行地址拨码。同一套多联空调机组内室内机的地址拨码不能相同。线控器地址拨码与对应的室内机的主板上的地址拨码应一致。

6. 室内、外机的连接

1）连接室外机。在室外机正确安装和制冷剂连接管确认没有泄漏后，可以将制冷剂连接管连接上室外机。

① 打开室外机的前面板，取出波纹管（随机配置）。

② 将大、小管夹扁端割断，去掉注氟嘴，然后与波纹管焊接，在小管侧（液管）还需焊接一个双向干燥过滤器。然后将双向干燥过滤器一起保温。

③ 将波纹管的喇叭口对准球阀锥形口，然后用扳手拧紧（注意扳手的使用，避免打的过紧或过松）。

④ 做好室外机连接管的支撑和保护。

2）连接室内机。在室内机正确安装和制冷剂连接管确认没有泄漏后，可以将制冷剂连接管连接上室内机。

① 取出波纹管（随机配置，有些室内机因为连接管管径较小不配波纹管）。

② 将连接管的喇叭口对准室内机的截止阀，用力矩扳手打紧螺母。

③ 做好保温（保护截止阀处）。

3）连接时注意事项

① 走管美观大方，连接管悬空处必须做好支撑。

② 连上机组后进行保温（包括球阀处）。

③ 连接时，不得弄瘪管道，弯曲处弯曲半径必须尽可能大，连接管不能经常被弯曲或拉伸，否则会变硬，一根管子同一处弯曲最多不能超过3次。

④ 室内、外机组喇叭管螺母连接时，对准连接管，用手拧紧连接管螺母，然后用扳手打紧。锥型螺母在连接时里外都应涂少量的冷冻机油。

表7-18为拧紧螺母所需的力矩（当用力矩扳手时）。

表7-18 拧紧螺母所需的力矩

管直径/mm	旋紧扭矩/(N·m)	管直径/mm	旋紧扭矩/(N·m)
ϕ6	15~30	ϕ22	80~90
ϕ9.52	35~40	ϕ25	90~100
ϕ12	45~50	ϕ28	95~110
ϕ16	60~65	ϕ31.8	105~120
ϕ19	70~75	ϕ35	130~150

7.4 多联式空调机组的调试与验收

7.4.1 多联式空调机组系统试验

1. 系统气密性试验（将连接管连接上室内外机后的保压检漏）

1）目的：检验室内、外机螺纹连接处和新焊点是否有泄漏。

2）步骤

① 充注氮气压力 2.5MPa，保压 24 小时（用压力表在大、小阀门的注氟嘴处充氮气，充完氮气后保压时，压力表不要卸下）。

② 观察 24 小时压力是否变化。

③ 如有泄漏，请检查室内、外机螺纹连接处和新焊点，立即拧紧或补焊，重新保压，直到合格为止。

2. 抽真空及充注制冷剂

（1）抽真空

1）抽真空目的。从管道内排走空气和氮气，达到真空状态，可排除系统内的水分。在一个大气压下，水的沸点是100℃，随着真空度的增加，沸点迅速降低。如果沸点降低到环境温度之下，管道的水分将蒸发。当真空度绝对压力为 0.0MPa（表压为 -0.1MPa）时，系统内的水分可以完全蒸发。

2）真空泵的选择。抽真空前必须选择合适的真空泵。选择的真空泵小，抽真空的时间过长，则达不到真空度的要求。选择的真空泵要求在抽完真空后能使系统的真空度达到 0.0 MPa（表压为 -0.1MPa）。

以下是决定真空泵性能的两点因素：选择预期要求达到真空度的泵（即要达到表压 -0.1MPa）；要求排气量较大（大于 40L/min）。真空泵选用参见表 7-19。

表 7-19 真空泵选用

型 号	最大真空度排气量	用 途	
		排空气用	真空干燥用
油润滑转轴泵	100L/min	合适	合适
无油转轴泵	50L/min	合适	合适

3）抽真空步骤

① 在检漏合格后，排出氮气。将压力表连通器阀接在室外机大、小阀门的注氟嘴上，高、低压同时抽真空，如图 7-28 所示。开启真空泵，打开“LO”和“HI”旋钮。

② 真空度达到 -0.1MPa（表压）后，再继续抽 0.5～1.0 小时，然后关闭高压端“VH”和低压端“VL”旋钮，关闭真空泵。

③ 将连接真空泵的软管改接到氟利昂充注罐上，排掉软管中空气，打开低压端“VL”旋钮，向系统管路里充填氟利昂，压力到0.0 MPa时，再关闭低压端“VL”旋钮。

④ 将连接氟利昂充注罐的软管再改接到真空泵上，开启真空泵，打开高压端“VH”旋钮，在高压端抽30分钟，再打开低压端“VL”旋钮，抽低压端直到真空度达 -0.1MPa（表压）。

若真空度达到 -0.1MPa（表压）或更低，则抽真空完毕，关掉真空泵，放置1小时，然后检查真空度是否变化。如果有变化，则有漏点，应检查漏点，进行补漏工作。

（2）充注制冷剂

根据管道长度追加制冷剂，具体追加量依据厂家样本手册确定。追加制冷剂的步骤：

1）将制冷剂罐连接管接到压力表连通器阀，如图7-29所示。然后打开阀门“VH”，排空皮管内的空气，然后将压力表高压端接在室外机小阀门的注氟嘴上。

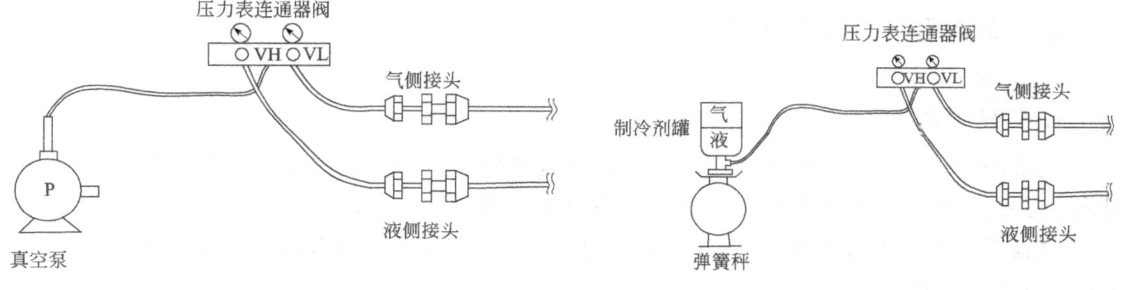

图7-28 真空泵的连接

图7-29 制冷剂罐与管路连接

2）打开压力表的阀门“VH”，然后制冷剂以液态充入液管侧，充入达到所需的灌注量。

如果不开机加不进系统，让系统按制冷全负荷运行，打开阀门“VH”，排空皮管内的空气，将压力表高压端接在室外机小阀门的注氟嘴上，打开“VL”阀，以气态充入气管侧，直到所需的灌注量。

3）观察电子秤或弹簧秤，当达到所需添加的制冷剂量时，快速关闭阀门，关上制冷剂罐的源阀。

4）记下加到系统的制冷剂量。按表7-20的方式记录追加制冷剂量。

表7-20 追加制冷剂量记录

机组标识	追加制冷剂量/kg
机组1	
机组2	
…	
机组 n	

7.4.2 多联式空调机组系统试运转

系统试运转的目的在于全面检查、测定系统安装的质量及制冷效果。正常试运转应不少于8小时。

1）室内外机试运转：室内机、室外机等设备应逐台启动投入运转，检查其基础、转向、传动、润滑、平衡、高压、低压、温升等的牢固性、正确性、灵活性、可靠性、合理性等。

2）冷（热）态调试：按不同的设计工况进行试运行，调整至符合设计参数；设定与调整室内的温度、湿度，使之符合设计规定数值。

3）综合调试：根据实际气象条件，让系统连续运行不少于24小时，并对系统进行全面的检查、调整，考核各项指标，以全部达到设计要求。以上调试过程应做好书面记录。

7.4.3 安装质量标准与验收

1. 安装质量要求

设备的安装、清洗、试漏、抽真空、填充制冷剂等操作应严格按照生产商提供的说明书进行，并应符合《民用建筑供暖通风与空气调节设计规范》（GB 50736—2012）、《通风与空调工程施工质量验收规范》（GB 50243—2002）、《多联机空调系统工程技术规程》（JGJ 174—2010）中的有关规定和图纸的技术要求。

2. 多联式空调机组系统检查、调试记录用表

制冷系统气密性试验记录见表7-21，室外机组试运转测试数据记录见表7-22，室内机组试运转测试数据记录见表7-23。

表7-21　制冷系统气密性试验记录

<table>
<tr><td>工程名称</td><td colspan="2"></td><td>分部（或单位）工程</td><td></td></tr>
<tr><td>试验部位</td><td colspan="2"></td><td>试验日期</td><td></td></tr>
<tr><td rowspan="2">管道编号</td><td colspan="4">气密性试验</td></tr>
<tr><td>试验介质</td><td>试验压力/MPa</td><td>定压时间/h</td><td>试验结果</td></tr>
<tr><td></td><td></td><td></td><td></td><td></td></tr>
<tr><td></td><td></td><td></td><td></td><td></td></tr>
<tr><td></td><td></td><td></td><td></td><td></td></tr>
<tr><td rowspan="2">管道编号</td><td colspan="4">真空试验</td></tr>
<tr><td>设计真空度
/MPa</td><td>试验真空度
/MPa</td><td>定压时间
/h</td><td>试验结果</td></tr>
<tr><td></td><td></td><td></td><td></td><td></td></tr>
<tr><td></td><td></td><td></td><td></td><td></td></tr>
<tr><td></td><td></td><td></td><td></td><td></td></tr>
<tr><td>验收意见</td><td colspan="4"></td></tr>
<tr><td colspan="2">（盖章）
监理（建设）单位：
签名：
年　　月　　日</td><td colspan="3">（盖章）
安装单位：
签名：
年　　月　　日</td></tr>
</table>

表 7-22　室外机组试运转测试数据记录

项目名称：						
地　址：			电话：			
供货商：			出货日期：　　年　月　日			
安装单位：			负责人：			
调试单位：			负责人：			
系统追加制冷剂量：　kg	制冷剂名称：		（R22、R407C、R410A）			
调试状态：	□制冷		□制热			
室外机组型号： 安装位置和编号：	单位	开机前	30min	60min	90min	备注
室外环境温度	℃					
排气温度（定频/数码/变频）	℃					
油温度（定频/数码/变频）	℃					
高压	Pa					
低压	Pa					
风速	档位					
气管温度	℃					
液管温度	℃					
运转电流	A					
电压	V					
验收意见						
（盖章） 监理（建设）单位： 签名： 年　月　日			（盖章） 安装单位： 签名： 年　月　日			

表7-23　室内机组试运转测试数据记录

<table>
<tr><td colspan="7">调试状态：　　□制冷　　　　□制热</td></tr>
<tr><td>室内机组型号：</td><td rowspan="2">单位</td><td rowspan="2">开机前</td><td rowspan="2">30min</td><td rowspan="2">60min</td><td rowspan="2">90min</td><td rowspan="2">备注</td></tr>
<tr><td>安装位置和编号：</td></tr>
<tr><td>蒸发器进管/出管温度</td><td>℃</td><td></td><td></td><td></td><td></td><td></td></tr>
<tr><td>室内出/回风温度</td><td>℃</td><td></td><td></td><td></td><td></td><td></td></tr>
<tr><td>室内环境温度/室内设定温度</td><td>℃</td><td></td><td></td><td></td><td></td><td></td></tr>
<tr><td>出风口风速</td><td>m/s</td><td></td><td></td><td></td><td></td><td></td></tr>
<tr><td>回风口风速</td><td>m/s</td><td></td><td></td><td></td><td></td><td></td></tr>
<tr><td>验收意见</td><td colspan="6"></td></tr>
<tr><td colspan="3">（盖章）
监理（建设）单位：
签名：
年　月　日</td><td colspan="4">（盖章）
安装单位：
签名：
年　月　日</td></tr>
</table>

单元小结

本单元主要介绍了多联式空调机组的系统原理、分类、设计、安装和调试与验收等方面的内容。通过学习应掌握多联式空调机组的系统设计、安装、调试与验收方法及要求。

多联式空调机组是一台室外空气源制冷或热泵机组配置多台室内机，通过改变制冷剂流量适应各空调区负荷变化的直接膨胀式空气调节系统。多联式空调机组按功能分为单冷型、热泵型和电热型；按机组的结构形式分为室内机和室外机。由于多联式空调机组设计方便、布置灵活、安装简单、节省空间、节能性好、运行管理方便，适用于办公楼、饭店、学校、高档住宅等建筑，特别适用于房间数量多、区域划分细致的建筑。

多联式空调机组系统的设计包括室内机制冷容量选择、室外机制冷容量选择、室外机实际制冷容量计算、室内机最终实际制冷容量计算、系统制热能力校核和系统配管设计等。设计时应注意系统配管要求，如配管最长管长、等效配管长度、总长度，室外机与室内机之间、室内机与室内机之间高度差等。

多联式空调机组系统的安装要根据设计图和规范要求进行。多联式空调机组安装包括室内机的安装、室外机的安装、制冷剂连接管的安装、排水管的安装、电源线和通信线的连接、室内外机的连接等。焊接铜管时必须充氮焊接，以防止铜管内部氧化。

多联式空调机组系统安装完毕后，应进行气密性试验、抽真空、充注制冷剂和系统的试运转。设备的安装、清洗、试漏、抽真空、填充制冷剂等操作，应严格按照《多联机空调系统工程技术规程》（JGJ 174—2010）的有关规定进行。

复习思考题

1. 简述多联式空调机系统的主要工作原理。
2. 简述多联式空调机系统的特点及系统的应用场合。
3. 简述多联式空调机组系统的室内机及室外机的选择方法。
4. 简述多联式空调机组系统的试验与试运转方法。
5. 简述多联式空调机组的安装过程。

实训练习题

1. 单元1实训练习题中商场的空调采用多联式空调机组系统，试进行多联式空调机组系统的设计。

要求：

（1）多联式空调机组系统设计计算。

（2）绘制出空调平面图和系统图。

2. 多联式空调机组系统的安装。

室外机一台，室内机5台，铜管及管件若干。要求：

（1）铜管加工及焊接。

（2）系统的气密性试验、抽真空和充注制冷剂。

（3）系统的调试运转。

单元 8

蒸气压缩式冷水机组安装

☞ **知识能力目标**

掌握制冷基本理论和蒸气压缩式冷水机组的结构原理等知识。

具备依据规范要求正确选择、安装和试运转蒸气压缩式冷水机组的能力。

☞ **学习任务要求**

1. 蒸气压缩式冷水机组原理图绘制和安装质量检测。
2. 蒸气压缩式冷水机组机房系统原理图绘制和平面图绘制。

8.1 蒸气压缩式制冷热力学原理

8.1.1 蒸气压缩式制冷循环原理

1. 理想制冷循环——逆卡诺循环

逆卡诺循环由两个等温过程和两个等熵过程组成。理论上，它可以在湿蒸汽区域内，由压缩机、冷凝器、膨胀机和蒸发器组成一个循环系统，利用制冷剂在湿蒸汽区的等温蒸发和等温冷凝实现制冷。这里要注意的是，逆卡诺循环是在假定蒸发和冷凝两过程与低温热源和高温热源间没有传热温差，高、低温热源温度恒定，制冷剂流动时没有流动阻力，压缩和膨胀过程为等熵过程的条件下做出的，循环的全过程均是可逆过程，因此逆卡诺循环是理想制冷循环之一。

逆卡诺循环原理如图 8-1 所示。将循环上的四个状态点表示在 $T-S$ 图上，如图 8-2 所示。根据热工学的知识，可以得出逆卡诺循环制冷系数的表达式

$$\varepsilon_c = \frac{T_0}{T_k - T_0} \tag{8-1}$$

式中 ε_c——逆卡诺循环的制冷系数；

T_0——冷源温度（K）；

T_k——热源温度（K）。

制冷系数（也称为性能系数，用 COP 表示）是制冷量与消耗的压缩功之比，它是一个经济性指标，制冷系数越大，经济性越好。逆卡诺循环的制冷系数最大，因此将其作为制冷

循环的标准。实际制冷循环存在各种损失，制冷系数低于理想循环制冷系数，用热力完善度 η 来表示实际制冷循环接近理想制冷循环的程度，其表达式是

$$\eta = \frac{\varepsilon}{\varepsilon_c} \tag{8-2}$$

式中 ε——实际循环的制冷系数。

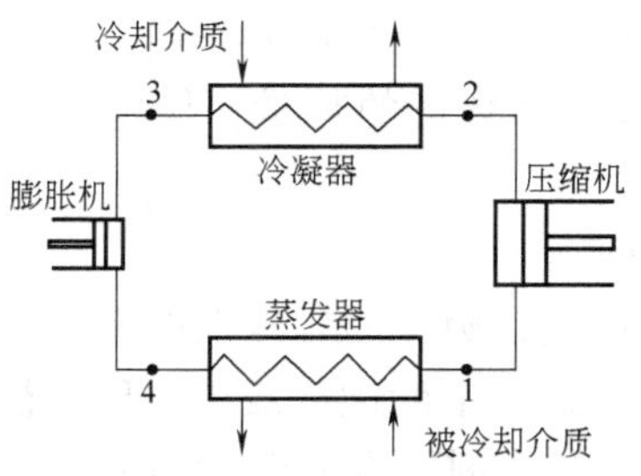

图 8-1 逆卡诺循环原理图

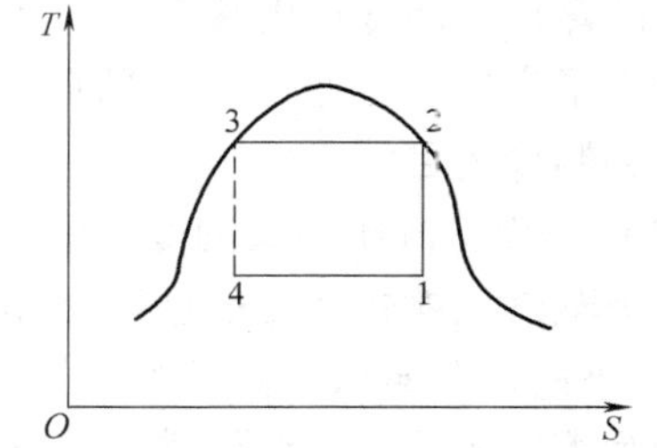

图 8-2 逆卡诺循环在 $T-S$ 图上的表示

2. 蒸汽压缩式制冷的理论循环

（1）单级蒸汽压缩式制冷的理论循环的形式

理想制冷循环中，膨胀机的膨胀功较小，回收的功率甚至不能克服膨胀机消耗的摩擦功率，因此往往用节流阀代替膨胀机（但现在有些大型制冷机已采用膨胀机技术）；另外，若压缩机在湿蒸汽区工作吸入较多的液体时，会产生“液击”现象，造成对压缩机的破坏。因此，在蒸汽压缩式制冷循环中，进入压缩机的制冷剂应是干饱和蒸汽（或过热蒸汽），这种压缩过程为干压缩。通过以上两项改进，并考虑到冷凝器和蒸发器的传热温差后构成的制冷循环，即为单级蒸汽压缩式制冷的理论循环，又称为基本理论循环。循环的特点是制冷剂在压缩机的吸入状态和冷凝器的出口状态都是饱和状态，又将理论循环称为饱和循环。当然，理论循环还保留着逆卡诺循环中无管道阻力的假定。理论循环原理如图 8-3 所示，循环状态点表示在 $T-S$ 图上，如图 8-4 所示。

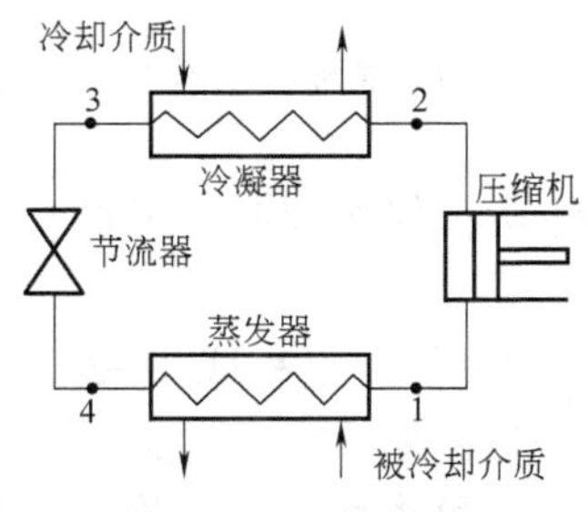

图 8-3 理论循环原理图

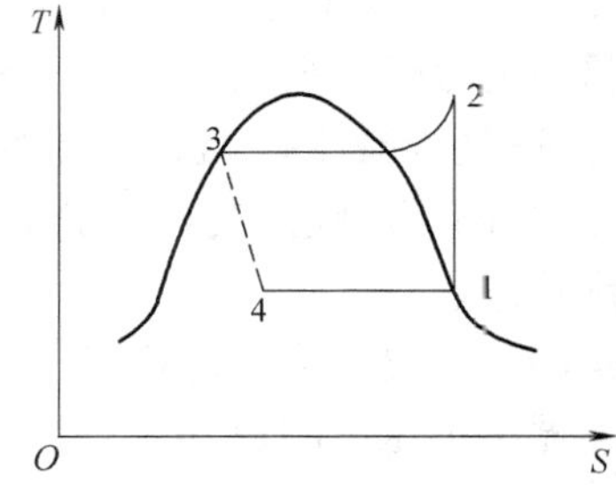

图 8-4 理论循环在 $T-S$ 图上的表示

蒸汽压缩式制冷循环由压缩机、冷凝器、节流阀和蒸发器四大部件组成，制冷剂在其中循环流动，状态不断变化，实现制冷目的。其工作过程如下：压缩机吸入蒸发器中低温低压的饱和蒸汽，经压缩后排入冷凝器，制冷剂出压缩机的状态为高温高压的过热蒸汽；在冷凝器中，高温高压的过热蒸汽与冷却介质进行换热，放出热量，被冷却成常温高压的饱和液体；高压液态制冷剂通过节流阀降压后，状态为湿蒸汽状态，即大部分是低温低压的液体和少部分蒸汽（称为闪发蒸汽）；进入蒸发器后，低温制冷剂液体在蒸发压力 P_0、蒸发温度 T_0

下吸收被冷却物体的热量而沸腾蒸发，成为低温低压的蒸汽，与闪发蒸汽一道，随即被压缩机吸入。如此周而复始地循环，将被冷却物体的热量源源不断地排向环境。实际循环过程中，压缩机消耗机械能，实现制冷剂的循环流动，并造成蒸发器的低压；冷凝器内制冷剂与冷却介质（通常是冷却水或室外空气）进行热交换，将低温物体的热量和压缩功转变的热量传给环境；蒸发器内制冷剂与被冷却对象（如空调中的冷冻水）进行热交换，吸收被冷却物体的热量，制冷剂由液态变为蒸汽。节流阀起到节流降压、调节流量的作用，在节流阀前后建立了高低压。通过制冷循环，制冷工质不断吸收被冷却物体的热量，使物体温度降低，达到制冷的目的。

（2）单级蒸汽压缩式制冷理论基本循环在压焓图上的表示

单级蒸汽压缩式制冷的理论循环各点状态的特点是：压缩机吸入的制冷剂的状态是蒸发压力 P_0 下的饱和蒸汽；离开冷凝器的制冷剂状态是冷凝压力 P_k 下的饱和液体；压缩机的压缩过程为等熵压缩；压缩机排气状态是过热蒸汽（状态）；制冷剂的冷凝温度与冷却介质的温度间存在温度差（冷凝温度高于冷却介质的温度），制冷剂的蒸发温度与被冷却物体的温度也存在温度差（蒸发温度低于被冷却物体温度）；制冷剂在冷凝器、蒸发器内和系统管路中无任何压力损失，是等压过程，压力降仅在节流膨胀过程中产生。虽然以上的情况与实际有偏差，但这种简化便于分析研究，可以作为讨论实际循环的基础。

利用压焓图可以较方便地对蒸汽压缩式制冷循环进行热力分析和计算，因此，工程上多采用压焓图表示蒸汽压缩式制冷循环的过程。

图 8-5 所示为单级蒸汽压缩式制冷理论循环在压焓图上的表示。

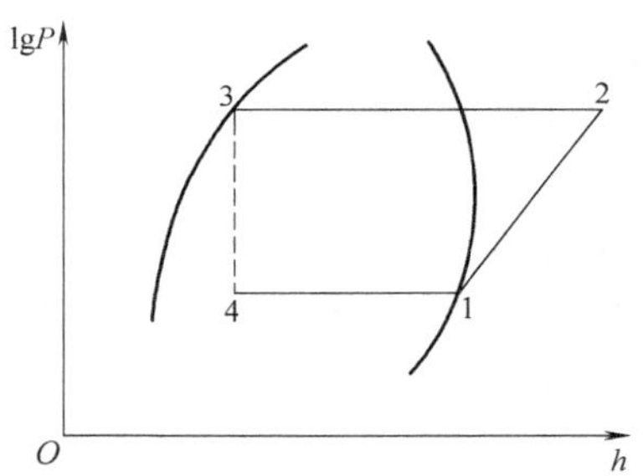

图 8-5　理论循环在压焓图上的表示

点 1 表示蒸发器出口（或进入压缩机）的制冷剂的状态。它是蒸发压力为 P_0（对应的蒸发温度 T_0）的饱和蒸汽。

点 2 是压缩机排气（或进入冷凝器）的状态，压力为 P_k，处于过热蒸汽状态。过程线 1—2 为制冷剂在压缩机中的等熵压缩过程（$S_1=S_2$），压力由蒸发压力 P_0 升高到冷凝压力 P_k，点 2 可通过点 1 的等熵线与压力 P_k 的等压线的交点来确定。由于压缩过程消耗外功，制冷剂温度增加，点 2 处于过热蒸汽状态。

点 3 是制冷剂出冷凝器的状态。它是冷凝压力 P_k 下的饱和液体。过程线 2—3 表示制冷工质在冷凝器中定压下的放热过程，在冷凝器内，制冷剂与高温热源换热（实际中用冷却水或室外空气），过热蒸汽状态的制冷剂首先放出显热，成为饱和蒸汽，然后放出潜热，最终全部成为饱和液体，放出潜热时，温度 T_k 不变。

点 4 为制冷剂出节流阀进入蒸发器的状态。过程线 3—4 为制冷剂液体在节流阀中的节流过程，节流前后的焓值不变，压力由 P_k 降到 P_0，温度由 T_k 降到 T_0，由饱和液体进入气、液两相区，即节流后有部分制冷剂成为饱和蒸汽。由于节流过程是不可逆过程，因此在图上用虚线表示。

过程线 4—1 为制冷剂在蒸发器中定压定温的气化过程，制冷剂与被冷却物体换热（实际中如空调冷冻水），在这一过程中制冷剂的 P_0 和 T_0 保持不变，利用制冷工质液体在低压

低温下气化吸收被冷却物体的热量使其温度降低而达到制冷的目的。

制冷剂经过1—2—3—4—1过程后，完成了一个完整的制冷理论循环。

(3) 蒸汽压缩式制冷循环的能量守恒规律

蒸汽压缩式制冷循环中，利用制冷剂的状态不断变化，实现将低温热源的热量传递给高温热源，循环应符合能量守恒规律，其能量平衡关系有

$$Q_0 + W = Q_k \tag{8-3}$$

式中 Q_0——循环过程中蒸发器制冷量（kW）；

W——循环过程中压缩机消耗的功率（kW）；

Q_k——循环过程中冷凝器放出的热量（kW）。

(4) 单位容积制冷量

单位容积制冷量指压缩机吸入1m³制冷剂蒸汽制取的冷量。

$$q_v = \frac{Q_0}{V_R} = \frac{Q_0}{M_R \cdot v_1} = \frac{q_0}{v_1} \tag{8-4}$$

式中 q_v——单位容积制冷量（kJ/m^3）；

V_R——压缩机吸气口处的体积流量（m^3/s）；

M_R——循环的质量流量（kg/s）；

q_0——单位质量制冷量（kJ/kg）；

v_1——压缩机吸气状态的比容（m^3/kg）。

相同温度区间工作的制冷循环，制冷剂不同，单位容积制冷量不同，对容积式压缩机来说，希望单位容积制冷量大。单位容积制冷量还是制冷剂替代的重要依据。

8.1.2 制冷剂的性质

在制冷机中进行制冷循环的工作物质称为制冷剂（或称制冷工质）。目前制冷系统中使用的制冷剂有很多种，归纳起来大体上可分为四类：无机化合物、卤代烃（主要是甲烷和乙烷的衍生物，又称氟利昂）、碳氢化合物以及混合制冷剂。

1. 制冷剂的命名

我国标准按国际通用方法规定制冷剂的编号，制冷剂的命名用代号R□□□表示，无机物的代号用R7□□表示，其余两个数字表示组成该物质的分子量的整数。例如，氨的代号为R717，水的代号为R718。氟利昂的化学分子通式为$C_mH_nF_xCl_yBr_z$，氟利昂的代号是“R（$m-1$）（$n+1$）（x）”，若化合物中含有溴原子时再在后面加“B”和溴原子个数。例如，二氯二氟甲烷（CF_2Cl_2）即R12。碳氢化合物的命名方法与氟利昂相同。混合制冷剂又分为共沸混合物和非共沸混合物两类。它们的区别是饱和状态下气液两相的组分是否相同。相同的属于共沸制冷剂，不相同的属于非共沸制冷剂，共沸制冷剂用代号R5□□表示，非共沸制冷剂用R4□□表示，后两位数字为命名的顺序，如R502为共沸制冷剂，R407C为非共沸制冷剂（符号C表示同类混合物不同比例）。

空调用压缩式冷水机组采用氟利昂制冷剂，常用的有R22、R134a、R407C、R123等。溴化锂吸收式机组以水为制冷剂。

2. 常用制冷剂的性质

（1）无机化合物

常用的无机化合物制冷剂有氨和水。氨多在冷库制冷系统中采用，在此不作介绍。水作为制冷剂的优点是无毒、无臭、不燃不爆、汽化潜热大而且极易获得。但水蒸气比容很大，因此它的单位容积制冷量很小。水作为制冷剂只能制取0℃以上的温度，目前用于溴化锂吸收式制冷机和蒸汽喷射式制冷机。

（2）卤代烃（以下称氟利昂）

压缩式冷水机组中常用的制冷剂是R22、R134a、R123和R407C。

1）氟利昂22（R22）。R22在大气压下的沸点为－40.8℃，凝固点为－160℃。R22的热力学性能良好，冷凝压力和蒸发压力适中，单位容积制冷量较大，而且不燃不爆。

缺点是对电绝缘材料的腐蚀性较大，要求封闭式压缩机的绝缘等级较高；略有毒性；对大气臭氧层有一定的破坏作用，在大气中的寿命约20年，ODP值（臭氧消耗潜能值）为0.034，GWP值（温室效应潜能值）为1700。

2）氟利昂134a（R134a）。R134a分子量为102.03，大气压下沸点为－26.25℃，凝固点为－101℃。R134a的冷凝压力低，排气温度低，不燃不爆，无毒；但对电绝缘材料的腐蚀程度较强，R134a难溶于矿物油，因此采用R134a的制冷系统需配用新型的润滑油，目前采用POE或PAG酯类油。R134a不破坏臭氧层，ODP值为0，GWP值为1300。R134a在大气中的寿命约8～11年。

3）氟利昂123（R123）。R123分子量为152.93，大气压下沸点为27.61℃，凝固点为－107℃。R123目前用在空调用离心式制冷机组中，其优点是分子量大，可使离心式压缩机的叶轮尺寸减小；沸点高，冷凝压力低。R123的热力性质与R11很相似，可以作为中期替代R11的制冷剂。其缺点是对臭氧层有破坏作用，ODP值为0.012，GWP值为120。R123在大气中的寿命约1～4年。

4）R407C（R32/R125/R134a，23%/25%/52%）。R407C属非共沸混合制冷剂。所谓混合制冷剂是由两种以上的氟利昂组成的混合物。混合制冷剂分为共沸制冷剂和非共沸制冷剂。非共沸制冷剂中，若滑移温度（即开始蒸发时的温度与蒸发终了的温度差）相差小于1℃，称为近共沸制冷剂。由于混合制冷剂的热力性质较组成它的原单一制冷剂的热力性质要好，从而有利于改善和提高制冷机的工作特性。

R407C在标准压力下泡点温度（刚开始蒸发的温度）为－43.8℃，滑移温度为7.2℃。不破坏臭氧层，但GWP为1700，属温室气体。R407C的热力性质与R22相似，但它与矿物油不互溶，压缩机需要采用酯类油。R407C的缺点是存在温度滑移，因此，冷凝器和蒸发器应采用逆流换热，同时，制冷系统的密封要求较高。

8.2 蒸汽压缩式冷水机组的选择

空调用冷水机组是一个整体制冷装置，整个制冷系统在生产厂中组装在一起，方便用户现场施工安装，机组在施工现场仅进行电气线路和水管的连接与隔热施工，便可投入运行。其自动化程度较高，实现了微电脑智能化控制，并设有多种自动保护，如蒸汽压缩式机组设有高低压保护、油压保护、电动机过载保护、冷媒水系统设有冷媒水冻结保护和断水保护，

确保机组运行安全可靠。所以，其在空调工程中得到了广泛应用。

8.2.1　冷水机组的形式

目前，常用的空调用冷水机组按工作原理分有蒸汽压缩式冷水机组及溴化锂吸收式制冷机组两大类。蒸汽压缩式冷水机组按制冷压缩机的类型不同，又分为活塞式、螺杆式、离心式、涡旋式等冷水机组。溴化锂吸收式制冷机组采用吸收式制冷循环的制冷机组，根据能源的利用次数分为单效式和双效式；根据功能分为冷水机组和冷热水机组；根据热源的种类分为蒸汽型、热水型、直燃型和太阳能型；根据冷凝器的冷却介质不同，还将压缩式冷水机组分为风冷式和水冷式；根据机组结构形式分类，有单机头、多机头和模块式，模块式机组是将活塞式等冷水机组做成单元模块形式，通过多个单元组合成较大制冷量的冷水机组；按机组功能分为冷水机组、冷热水机组和热回收型机组。

8.2.2　螺杆式冷水机组的组成及各设备的结构原理

1. 螺杆式冷水机组的组成和特点

螺杆式冷水机组主要由螺杆压缩机、卧壳式蒸发器、卧壳式冷凝器、热力膨胀阀等组成。蒸发器上设有电磁主阀、热力膨胀阀（节流阀的一种）、安全阀和视液镜；冷凝器上设有出液阀、放空阀、安全阀和视液镜。通常以 R22 和 R134a 为制冷剂，能提供 4～15℃的冷冻水，制冷量范围为 120～1200kW，大的机组可达 2200kW。LSLG500 型水冷螺杆式冷水机组的系统原理如图 8-6 所示。

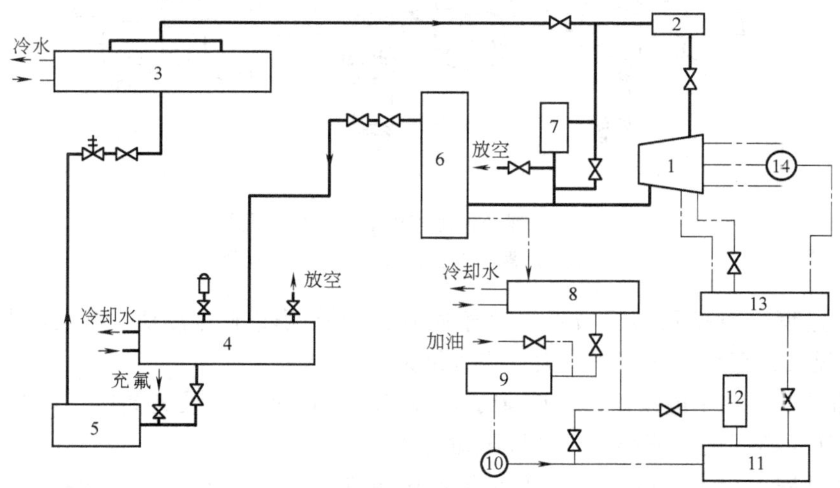

图 8-6　LSLG500 型水冷螺杆式冷水机组系统原理图

1—螺杆式制冷压缩机　2—吸气过滤器　3—干式蒸发器　4—卧式水冷冷凝器　5—干燥过滤器　6—油分离器　7—安全旁通阀　8—油冷却器　9—油粗滤器　10—油泵　11—油精滤器　12—油压调节阀　13—油分配器　14—四通阀

螺杆式冷水机组多用半封闭式螺杆压缩机，润滑油靠排气压力与进气压力差循环工作，大大简化了润滑油系统。与活塞式相比，具有排气温度低，制冷量无级调节（有些机组采用分级调节）等优点。

螺杆式冷水机组设有高、低压，油压，油精过滤器压差，冷冻水温度，润滑油温度和电机过载等保护装置。螺杆式冷水机组还有风冷式冷（热）水机组。

2. 螺杆式冷水机组的主要设备结构及工作原理

（1）螺杆式压缩机

1）螺杆式制冷压缩机工作原理。螺杆式压缩机结构简单、紧凑、易损件少，在高压缩比工况下容积效率高。螺杆式制冷压缩机是一种容积型回转式压缩机，有双螺杆和单螺杆两种形式。双螺杆压缩机靠一对相互啮合的阴阳转子（螺杆）的转动，形成对气体的压缩。目前，半封闭螺杆式冷水机组应用越来越广泛。图 8-7 所示为双螺杆压缩机转子结构图。

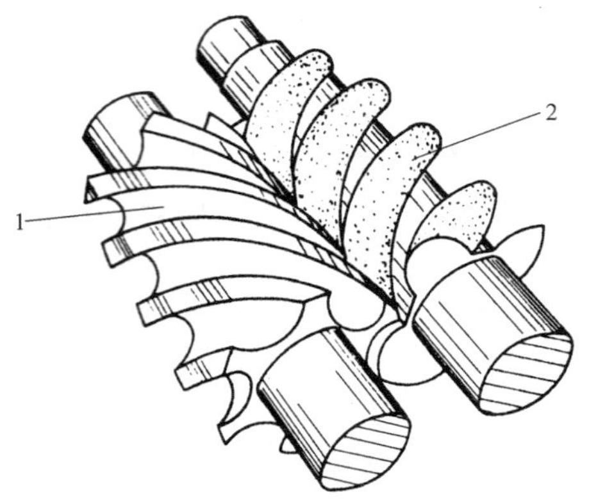

图 8-7　双螺杆压缩机转子结构图
1—阴转子　2—阳转子

下面以一个基元容积（阴阳转子与气缸间形成的一个 V 形空间）为例，说明其工作过程。螺杆式压缩机工作过程原理如图 8-8 所示。

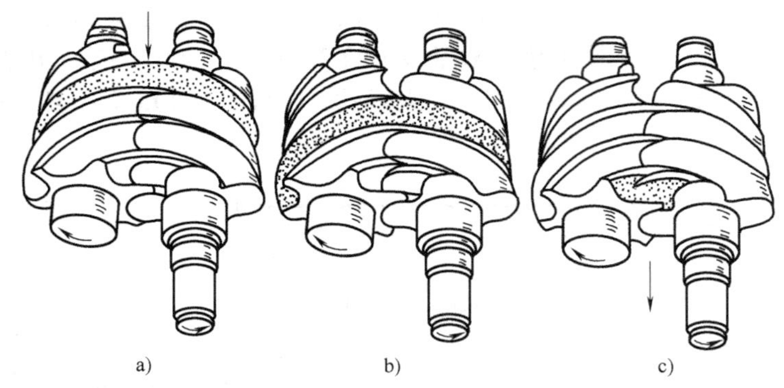

图 8-8　螺杆式压缩机工作过程原理图
a）吸气过程　b）压缩过程　c）排气过程

① 吸气过程。当基元容积与吸气口相通时，随着两转子的转动，基元容积逐渐增大，压缩机开始吸气，直到基元容积最大，吸气结束。

② 压缩过程。转子继续旋转，两转子在吸气口对面啮合，吸满低压气体的基元容积被封闭，并且基元容积逐渐缩小，气体被压缩。

③ 排气过程。转子继续旋转，当基元容积与排气孔口连通时，压缩结束，开始排气，直至排尽。

随着转子的不断旋转，基元容积又在吸气端与吸气口相通，于是下一工作周期又重新开始。

2）半封闭式螺杆压缩机的总体结构。如图 8-9 所示，半封闭式螺杆制冷压缩机是用可拆卸的外壳将压缩机及其电机封闭在一个腔体中，同时压缩机和电机共用一根轴。制冷剂从电机端进入，冷却电机后进入压缩机被压缩排出。

3）能量（即制冷量）调节机构。螺杆式制冷压缩机的能量采用滑阀调节，其基本原理

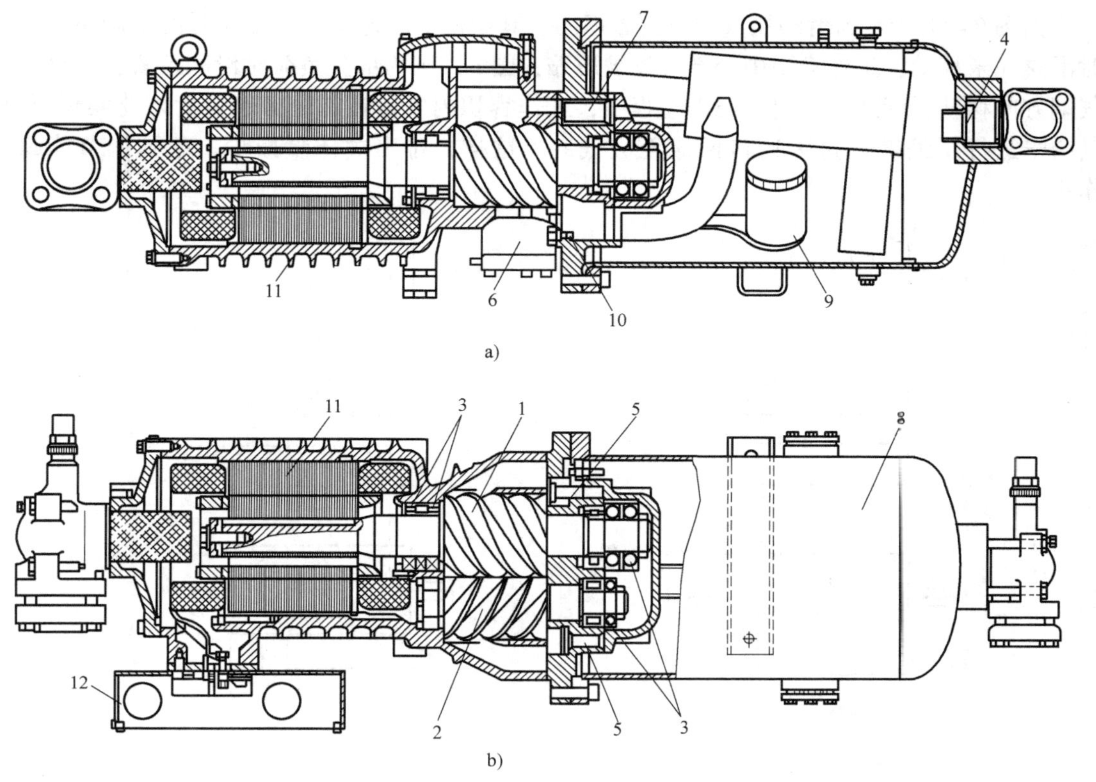

图8-9　半封闭式螺杆压缩机

a）侧视图　b）俯视图

1—阳转子　2—阴转子　3—滚动接触轴承　4—单向阀　5—能量调节及卸载机构　6—内容积比控制　7—压差减压阀　8—油分离器　9—油过滤器　10—排气温度控制器　11—内置电动机　12—接线端子盒

是通过滑阀的移动使压缩机阳、阴转子齿间的工作容积，在齿间接触线从吸气端向排气端移动的前一段，仍与吸气口相通，使部分气体回流至吸气口，即减少了螺杆有效工作长度，达到能量调节的目的。滑阀能量调节机构如图8-10所示。

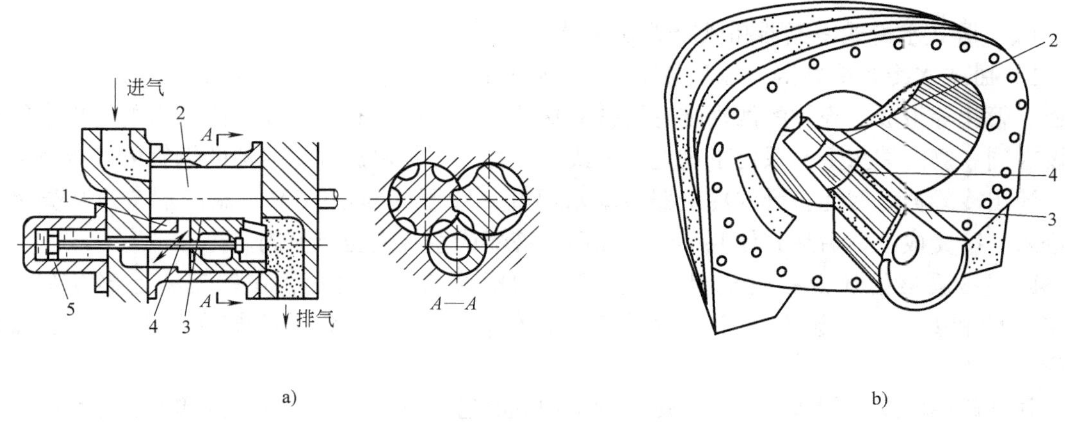

图8-10　滑阀能量调节机构

1—滑阀固定端　2—阴阳螺杆　3—可移动调节滑阀　4—喷油小孔　5—旁通口

如图 8 - 11 所示为滑阀能量调节的原理图，其中图 a）为全负荷工作时的滑阀位置，此时滑阀尚未移动，工作容积中全部气体被压缩；图 b）则为部分负荷时滑阀位置，滑阀向排气端方向移动，旁通口开启，压缩过程中，工作容积内气体在越过旁通口后才能实现压缩，其余未进行压缩就通过旁通口回流至吸气腔。这样，排出气体量减少，起到调节能量的作用。

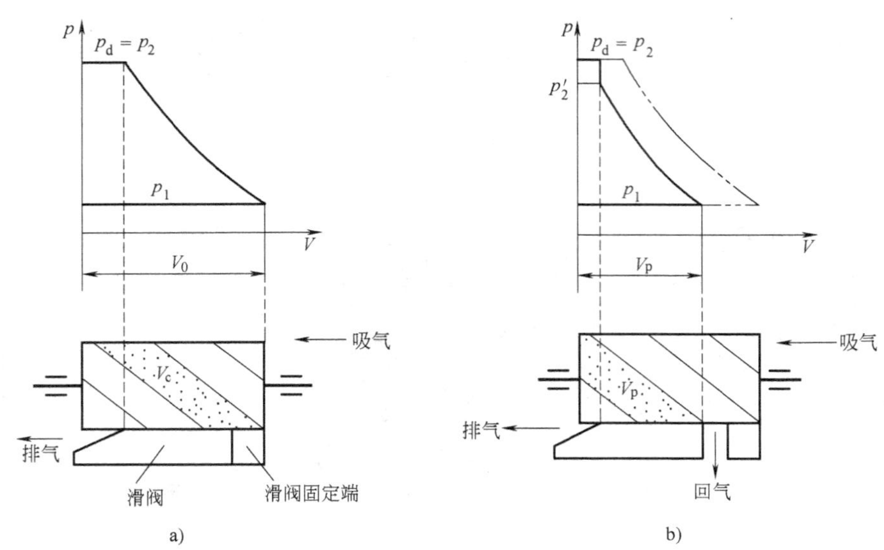

图 8 - 11　滑阀能量调节原理
a）全负荷位置　b）部分负荷位置

一般螺杆式制冷压缩机的能量调节范围为 10% ~100%，且为无级调节。要说明的是，螺杆式制冷压缩机的制冷量与功率消耗，在整个能量调节范围内不是正比关系。当制冷量为 50% 以上时，功率消耗与制冷量近似成正比关系，而在低负荷下运行则单位制冷量的功率消耗较大。从节能方面考虑，螺杆式制冷压缩机的负荷（即制冷量）在 50% 以上的情况下运行为宜。

（2）卧式水冷式冷凝器和风冷式冷凝器

1）卧式水冷式冷凝器。氟利昂用卧式壳管式冷凝器其结构如图 8 - 12 所示，它由壳体、管板、管簇等组成。壳体的两端装有铸铁的端盖，端盖内设有分水筋，冷却水的进出水管接头设在同一侧的端盖上，采用下进上出方式。这样，冷却水进入冷凝器的铜管内经折返多次后，流出冷凝器。因此，卧式冷凝器冷却水温升一般可达到 4 ~6℃。制冷剂蒸汽从壳体顶部进入，冷凝成液体后从壳体底部流入高压贮液器或直接流至节流阀。

卧式冷凝器上还设有安全阀、压力表、均压管和放空气管，在端盖的上部设有一个放空气的旋塞，下部设有一个放水旋塞，以便停止使用时放尽冷却水，防止冬季冻裂水管。

氟利昂用卧式壳管式冷凝器的传热管采用低肋管铜管，以提高制冷剂侧的放热系数。

氟利昂用卧式冷凝器用易熔塞代替安全阀，当遇到火灾或严重缺水时，易熔塞会自行熔化，避免发生爆炸。

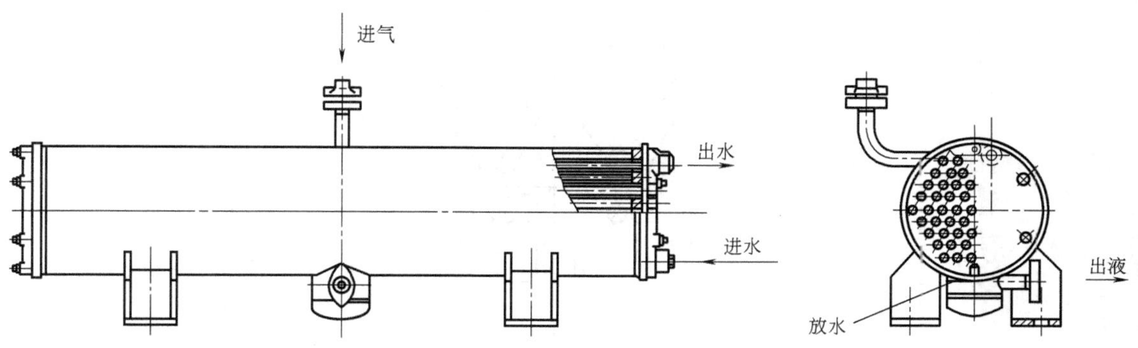

图 8-12 卧式壳管式冷凝器结构

卧壳式冷凝器的优点有：传热系数高，冷却水量较立式的少，运行可靠，操作简便。缺点有：清洗不便且需停机清洗，对水质的要求高，不易发现制冷剂泄漏。

2）风冷式冷凝器。空气冷却式冷凝器也称为风冷式冷凝器，有自然对流式和强制对流式两种。

强制对流式风冷冷凝器的结构如图 8-13 所示，空气依靠风扇的作用，一般以 2～3m/s 的迎面风速横向掠过管束，制冷剂蒸汽从传热管的上部进入，在传热管中被冷凝成液体，从传热管下部排出冷凝器。

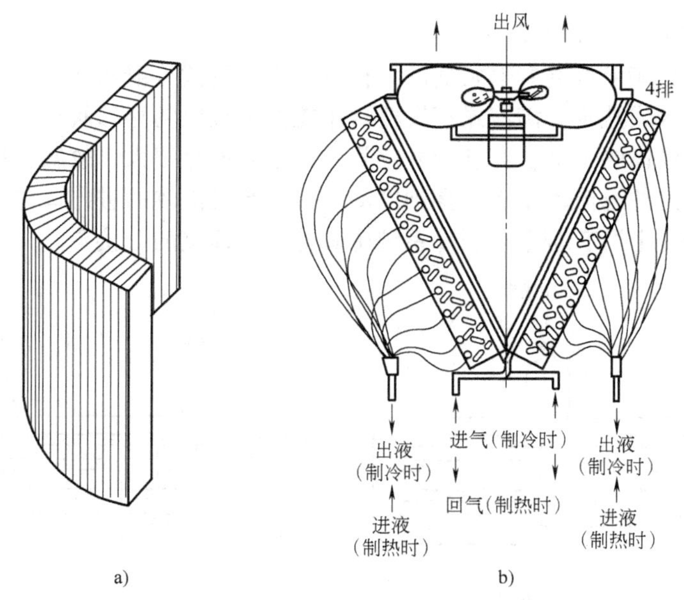

图 8-13 强制对流式风冷冷凝器结构

a）L形 b）V形

风冷式冷凝器的特点是冷却系统简单，但初投资和运行费用高；冷凝温度高，压缩机工作条件较水冷式冷凝器差。因此风冷式冷凝器一般应用于缺水地区，小型和移动的制冷装置。

风冷式冷水机组制冷（制热）原理如图 8-14 所示。

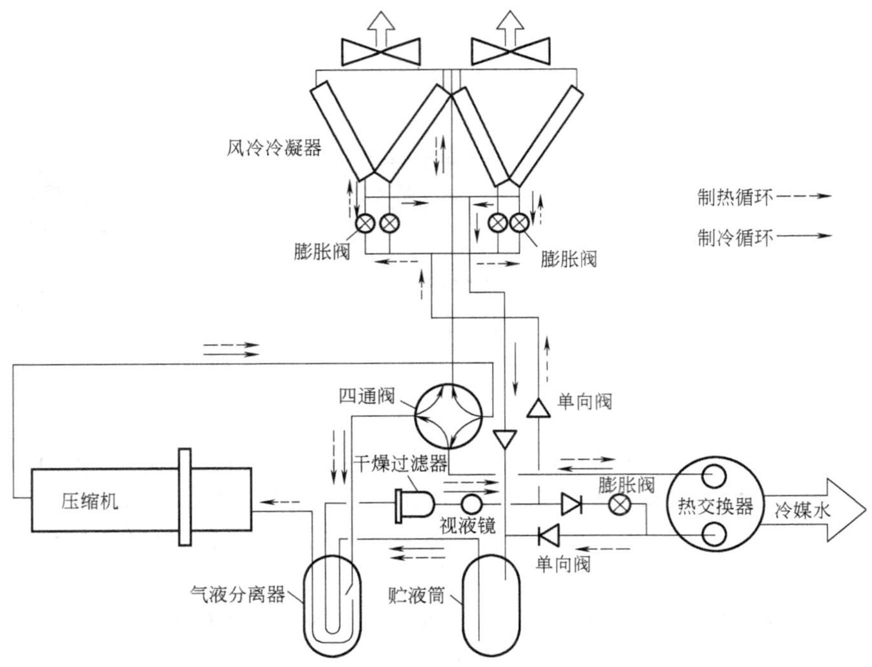

图 8-14　风冷式冷水机组制冷（制热）原理图

（3）满液式蒸发器和干式蒸发器

图 8-15a 所示为满液式壳管蒸发器的结构图，它与卧式冷凝器相似。常用于空调用制冷装置中，用来冷却水或盐水。满液式蒸发器常用能控制液位的浮球阀作节流件，节流后的低温低压液体，进入筒体的下部，充满管外空间，由于存液量很大，故属满液式蒸发器。被冷却的液体在传热管内往返流动多次，得到冷却。被冷却的液体的进出口也做在同一侧的端盖上，下进上出。壳体上留有若干与制冷系统中其他设备连接的管接头。

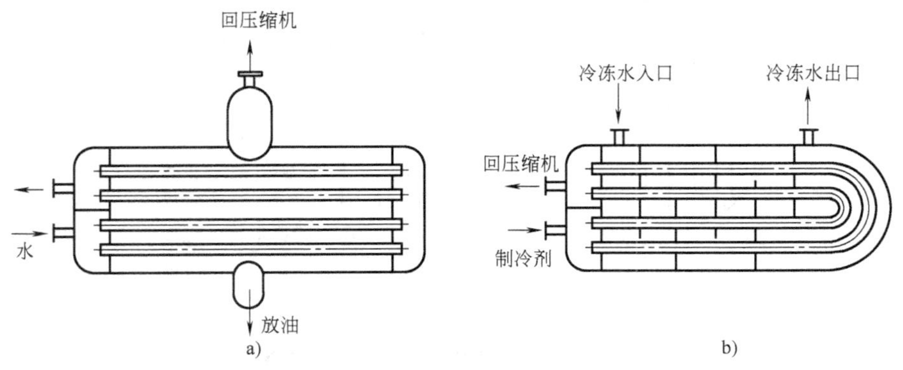

图 8-15　壳管式蒸发器
a）满液式壳管蒸发器　b）干式壳管蒸发器

其优点是传热效果较好，结构紧凑、占地面积小且易于安装，但存在制冷剂用量大、受静液柱影响（液面上部和底部的蒸发温度不同）、润滑油不易排出等问题。目前，螺杆式冷水机组采用满液式蒸发器时，常利用喷射器来保证回油。

满液式蒸发器中，为了避免压缩机吸回未蒸发完的液体，造成压缩机“液击”，筒内上部应留有一定的空间。氟利昂蒸发时因润滑油的原因，会产生泡沫现象，其充液量应在55%～65%之间。液面上裸露的传热管，在蒸发器投入运行后被制冷剂泡沫润湿，同样能起到很好的换热作用。

图8-15b所示为干式壳管式蒸发器的结构图。在这种蒸发器中，介质的位置与满液式的相反，制冷剂在管内蒸发，被冷却的液体在管外被折流板折返多次，得到冷却。液态制冷剂的充注量在管内容积的35%～40%之间，因此称为干式蒸发器。

干式蒸发器的特点是：传热系数高，制冷剂的充注量少，被冷却液体没有冻结的危险，易于回油；但结构较满液式复杂，存在制冷剂在管内分配不均等问题。

（4）热力膨胀阀

热力膨胀阀既起节流作用，又可保证蒸发器出口有一定的过热度。它可根据负荷的变动，自动调节供液量。按使用条件分为内平衡式和外平衡式两种。

1）内平衡式热力膨胀阀。如图8-16所示，内平衡式热力膨胀阀由阀体、调节座、弹簧、调节垫块、薄膜片、毛细管和感温包等组成。感温包、毛细管和薄膜片上部形成一个封闭的腔体，在其中充注有氟利昂或其他低沸点液体，常用的膨胀阀其感温包内充注的介质与蒸发器内制冷剂相同且处于湿蒸汽状态。膨胀阀安装在蒸发器的进口，感温包紧固在蒸发器出口的回气管上。感温包的温度可以认为是蒸发器内制冷剂的出口温度，感温包内的压力是该温度下的饱和压力，也即薄膜上部的压力。薄膜下部受蒸发压力和弹簧力作用，弹簧和调节杆起调节过热度的作用，调节杆旋入越深，弹簧力越大，阀门的开启度越小，供液量越小，过热度越大。

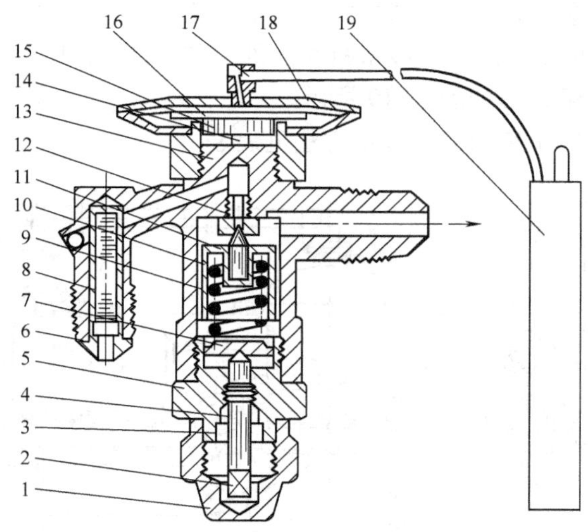

图8-16 内平衡式热力膨胀阀

1—密封盖 2—调节杆 3—垫料螺帽 4—密封垫料 5—调节座 6—喇叭接头 7—调节垫块 8—过滤网 9—弹簧 10—阀针座 11—阀针 12—阀孔座 13—阀体 14—顶杆 15—垫块 16—动力室 17—毛细管 18—薄膜片 19—感温包

其工作过程是：当蒸发器负荷增大时，蒸发器内制冷剂液体蒸发较快，使蒸发器出口过热度增大，感温包内的压力增大，阀体上部的薄膜片向下移动，阀芯开大，制冷剂供液量增大；随着供液量增大，过热度减小，阀芯又减小，如此通过多次波动后，阀芯处于某一平衡位置，但总的趋势是供液量较原来增大。同理，负荷减小时，供液量减小。

内平衡式热力膨胀阀只能适用于蒸发器内阻较小的场合，其广泛应用于小型制冷机和空调机。

2）外平衡式热力膨胀阀。如图 8 - 17 所示，外平衡式热力膨胀阀的结构与内平衡式基本相同，区别在于增加了一个外平衡管，将薄膜片下方的作用力由原来的入口处的蒸发压力变为蒸发器出口处的压力，作用力减小了。这样，当蒸发器阻力较大时，阀芯仍有一定的开度。

外平衡式热力膨胀阀可以改善蒸发器的工作条件，但其结构比较复杂，安装和调试麻烦，因此只有当蒸发器的压力损失较大时才用此种膨胀阀。

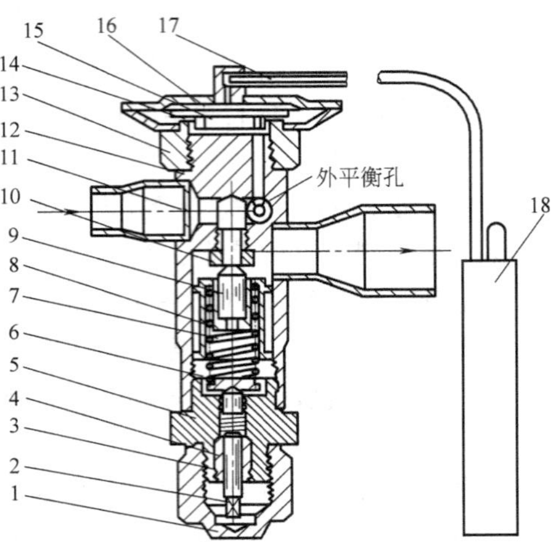

图 8 - 17　外平衡式热力膨胀阀

1—密封盖　2—调节杆　3—垫料螺帽　4—密封垫料　5—调节座　6—调节垫块　7—弹簧　8—阀针座　9—阀针　10—阀孔座　11—过滤网　12—阀体　13—动力室　14—顶杆　15—垫块　16—薄膜片　17—毛细管　18—感温包

8.2.3　螺杆式冷水机组的性能参数

螺杆式冷水机组根据冷凝器的冷却方式分为水冷式和风冷式两种类型，风冷式螺杆机组一般为热泵型机组。某型水冷螺杆式冷水机组的外形如图 8 - 18 所示，某型风冷式半封闭式双螺杆式冷（热）水机组外形如图 8 - 19 所示。

容积式冷水（热泵）机组的型号表示方法见表 8 - 1。

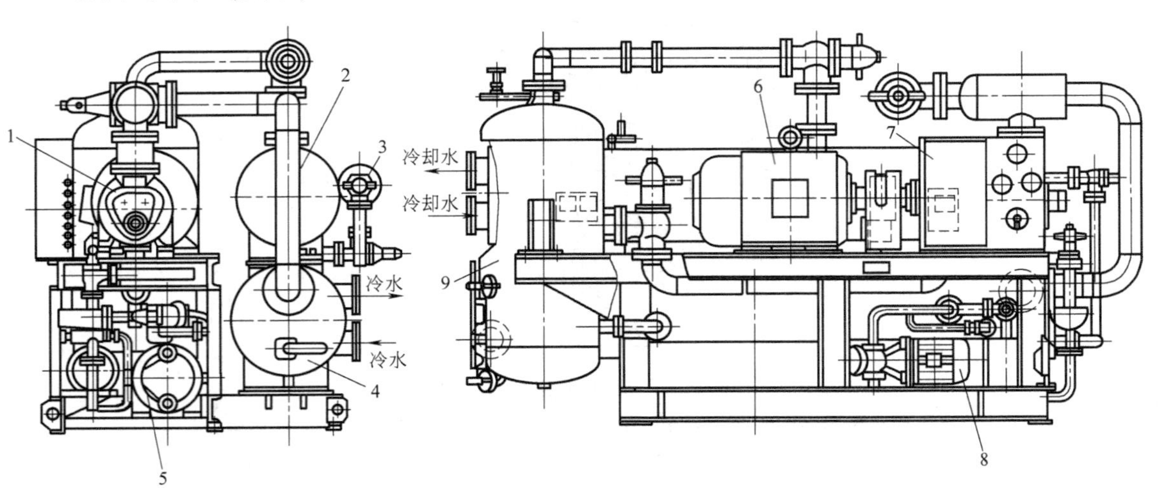

图 8 - 18　某型水冷螺杆式冷水机组外形图

1—开启式双螺杆式制冷压缩机　2—水冷式冷凝器　3—干燥过滤器　4—干式壳管式蒸发器　5—油冷却器　6—电动机　7—电气控制台　8—油泵　9—油分离器

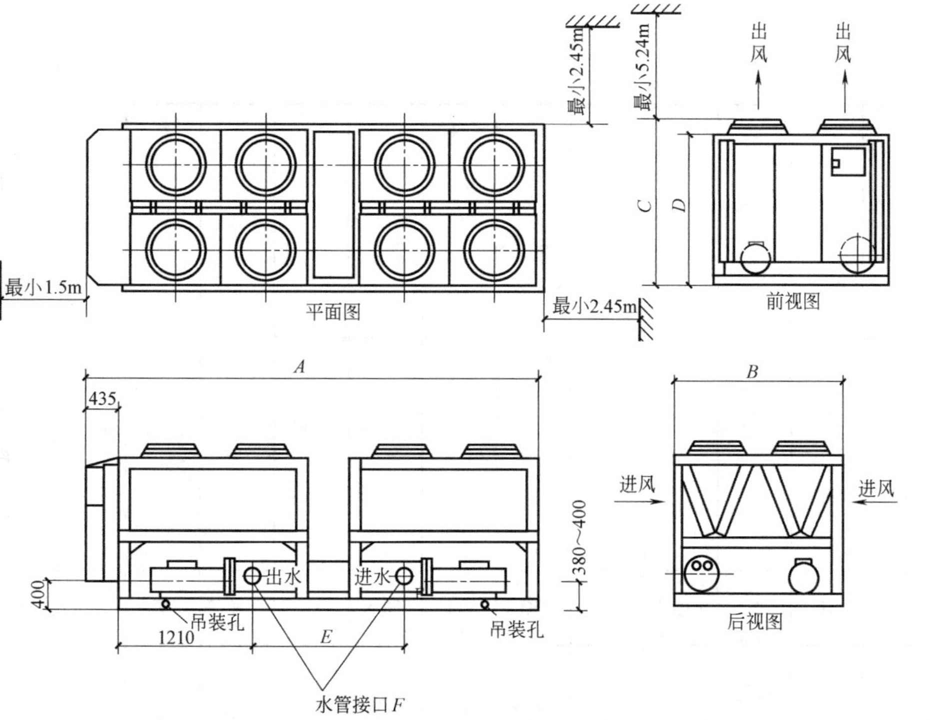

机组尺寸 (单位：mm)

编号	350Z	480Z	580Z
A	4950	5150	5350
B	2150	2250	2250
C	2300	2360	2450
D	2100	2160	2250
E	2280	2250	2200
F	ϕ133	ϕ159	ϕ219

图8-19 某型风冷式半封闭式双螺杆式冷（热）水机组外形

表 8-1　容积式冷水（热泵）机组的型号表示方法

机组型号示例	冷水机组基本代号	制冷压缩机型式			制冷压缩机类型				机组功能			放热侧热交换方式			制冷剂种类			名义制冷量
		开启式	半封闭式	全封闭式	往复活塞式	双螺杆式	单螺杆式	涡旋式	单冷式	制冷及热泵制热	制冷及电热制热	水冷式	风冷式	蒸发冷却式	R22、R134a 等	R717	R407C，R410A 等混合制冷剂	以阿拉伯数字表示
	LS	不表示	B	Q	不表示	LG	DG	W	不表示	R	D	不表示	F	Z	不表示	A	H	kW
LSBLG700 水冷半封闭式双螺杆式冷水机组	LS		B			LG												700
LSBLGF350 风冷半封闭式双螺杆式冷水机组	LS		B			LG							F					350

LSBLGRF系列风冷式半封闭式双螺杆式冷（热）水机组主要技术参数见表8-2。

表8-2　LSBLGRF系列风冷式半封闭式双螺杆式冷（热）水机组主要技术参数

产品型号		LSBLGRF350Z	LSBLGRF480Z	LSBLGRF580Z
制冷量	kW	355	483	584
	10^4kcal/h	30.26	41.57	50.2
制热量	kW	387	532	642
	10^4kcal/h	33.286	45.297	55.22
压缩机（半封闭式）	型号	S182×2台	S252×2台	S302×2台
	功率/kW	51.45×2	73.5×2	88.2×2
电源		三相四线，380V　50Hz		
工质	种类	R22		
	充入量/kg	90	118	140
蒸发器（水侧）	进口温度/℃	12	12	12
	出口温度/℃	7	7	7
	流量/(m^3/h)	标准63，最大75	标准94，最大114	标准109，最大126
	水侧阻力/MPa	标准0.044，最大0.062	标准0.044，最大0.062	标准0.044，最大0.062
冷凝器（空气侧）	风机	大叶片低噪声轴流式		
	功率/kW	1.5×8台	2.5×8台	3×8台
冷暖切换装置		四通换向阀		
机组外形尺寸	宽/mm	4935	5150	5350
	深/mm	2150	2250	2250
	高/mm	2300	2300	2300
重量	整机重量/kg	3700	4100	4500
	运行重量/kg	4000	4800	5400

注：1. 制冷工况：冷冻水进水温度12℃，出水温度7℃，室外温度35℃。
2. 制热工况：热水进口温度40℃，出口温度45℃，室外干球温度7℃，湿球温度6℃。

蒸汽压缩式冷水机组的性能参数主要有：

（1）名义制冷（制热）量

机组在名义制冷（制热）工况下运行时，测试得到的制冷量（制热量），单位为kW。

有些产品给出了以工程单位制为单位的制冷量kcal/h，还有的制冷量用冷吨RT为单位，各种单位之间的换算是：

1×10^4kcal/h = 11.63kW

1（US）RT = 3.517kW

（2）名义总消耗电功率

机组在名义制冷（制热）工况下运行时，测试得到的机组总消耗电功率，单位为kW。热泵制热工况总消耗电功率中，不包括辅助电加热器消耗的功率。

（3）名义工况性能系数（COP）

在名义工况下，机组以同一单位表示的制冷（热）量除以总输入电功率得出的比值。冷水机组的性能系数COP应不低于《冷水机组能效限定值及能源效率等级》（GB 19577—2004）规定的最小限值。

（4）综合部分性能系数（IPLV）

用一个单一数值表示的空气调节用冷水机组的部分负荷效率指标，它基于机组部分负荷时的性能系数值，按照机组在各种负荷下运行时间的加权因素，通过计算获得。它是评价机组在一年中季节变化时的综合能效指标。机组的IPLV用下式计算得出

$$IPLV = 2.3\% \times A + 41.5\% \times B + 46.1\% \times C + 10.1\% \times D$$

式中 A——100%负荷时的性能系数COP（kW/kW）；

B——75%负荷时的性能系数COP（kW/kW）；

C——50%负荷时的性能系数COP（kW/kW）；

D——25%负荷时的性能系数COP（kW/kW）。

冷水机组的综合部分性能系数IPLV应不低于GB/T 18430.1规定的最小限值。

8.2.4 活塞式冷水机组的组成及各设备的结构原理

1. 活塞式冷水机组的组成和特点

以活塞式压缩机为主机的冷水机组称为活塞式冷水机组。制冷量范围在35～580kW，制冷量较小时可采用活塞式冷水机组。根据压缩机的数量，冷水机组有多机头和单机头之分。某型活塞式冷水机组的流程图及机组外形如图8-20、图8-21所示。

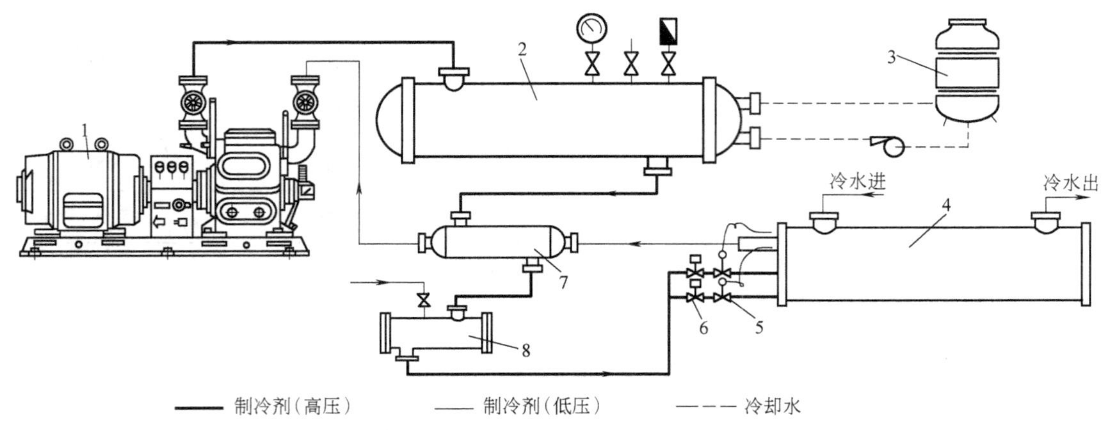

图8-20 某型活塞式冷水机组的流程图

1—活塞式压缩机 2—冷凝器 3—冷却塔 4—干式蒸发器 5—热力膨胀阀 6—电磁阀 7—气液分离器 8—干燥过滤器

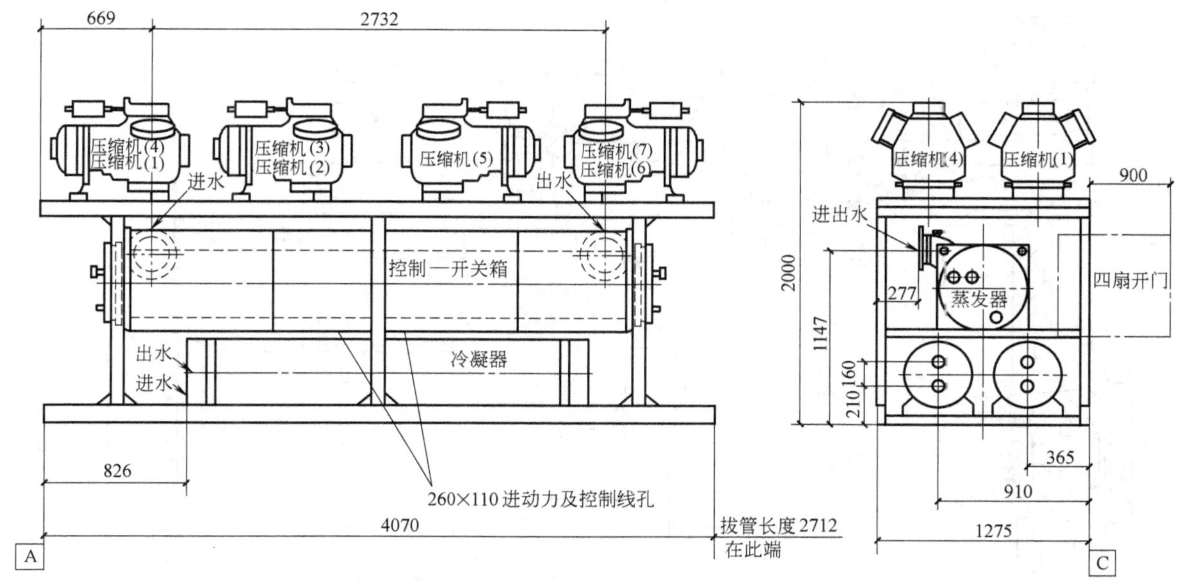

图8-21　某型活塞式冷水机组外形图

活塞式冷水机组由活塞式压缩机、水冷卧式冷凝器（或风冷冷凝器）、热力膨胀阀、干式壳管式蒸发器和辅助设备（如油分离器、干燥过滤器）等组成。活塞式冷水机组根据冷凝器内冷却介质的种类不同，有水冷式和风冷式两种，风冷式的还有冷水机组和冷热水机组。冷热水机组为热泵机组，内设四通换向阀，冬季可提供热水。风冷机纽可放置在屋顶，安装简便。

活塞式冷水机组的能量调节方式有开停部分压缩机或采用能量调节机构两种，以适应空调负荷的变动，这种制冷量调节是分级进行的。根据制冷量大小，冷水机组可配用全封闭式、半封闭式和开启式制冷压缩机。水冷冷凝器采用水冷卧式壳管式冷凝器。冷却水温度应不高于32℃，冷却水进出口温差为4～6℃。蒸发器为干式卧壳式蒸发器，冷冻水出蒸发器后水温为7℃。在蒸发器内冷冻水温度一般可下降5℃左右，即若12℃进水，蒸发器可以将其冷却到7℃。机组的热力膨胀阀自动调节蒸发器的供液量。制冷剂常用R22或R134a。

2. 活塞式冷水机组的主要设备结构及工作原理

（1）活塞式制冷压缩机

活塞式制冷压缩机根据结构不同，可分为开启式、半封闭式和全封闭式三类。开启式制冷压缩机与电动机分开布置，中间用联轴器或皮带传动动力。这种压缩机的主轴伸出机体之外，需要轴封防止压缩机内部制冷剂泄漏。

半封闭活塞式压缩机外壳部分是可拆装的，这样便于检修。电动机和压缩机装在一个密闭外壳内，从而取消了轴封装置，电动机绕组利用吸入低温制冷工质蒸汽来冷却，改善了电动机的冷却条件，其结构如图8-22所示。

有的活塞式冷水机组采用全封闭活塞式压缩机。全封闭活塞式制冷压缩机的外壳是焊接结构，避免了制冷剂的泄漏。

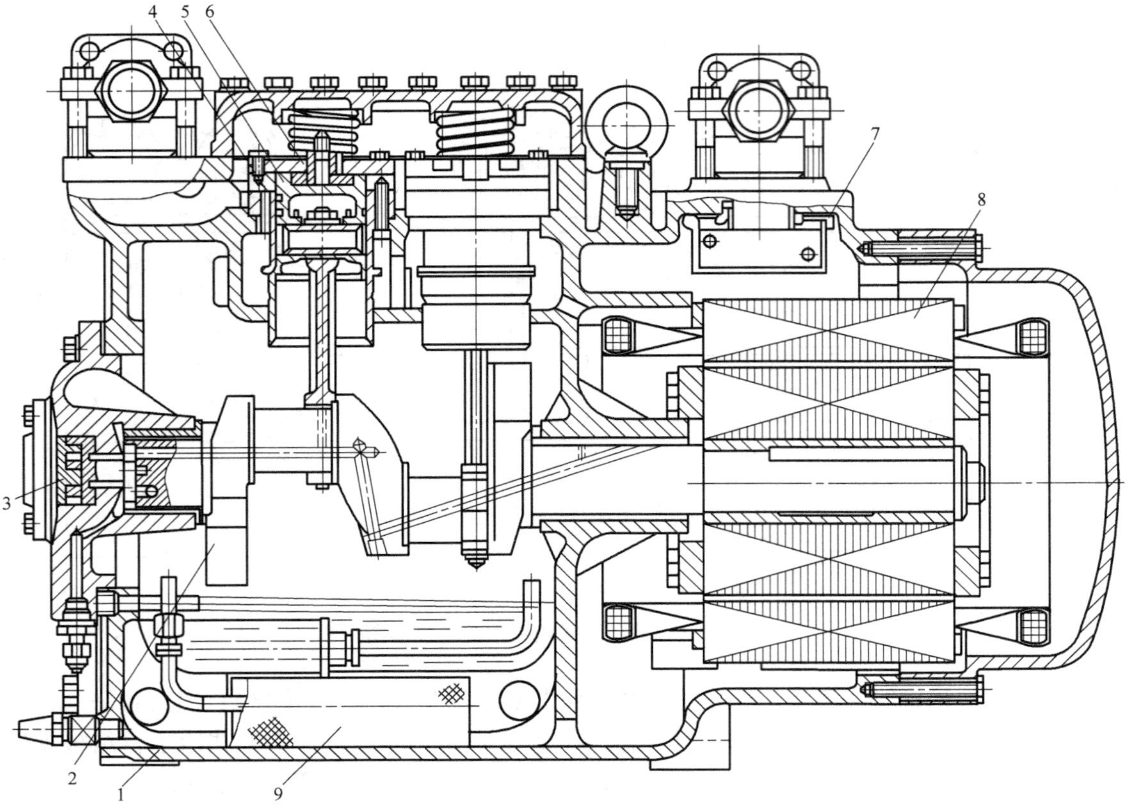

图 8-22　半封闭活塞式制冷压缩机

1—机体　2—曲轴　3—油泵　4—缸套汽阀组　5—活塞　6—连杆
7—吸汽过滤器　8—电动机　9—油过滤器

活塞式制冷压缩机采用曲轴连杆机构进行工作，活塞通过往复运动实现对气体的压缩。活塞、连杆、曲轴的结构如图 8-23、图 8-24、图 8-25 所示。

（2）冷凝器、蒸发器和节流阀

活塞式冷水机组的冷凝器有水冷式和风冷式两种类型，蒸发器多采用干式蒸发器，节流阀采用热力膨胀阀。它们的结构已在螺杆式机组中作了介绍。

（3）活塞式冷水机组的能量调节

1）台数调节。对多机头的冷水机组，根据空调冷负荷的变化，冷水机组可以采用改变制冷压缩机工作台数来调节制冷量。机组的自动控制系统可以均衡地安排工作压缩机的工作时间，保证在一定的时间内各台压缩机的工作时间基本相同。

2）顶开吸气阀减少工作气缸数调节。顶开吸气阀片的卸载机构如图 8-26 所示。活塞式制冷压缩机

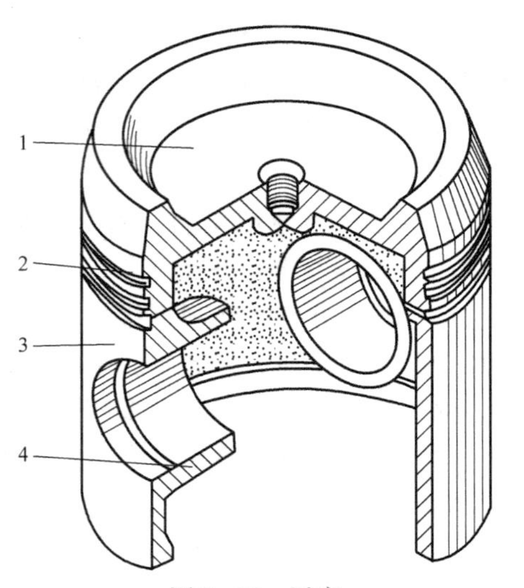

图 8-23　活塞

1—顶部　2—环部　3—裙部　4—销座

利用油压作用，克服卸载弹簧作用力，推动移动环向下移动，使顶杆向下移动，吸气阀片正常工作，将该气缸内被压缩的制冷剂排到排气管中。当卸除油压后，在卸载弹簧作用下，顶杆向上移动，使吸气阀片不能动作，气缸内的制冷剂通过吸气阀重新排回低压腔，不能排到排气管中，该气缸不能起到压缩的作用，达到调节制冷量的目的。

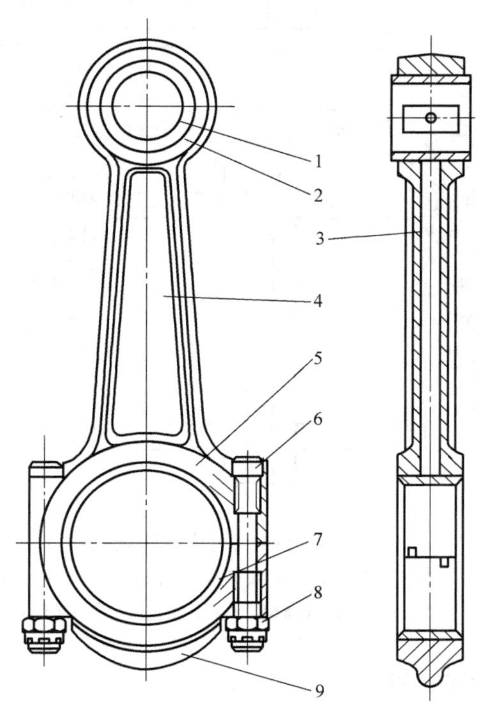

图8-24　连杆

1—小头衬套　2—连杆小头　3—油孔　4—连杆体　5—连杆大头
6—连杆螺栓　7—大头轴瓦　8—连杆螺帽　9—大头盖

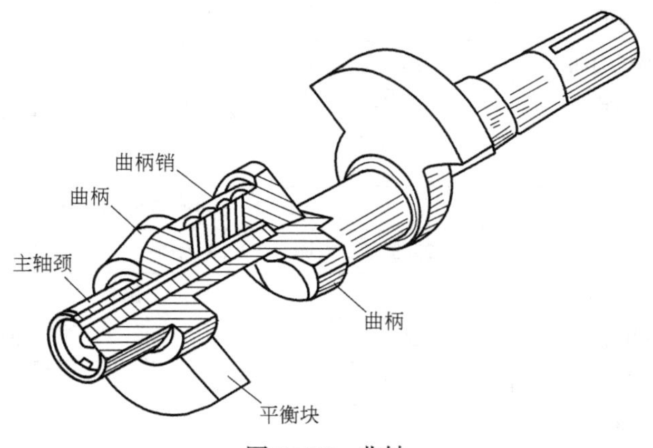

图8-25　曲轴

以上两种方法只能实现制冷量的分级调节。

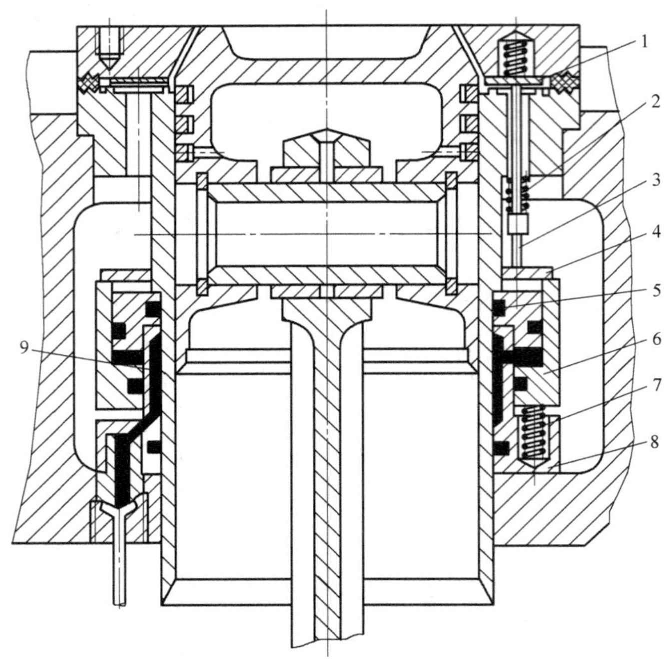

图 8-26　顶开吸气阀片的卸载机构

1—吸气阀片　2—顶杆弹簧　3—顶杆　4—上固定杆　5—O 形密封圈　6—移动环　7—卸载弹簧　8—下固定环　9—环形槽

3. 活塞式冷水机组的技术参数

活塞式冷水机组的型号表示已在螺杆机组中叙述。活塞式冷水机组的技术参数见表 8-3。

表 8-3　活塞式冷水机组的技术参数

产品型号		LSB100	LSB200	LSB300	LSB400
制冷量	kW	116	232	348	464
	10^4kcal/h	10	20	30	40
压缩机	型号	半封闭活塞式压缩机（6DJ3-4000-FSD）			
	台数	1	2	3	4
电源		3P-380V-50Hz			
功率/kW		29.8	29.8×2	29.8×3	29.8×4
工质		R22			
充注量/kg	系统 1	24	24	24	44
	系统 2		24	44	44
蒸发器（冷冻水）	进口温度/℃	12	12	12	12
	出口温度/℃	7	7	7	7
	流量/(m^3/h)	20	40	60	80
	水侧阻力/MPa	<0.1			

（续）

产品型号		LSB100	LSB200	LSB300	LSB400
冷凝器（冷却水）	进口温度/℃	32	32	32	32
	出口温度/℃	37	37	37	37
	流量/(m^3/h)	24	48	72	96
	冷却水侧阻力/MPa	<0.1			
机组外形尺寸	长/mm	2580	3050	2930	3500
	宽/mm	710	1000	1130	1180
	高/mm	1400	1400	1649	1710
重量	机组重量/kg	1100	1560	2400	3200

8.2.5 离心式冷水机组的组成及各设备的结构原理

1. 离心式冷水机组的组成和特点

采用离心式制冷压缩机为主机的冷水机组称为离心式冷水机组。其制冷量范围在580kW以上，单机最大制冷量可达35000kW，具有制冷量大、效率高、体积小的优点，而且其制冷量可无级调节。

离心式冷水机组采用卧壳式冷凝器、浮球式膨胀阀，因制冷剂不带油，采用满液式卧壳式蒸发器。有的机组冷凝器和蒸发器装在一个筒体内，中间用隔板隔开，内置浮球式膨胀阀，其外观简洁。因离心式压缩机高速旋转，机组单独设有一套润滑油系统，由油箱、油泵、油冷却器、油过滤器、油箱电加热器等组成。此外，采用R123制冷剂的机组中设置了一套抽气回收装置，用于排除渗入系统的空气并回收混合气体中的制冷剂。离心式冷水机组的外形及工作原理图如图8-27、图8-28所示。

机组目前常用R22、R123和R134a制冷剂。

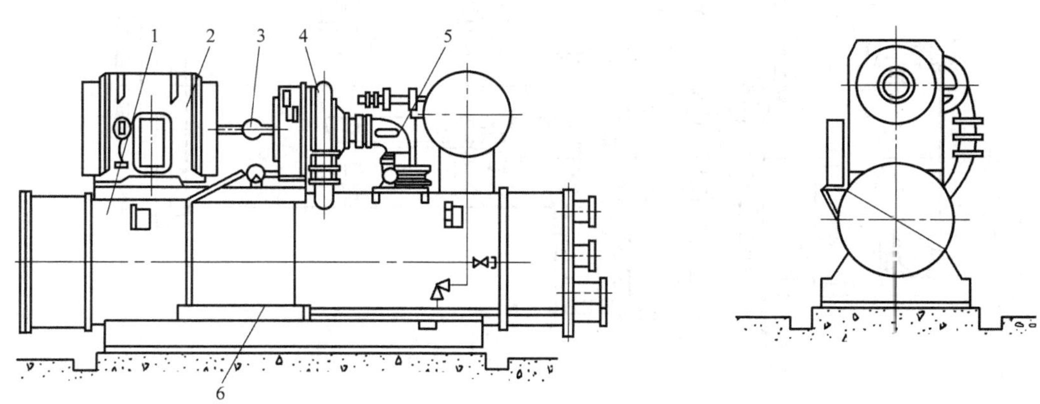

图8-27 离心式冷水机组外形图

1—蒸发—冷凝器 2—主电动机 3—挠性联轴器 4—离心压缩机 5—冷媒传送装置 6—油系统

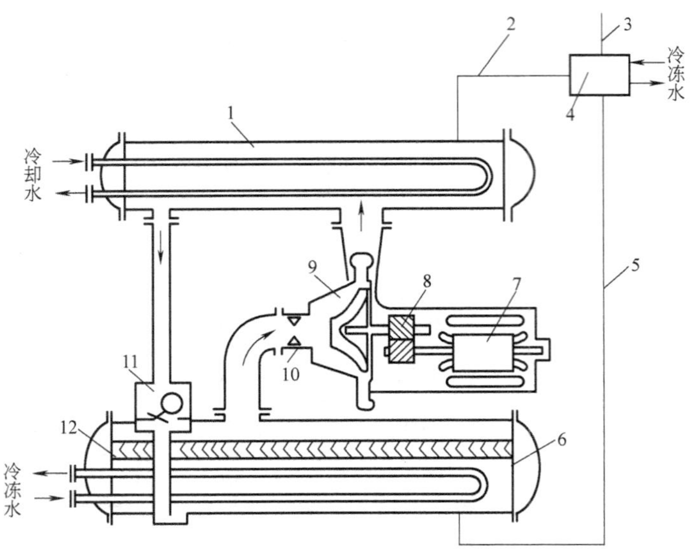

图 8-28　离心式冷水机组工作原理图

1—冷凝器　2—抽气管　3—放空气管　4—制冷剂回收装置　5—挡液板　6—蒸发器　7—电动机　8—增速器　9—单级离心式制冷压缩机　10—进口导叶　11—高压浮球阀　12—挡液板

2. 离心式冷水机组的主要设备结构及工作原理

（1）离心式制冷压缩机

离心式制冷压缩机是一种速度型压缩机，具有制冷量大、体积小、重量轻、运转平衡等特点，在大型空气调节系统和石油化学工业中得到广泛应用。其工作原理是通过高速旋转的叶轮将制冷剂气体的速度提高，后通过扩压器使气体减速增压，来实现对气体的压缩。

离心式制冷压缩机分单级和多级两种类型，空调用冷水机组中两种都有使用。单级离心式制冷压缩机的结构如图 8-29 所示。

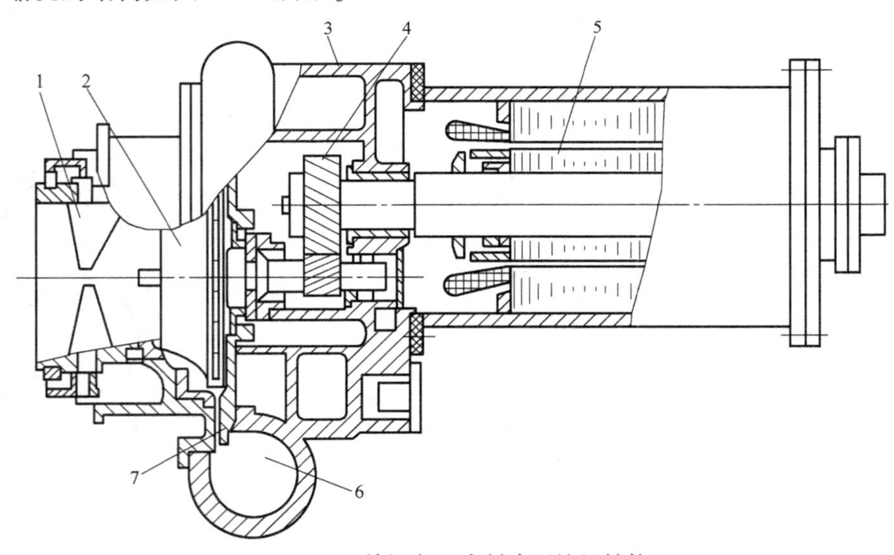

图 8-29　单级离心式制冷压缩机结构

1—进口导叶　2—叶轮　3—压缩机壳体　4—增速齿轮　5—电动机　6—涡室　7—扩压器

离心式压缩机主要由吸气室、叶轮、扩压器、主轴、轴承、机体及轴封等零件构成，其结构如图8-30所示。

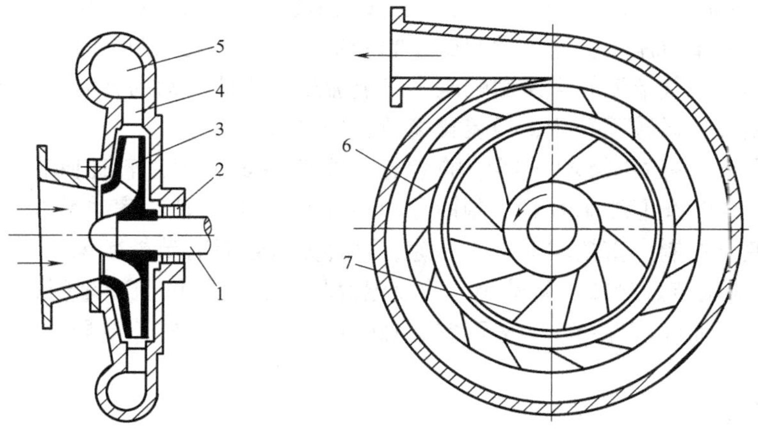

图8-30　离心式压缩机结构图

1—轴　2—轴封前盖　3—叶轮　4—扩压器　5—蜗壳　6—扩压器叶片　7—叶轮叶片

工作时，电动机通过增速箱带动主轴高速旋转，从蒸发器出来的制冷剂蒸汽从吸气室进入由叶片构成的叶轮通道内。由于叶片高速旋转产生的离心力作用，气体获得动能和压力能，高速气流经叶轮进入扩压器，由于通流截面逐渐扩大，气流逐渐减速而增压，即将气体的动能转变为压力能。气体从扩压器流出后，用蜗壳将气体汇集起来，由排气管输送到冷凝器中去，完成压缩过程。

离心式制冷压缩机希望制冷剂的分子量大些，大分子量的气体可以得到较大的动能，达到较高的压力。目前空调用离心式压缩机选用R134a、R123和R22制冷剂。

（2）冷凝器和蒸发器

离心式冷水机组使用水冷式冷凝器和满液式蒸发器。有些离心式冷水机组的冷凝器和蒸发器布置在一个圆筒内，中间用隔板隔开。

（3）浮球阀

离心式冷水机组采用浮球阀作节流阀。浮球阀室结构如图8-31所示。

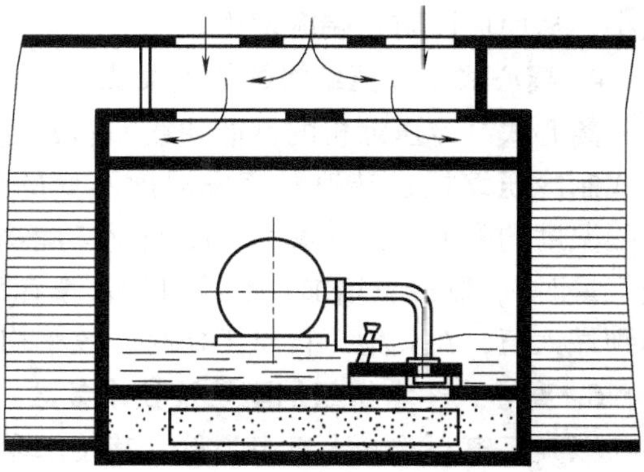

图8-31　浮球阀室

3. 离心式制冷压缩机的能量调节

离心式冷水机组根据冷负荷的变化调节制冷机制冷量。为防止发生喘振，在小流量时要进行反喘振调节。

（1）制冷量的调节

离心式制冷量的调节主要是根据用户对冷负荷的需要来调节，可采用四种方法。

1）进口导叶调节。离心式制冷压缩机进口处设有一组旋转导流叶片，改变导流叶片的角度，从而改变进口气流的方向，可以改变气流的能量头（单位质量制冷剂获得的能量），从而改变制冷量。这种调节方法经济性好，调节范围宽（40% ~100%），可用手动或根据蒸发温度（或冷冻水温度）自动调节。

2）进口节流调节。在压缩机进口管道上安装节流阀，通过改变节流阀的开启度，对制冷量进行调节。关小节流阀，进气量减少，制冷量减少。为避免调节时影响压缩机工作，降低压缩机的效率，吸气节流阀常采用蝶阀，使节流后的气体沿圆周方向均匀流动。进口节流调节产生能量损失，运转不经济，但装置简单，仍可采用。

3）转速调节。通过更换增速器中的齿轮，改变主轴转速，转速降低，制冷量相应减少。当转速从100%降低到80%时，制冷量可以减少60%，轴功率也减少60%以上。现在有些机组采用变频控制，直接改变电机转速，这种方式还具有节能效果。

4）冷却水量调节。冷却水量减小，冷凝温度增高，压缩机制冷量明显减小，但动力消耗却变化很小，因而经济性差，一般不宜单独作用，可与改变转速或导流叶片调节等方法结合使用。

（2）反喘振调节

离心式制冷压缩机发生喘振的主要原因是冷凝压力过高或蒸发压力过低，维持正常的冷凝压力和蒸发压力可防止喘振的发生。但是，当调节压缩机制冷量，其负荷过小时，也会产生喘振现象。因此，必须进行保护性的反喘振调节，旁通调节法是反喘振调节的一种措施。当要求压缩机的制冷量减小到喘振点以下时，可从压缩机排出口引出一部分气态制冷剂不经过冷凝器而注入压缩机的吸入口。这样，即减少了流入蒸发器的制冷剂流量，相应减少制冷机的制冷剂流量，又不致使压缩机吸入量过小，从而可以防止喘振发生。

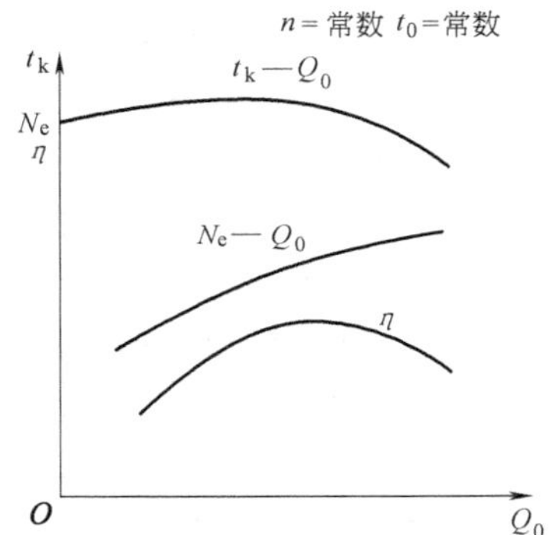

图8-32　离心式制冷压缩机的性能曲线

4. 离心式制冷压缩机的性能曲线

离心式制冷压缩机的性能曲线如图8-32所示，离心式制冷压缩机在转速和蒸发温度不变的条件下，随冷凝温度的降低，制冷量增加；输入功率增加（增加进气量时），制冷量增加；制冷机的效率在设计工作点达到最大值，在其他工作点工作时，效率均降低。

5. 离心式冷水机组的型号及技术参数

以某厂离心式冷水机组为例，其技术参数见表8-4。

表8-4　离心式冷水机组的技术参数

机组型号 LSBLX		1000	1200	1400	1600
制冷量调节		10% ~100%			
制冷量	kW	1000	1200	1400	1600
	RT	284	341	398	456
操作系统	中文液晶显示器				

（续）

机组型号 LSBLX			1000	1200	1400	1600
蒸发器	型式		卧式壳管式换热器			
	冷水流量	m^3/h	182	212	242	272
	冷水压力降	kPa	112	114	115	106
	流程数		3	3	3	3
冷凝器	型式		卧式壳管式换热器			
	冷却水流量	m^3/h	228	265	302	340
	冷却水压力降	kPa	83	82.2	81.4	83.1
	流程数		3	3	3	3
电机	功率	kW	178	214	248	284
	电源	V－ph－Hz	380－3－50			
R134a 充灌量		kg	500	690	690	850
流量控制			孔板节流			
重量	运输重量	kg	8980	9210	9440	9930
	运行重量	kg	8000	8500	9000	9500
外形尺寸	宽	mm	4500	4500	4500	4500
	深	mm	1700	1700	1700	1800
	高	mm	2300	2300	2300	2400

8.2.6 冷水机组的选择

选择压缩式冷水机组时，应根据建筑物的用途、各类冷水机组的特性，并结合当地水源、热源和电源等情况，对初投资和运行费用进行综合技术经济比较。选择冷水机组的类型和台数主要考虑以下几点。

1. 冷媒温度

选择冷水机组，应优先考虑所设计的工程对制取冷媒温度的要求。冷媒温度的高低对制冷机的选型和系统组成非常重要。例如，溴化锂吸收式制冷机用于空气调节制冷优点颇多，但它不能制取低温冷媒，而且就其溴冷机所制取的低温水的温度又有7℃（D型）、10℃（Z型）和13℃（G型）之分，因此要求工程设计者应了解制冷机的适用范围及技术条件。

2. 总制冷量与设备台数

总制冷量的大小将与该工程设计的一次性投资、占地面积、能量消耗和运行管理等密切相关。

空调工程以2～4台机组为佳，中小型规模宜选用2台，较大型可选用3台，特大型可选用4台，冷水机组一般不设备用机。一般情况下不宜设单台制冷机，这是因为一旦制冷机发生故障或停机检修时，仍能继续供冷。但选用过多的机组也是不利于投资、占地和维修的，因此设计时必须根据单机制冷量，结合具体情况，确定机组台数。

3. 能耗及能源的综合利用

选择制冷机类型时必须考虑机组的电耗、汽耗及油耗。当选用大型制冷机的区域性供冷的大型制冷站时，应当充分考虑对电、热、冷的综合利用和平衡，尤其是对废气、废热的充分利用，力求达到最佳的经济效果。

4. 环境保护与防振

1）噪声。噪声值不仅随制冷机的大小而增减，而且各种类型的冷水机组的噪声值是相差很大的。

2）制冷剂性质。有些冷水机组所用的制冷剂有毒、具有燃烧和爆炸性，如氨。所以选型时注意空调工程不采用氨制冷机。

3）制冷剂对臭氧层的破坏。压缩式冷水机组所用 CFC_S 制冷剂会破坏大气的臭氧层，达到一定程度时，将会给人类带来灾难。选择冷水机组一定要注意制冷剂的使用年限。

4）振动。压缩式冷水机组运行时的振动频率与振幅大小因机种不同相差较大。对于制冷机房周围有防振要求的，应选择振幅较小的压缩制冷机或运行无振动的溴化锂吸收式冷水机组。对冷水机组的基础与管道一般进行减振处理后均能达到要求。

5. 一次性投资与运行管理费用

制冷机在相同制冷量情况下，往往会由于选用的机种不同，而造成一次性投资相差较大。各种制冷机全年的运行管理费用也有较大差别，设计选型时应予特别注意。

6. 冷却水的水温与水质

冷水机组冷却水进机水温一般以 24～32℃为宜。冷却水的水质对热交换器的影响较大，会危及设备。由于结垢和腐蚀，会造成制冷机的制冷量衰减，还会导致换热管堵塞与破损。

7. 冷水机组的机型选择

冷水机组的机型选择时，一般来说，当单机制冷量不大于 116kW 时，宜选用活塞式和涡旋式；制冷量为 116～700kW 时，宜选用活塞式和螺杆式；制冷量为 700～1054kW 时，宜选用螺杆式；制冷量为 1054～1758kW 时，宜选用离心式和螺杆式；制冷量不小于 1758kW 时，宜选用离心式。

8. 压缩式冷水机组的容量应按空调冷（热）负荷计算确定，不作任何附加。

选择冷水机组时应根据产品样本提供的参数，结合当地气候条件和水源水温条件，经计算后确定。特别是选择风冷热泵型冷水机组时，如使用地区的实际工作条件与冷水机组的名义工况相差较大时，应经过计算修正后，再选择冷水机组。冬季制热时，由于室外温度变化对制热量影响很大，应进行制热量修正，其修正计算公式是

$$Q = K_1 K_2 q \tag{8-5}$$

式中 Q——机组制热量（kW）；

K_1——使用地区室外空调计算干球温度时的修正系数，按产品样本选取；

K_2——机组除霜修正系数，每小时除霜一次取 0.9，二次取 0.8，除霜次数可按机组除霜控制方式选或向生产厂查询；

q——产品标准工况下的制热量（kW）。

如某大型商场的空调计算总冷负荷为 10325kW，采用 CVHG1067 型三级压缩离心式冷水机组 3 台，单台制冷量 1000RT（3517kW），机组满负荷运行总制冷量为 3517×3＝10551kW。

图 8-33 为某接待中心空调制冷机房冷热水系统流程图，图 8-34 为其空调制冷机房工艺布置平面图，图 8-35 为其冷水机组安装 2–2 剖面图。

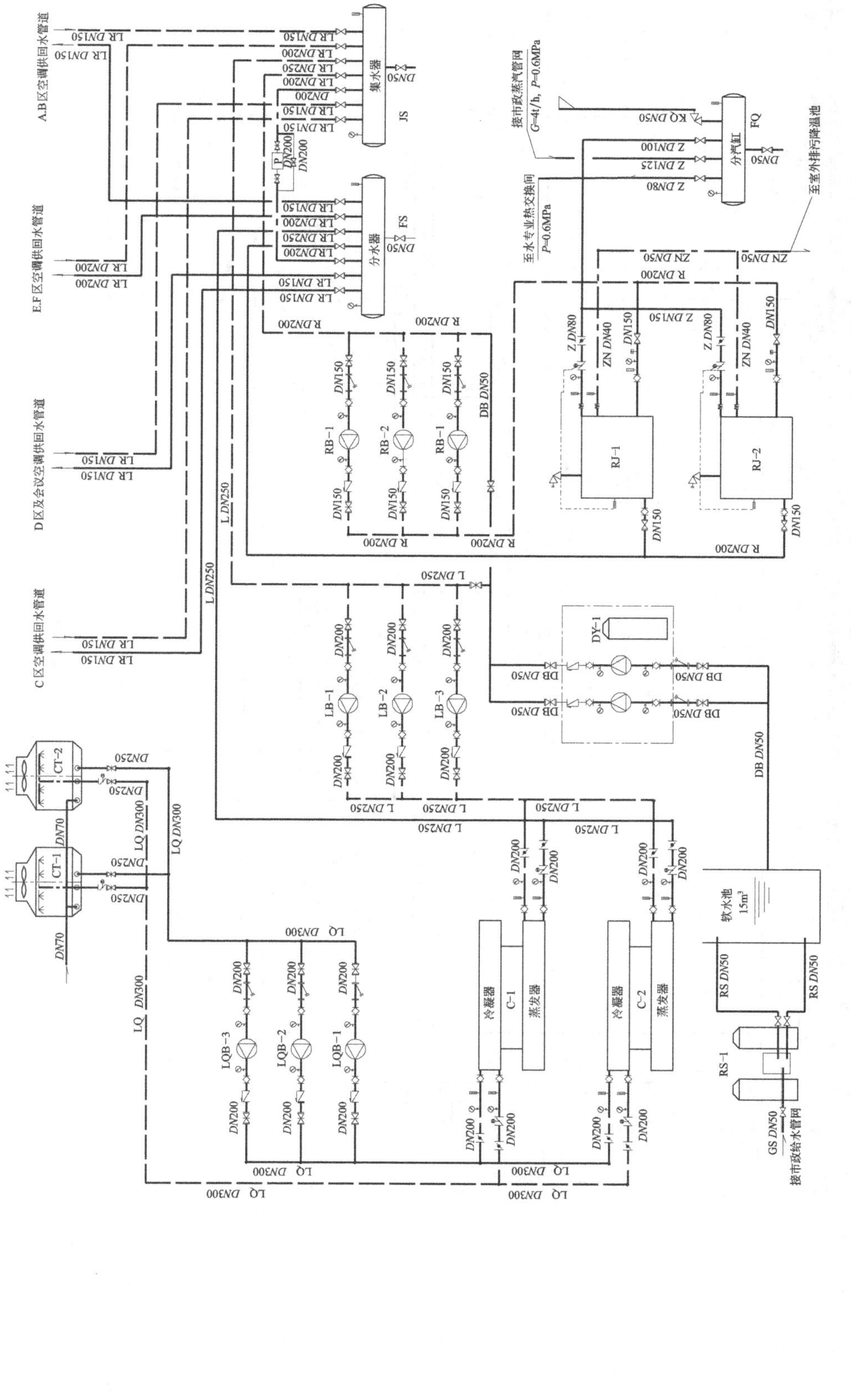

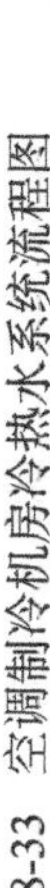

图8-33　空调制冷机房冷热水系统流程图

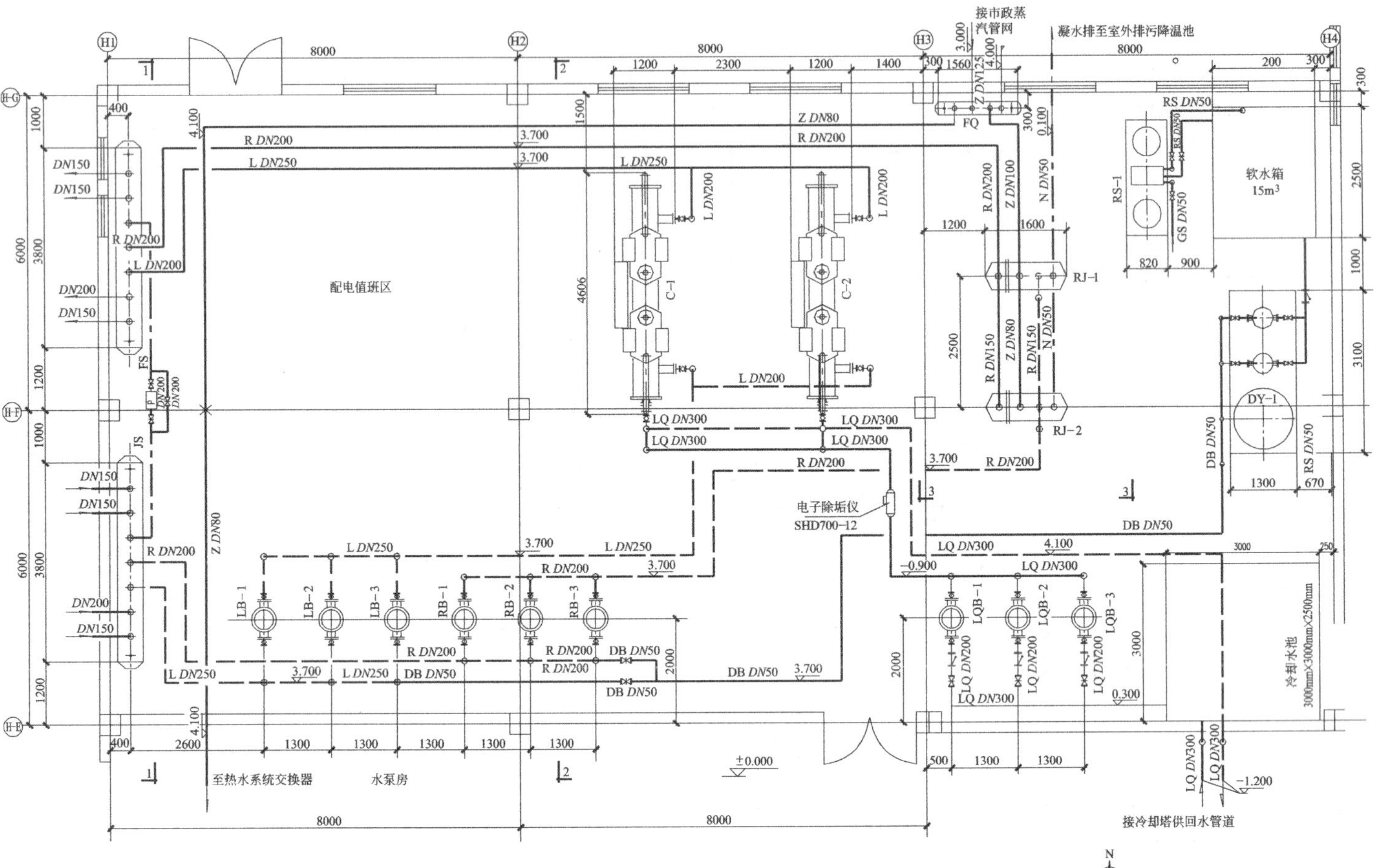

图8-34 制冷机房工艺布置平面图

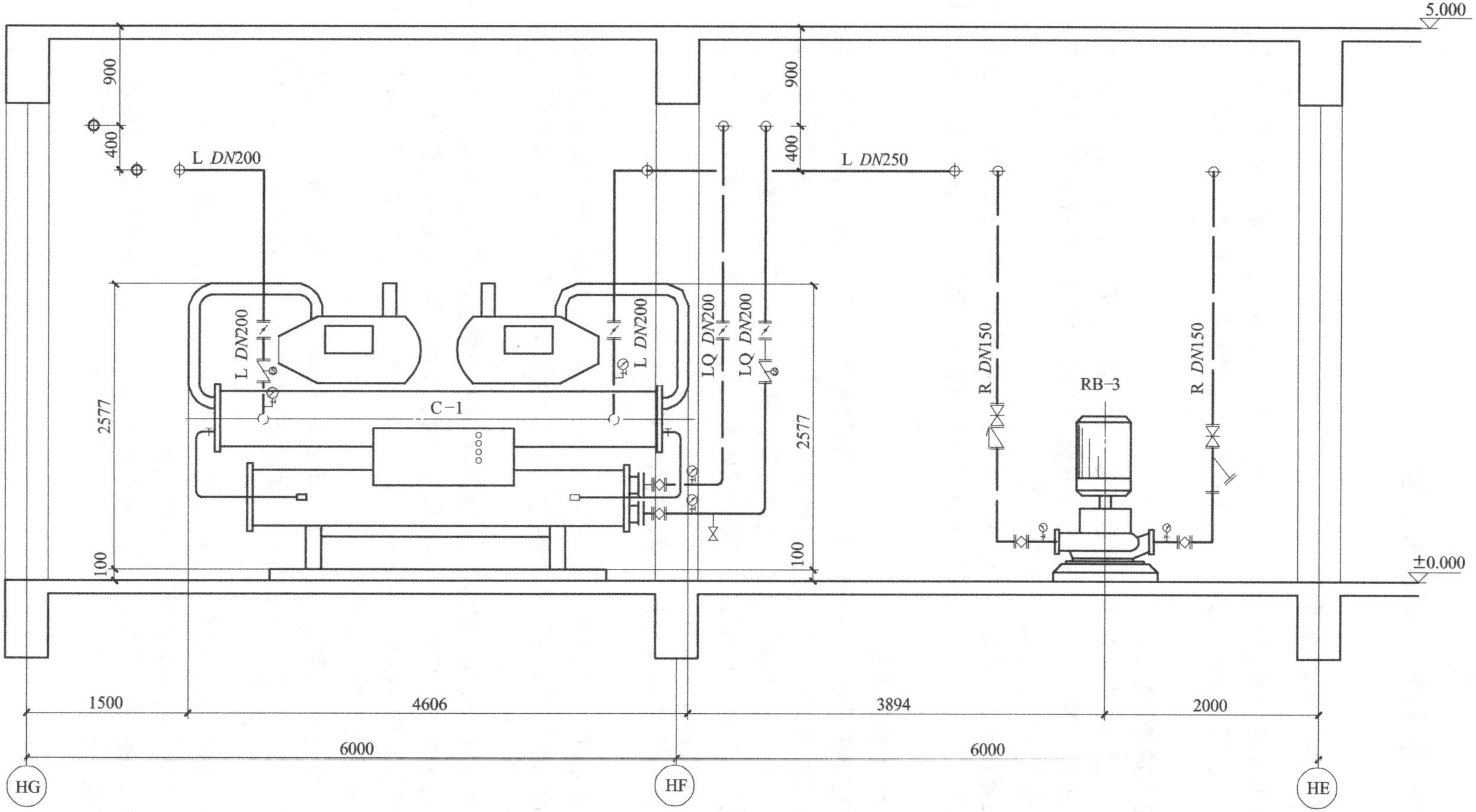

图8-35　冷水机组安装2-2剖面图

8.3 蒸汽压缩式冷水机组的安装

8.3.1 蒸汽压缩式冷水机组安装

冷水机组安装的一般程序是：设备开箱检查、基础检查验收及处理——设备搬运就位——设备找正、找平和对中心——一次灌浆——精确找平和对中——二次灌浆——试运转验收。

1. 安装施工的常用机具

冷水机组安装的常用机具中机器设备有：真空泵、U形压力计、氮气；量具有：钢板尺、角尺、量角器、游标卡尺、水平尺和线坠、水银温度计、手提式振幅仪、水平仪（精度0.02）、百分尺（精度0.01）、转速表等。

另外，还需要滑车、捯链、钢丝绳、卡环、钢丝绳夹、卷扬机、铜管胀管器、钢管割刀、虎钳、型材切割机、氧焊设备、电焊设备、扳手、螺丝刀、手电钻、冲击电钻和锉刀等。

2. 机组设备的开箱检查

机组安装前必须进行开箱检查，否则不得进行安装。开箱检查人员由建设、监理、施工单位的代表组成。开箱检查主要是检查机器设备的完好情况和随机文件的齐全与否。机组应有图纸说明书、合格证等随机文件，进口设备必须具有商检部门的检验合格文件。

开箱检查时，应从顶板开始，查明情况后再打开侧面箱板，开箱时注意安全。

机组开箱检查的内容有：

1）应按装箱清单对设备的型号、规格、附件数量、合格证及随机技术文件等进行核对。

2）对设备的包装和保护物，除必须检查外，不要过早拆除，以防止设备受损。

3）检查传动部件时，应将防护油洗掉并注上润滑油再转动检查；检查后，如不能立刻安装，应重新涂上防护油。

4）检查压缩机外表有无损坏、生锈现象；并检查随机附件是否齐全，吸排气阀门是否关闭与封口，手盘车是否轻松，如一人盘不动时，应作解体检查并作好记录。

5）辅助设备作外观检查，有无碰坏现象，附件是否齐全；各接口是否堵严，锈蚀程度如何；规格、型号是否符合设计要求。

6）阀门、仪表作一般的外观检查，有无损坏现象，是否氨（氟）专用产品；规格数量是否与设计一致；安全阀是否有出厂合格证和铅封；仪表的规格、型号是否符合设计要求。

7）有些冷水机组内部没有充注制冷剂，充有氮气，开箱时应检查机组充气有无泄漏，机组充气内压应符合设备技术文件规定的压力。

开箱检查结果应填写“设备开箱记录”（表8-5），如有设备缺陷还应填写“设备开箱后缺陷处理记录”（表8-6）。

表8-5 设备开箱记录

建设单位		单位工程名称		设备制造厂	
施工单位		设备名称		设备编号	

设备所带技术文件资料

主要设备配件及材料明细表

序号	名称	规格	单位	数量	备注（缺损）

设备移交单位	负责人 经办人	设备接收单位	负责人 经办人

附：设备装箱单一份。　　　　年　　月　　日

表 8-6　设备开箱后缺陷处理记录

单位工程名称：

<table>
<tr><td>设备位号</td><td></td><td>设备名称</td><td></td></tr>
<tr><td>设备主要缺陷及存在问题</td><td colspan="3"></td></tr>
<tr><td>修复方法及处理结果</td><td colspan="3"></td></tr>
<tr><td colspan="4">建设单位：　　施工单位：　　检查人：　　记录人：　　年　月　日</td></tr>
</table>

3. 基础检查及处理

机组就位前应对基础进行检查，合格后方可安装。

基础检查验收的主要内容包括：基础的外形尺寸，基础面的水平度、中心线、标高、地脚孔的坐标位置，预埋件等是否符合要求。若设计无要求时，可按表8-7执行。

表8-7　设备基础各部允许偏差

序号	项目名称	允许偏差值/mm
1	基础坐标位置（纵、横轴线）	±20
2	基础各不同平面的标高	+0、-20
3	基础上平面外表尺寸	±20
4	凸台上平面外表尺寸	-20
5	凹穴尺寸	+20
6	基础平面水平度	每米5，全长10
7	基础垂直度偏差	每米5，全高10
8	预埋地脚螺栓顶标高	+20、0
9	预埋地脚螺栓中心距（根、顶部两处测量）	±2
10	预埋地脚螺栓孔中心位置	±10
11	预埋地脚螺栓孔深度	+20、0
12	预埋地脚螺栓孔孔壁垂直度	10
13	预埋地脚螺栓锚板标高	+20、0
14	预埋活动地脚螺栓锚板中心位置	5
15	预埋活动地脚螺栓锚板平整度	5

检查不合格的基础应针对相应的内容进行处理，保证达到机组安装前的质量标准。基础检查后填写“设备基础隐蔽检查记录”（表8-8）。

表 8-8　设备基础隐蔽检查记录

<table>
<tr><td colspan="2">单位工程名称</td><td></td><td colspan="2">分部分项名称</td><td></td></tr>
<tr><td colspan="2">位置与标高</td><td></td><td colspan="2">混凝土强度等级</td><td></td></tr>
<tr><td colspan="6">1. 基底状况</td></tr>
<tr><td colspan="6">2. 横纵坐标轴线</td></tr>
<tr><td colspan="6">3. 不同平面标高</td></tr>
<tr><td colspan="6">4. 垂直度</td></tr>
<tr><td colspan="6">5. 预埋螺栓中距及顶端标高</td></tr>
<tr><td colspan="6">6. 预留螺孔中心、深度及垂直度</td></tr>
<tr><td colspan="6">7. 其他</td></tr>
<tr><td colspan="6">8. 平面几何尺寸</td></tr>
<tr><td colspan="6">（示意图）</td></tr>
<tr><td colspan="2">检查结论</td><td colspan="4"></td></tr>
<tr><td>建设单位</td><td>代表</td><td>设计单位</td><td>代表</td><td>施工单位</td><td>施工员
班组长</td></tr>
</table>

年　　月　　日

4. 基础放线

基础检验合格后，将基础表面清理干净，即可放线。放线就是根据施工图，按建筑物定位轴线来测定设备的纵横中心线和其他基准线，并用墨线将其弹在基础上，作为安装设备找正的依据。放线时，要注意尺要拉直、放正、测量准确。

5. 设备搬运与就位

基础划线后，设备即可就位，将设备搬到设备基础上去。常用的搬运方法有：

（1）利用起重机等机械搬运

使用起重机、铲车等将机组送上基础就位。

（2）利用人字架与捯链吊运

先将设备运到基础上，采用人字架（俗称拔杆）和捯链将设备吊起来，抽去底排，再把设备落到基础上。

（3）采用滑移方法就位

将设备连同底排运到基础旁放正，对好基础。然后卸下底排上螺栓，用撬杠撬起设备一端，在设备与底排间放上滚杠（*DN*50 钢管），使设备落在滚杠上，再以几根滚杠横跨在已经放好线的基础和底排的一端，用撬杠撬动设备，通过滚杠滑移，把设备从底排上水平移到基础上，然后再撬起设备取出滚杠，垫好垫铁。

设备拆箱后应连同原有底排搬运到安装地点，吊装的钢丝绳应设于蒸发器筒体支座外侧，并注意钢丝绳不要使仪表板、管路等受力，钢丝绳与设备接触点应垫以软木板。

冷水机组的吊装方式如图 8-36 所示。

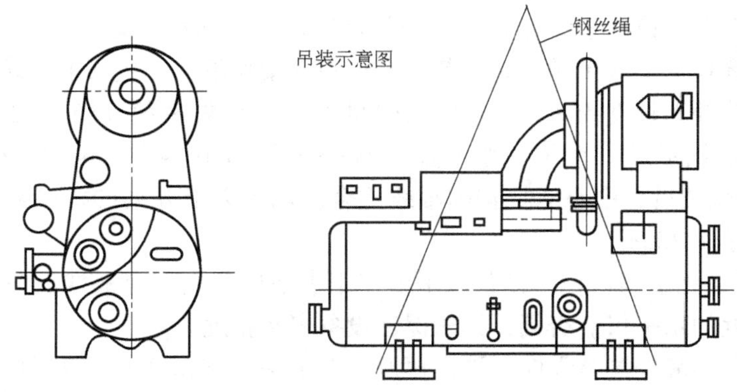

图 8-36　冷水机组的吊装方式

6. 设备找正找平

（1）设备找正

设备找正即将设备正确地放在规定的位置上，使设备和基础的纵横中心线对正。为此，需先找出设备纵横中心线，就位后利用量具和线锤进行测量，看设备中心线与基础中心线是否对正，不正时，用撬杠撬动设备加以调整，直到设备中心线与基础中心线对正为止。

（2）设备找平

设备找平即将设备调整到水平状态。设备找平是一道重要工序。《通风与空调工程施工质量验收规范》规定冷水机组设备的水平度应不大于 1/1000。设备水平度不符合要求，运转时将会加剧振动，噪声大；润滑不佳，动力消耗加大；增加设备磨损，降低使用寿命。设备找平按下列步骤进行。

1）放置垫铁。设备水平度调整要使用垫铁，垫铁种类很多，冷水机组安装中常用平垫铁、斜垫铁，如图 8 - 37 所示。

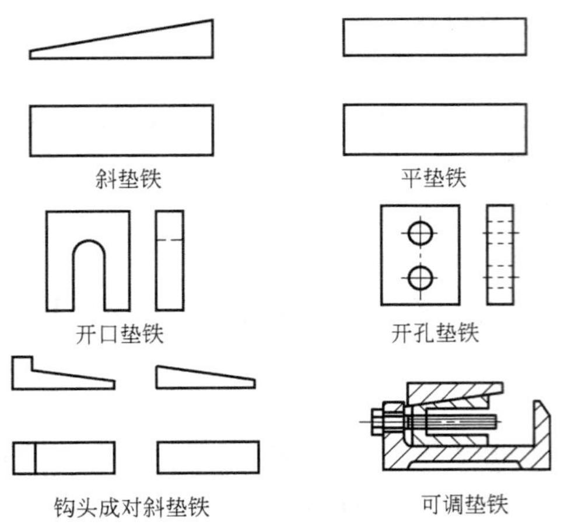

图 8 - 37　垫铁的类型

垫铁放置数量和位置与设备底座外形和底座上的螺栓孔位置有关，一般垫铁的距离越近越好，一般以 500 ~ 1000mm 为宜。

垫铁应成组使用，每组垫铁一般不超过三块，过高设备稳定性差，过低不便于灌浆。厚垫铁应放在下面，薄垫铁应放在上边，最薄的放在中间，尽量少用或不用薄垫铁。

垫铁放置应整齐平稳，垫铁之间、垫铁与基础之间应接触良好，可用重 0.25kg 的手锤轻敲垫铁，若声音喑哑，即接触良好，若声音响亮则接触不良。垫铁中心线应垂直于设备底座的边缘。平垫铁外露长度约为规范规定的中间值，斜垫铁外露长度应介于最大值和中间值之间或稍大。设备找平后，平垫铁距底座边缘外侧露出 10 ~ 30mm，斜垫铁应露出 10 ~ 50mm。机组安装就位后，中心应与基础轴线重合。两台以上并列的机组，应在同一基准标高线上，允许偏差 ±10mm。

2）设备水平度测量与调整。设备水平度使用水平仪测量，应根据设备水平度的不同要求，选择不同精度的水平仪。否则，无法保证设备安装精度。

调整设备水平一般先调整纵向水平，再调横向水平。首先将水平仪纵向放置在设备的精加工面上，观察水平仪气泡，气泡偏向哪一边，则说明哪边高些。此时应抬高另一边使之达到要求。

设备找平后，应将每组中的几块垫铁相互焊牢。

（3）地脚螺栓孔灌浆

设备初步找平后，即进行地脚螺栓孔灌浆。地脚螺栓孔灌浆即用细石混凝土或水泥砂浆填塞地脚螺栓孔以固定地脚螺栓。地脚螺栓的安装方式如图 8 - 38 所示。

灌浆时，必须清除螺栓孔内油污和泥土等杂物，并用水冲洗干净。每个孔的灌浆工作必须连续进行，一次灌完，并要分层均匀捣实，捣实时应避免碰撞设备，并要保持螺栓的垂直度（垂直度保证在 1% 之内，距侧壁应大于 15mm）。灌完后，要洒水养护，待混凝土强度达到 75% 以上时，拧紧地脚螺栓。混凝土强度的确定见表 8 - 9。

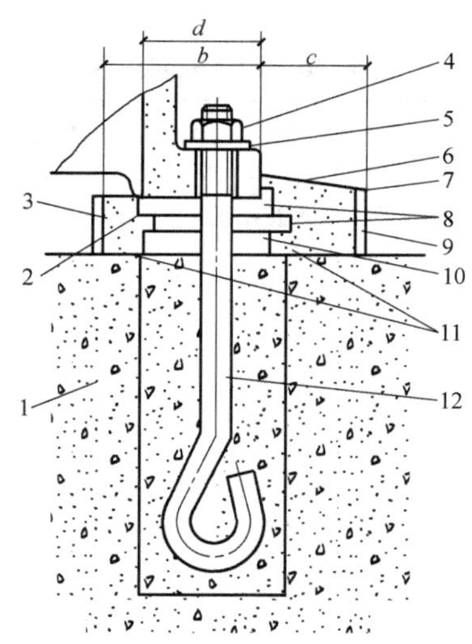

图8-38　地脚螺栓的安装方式

1—地坪或基础　2—设备底座底面　3—内模板　4—螺母　5—垫圈　6—灌浆层斜面
7—灌浆层　8—钩头成对垫铁　9—外模板　10—平垫铁　11—麻面　12—地脚螺栓

表8-9　混凝土达到75%强度所需天数

气温/℃	5	10	15	20	25	30
需要天数/d	21	14	11	9	8	6

（4）设备水平度复查和调整（精平）

当螺栓拧紧后，设备水平度可能会发生变化，必须进行复查和调整。在调整时，松开低端的地脚螺栓，将垫铁打进一点，紧好螺栓，再进行测量。如此循环，直到均匀拧紧螺栓后，设备纵横向水平度全部合格为止。

（5）设备二次灌浆

设备精确调平后，要将设备底座与基础表面间的空隙，用混凝土填满，并将垫铁埋在里面，即二次灌浆。

灌浆时，应放一圈外模板，模板边缘距设备底座边缘一般不小于60mm。灌浆层高度，在底座外面应高于底座底面，灌浆层上表面应向外略有坡度，以防油、水流入设备底座。

设备安装后，可以进行管道和电路的连接。

蒸汽压缩式冷水机组根据机组大小和形式不同，生产厂家对机组的基础、固定方式亦有不同的具体要求，安装时应按照机组的具体安装要求进行安装。

安装中应注意不能随意用气割割开型钢、管材和开螺栓孔，具体要求如下：

① 直径ϕ57mm以下的管材切断和ϕ40以下的管子同径三通开口，均不得用气割切口，可用砂轮切割机或手锯切割。

② 支、吊架钢结构上的螺栓孔，$\phi \leq 13$mm的不允许用气割，可用电钻钻孔。

③ 支、吊架金属材料的切割，不允许用气割。

机组安装后，填写“设备安装记录”（表8-10）。

表 8-10　设备安装记录

<table>
<tr><td>单位工程名称</td><td></td><td>设备名称及编号</td><td></td></tr>
<tr><td colspan="4">安装方法（安装程序、采用的主要工具、仪器、仪表及校正方法等）</td></tr>
<tr><td colspan="4">安装结果（包括同轴度偏差、机身纵横偏差、安装基准线的位置、标高与设计有无偏差等，并附图）</td></tr>
<tr><td colspan="4">技术负责人：　　　记录人：　　　　　　年　　月　　日</td></tr>
</table>

7. 成品保护措施

1）冷水机组安装，必须在机房土建施工完工，包括墙面粉饰工作、地面工程全部完工后进行，但要保证对墙面、地面不得碰坏或污染。

2）设备充灌的保护气体，开箱检查后，应无泄漏，并采取保护措施，不宜过早或任意拆除，以免设备受损。

3）制冷设备搬运和吊装，应符合下列规定：

① 安装前放置设备，应用衬垫将设备垫妥，防止设备变形及受潮。

② 设备应捆扎稳固，主要承力点应高于设备重心，以防倾倒。

③ 机组的吊装，其受力点不得使机组底座产生扭曲和变形。

④ 吊索的转折处与设备接触部位，应以软质材料衬垫，以防设备、机体、管路、仪表、附件等受损和擦伤油漆。

⑤ 吊装重物不得采用已安装的管道做吊点、支承点，也不得在管道上施放脚手板踩踏作业。

⑥ 建筑物装饰施工期间，必要时应设专人监护已安装完的管道、阀部件、仪表等，能关锁的房间要及时关锁。

8.3.2　冷水机组安装质量标准与验收

《通风空调工程施工质量验收规范》（GB 50243—2002）对冷水机组安装质量验收要求如下。

1. 一般规定

1）制冷设备、制冷附属设备、管道、管件及阀门的型号、规格、性能及技术参数等必须符合设计要求。设备机组的外表应无损伤、密封应良好，随机文件和配件应齐全。

2）与制冷机组配套的蒸汽、燃油、燃气供应系统和蓄冷系统的安装，还应符合设计文件、有关消防规范与产品技术文件的规定。

3）空调用制冷设备的搬运和吊装，应符合产品技术文件和GB 50243—2002第7.1.5条的规定（即设备的搬运和吊装必须符合产品说明书的有关规定，并应做好设备的保护工作，防止因搬运或吊装而造成设备损伤）。

4）制冷机组本体的安装、试验、试运转及验收还应符合现行国家标准《制冷设备、空气分离设备安装工程施工及验收规范》（GB 50274）有关条文的规定。

2. 制冷设备的主控项目

1）制冷设备与制冷附属设备的安装应符合下列规定。

① 制冷设备、制冷附属设备的型号、规格和技术参数必须符合设计要求，并具有产品合格证书、产品性能检验报告。

② 设备的混凝土基础必须进行质量交接验收，合格后方可安装。

③ 设备安装的位置、标高和管口方向必须符合设计要求。用地脚螺栓固定的制冷设备或制冷附属设备，其垫铁的放置位置应正确、接触紧密；螺栓必须拧紧，并有防松动措施。

检查数量：全数检查。

检查方法：查阅图纸核对设备型号、规格；检查产品质量合格证书和性能检验报告。

2）直接膨胀表面式冷却器的外表应保持清洁、完整，空气与制冷剂应呈逆向流动；表面式冷却器与外壳四周的缝隙应堵严，冷凝水排放应畅通。

检查数量：全数检查。

检查方法：观察检查。

3）燃油系统的设备与管道以及储油罐及日用油箱的安装，位置和连接方法应符合设计与消防要求；燃气系统设备的安装应符合设计和消防要求；调压装置、过滤器的安装和调节应符合设备技术文件的规定，且应可靠接地。

检查数量：全数检查。

检查方法：按图纸核对、观察、查阅接地测试记录。

4）制冷设备的各项严密性试验和试运行的技术数据，均应符合设备技术文件的规定；对组装式的制冷机组和现场充注制冷剂的机组，必须进行吹污、气密性试验、真空试验和充注制冷剂检漏试验，其相应的技术数据必须符合产品技术文件和有关现行国家标准、规范规定。

检查数量：全数检查。

检查方法：旁站观察、检查和查阅试运行记录。

5）制冷系统管道、管件和阀门的安装应符合下列规定。

① 制冷系统的管道、管件和阀门的型号、材质及工作压力等必须符合设计要求，具有出厂合格证、质量证明书。

② 法兰、螺纹等处的密封材料应与管内的介质性能相适应。

检查数量：按总数抽检 20%，且不得少于 5 件；安全阀全数检查。

检查方法：核查合格证明文件、观察、水平仪测量、查阅调校记录。

6）燃油管道系统必须设置可靠的防静电接地装置，其管道法兰应采用镀锌螺栓连接或在法兰处用铜导线进行跨接，且接合良好。

检查数量：系统全数检查。

检查方法：观察检查、查阅试验记录。

7）燃气系统管道与机组的连接不得使用非金属软管；燃气管道的吹扫和压力试验应为压缩空气或氮气，严禁用水；当燃气供气管道压力大于 0.005MPa 时，焊缝的无损检测的执行标准应按设计规定；当设计无规定，且采用超声波探伤时，应全数检测，以质量不低于Ⅱ级为合格。

检查数量：系统全数检查。

检查方法：观察检查、查阅探伤报告和试验记录。

3. 一般项目

1）制冷机组与制冷附属设备的安装应符合下列规定

① 制冷设备及制冷附属设备安装位置、标高的允许偏差，应符合平面位移允差 10mm，标高允许偏差 ±10mm。

② 整体安装的制冷机组，其机身纵、横向水平度的允许偏差为 1/1000，并应符合设备技术文件的规定。

③ 制冷附属设备安装的水平度或垂直度允许偏差为 1/1000，并应符合设备技术文件的规定。

④ 采用隔振措施的制冷设备或制冷附属设备，其隔振器安装位置应正确；各个隔振器的压缩量，应均匀一致，偏差不应大于 2mm。

⑤ 设置弹簧隔振的制冷机组，应设有防止机组运行时水平位移的定位装置。

检查数量：全数检查。

检查方法：在机座或指定的基准面上用水平仪、水准仪等检测，尺量与观察检查。

2）模块式冷水机组单元多台并联组合时，接口应牢固，且严密不漏；连接后机组的外表应平整、完好，无明显的扭曲。

检查数量：全数检查。

检查方法：尺量、观察检查。

3）燃油系统油泵和蓄冷系统载冷剂泵的安装，纵、横向水平度允许偏差为1/1000，联轴器两轴芯轴向倾斜允许偏差为0.2/1000，径向位移为0.05mm。

检查数量：全数检查。

检查方法：在机座或指定的基准面上，用水平仪、水准仪等检测，尺量、观察检查。

8.3.3 冷水机组的试运转

除较大型的冷水机组外，冷水机组在生产厂均经过系统清洗、试压、抽真空、检漏、充灌制冷剂、试运转检验等各项工作。现场安装后，结合空调系统的调试，进行负荷试运转。

1. 冷水机组负荷试运转的规定

（1）试运转前

1）检查安全保护继电器的整定值。

2）检查油箱的油面高度。

3）开启系统中相应的阀门。

4）给冷凝器供冷却水。

5）向蒸发器供冷冻水。

6）将能量调节装置调到最小负荷位置或打开旁通阀。

（2）启动运转

1）启动压缩机，并应立即检查油压，待压缩机转速稳定后，其油压符合有关设备技术文件的规定（有专门供油泵的先启动油泵）。

2）容积式压缩机启动时应缓缓开启吸气截止阀和节流阀。

3）检查安全保护继电器，动作应灵敏。

4）应根据现场情况和设备技术文件的规定，确定在最小负荷下所需运转的时间。

5）运转过程中应进行下列各项检查，并做好记录。

① 油箱油面的高度和各部位供油的情况。

② 润滑油的压力和温度。

③ 吸排气的压力和温度。

④ 冷却水进排水温度和供应情况。

⑤ 冷冻水温度。

⑥ 运动部件有无异常声响，各连接部位有无松动、漏气、漏油、漏水等现象。

⑦ 电动机的电流、电压和温升。

⑧ 能量调节装置动作是否灵敏，浮球阀及其他液位计工作是否稳定。

⑨ 机组的噪声和振动。

（3）停车

1）应按设备技术文件规定的顺序停止压缩机的运转。

2）最后关闭水泵或风机系统，并应排放所有易冻积水。

3）制冷机组试运转后，应拆洗吸气过滤器和滤油器，并更换润滑油。

2. 不同形式的冷水机组的负荷试运转要求

冷水机组试运转应按要求的开停机程序操作，开机的程序是：先开启冷却水系统（或冷凝器风机）和冷冻水系统，再开启制冷压缩机。根据各种冷水机组的特点，不同形式的冷水机组的负荷试运转要求如下。

（1）活塞式机组的负荷试运转

1）启动前应按设备技术文件的要求将曲轴箱中的润滑油加热。

2）运转中润滑油的油温，开启式机组不应大于70℃，半封闭式机组不应大于80℃。

3）对R22机组最高排气温度应小于145℃。

4）油压调节阀的操作应灵活，调节的油压宜比吸气压力高0.15~0.3MPa。

5）能量调节装置的操作应灵活、正确。

6）吸、排气阀的跳动声响应正常。

7）各连接部位无漏气、漏水、漏油现象。

机组负荷运转状态经检查一切正常后，运行规定时间后，可以停机。停机时，应先停压缩机，然后再停冷却塔风机、水泵，关闭冷却水及冷冻水系统。

（2）螺杆式机组的负荷试运转

螺杆式机组的开停机程序与活塞式基本相同，在运转中的要求如下：

1）启动油泵，使油压达到0.5~0.6MPa，将滑阀置于零位，同时将手动四通阀的手柄分别转动到增载、停止、减载位置，以检验能量调节系统能否正常工作。

2）将能量调节手柄置于减载位置，使滑阀退到零位，然后检查机组油温。若低于30℃就应启动电加热器进行加热，使油温升至30℃以上，然后停止电加热器，启动压缩机运行，同时缓慢打开吸气阀。

3）机组启动后，检查油压，油泵运转正常，油压高于排气压力0.15~0.3MPa（表压）。

4）依次递进，进行增载试验，同时调节节流阀的开度，观察机组的吸气压力、排气压力、油温、油压、油位及运转是否正常。如无异常现象，就可继续增载至满负荷运行状态。

5）机组停机操作

① 机组第一次试运转时间一般以30min为宜，停机时先使滑阀回到40%~50%位置，关闭机组供液阀，关小吸气阀，停止主电动机，然后再关闭吸气阀。

② 机组滑阀退到零位时，停止油泵运行。

③ 关闭冷却水泵和冷却塔风机。

④ 关闭冷冻水泵。

⑤ 关闭电源。

（3）离心式机组负荷试运转

负荷试运转前，油泵润滑系统、冷冻水和冷却水系统应正常。浮球室内的浮球应处于工作状态，吸气阀和导向叶片应全部关闭，各调节仪表和指示系统应正常。利用抽气回收装置排除系统中的空气，使机组处于运转准备状态。

机组投入运转时，先手动启动主电动机，根据主电动机运转情况，逐步开启吸气阀和能量调节导向叶片，导向叶片连续调整到30% ~35%，使其迅速通过喘振区，检查主电动机电流和其他部位均正常后，再继续增大导向叶片的开度，以增大机组的负荷。连续运转应不少于2小时，导向叶片启闭灵活、可靠，开度和仪器指示值应按随机技术文件的要求调整一致。

手动启动电动机运转正常后，再试验自动启动的效果，如自动启动运转无异常现象，应连续运转4小时。

离心式制冷机组的负荷试运转应符合下列要求：

① 接通油箱加热器，将油加热至50 ~55℃。

② 按要求供给冷却水和冷冻水。

③ 启动油泵、调节润滑系统，其供油应正常。

④ 按设备技术文件的规定启动抽气回收装置，排除系统中的空气。

⑤ 启动压缩机应逐步开启导向叶片，并应快速通过喘振区，使压缩机正常工作。

⑥ 检查机组的声响、振动、轴承部位的温升应正常；当机器发生喘振，应立即采取措施予以消除故障或停机。

⑦ 油箱的油温宜为50 ~65℃，油冷却器出口的油温宜为35 ~55℃。

⑧ 能量调节机构的工作应正常。

⑨机组冷冻水出口处的温度及流量符合设备技术文件的规定。

3. 运行中出现问题及处理

（1）制冷系统运转不正常

1）现象。压缩机排气压力过高或过低，吸气压力过高或过低，高低压继电器经常动作，压缩机启动后90秒内突然停车及油压过低。

2）原因分析

① 造成压缩机排气压力过高的原因可能有：空气进入制冷系统；冷凝器冷却水量不足；制冷剂充入过多，以致积存在冷凝器中减少冷凝面积；管壳式冷凝器封头盖水路漏水，使水流短路等会造成排气压力过高。排气压力偏低的原因可能有：冷却水量过多及排气阀片渗漏等。

② 造成吸气压力过高的原因可能有：吸气阀片、阀门座、活塞环渗漏；负荷增加。吸气压力过低的原因可能有：吸气过滤器堵塞；系统制冷剂充入不足等。

③ 高低压继电器经常动作的原因可能有：高、低压继电器压力调整不适当；吸气阀未开。

④ 压缩机启动后90秒内突然停车是因为油压差控制器动作。油压差继电器动作主要是因为油压过低，其原因可能有：油泵有故障；油压调节过低；油过滤器堵塞及压缩机在高真空下运转。

3）防治措施

① 制冷系统中进入的空气，应从冷凝器或贮液器内放出；检查冷却塔的冷却水泵，找出或排除水量不足的原因；检查冷凝器封头盖板及垫片，消除水流短路；压缩机的排气阀要开足，调节冷却水量，对有渗漏的排气阀片应予以更换。

② 吸气阀开启度应进行调节；检查吸气阀片、阀座、活塞环的磨损情况，进行修理或更换。

检查卸载装置，使油压输入至卸载装置的油缸中，推动活塞和推杆，并由推杆推动装在气缸套外壁的转动环，使顶杆下落入转动环的斜面缺口中，吸气阀片随之放下而投入工作，即正常的吸气和压缩；油路切断时，油缸内油压消除，油活塞靠弹簧的弹力，转动环缺口斜面使顶杆提升，顶开吸气阀片，而不起压缩作用，达到卸载的目的。空调冷负荷减少是通过卸载装置减少气缸运转数来达到的。

设备安装后试运转时，除冷冻油需要更换外，还要拆开吸气过滤器进行清洗。制冷剂如有不足的现象，要严格按设备技术要求的数量进行充灌。充灌时，可采用液体充灌和气体充灌方式，液体充灌从贮液器出口处充灌，气体充灌从吸气阀处充灌。制冷压缩机启动运转后，逐渐开启吸气阀，其开度以无液体制冷剂的撞击声为宜。

③ 高、低压继电器是制冷系统的重要保护性元件，高压保护的目的是当压缩机排气压力过高时切断电源，使压缩机运行停止，避免事故的发生。对 R22 制冷剂其断开压力设定为 1.62MPa（表）。低压保护的作用是当制冷压缩机在运行过程中如果由于制冷剂的泄漏，供液量不足等原因而使吸气压力过低，低压保护装置将动作，压缩机将自动停机，待检查处理后方能恢复运行。对 R22 制冷剂其断开压力设定为比蒸发温度低 5℃的相应饱和压力，其值不小于 0.01MPa（表）。

④ 油压差继电器是用来保证制冷系统中压缩机润滑油泵具有一定压力的保护装置。

压差继电器动作，压缩机在 90 秒以内停车时，应调节油泵的油压，使油压比吸气压力高 0.05～0.15MPa。如果油压不正常，则应检查油管路和油过滤器有无堵塞。如有堵塞现象必须进行清洗，使之能够正常循环。

油泵的故障常出现在油泵的传动部分和油泵本体部分，应拆卸找出故障的原因和部位，进行重新组装。如果油泵正常，系统的油压可通过调整油压调节阀的开度，使油压达到要求的油压与吸气压差值。

（2） 机组制冷量不足

1） 现象。制冷压缩机本体运转正常，在夏季工况下空调房间温度降不下来。

2） 原因分析

① 制冷剂充灌不足。

② 制冷系统有泄漏部位。

③ 冷凝器的冷却水量不足或冷却水温偏高。

④ 热力膨胀阀开度不适当。

⑤ 热力膨胀阀和感温包安装位置不合适。

3） 防治措施

① 制冷剂灌注量的多少将直接影响制冷系统的正常运转。系统制冷剂不足，将降低机组的产冷量。制冷剂不足可从膨胀阀处听到有间断的液体流动声；严重不足时，将在膨胀阀后的管道上出现结霜现象。进行制冷剂充灌，充灌至压力为 0.2～0.3MPa 时，应对系统进行检漏。如检查出泄漏部位，应修复后再充灌制冷剂。当系统压力与钢瓶压力相同时，应开动制冷压缩机，将蒸发器内的压力降低，钢瓶内的制冷剂即能继续进入蒸发器，从而加快充灌制冷剂的速度。

② 必须保证冷却水量和冷却水温。合适的冷却水量和冷却水温是保证冷凝温度稳定的必要因素。据测算，冷凝温度每增加 1℃，单位制冷量的耗功率约增加 1%～2%。冷却水量减少和冷却水温高，都会导致冷凝温度增加，进而造成制冷量降低和机组 COP 降低。

③ 热力膨胀阀的开度必须在系统运转时开度适中。制冷系统一般利用冷凝器内具有的高压，通过管道经膨胀阀使液态制冷剂与蒸发器之间产生压力差，使蒸发器内的液态制冷剂

在要求的低压下蒸发吸热，同时使冷凝器内的气态制冷剂在给定的高压下放热冷凝。如果膨胀阀开度过小，则供液量减少，使制冷系统的制冷量降低；膨胀阀开度稍大，则供液量增加，部分液态制冷剂来不及在蒸发器内气化，轻者在蒸发器至压缩机的吸气管上结霜，严重者液态制冷剂随同气态制冷剂一起进入压缩机，将引起湿冲程，甚至造成损坏阀片事故。

④ 热力膨胀阀的安装应正确。安装热力膨胀阀时，一般阀体应垂直安装，其安装位置应方便维修，尽可能靠近蒸发器的进口处。热力膨胀阀的感温包绑扎在接近蒸发器的出口端的回气管上。当回气管道向上或向下敷设时，感温包安装在回气管道的水平部位；在有集油弯头的情况下，则应安装在集油弯头之前；当蒸发器出口处设有气液热交换器时，则应安装在气液热交换器之前。

试运转结束后，应拆洗系统中的过滤器并应更换或再生干燥过滤器的干燥剂。

试运转正常后，填写系统设备试运转记录（表8-11）、空调制冷系统安装检验批质量验收记录（表8-12）。

表8-11 系统设备试运转记录

<table>
<tr><td colspan="2">工程名称</td><td></td><td>系统名称</td><td></td></tr>
<tr><td colspan="2">分部分项
工程名称</td><td></td><td>试验内容</td><td></td></tr>
<tr><td colspan="2" rowspan="2">国家规范和技术标准
（或设计要求）</td><td colspan="3"></td></tr>
<tr><td colspan="3"></td></tr>
<tr><td>试运转情况记录</td><td colspan="4"></td></tr>
<tr><td>存在问题和处理意见</td><td colspan="4"></td></tr>
<tr><td>附件</td><td colspan="4"></td></tr>
<tr><td colspan="5">参加单位及人员：
年 月 日</td></tr>
</table>

表 8-12　空调制冷系统安装检验批质量验收记录表

<table>
<tr><td colspan="3">单位（子单位）工程名称</td><td colspan="3"></td></tr>
<tr><td colspan="3">分部（子分部）工程名称</td><td></td><td>验收部位</td><td></td></tr>
<tr><td colspan="2">施工单位</td><td colspan="2"></td><td>项目经理</td><td></td></tr>
<tr><td colspan="2">分包单位</td><td colspan="2"></td><td>分包项目经理</td><td></td></tr>
<tr><td colspan="3">施工执行标准名称及编号</td><td colspan="3"></td></tr>
<tr><td colspan="4">施工质量验收现范的规定</td><td>施工单位检查评定记录</td><td>监理（建设）单位验收记录</td></tr>
<tr><td rowspan="11">主控项目</td><td>1</td><td>制冷设备与附属设备安装</td><td>第 8.2.1－1，3 条</td><td></td><td></td></tr>
<tr><td>2</td><td>设备混凝土基础验收</td><td>第 8.2.1－2 条</td><td></td><td></td></tr>
<tr><td>3</td><td>表冷器安装</td><td>第 8.2.2 条</td><td></td><td></td></tr>
<tr><td>4</td><td>燃油、燃气系统设备安装</td><td>第 8.2.3 条</td><td></td><td></td></tr>
<tr><td>5</td><td>制冷设备严密性试验及试运行</td><td>第 8.2.4 条</td><td></td><td></td></tr>
<tr><td>6</td><td>制冷管道及管配件安装</td><td>第 8.2.5 条</td><td></td><td></td></tr>
<tr><td>7</td><td>燃油管道系统接地</td><td>第 8.2.6 条</td><td></td><td></td></tr>
<tr><td>8</td><td>燃气系统安装</td><td>第 8.2.7 条</td><td></td><td></td></tr>
<tr><td>9</td><td>氨管道焊缝无损检测</td><td>第 8.2.8 条</td><td></td><td></td></tr>
<tr><td>10</td><td>乙二醇管道系统规定</td><td>第 8.2.9 条</td><td></td><td></td></tr>
<tr><td>11</td><td>制冷剂管道试验</td><td>第 8.2.10 条</td><td></td><td></td></tr>
<tr><td rowspan="8">一般项目</td><td>1</td><td>制冷及附属设备安装</td><td>第 8.3.1 条</td><td></td><td></td></tr>
<tr><td>2</td><td>模块式冷水机组安装</td><td>第 8.3.2 条</td><td></td><td></td></tr>
<tr><td>3</td><td>泵安装</td><td>第 8.3.3 条</td><td></td><td></td></tr>
<tr><td>4</td><td>制冷剂管道安装</td><td>第 8.3.4 －1，2，3，4 条</td><td></td><td></td></tr>
<tr><td>5</td><td>管道焊接</td><td>第 8.3.4－5，6 条</td><td></td><td></td></tr>
<tr><td>6</td><td>阀门安装</td><td>第 8.3.5－2～5 条</td><td></td><td></td></tr>
<tr><td>7</td><td>阀门试压</td><td>第 8.3.5－1 条</td><td></td><td></td></tr>
<tr><td>8</td><td>制冷剂吹扫</td><td>第 8.3.6 条</td><td></td><td></td></tr>
<tr><td colspan="3" rowspan="2">施工单位检查评定结果</td><td>专业工长（施工员）</td><td>施工班组长</td><td></td></tr>
<tr><td colspan="3">项目专业质量检查员：　　　　年　　月　　日</td></tr>
<tr><td colspan="3">监理（建设）单位验收结论</td><td colspan="3">专业监理工程师：
（建设单位项目专业技术负责人）　　　　年　　月　　日</td></tr>
</table>

单元小结

本单元主要介绍了蒸汽压缩式制冷的基本原理，蒸汽压缩式冷水机组的选择、安装及试运转等方面的内容。通过学习，在掌握制冷基本原理的基础上，掌握冷水机组各设备的结构原理、冷水机组的能量调节方法、设计选型原则、安装程序及要求。

蒸汽压缩式制冷的基本原理以逆卡诺循环为出发点，建立了理论循环的形式，即蒸汽压缩式理论循环由压缩机、冷凝器、节流阀和蒸发器四大部件组成，四大部件作用不同，形成一个循环系统。压缩机消耗机械功，蒸发器吸收低温物体的热量，冷凝器向高温物体放热，节流阀起到节流降压、调节流量的作用，从而将低温物体的热量不断地排向高温物体，实现制冷的目的。

蒸汽压缩式冷水机组根据制冷压缩机的形式主要有螺杆式、活塞式、离心式冷水机组，它们的相同点是制冷基本原理相同，不同点是制冷压缩机的工作原理、冷水机组的制冷量调节的方式不同。螺杆式、活塞式冷水机组的冷凝器、节流阀和蒸发器选用的形式基本相同，离心式冷水机组的蒸发器采用满液式蒸发器，其节流阀采用浮球阀或节流孔板。学习时要熟悉蒸汽压缩式冷水机组的系统组成及各设备的结构原理、制冷量调节方式。

设计选择蒸汽压缩式冷水机组形式时要根据单机制冷量大小、能耗及能源的综合利用、环境保护与防振、一次性投资与运行管理费等方面综合考虑，安装冷水机组要根据设计图要求，依据规范，按照安装程序进行安装，机组水平度要求为1/1000。机组试运转时应做好试运转前的准备工作，严格按照开停机顺序操作，出现问题时根据问题的现象从四大部件和控制部件的作用出发，分析原因，解决出现的问题。

复习思考题

1. 常用的冷水机组的形式有哪些?

2. 冷水机组的冷凝负荷 Q_k、蒸发器的制冷量 Q_0、压缩机消耗功率 W 之间的能量守恒关系式是什么?

3. 名词解释：风冷式、水冷式冷水机组；多机头、单机头冷水机组；冷热水机组。

4. 试简述 R22、R134a、R123 制冷剂的优缺点?

5. 制冷量的单位 RT、kW、kcal/h 之间的换算关系是什么?

6. 螺杆式冷水机组主要由哪些设备组成? 各种设备的作用是什么? 其能量调节方式是什么?

7. 离心式冷水机组主要由哪些设备组成? 有哪些能量调节方式?

8. 活塞式冷水机组主要由哪些设备组成？有哪些能量调节方式？

9. 氟壳管满液式蒸发器内，制冷剂液体的高度有什么要求？为什么要保持这样的高度？

10. 热力膨胀阀有哪几种？各用在什么场合？

11. 空调工程中，根据单机制冷量的大小，应如何选择冷水机组的台数和形式？

12. 解释制冷机房、空调机房。制冷机房中，冷冻水系统主要由哪几种设备组成？

13. 简述蒸汽压缩式冷水机组安装的程序。

14. 冷水机组安装的水平度要求是多少？如何调整冷水机组的水平度？

15. 压缩式冷水机组试运转时，开关机程序是什么？

实训练习题

1. 蒸汽压缩式冷水机组结构原理图绘制和安装质量检测。

蒸汽压缩式冷水机组一台，要求：

（1）绘制冷水机组制冷系统循环图。

（2）指出冷水机组各设备名称及作用，采用制冷剂及其性质。

（3）测量冷水机组水平度。

（4）制订冷水机组安装程序。

2. 蒸汽压缩式冷水机组机房系统原理图绘制和平面图绘制。

蒸汽压缩式冷水机组机房系统一套，要求：

（1）绘制机房系统原理图，标出设备型号。

（2）绘制机房平面图。

（3）指出机房系统的冷却水系统、冷冻水系统和补水系统的设备组成。

单元 9

溴化锂吸收式制冷机组安装

☞ 知识能力目标

掌握吸收式制冷循环原理和溴化锂吸收式制冷机结构原理。

具备溴化锂吸收式制冷机选择、安装和试运转的能力。

☞ 学习任务要求

1. 蒸汽溴化锂吸收式制冷机组原理图绘制和安装质量检测。

2. 蒸汽溴化锂吸收式制冷机组机房系统原理图绘制和平面图绘制。

9.1 溴化锂吸收式制冷循环原理

9.1.1 单效溴化锂吸收式制冷循环

单效溴化锂吸收式制冷机由发生器、冷凝器、蒸发器、吸收器、溶液泵和节流阀等部件组成，其工作原理如图 9-1 所示。

单效溴化锂吸收式制冷机工作流程可以看做是由两个循环组合而成，左侧为制冷剂循环，与压缩式制冷循环相同，右侧是溶液循环，是吸收式制冷的特有的循环。左侧的制冷剂循环，由冷凝器、节流阀和蒸发器组成，制冷剂是水。在发生器中产生的较高压力的过热蒸汽（比吸收器中的压力高，但低于大气压）进入冷凝器，被冷却介质冷却成饱和水；然后经过节流阀节流降压，其状态变为湿蒸汽，即大部分是低温饱和状态的液体水和少量饱和蒸汽的混合状态；其中的低温饱和水在蒸发器中吸热汽化而产生冷效应，使被冷却对象降温；蒸发器中汽化的水蒸气被吸收器中的浓溶液吸收。

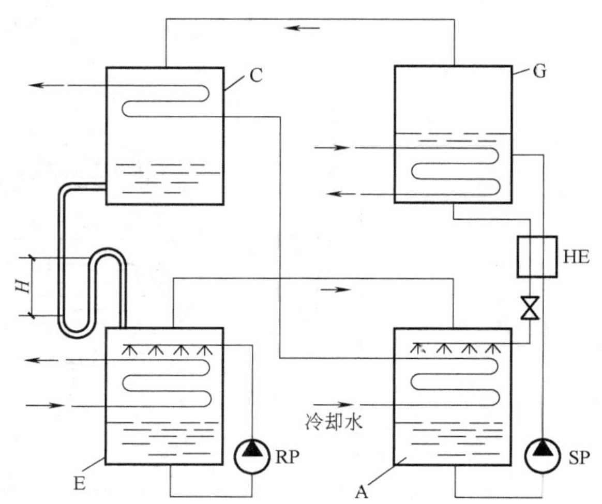

图 9-1 单效溴化锂吸收式制冷机工作原理

A—吸收器 E—蒸发器 C—冷凝器 G—发生器

RP—冷剂水泵 SP—溶液泵 HE—溶液热交换器

右侧的溶液循环由发生器、吸收器、溶液泵和溶液热交换器组成。在吸收器中，来自发生器的浓溶液具有较强的吸收能力，吸收来自蒸发器的低压水蒸气，变成稀溶液；稀溶液被溶液泵加压，经溶液热交换器被浓溶液加热后送入发生器；在发生器中被加热介质（如加热蒸汽、热水等）加热而沸腾，稀溶液中的水蒸气离开发生器，进入冷凝器，稀溶液浓缩为浓溶液；浓溶液经溶液热交换器进入吸收器继续吸收蒸发器来的冷剂水蒸气。

溶液循环中采用热交换器的作用是为了节能，因为稀溶液要进入发生器加热汽化，浓溶液进入吸收器要降温产生吸收能力，两者进行热交换，起到节能的目的。吸收器中设有冷却管，其原因是吸收过程是放热过程，需用冷却介质（如冷却水）带走吸收热。

9.1.2　蒸汽双效溴化锂吸收式制冷循环

蒸汽双效溴化锂吸收式制冷循环的形式较多，下面就并联型（稀溶液分别进入高压和低压发生器）流程进行介绍。

图 9-2 所示为双效溴化锂吸收式制冷的并联流程，它与单效型的区别是增加了一个高压发生器和一个高温热交换器。其工作原理是：稀溶液经溶液泵加压，分别进入低温热交换器、低压发生器和高温热交换器、高压发生器。在高压发生器内，稀溶液被加热浓缩成中间浓度的溶液，析出高温水蒸气作为低压发生器中的加热热源。在低压发生器中，稀溶液被浓缩，产生的蒸汽进入冷凝器，同时，高压发生器来的高温水蒸气变成凝结水后进入冷凝器。冷凝器冷却低压发生器产生的蒸汽和高温凝结水，使两者变成了常温冷剂水，经 U 形管节流降压进入蒸发器。在蒸发器中冷冻水被冷却，制冷剂水吸热气化，被吸收器浓溶液吸收，浓溶液成为稀溶液。

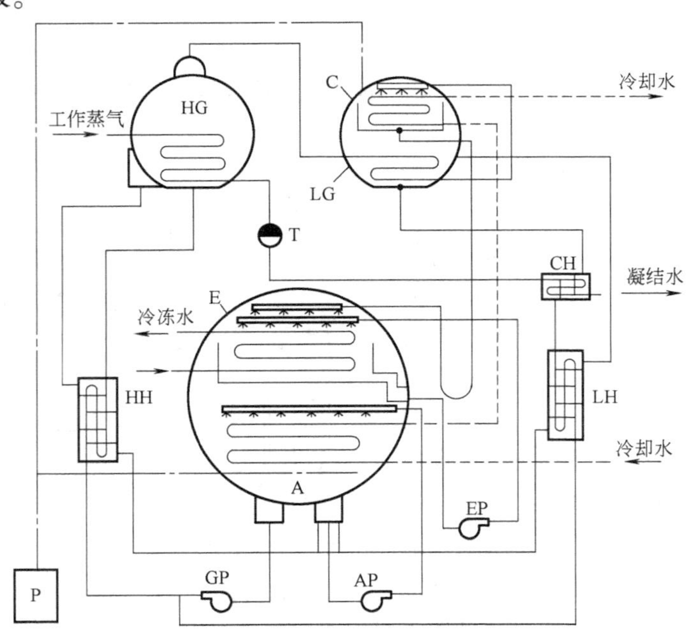

图 9-2　双效溴化锂吸收式制冷的并联流程

C—冷凝器　LG—低压发生器　HG—高压发生器　E—蒸发器　A—吸收器　AP—吸收器泵　GP—发生器泵
EP—蒸发器泵　HH—高温热交换器　LH—低温热交换器　CH—凝水热交换器　T—疏水器　P—抽气装置

在这种流程中，稀溶液分别进入高压发生器和低压发生器被浓缩，称为并联流程。同时，加热热能被利用了两次，因此称为双效型。

串联流程采用的设备与并联形式的基本相同，但稀溶液先后进入高压发生器和低压发生器，因此称之为串联流程。

9.1.3 直燃式溴化锂吸收式制冷循环

直燃型机组依靠燃油和燃气直接燃烧发热作为热源，省去了锅炉等设备，能够提供冷水和热水。近几年被广泛应用于宾馆、会堂、商场、体育场馆、办公大楼、影剧院等无余热、废热可利用的中央空调系统中。

图9-3所示为直燃式溴化锂吸收式冷热水机组的制冷流程图。其内部结构和双效溴化锂吸收式制冷机有相似之处，主要区别是高压发生器单独设置，内部装有燃烧器，直接用火焰加热稀溶液。此机组为冷热水机组，其上有切换阀门，用来改变机组的工作状态实现提供冷热水的目的。此机组为三筒型，高压发生器单独为一个筒体，上冷凝器和低压发生器组合为一个筒体，蒸发器和吸收器为一个筒体，另外设有高温热交换器、低温热交换器，设有吸收器泵、发生器泵和蒸发器泵（即冷剂泵）。

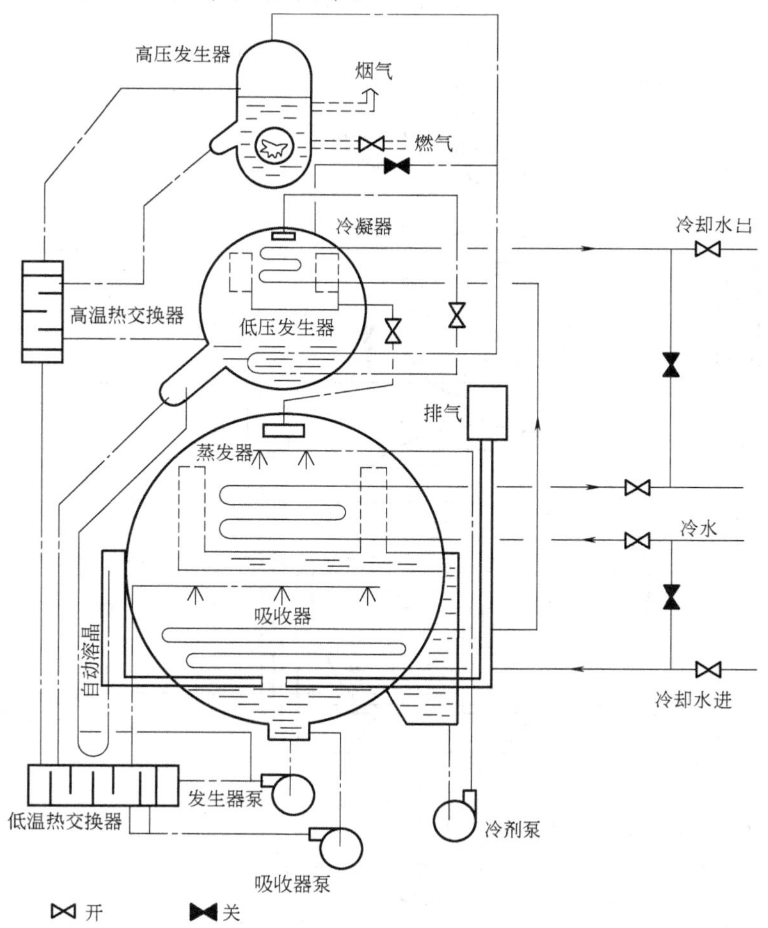

图9-3 直燃式溴化锂吸收式冷热水机组制冷流程

图9-3所示制冷循环：吸收器底部的稀溶液经发生器泵加压后经低温、高温热交换器进入高压发生器，在高压发生器中，燃烧器燃烧燃料加热稀溶液，产生冷剂水蒸气；蒸汽进入低压发生器，加热来自高温热交换器的稀溶液，自身凝结成冷剂水进入冷凝器，同时，产生的冷剂水蒸气经挡水板（图中虚线框表示）进入冷凝器；冷凝器中，蒸汽凝结成液体冷剂水，集聚在水盘中。高压的冷剂水降压后进入蒸发器，大部分流入蒸发器的积水盘中，由冷剂泵加压后在蒸发器中喷淋，在汽化的过程中吸收冷媒水的热量而使之降温，冷媒水被冷却。蒸发产生的低温冷剂蒸汽在吸收器中被浓溶液吸收，浓溶液变成稀溶液。吸收器底部的稀溶液被发生器泵加压再被送入高压发生器。上述过程重复不断。冷却水先进入吸收器带走吸收热，再进入冷凝器带走高温冷剂水蒸气的冷凝热。

图9-4所示为直燃式吸收式冷热水机组制热流程。冷却水系统关闭，高压发生器产生的高温冷剂水蒸气直接进入冷凝器，加热冷凝器内的热水，而凝结的冷剂水与低压发生器中的浓溶液一道，经低温热交换器与稀溶液混合，喷淋到吸收器中加热热水。热水在吸收器和冷凝器中加热，达到提供空调热水的目的。稀溶液流到吸收器底部；高压发生器中浓缩的浓溶液直接进入吸收器，在其中浓溶液与冷剂水混合成稀溶液。机组做采暖循环运行时，其实是一个真空锅炉。

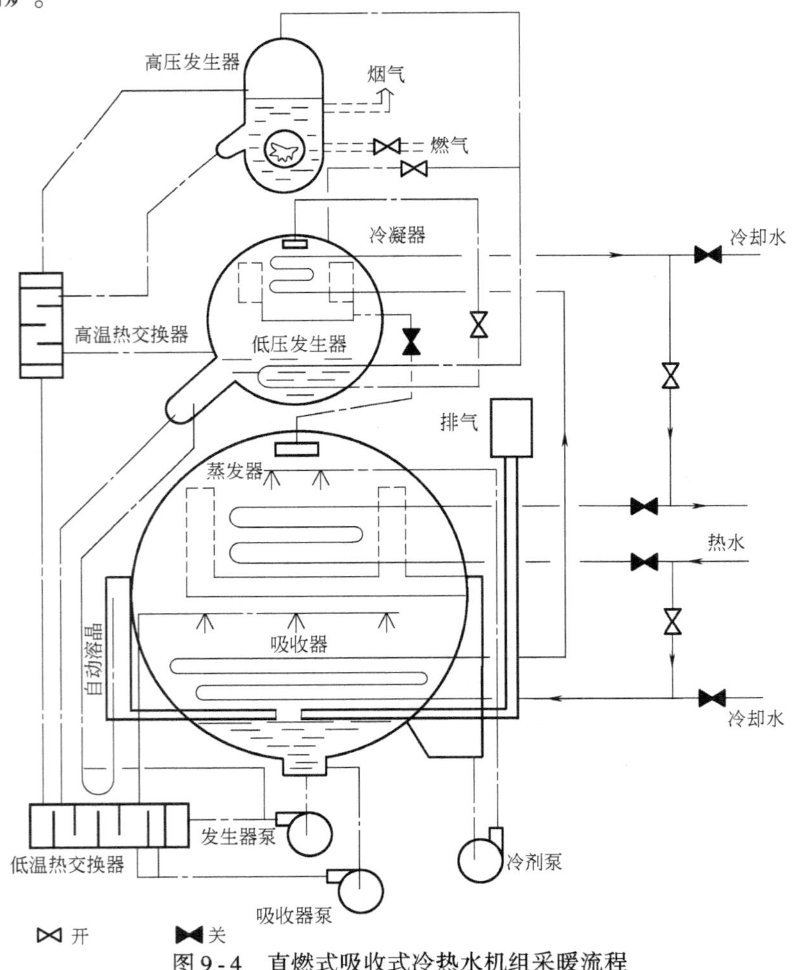

图9-4　直燃式吸收式冷热水机组采暖流程

这种冷热水机组采用一套冷媒水管路系统，夏季供冷，冬季采暖，一机两用，使得整个中央空调的设备和系统大为简化，可减少初投资，特别适于用电紧张、燃料价格合理的地区。

9.1.4 溴化锂吸收式冷水机组的能量调节

1. 工作蒸汽量调节法

此方法根据冷媒水的出口温度，调节工作蒸汽调节阀的开度，改变工作蒸汽量，以改变机组的制冷量，使冷媒水的出口温度保持恒定。

这种方法的优点是调节反应较快，缺点是低负荷下（50%以下）热力系数降低。因此，采用这种方法时，负荷最好不低于50%。

2. 稀溶液循环量调节法

此方法在高压发生器稀溶液进口管道上安装三通调节阀，根据冷媒水的出口温度，将一部分稀溶液旁通到浓溶液管道，使进入高压发生器的稀溶液减少，则产生的冷剂蒸汽减少，制冷量降低。

3. 冷却水量调节法

此方法在冷却水出水管道上设置三通阀，根据冷媒水出口温度，改变冷却水的循环量，达到调节制冷量的目的。

这种方法控制范围小，机组有产生结晶的危险，热力系数下降很大，一般只能在80%~100%负荷内调节。

4. 加热蒸汽量与稀溶液循环量组合调节法

此方法是同时调节加热蒸汽量和稀溶液循环量，这样可以使循环的各状态点保持基本不变，机组在最佳工况下工作。其制冷量调节的范围为10%~100%。

9.2 溴化锂吸收式冷水机组的选择

9.2.1 溴化锂吸收式冷水机组的形式及型号表示

溴化锂吸收式冷水机组有多种形式，根据加热热源的不同分为蒸汽型、热水型、直燃型等，各类溴化锂吸收式机型的加热热源参数见表9-1。

表9-1 各类溴化锂吸收式机型的加热热源参数表

机型	加热源种类及参数	机型	加热源种类及参数
蒸汽双效机组	蒸汽额定压力（表）0.25、0.4、0.6、0.8（MPa）	热水双效机组	>140℃热水
蒸汽单效机组	废汽（0.1MPa）	热水单效机组	废热（85~140℃热水）
直燃机组	天然气、人工煤气、轻柴油、液化石油气		

国产溴化锂吸收式制冷机的命名如下：

1. 蒸汽型、热水型机组

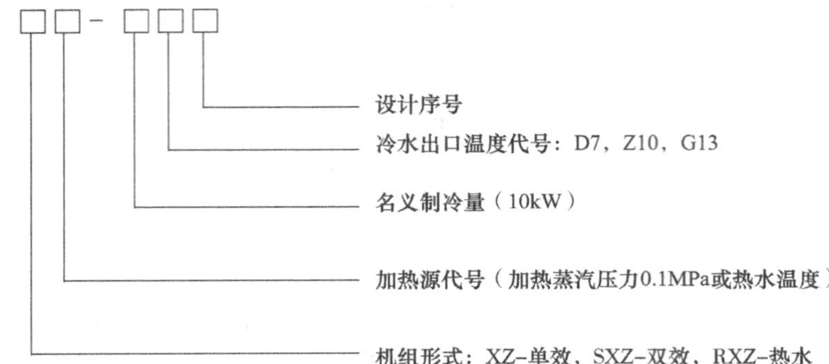

2. 直燃型机组

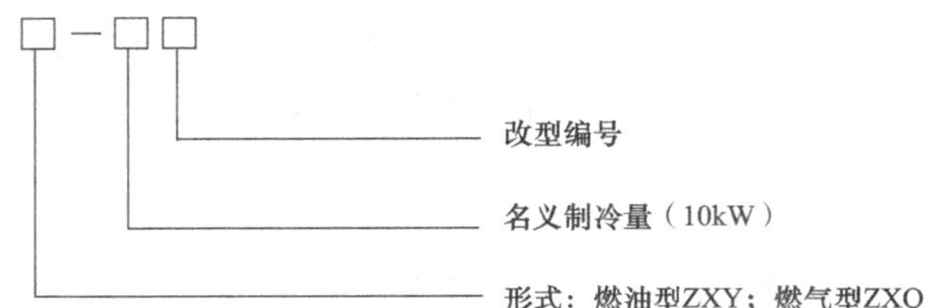

9.2.2 溴化锂吸收式冷水机组的技术参数

溴化锂吸收式冷水机组的性能参数是在名义工况下测出的参数，蒸汽型吸收式机组的名义工况和性能参数见表9-2，直燃型机组的名义工况和性能参数见表9-3。

表9-2 蒸汽型溴化锂吸收式冷水机组的名义工况和性能参数

名义工况						性能参数
形式	加热源 蒸汽(饱和)/MPa	冷水出口温度/℃	冷却水出口温度差/℃	冷却水进口温度/℃	冷却水出口温度/℃	单位制冷量加热源耗量/[kg/(h·kW)]
蒸汽单效型	0.1	7	5	30（32）	35（40）	2.35
蒸汽双效型	0.25	13			35（38）	1.40
	0.4	7				
		10				1.31
	0.6	7				
		10				1.28
	0.8	7				

注：括号内数值为可选择的参考值。

表9-3 直燃型溴化锂吸收式冷（温）水机组的名义工况和性能参数

项目	冷（温）水		冷却水		性能系数 COP
	进口温度	出口温度	进口温度	出口温度	
制冷	12℃（14℃）	7℃	30℃（32℃）	35℃（37.5℃）	≥1.10
供热	—	60℃	—	—	≥0.90
污垢系数	0.086m²·℃/kW				
电源	三相交流，380V，50Hz（单相交流，220V，50Hz）				

注：括号内数值为可选择的参考值。

机组的技术参数主要有：

1. 名义制冷量

溴化锂吸收式制冷机在名义工况下进行试验时，测得的由循环冷水带出的热量，单位 kW。

2. 名义供热量

直燃型溴化锂吸收式冷（温）水机组在名义工况下进行试验时，测得的通过循环温水带出的热量，单位 kW。

3. 名义加热源耗量

机组在名义工况下进行试验时，机组所消耗的加热源或燃料的流量，单位为 kg/h 或 m^3/h。

4. 名义加热源耗热量

名义工况加热源耗量换算成的热量值，单位 kW。当加热源为燃气或燃油时，以低位热值计。

5. 名义消耗电功率

机组在名义工况下进行试验时，测得的机组消耗的电功率，单位为 kW。

6. 性能参数、名义性能系数 COPo 或 COPh

蒸汽型溴化锂吸收式冷水机组的性能参数用单位制冷量加热源耗量表示，即单位制冷量蒸汽耗量，单位为 kg/(h · kW)。直燃型机组用名义性能系数 COPo（制冷）或 COPh（制热）表示，指在名义工况下试验时，测得的制冷（热）量除以加热源耗热量与消耗电功率之和所得的比值。

蒸汽双效型溴化锂吸收式冷水机组的技术参数见表 9-4。

表 9-4　蒸汽双效型溴化锂吸收式冷水机组的技术参数

项目	参数	SXZ4-35A	SXZ4-58A	SXZ4-116A	SXZ4-175A
制冷量	kW	350	580	1160	1750
	10^4 kcal/h	30	50	100	150
蒸发器（冷媒水）	进口温度/℃	12	12	12	12
	出口温度/℃	7	7	7	7
	流量/(m^3/h)	60	100	200	300
	流程数	5	4	4	3
	压头损失/MPa	0.08	0.13	0.13	0.13
冷凝器（冷却水）	进口温度/℃	32	32	32	32
	出口温度/℃	37	37	37	37
	流量/(m^3/h)	120	200	400	600
	流程数	5	4	4	3
	压头损失/MPa	0.05	0.085	0.085	0.12
高压发生器（加热蒸汽）	蒸汽进口压力（表压）/MPa	0.4	0.4	0.4	0.4
	消耗量/kg/h	510	850	1700	2550
	流程数	4	4	4	4

（续）

项目	参数	SXZ4-35A	SXZ4-58A	SXZ4-116A	SXZ4-175A
消耗电功率	发生器泵/kW	1.1	1.1	1.1	1.1
	溶液泵/kW	2.2	2.2	5.5	5.5
	冷剂水泵/kW	2.2	2.2	2.2	2.2
	真空泵/kW	1.1	1.1	1.1	1.1
机组外形尺寸	长/mm	4250	6250	6690	9190
	宽/mm	2430	6250	2700	2700
	高/mm	3090	3090	3830	3830
质量	机组质量/t	8	11.5	16	22
	机组运转质量/t	12	16.5	22	33
	最大搬运质量/t	9.5	13	18	24.5

9.2.3 溴化锂吸收式冷水机组的选型

1. 形式的选择

应根据当地的实际情况选用不同形式的溴化锂制冷机。有余热、废热或有压力不低于0.03MPa的蒸汽或温度不低于80℃的热水等适宜的热源可资利用时，且制冷量大于或等于350kW，所需冷水温度不低于5℃，经技术经济比较合理时，应采用溴化锂吸收式冷水机组；当使用地点有不低于0.25MPa的蒸汽可资利用，且技术经济比较合理时，可采用蒸汽双效型溴化锂吸收式冷水机组。

天然气是直燃型溴化锂机组的最佳能源，应优先采用天然气。在无天然气的地区宜采用人工煤气或液化石油气。选用时应进行经济技术比较，当与电制冷机、蒸汽型吸收式制冷机比较较为合理时，再采用直燃型溴化锂吸收式制冷机。

2. 制冷容量的计算

选择的溴化锂吸收式制冷机应考虑制冷机本身和水系统的冷（热）量损失，一般应比空调冷负荷大10%~15%。

3. 机组台数

溴化锂吸收式冷（温）水机组一般选用2~4台，中小型工程选用2台，机组台数选择应考虑互为备用和轮换使用，从便于维修管理的角度考虑，尽量选用同机型、同规格的机组；从节能和运行调节的角度考虑，必要时也可选用不同机型、不同负荷的机组搭配组合的方案。

9.3 溴化锂吸收式冷水机组的安装

9.3.1 溴化锂吸收式制冷机的安装过程

1. 开箱检查及基础检查

设备到货后，开箱前首先要核对设备名称、型号、规格和箱号，确认无误后，方可开箱

检查。开箱时，不得损坏箱内设备或零部件。

开箱后，对设备进行清点检查，作出记录和鉴定，并填写“设备开箱检查记录单”，作为移交凭证。

主要清点机组的零件、部件、附件、附属材料以及设备的出厂合格证和技术文件是否齐全。如发现缺陷、损坏、锈蚀、变形、缺件等情况，应填入记录单中，并进行研究和处理。

根据设备实际尺寸，检查基础是否符合要求，在基础上画出设备就位的纵横基准线。

2. 机组的搬运

机组在搬运及安装时，要注意不要碰坏设备上的阀门、管线及电气箱等部件。

3. 机组安装

蒸汽型和热水型溴化锂吸收式冷水机组就位水平度校核测量要求为：前后水平度以前后管板顶端为测点；左右水平度以中隔板为测点，水平度0.1%。机脚与基础面接触要求先在基础上垫一块与机脚尺寸相当的钢板（厚5~10mm），然后在钢板上垫同样大小的橡胶板（厚5~10mm），最后将机脚落上去。经过水平校核，将低的一端抬高，塞入垫铁，至完全水平后填满混凝土，洒水保养。溴化锂吸收式制冷机与基础间的垫铺如图9-5所示。

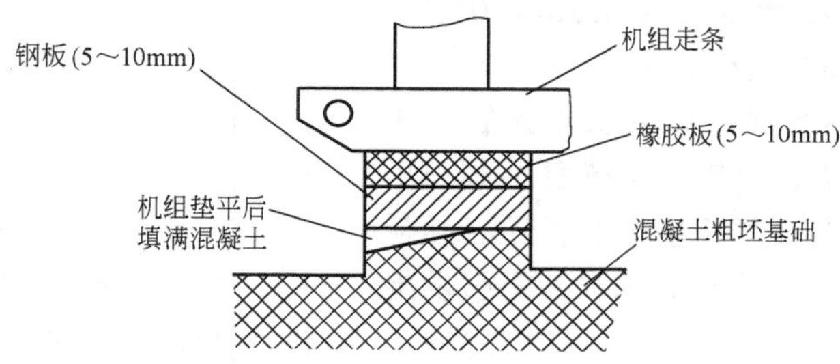

图9-5 溴化锂吸收式制冷机与基础间的垫铺

4. 直燃式溴化锂冷（热）水机组的安装

机组的开箱检查及基础验收等与前述相同，不同的是直燃机组的排气系统的施工要注意以下几个方面：

1）可以与同种燃料的直燃机、锅炉共用烟道，但不能与非同种燃料或其他类型设备（如发电机）共用烟道。

2）共用烟道截面尺寸之和应乘以1.2倍的系数。

3）共用烟道连接必须采用插入式，每台机组排气口应设风门和防爆门。

4）烟道材料应耐用20年以上，宜采用3~4mm普通钢板；烟囱最好采用砖、混凝土制作，在其内衬以耐火混凝土（由矾土水泥、耐火砖渣配成），如因条件限制，须采用钢制烟囱，其钢板厚度应不少于4mm。

5）钢制烟道、烟囱应予保温，室外部分应予防水。保温材料耐热400℃，厚度30~50mm，可用硅酸铝棉、玻璃纤维棉、岩棉等，外包玻璃纤维布；防水材料最好用铝箔或不锈钢板、镀锌钢板，在其接口处填树脂胶等材料密封。

6）在直管段较长处设伸缩器，在法兰口垫石棉绳，切不可让膨胀力压在机组上。

7）其他

① 烟囱口务必设防风罩、防雨帽及避雷针。

② 共同烟道必须设置防爆门，设置在风门与机组之间，以免机组误启动造成意外。烟道内不可避免地会产生凝结水，如不及时排除，会造成钢板腐蚀及烟道结垢，排水管宜采用水封弯结构，连续排除凝水。

③ 在立式烟囱底部应设除灰门，在横向烟道适当部位应设置检查门。在所有检查门及法兰处，以石棉带密封。穿越屋顶的烟囱应在烟囱壁上焊接挡水罩。

④ 穿越屋顶或墙壁的烟道、烟囱应用石棉绳或岩棉保温，以免膨胀和导热影响建筑物。烟道重量应由支吊架承担，不能压到机组上。

⑤ 排气口方位选择：距冷却塔 12m 以上或高于塔顶 2m 以上，尽可能不暴露于商业、文化区，以免影响市容。尽可能让机房人员方便观察，以便于及时了解排烟情况，并且比周围 1m 以内的建筑物高出 0.6m 以上。

⑥ 烟道焊接缝必须严密，烟道上所有螺母、螺栓上的螺纹均应涂上石墨粉以利拆卸。

排气系统如图 9-6 所示。

直燃机组机房施工时还应注意：

1）机房通风应良好。通风不良将导致机组运转所需空气量不足（必要空气量 $4.3m^3/10^4kJ$），并会引起机房潮湿，腐蚀机组。

2）机房应有排水设施。因为机组接管处不可避免地会产生凝结水，且外部系统管路阀门可能产生渗漏；遇到停电等紧急情况时，还必须从水盖排出大量冷却水，一旦机房积水，将引发电路故障和机组锈蚀。

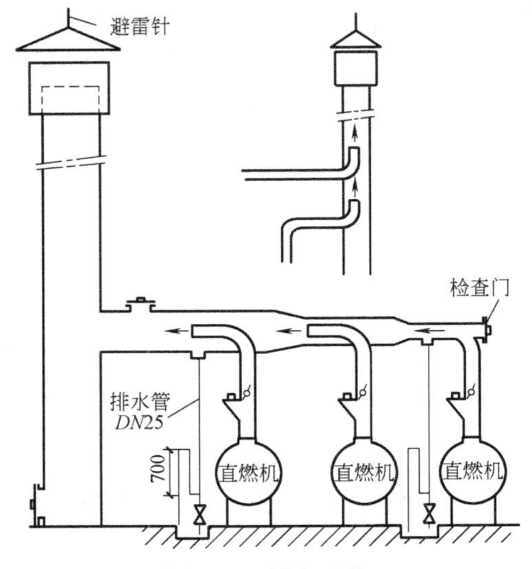

图 9-6　排气系统

5. 燃气系统施工要领

1）机房内设有 3 台以上机组时（或地下室机房），一定要安装煤气泄漏检测报警器。

2）所有连接管应进行气密性试验，以 0.4MPa 压缩空气试压，用肥皂液检漏。

3）机房一定要有良好的通风条件，保持 24 小时通风。

9.3.2　溴化锂吸收式冷水机组的试运转

1. 调试前的准备

机组调试前应分别检查蒸汽凝水系统、冷水系统、冷却水系统以及供电系统是否正常，并应对管道连接处和机组水室的密封情况进行检查。除此以外，还须作好下面的准备工作。

（1）机组的气密性试验

由于机组起吊、运输与安装等方面的原因，可能引起某些部位的泄漏。为确保机组一次调试成功并长期运行，需对机组进行气密性试验。

进行机组气密性试验时需配备的仪器有：卤素检漏仪、U 形管绝对压力计、旋转式麦氏真空计。

气密性试验的要求为：试验气体应为干净的空气或氮气，试验压力应为设计压力，且不应小于 0.08MPa。

（2）真空试验

气密试验合格后，再进行真空试验。试验时，应将系统内绝对压力抽至0.0665kPa，关闭抽气阀门，保持压力24h后压力的上升不应大于0.0266kPa。

（3）其他检查

1）电器、仪表的检查。检查电源送电是否正常；温度、压力、液位传感机构是否可靠；蒸汽电动调节阀、蒸汽电磁阀、溶液电动调节阀等执行机构动作是否可靠；检查燃烧器动作是否可靠，火焰监测系统功能是否完好；根据制造厂家的自动控制说明书，检查控制箱是否具备自动控制所要求的各项功能；另外，还要检查测量仪表如水表、温度计、压力表等是否达到安装要求与精度要求等。

2）真空阀门的检查。检查所有真空隔膜阀和真空蝶阀的位置是否符合要求，动作是否灵敏等。

3）真空泵抽气系统的检查。真空泵油位应在视镜中部，若油呈乳白色，则应更换新油；用手转动传动带盘，检查转动是否灵活；点动真空泵，检查转向是否正确，电磁真空充气阀是否正常工作，真空泵的抽气性能是否良好等。

4）屏蔽电动机绝缘电阻值的检查。检查屏蔽电动机的绝缘电阻是否符合要求。

（4）机组清洗

充灌溶液之前，一般对机组进行清洗。如果机组出厂之前进行过性能试验，则机组清洗可不进行。机组清洗时最好使用蒸馏水，若没有蒸馏水，也可用软化水代替。机组清洗的目的在于清除机内的浮锈、油污及灰尘等脏物，具体方法如下。

1）把蒸馏水充入机内，充灌量可略大于机组所需的溴化锂溶液量。

2）启动冷却水泵，使冷却水在机组内循环。

3）启动溶液泵，使注入的清水在机内循环。

4）打开热源阀门，向高压发生器（或发生器）中供入热量，使在机内循环的清水温度升高并产生水蒸气。水蒸气经低压发生器（或直接）进入冷凝器被冷却水冷却成液体水，最后进入蒸发器的液囊。

5）当蒸发器液囊中的水位达到一定高度时，启动冷剂泵，使凝水在蒸发器中循环。

这样，机组实际上已经投入正常运转，只是机内的工质是清水，不起吸收作用。随着清洗过程的延续，蒸发器中的水将越来越多，可通过旁通管路，将其旁通至吸收器。机组运行一段时间后将水放出。若水比较干净，则清洗工作结束。如果放出来的水较脏，则应再充入清水，重复上述过程，直到放出来的水干净为止。

清洗工作结束后，应观察蒸发器液囊和吸收器液囊内滤网是否堵塞，如堵塞应拆开液囊上的视液镜加以清除。最后，启动真空泵，将机内抽至与环境温度相应的水的饱和压力。

值得提出的是，机组清洗仅是在机组制造过程中尚存有不清洁之处而采取的补救措施。倘若生产厂家生产的机组，由于制造过程中严格控制了清洁度的指标，机组投入运行前就无需进行清洗。

（5）溶液充灌

市售溴化锂溶液的质量分数为50%左右，一般已加入0.1%～0.3%的铬酸锂缓蚀剂，且pH值已调至9.0～10.5，可直接加入机组。

一般情况下，溴化锂溶液加入机组前，均应封存小样，以便调试过程中碰到溶液质量等问题时进行分析。

溶液充灌主要有两种方式：溶液桶充灌和贮液罐充灌。

1）溶液桶充灌。溴化锂溶液出厂时采用深色（黑色、棕色或蓝色）塑料桶包装，每桶净重25kg，溶液充灌量可参照各生产厂家的样本或使用说明书，充灌方法如下。

① 准备一只溶液缸（一般用0.6m^3左右的搪瓷缸），按照图9-7所示方法连接，其中软管内应充满溶液，以排除管内的空气。然后一端接溶液充注阀，另一端插入盛满溶液的缸内。溶液缸的缸口可加设不锈钢丝网或无纺布等过滤装置，以免溶液桶内的杂质或其他脏物进入缸内。

② 打开溶液充注阀，因机组内部处于真空状态，溴化锂溶液由溶液缸内进入机组。充灌时应保证橡胶管始终浸入溶液中，以免空气沿橡胶管进入机内。同时，橡胶管应与溶液缸底保持一定的距离，以避免积存在缸底的杂质吸入机内，还应注意溶液桶加液速度和溶液充注阀的开度，使溶液缸内保持合适的液位。

③ 当溶液按规定充灌完毕后，关闭充注阀，启动溶液泵，观察发生器、吸收器中的液位和喷淋情况，如正常则可认为充灌的溶液量基本合适。否则，应重新充灌，直到满足要求为止。

④ 若充入机内的溶液过多，可启动溶液泵，打开溶液充注阀，把溶液从机内排出。

2）贮液罐充灌。机组检修时，一般将溶液转移至贮液罐内。贮液罐充灌方式如图9-8所示，具体操作方法如下。

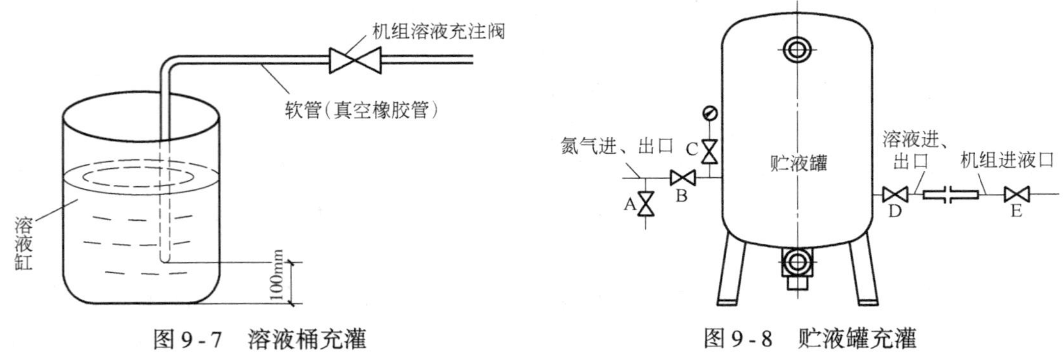

图9-7　溶液桶充灌　　图9-8　贮液罐充灌

① 关闭阀A，打开阀B，将氮气充入贮液罐，使罐内保持0.02MPa（表压），然后关闭阀B。

② 在溶液罐进、出阀D和机组溶液充注阀E间接上真空橡胶管。为防止空气进入机组，可以先将真空橡胶管与阀D连接，慢慢打开阀D让溶液充满真空橡胶管后，再将真空橡胶管与阀E连接。

③ 依次打开阀D、阀E，溶液进入机组。根据贮液罐上安装的液位计的液位变化，来保证机组所需的充灌量。

④ 加液完毕后，依次关闭阀E、阀D。

2. 机组的调试

机组的性能调试一般在专业生产厂的试验台上进行，而现场调试因受各种条件的限制，很难创造给定的工况条件，一般仅作运转试验。在运转试验中，测定使用工况下的机组性

能；制冷（热）量、热源耗量等；检查自动抽气系统、自动保护及控制系统的工作性能；通过一定时间的连续运转，检验机组的运转性能。

（1）机组开、停机

机组调试前准备工作完毕后，进入机组调试阶段。溴化锂吸收式机组一般采用手动调试、自动运行的工作方式。下面以蒸汽双效溴化锂吸收式冷水机组的开、停机程序为例说明开、停机的过程。

开机程序如下：

1）启动冷却水泵和冷水泵，慢慢打开两泵的排出阀，并调整流量至规定值。通水前一般先将封头箱上的放气旋塞打开，以排除空气。

2）启动溶液泵，通过调节溶液泵出口的两个阀门，分别调节送往高压发生器、低压发生器的溶液量，使高压发生器的液位保持一定，低压发生器的喷淋达到良好状态。

3）打开凝水放泄阀，排除蒸汽管路中的凝水，然后徐徐打开蒸汽阀，向高压发生器供蒸汽。对装有减压阀的机组，还应调整减压阀，使进入机组的蒸汽压力达到规定值。特别要注意的是，蒸汽供入高压发生器时，应将管内的凝水排净，以免引起水击。

4）随着发生过程的进行，冷剂水不断由冷凝器进入蒸发器。当蒸发器液囊中冷剂水的液位达到规定值时，启动冷剂泵，机组便投入正常运转。

停机程序如下：

1）关闭加热蒸汽阀，停止对高压发生器供蒸汽。

2）溶液泵、冷剂泵、冷水泵及冷却水泵继续运转一段时间，使稀溶液充分混合，直到发生器出口浓溶液温度低于60℃或延时一定时间后，停止各泵运转。

3）短期停机时，若外界温度较低，而测得的溶液质量分数又较高，为了防止停机后结晶，应打开冷剂水旁通阀，把一部分冷剂水旁通进入吸收器，使溶液充分稀释后再停止各泵运转。

4）长期停机时，若外界温度低于0℃，一般把蒸发器中的冷剂水全部旁通进吸收器，经过充入混合、稀释，判定溶液不会在停机期间结晶。假若仍有出现结晶的可能，可向机内充入冷剂水以保证停机期间不会结晶。同时，应将发生器、冷凝器、蒸发器的传热管及封头内的积水排除干净，以防冻裂。

5）检查机组各阀的情况，防止在停机期间空气漏入机内。

6）停止冷却塔风机运转，并切断电源总开关。

（2）机组调试时的基本操作

1）冷剂水的充灌与排出。冷剂水一般用蒸馏水或离子交换水（软水），不能采用自来水。冷剂水的充灌量与溶液的质量分数有关。对质量分数为50%的溶液，可先不加冷剂水，通过溶液的浓缩来产生冷剂水，当冷剂水量不足时再进行补充。冷剂水由冷剂水取样阀充灌，其操作方法与溶液充灌方法大致相同，充灌冷剂水时应停止冷剂泵的运转。

通常，质量分数为50%的溶液在机组内浓缩时，所产生的冷剂水往往过多，必须排出一部分，才能将溶液的质量分数调整到所需的范围。由于冷剂泵的扬程较低，冷剂水的排出必须借助真空泵才能完成，其操作如图9-9所示。

冷剂水排出前应关闭抽气总阀G、抽气阀M和抽气阀N，然后启动真空泵，打开抽气阀M，抽除真空容器内的不凝性气体。当确认真空泵无气体排出时，关闭冷剂泵出口的阀门，打开冷剂水取样阀 E，借助真空泵的抽吸作用使冷剂水由机组排出。当真空容器内冷剂水充满时，先关闭冷剂水取样阀 E，再打开冷剂泵出口的阀门，然后关闭抽气阀 M，将真空容器内的冷剂水倒入冷剂水桶内。

机组运行时需检测冷剂水密度，由于取出的冷剂量较小，可以采用图 9-10 所示的取样器代替图 9-9 中的真空容器。

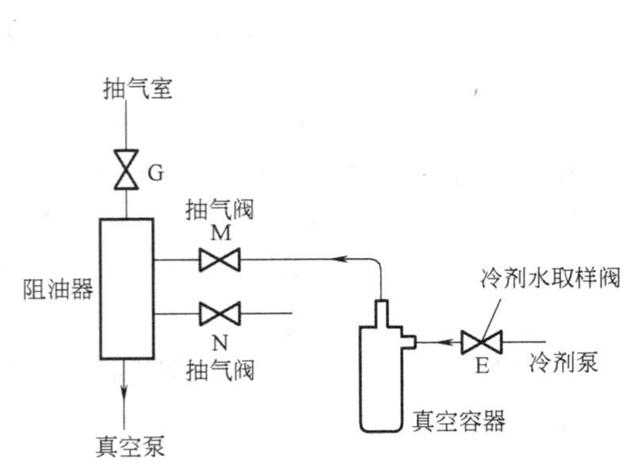

图 9-9　负压取样示意图

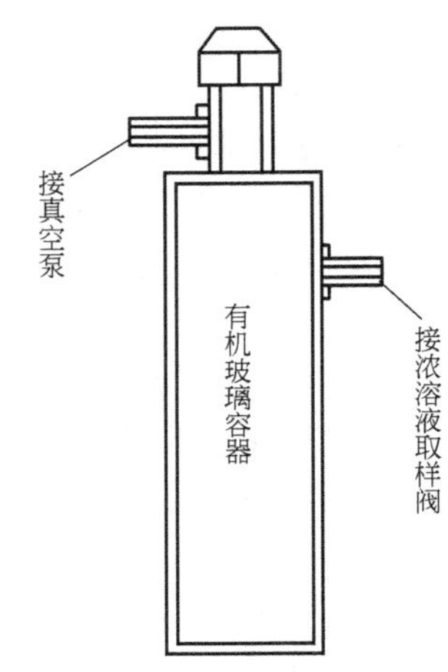

图 9-10　取样器示意图

2）溶液的取样和质量分数测定

① 稀溶液的取样。稀溶液的取样分为两种：一种是溶液泵的扬程较高，稀溶液可借助溶液泵直接排出，如图 9-11 所示正压取样示意图；另一种是溶液泵的扬程较低，稀溶液必须借助真空泵才能排出，操作方法与冷剂水的取样大致相同。

② 中间溶液和浓溶液的取样。中间溶液和浓溶液取样也必须借助真空泵，操作方法可按照冷剂水的取样方法进行。

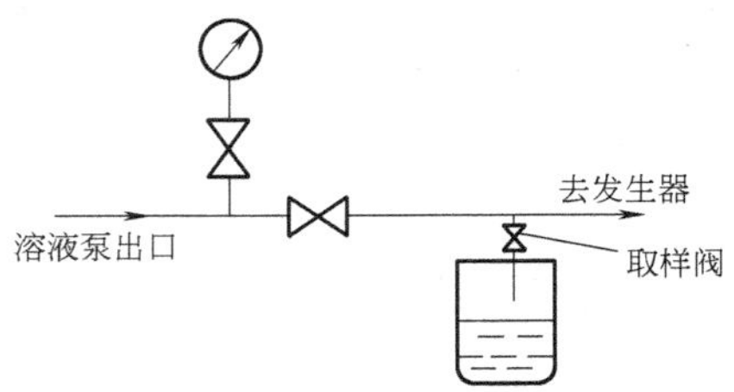

图 9-11　正压取样示意图

③ 辛醇的添加。机组手动调试结束后可在机内添加一定量的辛醇。机组运行一段时间后，机内的辛醇挥发后被真空泵排出机外，也必须适量加以补充。一般情况下，机组内部辛醇的质量分数应维持在 0.1% ~0.3%。

辛醇的添加方法与溶液的充灌方法大致相同，不过可采用容量小的广口瓶代替大容量的溶液缸。

如果通过排出压力为正压的溶液充注阀添加辛醇，则必须在停机时才能进行。如果通过中间溶液或浓溶液取样阀添加辛醇，则开机时就能进行此项操作。有时辛醇的添加也可采取一半由溶液侧充灌，一半由冷剂水侧充灌的方法，这样可提高效果，收效更快。

9.3.3　溴化锂吸收式冷水机组安装质量标准与验收

1. 安装质量要求

1）设备就位后，应按设备技术文件规定的基准面（如管板上的测量标记孔或其他加工

面）找正水平，其纵向、横向水平度均不应超过1/1000。

2）真空泵就位后，应找正水平，抽气连接管应采用真空胶管，并宜缩短设备与真空泵间的管长。

3）蒸汽管和冷媒水管应隔热保温，保温层的厚度和材料应符合设计规定。

4）气密性试验和真空试验如前所述。

5）系统气密性试验和抽真空试验后，应用0.5～0.6MPa的干燥压缩空气或氮气按顺序反复吹扫，直至排污口处的标靶上无污物。

6）向制冷系统加入按设备技术文件规定配制的溴化锂溶液，应先在容器中进行沉淀，然后将系统抽真空至压力至0.0665kPa（绝压）以下，加液管应采用真空胶管，连接管的一端与规定的阀门连接，接头密封应良好；连接管的另一端插入桶内，离桶底不应小于100mm。溶液的加入量应符合设备技术文件的规定。

2. 制冷系统的试运转

（1）启动运转

1）应向冷却水系统供冷却水，向蒸发器供冷冻水，当冷却水水温低于20℃时，应调节阀门减少供冷却水量。

2）启动发生器泵、吸收器泵，使溶液循环。

3）应慢慢开启蒸汽或热水阀门，向发生器供蒸汽或热水，对以蒸汽为热源的机组，应使机组先在较低蒸汽压力状态下运转，无异常现象后，再逐渐提高蒸汽压力至设备技术文件的规定值，并调节制冷机，使其正常运转。

4）当蒸发器冷剂水液囊具有足够的积水后，应启动蒸发器泵，并调节制冷机，使其正常运转。

5）启动运转过程中，应启动真空泵，抽除系统内的残余空气或初期运转产生的不凝性气体。

（2）运转中的检查

1）稀溶液、浓溶液和混合溶液的浓度和温度应符合设备技术文件的规定。

2）冷却水、冷媒水的水量、水温和进出口温度差应符合设备技术文件的规定。

3）加热蒸汽的压力、温度和凝结水的温度、流量应符合设备技术文件的规定。

4）冷剂水中溴化锂的比重不应超过1.04。

5）系统应保持规定的真空度。

6）屏蔽泵的工作稳定，应无阻塞、过热、异常声响等现象。

7）各安全保护继电器的动作应灵敏、正确，仪表的指示应准确。

9.4　冷却塔的安装

9.4.1　空调冷却水系统

水冷式冷水机组的冷凝器为水冷式，工程中常用循环式冷却水系统。图9-12所示为机械通风冷却水循环系统的形式。系统主要由冷水机组、冷却塔、冷却水泵组成。冷却水循环的过程是：被冷却塔冷却的循环冷却水（温度可以达到比当地气候条件下的湿球温度高3～

4℃）经过滤器和水泵进入冷水机组的冷凝器中，冷却制冷剂，冷却水温度升高（温升约4～6℃），然后进入冷却塔。在冷却塔中，较高温度的冷却水进入冷却塔的上部，冷却塔顶部设有风机，风机将大气中的空气从冷却塔下部吸入，这样冷却水与大气的空气在冷却塔中进行热质交换，一部分水分蒸发进入空气中，使冷却水温度降低。降温的冷却水流入冷却塔下部的积水盘，再经水泵后又进入冷水机组冷凝器中冷却制冷剂，如此循环不断。当然，冷却水在冷却塔中的水量是减少的，需不断地补充。

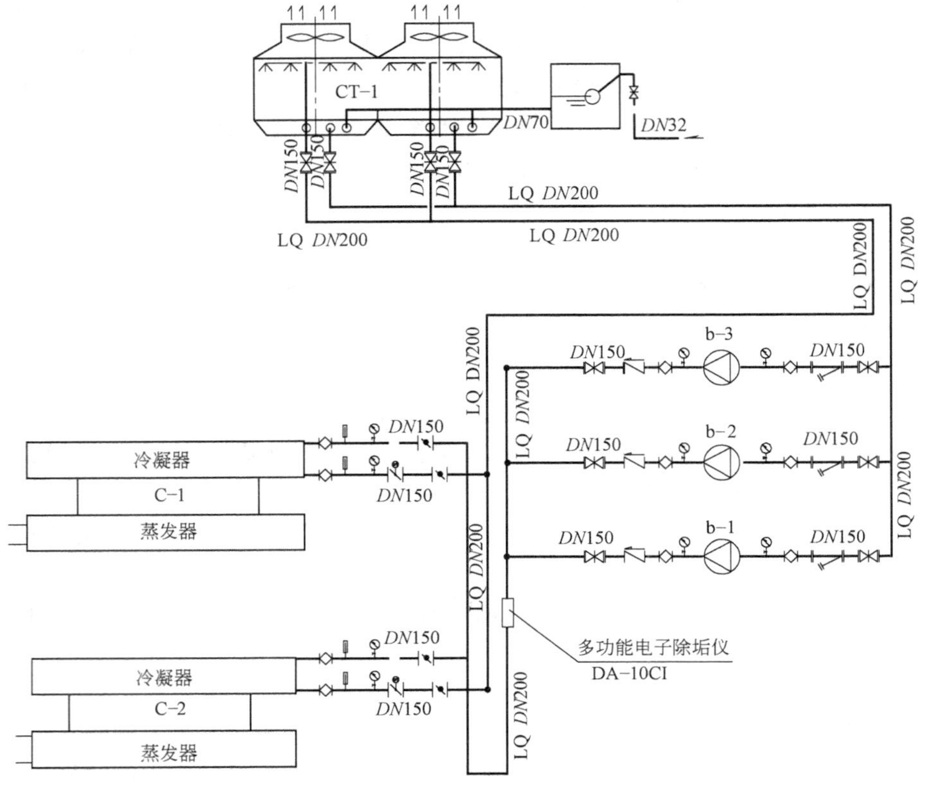

图 9-12 冷却水循环系统

C—冷水机组 b—冷却水泵 CT—冷却塔

9.4.2 冷却塔的形式与工作原理

冷却塔根据通风方式分为自然通风冷却塔、机械通风冷却塔和混合通风冷却塔；按热水和空气接触的方式分为湿式冷却塔、干式冷却塔和干—湿式冷却塔；按热水和空气的流动方向分为逆流式冷却塔、横流式冷却塔、混流式冷却塔。机械通风式玻璃钢冷却塔按冷却的水温差分为低温降（5℃）、中温降（10℃）。蒸气压缩式冷水机组一般采用低温降逆流式玻璃钢冷却塔。

机械通风冷却塔视冷却水与空气的接触情况，分有干式机械通风冷却塔、湿式机械通风冷却塔、干—湿式机械通风冷却塔三种类型。现普遍采用湿式机械通风冷却塔，其中引风式玻璃钢冷却塔得到了广泛的应用。

逆流引风式冷却塔（图9-13）的风机在冷却塔上部，空气从塔下部进入，塔内是负压状态。其特点是气流分布均匀、占地面积小；风筒对空气有一定的抽吸作用，可减小风机的动力消耗。

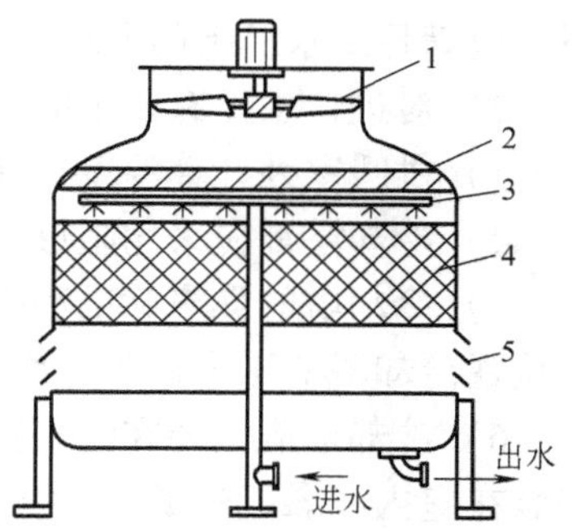

图9-13　逆流引风式冷却塔
1—风机　2—挡水填料　3—布水器
4—淋水填料　5—空气入口

逆流鼓风式冷却塔的风机在下部，塔内空气为正压状态。其特点是结构简单，易维护；气流分布不均匀，压力损失大；有热风再循环的可能，冷却效果较差。

横流式冷却塔风机在塔上部，空气从塔的侧壁进入，横向流过塔内的填料。其特点是配水系统简单，易维护；动力消耗较低；由于两侧进风，填料从水池底部直接放到配水槽，无逆流塔滴水声，有利于降低噪声；冷却效果较逆流式塔低。

逆流式玻璃钢冷却塔按噪声区分为低噪声型、超低噪声型和静音型。低噪声型的标准点（距塔边2m，测点高1.5m）<66dB(A)；超低噪声型的标准点<60dB(A)；静音型的标准点<55dB(A)。

9.4.3　冷却塔的选用

根据冷却水量和冷却水供、回水温度及温差选择冷却塔。

1. 冷却水量

冷却水量按冷水机组冷凝器的热平衡计算公式得出

$$W = \frac{3.6Q}{c \cdot \Delta t} \tag{9-1}$$

式中　W——冷却水量（m^3/h）；

Q——冷凝器散热量（kW）；

Δt——冷却水供、回水温差（℃）；

c——水的比热容[kJ/(kg·℃)]。

其中，冷凝器单位产冷量的散热量，对不同的机型，大致的关系如下：

蒸气压缩式制冷机：$Q=(1.2 \sim 1.3)Q_0$

双效溴化锂制冷机：$Q=(1.75 \sim 1.85)Q_0$

2. 冷却水的供回水温差

冷却水的供回水温差，对蒸气压缩式制冷机一般为5℃，双效溴化锂制冷机为5.5~5.6℃。因此，冷却水量应查阅冷水机组生产厂家提供的产品技术资料。

冷却塔厂家提供的产品样本均有相应的选型热力曲线图或机型选择表。选型计算时要注意根据当地气象条件进行实际冷却能力的修正。

开式冷却水系统由于蒸发损失、漂水损失、排污损失和泄漏损失，需要补水，补水量为：采用逆流式和横流式冷却塔时，电制冷为1.2%~1.6%，溴化锂吸收式制冷为1.4%~1.8%。补水位置：不设集水箱时在冷却塔底盘处补水；设置集水箱时在集水箱处补水。

3. 冷却塔在选用和布置时的注意事项

1）冷却塔的出口水温、进出口水温差和循环水量，在夏季空调室外计算湿球温度条件下，应满足冷水机组的要求。

2）对进口水压有要求的冷却塔，其台数应与冷却水泵台数相对应。

3）供暖室外计算温度在0℃以下地区，冬季运行的冷却塔应采取防冻措施。

4）冷却塔都应采用阻燃型材料制作，并应符合防火要求。

5）冷却塔的噪声标准和噪声控制应符合相关规范要求，在城区的建筑物外部布置时，应重视冷却塔的噪声控制，冷却塔的风机宜选择低转速的。

6）冷却塔应安装在空气流通的环境中，特别要保证冷却塔百叶窗处通风，冷却塔不得安装在室内或靠近热源的地方。冷却塔安装时与建筑物之间应保持一定距离，单塔为2m，组合塔间距为2.5m。

7）冷却塔应安装在远离尘垢密集或有酸性气体存在的场所。

8）间歇运行的开式冷却水系统，冷却塔底盘或集水箱的有效存水容积，应大于湿润冷却塔填料等部件的所需水量，以及停泵时靠重力流入管道等处的水容量。

9）当冷却塔设置在多层或高层建筑的屋顶时，冷却水集水箱不宜设置在底层。

9.4.4 冷却塔的安装

1. 施工规范对冷却塔安装的相关规定

《通风与空调工程施工质量验收规范》（GB 50243—2002）对冷却塔的安装及验收作了如下规定。

（1）主控项目

冷却塔型号、规格、技术参数必须符合设计要求；对含有易燃材料冷却塔的安装，必须严格执行施工防火安全的规定。

检查数量：全数检查。

检查方法：按图纸核对，监督执行防火规定。

（2）一般项目

1）基础标高应符合设计的规定，允许误差为±20mm；冷却塔地脚螺栓与预埋件的连接或固定应牢固，各连接热镀锌或不锈钢螺栓，其紧固力应一致、均匀。

2）冷却塔应水平，单台冷却塔安装水平度和垂直度允许偏差均为2/1000；同一冷却水系统的多台冷却塔安装时，各台冷却塔的水面高度应一致，高差不应大于30mm。

3）冷却塔的出水口及喷嘴的方向和位置应正确，积水盘应严密无渗漏；分水器布水均匀；带动布水器的冷却塔，其转动部分应灵活，喷水出口按设计或产品要求，方向应一致。

4）冷却塔风机叶片端部与塔体四周的径向间隙应均匀，对于可调整角度的叶片，角度应一致。

5）冷却塔的安装应在设备基础检查合格并填写“基础验收记录”后方可进行，安装时应注意如下事项。

① 冷却塔的安装应特别注意其中心线应垂直于地面，以免影响布水器及电动机风机的正常工作，还要特别注意风机叶片与风筒部分的间隙要一致，不允许相差过大。以上两项应有施工测试记录存档。

② 安装中央进水管时，一定要保证布水器位于冷却塔中心，进水管要垂直，以保证布水管处于水平位置。

③ 安装填料前，就应在布水器下面与中塔体用三根拉绳固定住，以防安装填料时离开中心位置。

④ 布水管按名义流量开孔，如使用的冷却水量与名义流量相差较大，可在现场通过扩孔或堵孔的方法解决。要达到布水器转速合适，布水均匀，塔下各点的冷却后水温接近的标准。

2. 部件安装

（1）薄膜式淋水装置安装

1）点波淋水装置的单元高度为150～600mm，小点波一般为250mm。点波的框架单元或粘结单元直接架设于支撑架上或支撑梁上。

2）斜波纹淋水装置的单元高度为300～400mm，其安装总高度为800～1200mm。

（2）布水装置安装

1）固定管式布水器的喷嘴按梅花形或方格形向下布置，具体的布置形式应符合设备技术条件或设计要求。一般喷嘴间的距离按喷水角度和安装高度来确定，要使每个喷嘴的水滴相互交叉，做到向淋水装置均匀布水。

2）旋转管式布水器的喷水口可采用装配开有条缝的配水管，条缝宽一般为2～3mm，条缝水平布置；或采用开圆孔的配水管，其孔径为3～6mm，孔距8～16mm。单排安装时孔与水平方向的夹角为60°，双排安装时上排孔与水平方向夹角为60°，下排孔与水平方向夹角为45°。开孔面积为配水管总面积的50%～60%。

（3）通风设备安装

1）采用引风式冷却塔，电动机盖及转子应有良好的防水措施，通常采月封闭式鼠笼型电机，并确保接线端子用松香或其他密封绝缘材料严格密封。

2）鼓风式冷却塔，为防止风机溅上水滴，风机与冷却塔体距离一般不小于2m。

（4）收水器安装

收水器一般装在配水管上、配水槽中或槽的上方，阻留排出塔外空气中的水滴，起到水滴与空气分离的作用。在引风式冷却塔中，收水器与风机应保持一定的距离，以防止产生涡流而增大阻力，降低冷却效果。

9.4.5　冷却塔调试

冷却塔试运转时，应检查风机的运转状态和冷却水系统的工作状态，并记录运转中的情况及有关数据；如无异常现象，连续运转时间应不少于2小时。主要检查内容如下：

1）检查喷水量和进水量是否平衡，以及补给水和集水池的水位等在运行中的状况。

2）测定风机的电机启动电流和运转电流值。

3）检查冷却塔产生的振动和噪声原因。

4）测量轴承的温度。

5）检查喷水的偏流状态。

6）测定冷却塔出入口冷却水的温度。

冷却塔在试运转过程中，管道内残留的以及随空气带入的泥沙、尘土会沉积到集水池底部，因此试运转工作结束后，应清洗集水池。

冷却塔试运转后如长期不使用，应将循环管路及集水池中的水全部放出，防止设备冻坏。调试结束后，结合水系统的验收，填写施工质量验收记录。

单元小结

本单元主要介绍了蒸汽单效溴化锂吸收式制冷的基本原理、蒸汽双效溴化锂吸收式和直燃式制冷机组的制冷循环原理，溴化锂吸收式制冷机组的选择、安装及试运转，冷却塔的结构原理及安装要求等内容。通过学习应掌握蒸汽单效溴化锂吸收式制冷机组的循环原理，冷水机组的能量调节方法、设计选型原则、安装程序及要求，熟悉蒸汽双效溴化锂吸收式和直燃式机组的制冷循环原理，熟悉冷却塔的工作原理及结构，冷却塔的选择及安装要求。

单效溴化锂吸收式制冷可以看作是两个循环，一个是制冷剂循环，一个是溶液循环。制冷剂循环包括冷凝器、节流阀和蒸发器，与压缩式制冷完全相同；溶液循环包括吸收器、溶液泵、发生器和热交换器，总的作用相当于压缩机。发生器加热制冷剂（水）使之成为过热蒸汽进入冷凝器，相当于压缩机的排气，发生器消耗热能；吸收器中的浓溶液吸收蒸发器中的制冷剂蒸汽（水蒸气），相当于压缩机的吸气。与压缩式制冷相同，蒸发器吸收低温物体的热量，冷凝器向高温物体放热，从而将低温物体的热量不断地排向高温物体，实现制冷的目的。

实际工程中，溴化锂吸收式制冷机和直燃式溴化锂吸收式制冷机使用较多，它们是在单效制冷循环的基础上，增加了高压发生器和高温热交换器后，热能利用了两次，能源利用率提高，学习时要熟悉溴化锂吸收式制冷循环和制冷量调节方式。

设计选择溴化锂吸收式制冷机形式时要进行综合经济技术分析。安装溴化锂吸收式制冷机组与蒸汽压缩式冷水机组的程序和要求基本相同，不同的是直燃机组的烟囱设计和安装要求。机组水平度要求1/1000。机组试运转时应做好试运转前准备工作，严格按照开停机顺序操作。

冷却塔按热水和空气的流动方向分为逆流式、横流式和混流式；按热水和空气接触的方式分为湿式（开式）、干式冷却塔。实际工程中常用开式冷却塔，它主要是依靠水的蒸发吸热降低水温。冷却塔应根据冷却水量和冷却水供、回水温度及温差进行选择，使用时要保证冷却塔的补水。安装冷却塔应保证垂直度小于2/1000。

复习思考题

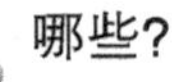

1. 画出单效溴化锂吸收式制冷机的流程图，并标出各部分的名称。
2. 蒸汽双效溴化锂吸收式制冷机与蒸汽单效机在结构上的异同有哪些?
3. 直燃型溴化锂吸收式制冷机的烟囱在安装上有哪些要求?
4. 选择溴化锂吸收式制冷机的原则是什么?
5. 溴化锂吸收式制冷机的名义制冷量是如何定义的?
6. 溴化锂吸收式机组试运转时，开关机的程序是什么?

7. 溴化锂吸收式冷水机组的制冷量调节方法有哪些?
8. 试述溴化锂吸收式制冷机组的气密性试验方法。
9. 试述溴化锂吸收式制冷机组真空试验方法。
10. 冷水机组安装应执行的施工规范有哪些（说明名称及标准号)?
11. 根据水和空气的流动方式分，冷却塔有哪几种类型?
12. 逆流式冷却塔的结构包括哪几部分?
13. 根据哪些条件选择冷却塔?
14. 冷却塔为什么要补水? 补充水量大约为多少?
15. 冷却塔的安装距离有什么规定?

实训练习题

1. 溴化锂吸收式制冷机组原理图绘制及安装质量检测。

溴化锂吸收式制冷机一台，要求：

（1）绘制溴化锂吸收式制冷机组制冷系统循环图。

（2）指出溴化锂吸收式制冷机组各设备名称及作用。

（3）测量溴化锂吸收式制冷机组水平度。

（4）制订溴化锂吸收式制冷机组安装程序。

2. 蒸汽溴化锂吸收式制冷机组机房系统原理图绘制及平面图绘制。

溴化锂吸收式制冷机机房系统一套，要求：

（1）绘制溴化锂吸收式制冷机房系统原理图，并标出设备型号。

（2）绘制溴化锂吸收式制冷机房平面图。

（3）指出机房系统的冷却水系统、冷冻水系统和补水系统的设备组成。

附　　录

附录 A　部分城市室外气象参数

序号	地名	台站位置			大气压力/hPa（mbar）		年平均温度/℃	室外计算（干球）温度/℃						夏季空气调节室外计算湿球温度/℃	冬季空气调节室外计算相对湿度（%）
								冬季			夏季				
		北纬	东经	海拔/m	冬季	夏季		采暖	空气调节	通风	通风	空气调节	空气调节日平均		
1	2	3	4	5	6	7	8	9	10	11	12	13	14	15	16
01	北京	39°48′	116°28′	31.3	1021.7	1000.2	12.3	-7.6	-9.9	-3.6	29.7	33.5	29.6	26.4	44
02	天津	39°05′	117°04′	2.5	1027.1	1005.2	12.7	-7.0	-9.6	-3.5	29	33.9	29.4	26.8	56
03	沈阳	41°44′	123°27′	44.7	1020.8	1000.9	8.4	-16.9	-20.7	-11	26.3	31.5	26.5	24.9	60
04	大连	38°54′	121°38′	91.5	1013.9	997.8	10.9	-9.8	-13	-3.9	26	29.0	25.5	25.0	56
05	哈尔滨	45°45′	126°46′	142.3	1004.2	987.7	4.2	-24.2	-27.1	-18.4	26.8	30.7	26.3	23.9	73
06	上海	31°10′	121°26′	2.6	1025.4	1005.4	16.1	-0.3	-2.2	4.2	31.2	34.4	30.8	27.9	75
07	南京	32°00′	118°48′	8.9	1025.5	1004.3	15.5	-1.8	-4.1	2.4	31.2	34.8	31.2	28.1	76
08	徐州	34°17′	117°09′	41.0	1022.1	1000.8	14.5	-3.6	-5.9	0.4	30.5	34.3	30.5	27.6	66
09	武汉	30°37′	114°08′	23.1	1023.5	1002.1	16.6	-0.3	-2.6	3.7	32	35.2	32.0	28.4	77
10	广州	23°10′	113°20′	41.7	1019.0	1004.0	22.0	8.0	5.2	13.6	31.8	34.2	30.7	27.8	72
11	重庆	29°31′	106°29′	351.1	980.6	963.8	17.7	4.1	2.2	7.2	31.7	35.5	32.3	26.5	83
12	昆明	25°01′	102°41′	1892.4	811.9	808.2	14.9	3.6	0.9	8.1	23	26.2	22.4	20.0	68
13	西安	34°18′	108°56′	397.5	979.1	959.8	13.7	-3.4	-5.7	-0.1	30.6	35.0	30.7	25.8	66
14	兰州	36°03′	103°53′	1517.2	851.5	843.2	9.8	-9.0	-11.5	-5.3	26.5	31.2	26.0	20.1	54
15	乌鲁木齐	43°47′	87°37′	917.9	924.6	911.2	7.0	-19.7	-23.7	-12.7	27.5	33.5	28.3	18.2	78

附录 B　湿空气焓湿图（见书后插页）

附录 C　围护结构外表面的太阳辐射热吸收系数 ρ

面层类别		表面性质	表面颜色	吸收系数
石棉材料	石棉水泥板		浅灰色	0.72～0.78
金　属	白铁屋面	光滑，旧	灰黑色	0.86
粉　刷	拉毛水泥墙面	粗糙，旧	灰色或米黄色	0.63～0.65
	石灰粉刷	光滑，新	白色	0.48
	陶石子墙面	粗糙，旧	浅灰色	0.68
	水泥粉刷墙面	光滑，新	浅蓝色	0.56
	砂石粉刷		深色	0.57
墙	红砖墙	旧	红色	0.72～0.73
	硅酸盐砖墙	不光滑	青灰色	0.41～0.60
	混凝土块墙		灰色	0.65
屋　面	红瓦屋面	旧	红色	0.56
	红褐色屋面	旧	红褐色	0.65～0.74
	灰瓦屋面	旧	浅灰色	0.52
	石板瓦	旧	银灰色	0.75
	水泥屋面	旧	青灰色	0.74
	浅色油毛毡	粗糙，新	浅黑色	0.72
	黑色油毛毡	粗糙，新	深黑色	0.86

附录 D　围护结构瞬变传热引起冷负荷计算的有关系数

表 D-1　外墙结构类型

序号	构　造	壁厚 δ/mm	保温厚/mm	导热热阻/(m²·K/W)	传热系数/[W/(m²·K)]	质量/(kg/m²)	热容量/[kJ/(m²·K)]	类型
1	外；砖墙；白灰粉刷；δ；20 a)	240 370 490		0.32 0.48 0.63	2.05 1.55 1.26	464 698 914	406 612 804	Ⅲ Ⅱ Ⅰ
2	外；水泥砂浆；砖墙；白灰粉刷；20；δ；20 b)	240 370 490		0.34 0.50 0.65	1.97 1.50 1.22	500 734 950	436 645 834	Ⅲ Ⅱ Ⅰ

（续）

序号	构造	壁厚δ/mm	保温厚/mm	导热热阻/(m²·K/W)	传热系数/[W/(m²·K)]	质量/(kg/m²)	热容量/[kJ/(m²·K)]	类型
3	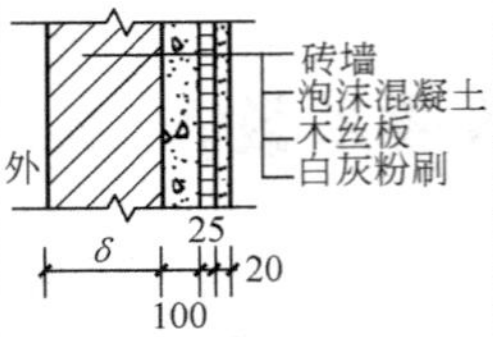 砖墙 泡沫混凝土 木丝板 白灰粉刷 外 δ 25 20 100 c)	240 370 490		0.95 1.11 1.26	0.90 0.78 0.70	534 768 984	478 683 876	Ⅱ Ⅰ 0
4	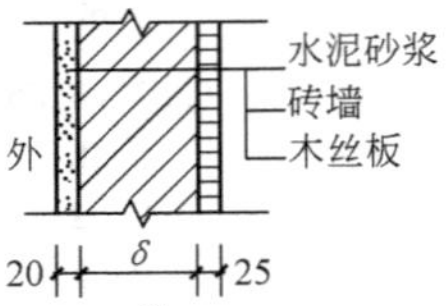 水泥砂浆 砖墙 木丝板 外 20 δ 25 d)	240 370		0.47 0.63	1.57 1.26	478 712	432 608	Ⅲ Ⅱ

表 D-2　屋面构造类型

序号	构造	壁厚δ/mm	保温层		导热热阻/(m²·K/W)	传热系数/[W/(m²·K)]	质量/(kg/m²)	热容量/[kJ/(m²·K)]	类型
			材料	厚度					
1	预制细石混泥土板 25mm，表面喷白色水泥浆 通风层 ≥ 200mm 卷材防水层 水泥沙浆找平层20mm 保温层 隔汽层 找平层20mm 预制钢筋混泥土板 内粉刷 l δ a)	35	水泥膨胀珍珠岩	25 50 75 100 125 150 175 200	0.77 0.98 1.20 1.41 1.63 1.84 2.06 2.27	1.07 0.87 0.73 0.64 0.56 0.50 0.45 0.41	292 301 310 318 327 336 345 353	247 251 260 264 272 277 281 289	Ⅳ Ⅳ Ⅲ Ⅲ Ⅲ Ⅲ Ⅱ Ⅱ
			沥青膨胀珍珠岩	25 50 75 100 125 150 175 200	0.82 1.09 1.36 1.63 1.89 2.17 2.43 2.70	1.01 0.79 0.65 0.56 0.49 0.43 0.38 0.35	292 301 310 318 327 336 345 353	247 251 260 264 272 277 281 289	Ⅳ Ⅳ Ⅲ Ⅲ Ⅲ Ⅲ Ⅱ Ⅱ
			泡沫混凝土 加气混凝土	25 50 75 100 125 150 175 200	0.67 0.79 0.90 1.02 1.14 1.26 1.38 1.50	1.20 1.05 0.93 0.84 0.76 0.70 0.64 0.59	298 313 328 343 358 373 388 403	256 268 281 293 306 318 331 344	Ⅳ Ⅳ Ⅲ Ⅲ Ⅲ Ⅲ Ⅲ Ⅱ

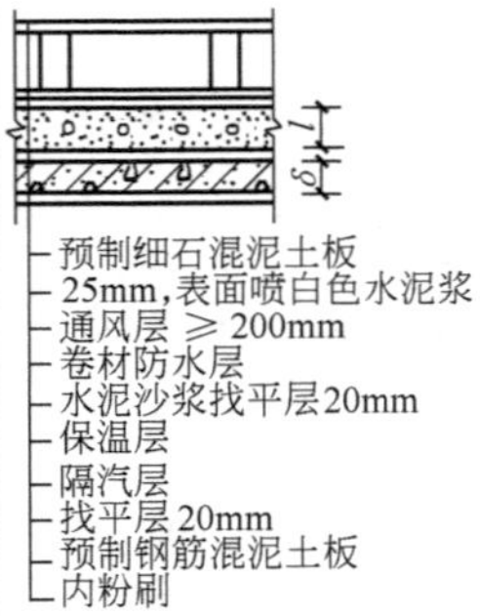

（续）

序号	构造	壁厚δ/mm	保温层 材料	保温层 厚度	导热热阻/(m²·K/W)	传热系数/[W/(m²·K)]	质量/(kg/m²)	热容量/[kJ/(m²·K)]	类型
2	预制细石混泥土板 25mm,表面喷白色水泥浆 通风层 ≥ 200mm 卷材防水层 水泥沙浆找平层20mm 保温层 隔汽层 现浇钢筋混泥土板 内粉刷 b)	70	水泥膨胀珍珠岩	25	0.78	1.05	376	318	Ⅲ
				50	1.00	0.86	385	323	Ⅲ
				70	1.21	0.72	394	331	Ⅲ
				100	1.43	0.63	402	335	Ⅱ
				125	1.64	0.55	411	339	Ⅱ
				150	1.86	0.49	420	348	Ⅱ
				175	2.07	0.44	429	352	Ⅱ
				200	2.29	0.41	437	360	Ⅰ
			沥青膨胀珍珠岩	25	0.83	1.00	376	318	Ⅲ
				50	1.11	0.78	385	323	Ⅲ
				75	1.38	0.65	394	331	Ⅲ
				100	1.64	0.55	402	335	Ⅱ
				125	1.91	0.48	411	339	Ⅱ
				150	2.18	0.43	420	348	Ⅱ
				175	2.45	0.38	429	352	Ⅱ
				200	2.72	0.35	437	360	Ⅰ
			泡沫混凝土 加气混凝土	25	0.69	1.16	382	323	Ⅲ
				50	0.81	1.02	397	335	Ⅲ
				75	0.93	0.91	412	348	Ⅲ
				100	1.05	0.83	427	360	Ⅱ
				125	1.17	0.74	442	373	Ⅱ
				150	1.29	0.69	457	385	Ⅰ
				175	1.41	0.64	472	398	Ⅰ
				200	1.53	0.59	487	411	Ⅰ

表 D-3　Ⅱ型外墙冷负荷计算温度 $t_{L,\tau}$　　（单位：℃）

时间＼朝向	S	SW	W	NW	N	NE	E	SE
0	36.1	38.2	38.5	36.0	33.1	36.2	38.5	38.1
1	36.2	38.5	38.9	36.3	33.2	36.1	38.4	38.1
2	36.2	38.6	39.1	36.5	33.2	36.0	38.2	37.9
3	36.1	38.6	39.2	36.5	33.2	35.8	38.0	37.7
4	35.9	38.4	39.1	36.5	33.1	35.6	37.6	37.4
5	35.6	38.2	38.9	36.3	33.0	35.3	37.3	37.0
6	35.3	37.9	38.6	36.1	32.8	35.0	36.9	36.6
7	35.0	37.5	38.2	35.8	32.6	34.7	36.4	36.2
8	34.6	37.1	37.8	35.4	32.3	34.3	36.0	35.8
9	34.2	36.6	37.3	35.1	32.1	33.9	35.5	35.3
10	33.9	36.1	36.8	34.7	31.8	33.6	35.2	34.9
11	33.5	35.7	36.3	34.3	31.6	33.5	35.0	34.6
12	33.2	35.2	35.9	33.9	31.4	33.5	35.0	34.5

（续）

朝向 时间	S	SW	W	NW	N	NE	E	SE
13	32.9	34.9	35.5	33.6	31.3	33.7	35.2	34.6
14	32.8	34.6	35.2	33.4	31.2	33.9	35.6	34.8
15	32.9	34.4	34.9	33.2	31.2	34.3	36.1	35.2
16	33.1	34.3	34.8	33.2	31.3	34.6	36.6	35.7
17	33.4	34.4	34.8	33.2	31.4	34.9	37.1	36.2
18	33.9	34.7	34.9	33.3	31.6	35.2	37.5	36.7
19	34.4	35.2	35.3	33.5	31.8	35.4	37.9	37.2
20	34.9	35.8	35.8	33.9	32.1	35.7	38.2	37.5
21	35.3	36.5	36.5	34.4	32.4	35.9	38.4	37.8
22	35.7	37.2	37.3	35.0	32.6	36.1	38.5	38.0
23	36.0	37.7	38.0	35.5	32.9	36.2	38.6	38.1
最大值	36.2	38.6	39.2	36.5	33.2	36.2	38.6	38.1
最小值	32.8	34.3	34.8	33.2	31.2	33.5	35.0	34.5

表 D-4　屋面冷负荷计算温度 $t_{L,\tau}$　（单位：℃）

屋面类型 时间	Ⅰ型	Ⅱ型	Ⅲ型	Ⅳ型	Ⅴ型	Ⅵ型
0	43.7	47.2	47.7	46.1	41.6	38.1
1	44.3	46.4	46.0	43.7	39.0	35.5
2	44.8	45.4	44.2	41.4	36.7	33.2
3	45.0	44.3	42.4	39.3	34.6	31.4
4	45.0	43.1	40.6	37.3	32.8	29.8
5	44.9	41.8	38.8	35.5	31.2	28.4
6	44.5	40.6	37.1	33.9	29.8	27.2
7	44.0	39.3	35.5	32.4	28.7	26.5
8	43.4	38.1	34.1	31.2	28.4	26.8
9	42.7	37.0	33.1	30.7	29.2	28.6
10	41.9	36.1	32.7	31.0	31.4	32.0
11	41.1	35.6	33.0	32.3	34.7	36.7
12	40.2	35.6	34.0	34.5	38.9	42.2
13	39.5	36.0	35.8	37.5	43.4	47.8
14	38.9	37.0	38.1	41.0	47.9	52.9
15	38.5	38.4	40.7	44.6	51.9	57.1
16	38.3	40.1	43.5	47.9	54.9	59.8
17	38.4	41.9	46.1	50.7	56.8	60.9
18	38.8	43.7	48.3	52.7	57.2	60.2
19	39.4	45.4	49.9	53.7	56.3	57.8
20	40.2	46.7	50.8	53.6	54.0	54.0
21	41.1	47.5	50.9	52.5	51.0	49.5
22	42.0	47.8	50.3	50.7	47.7	45.1
23	42.9	47.7	49.2	48.4	44.5	41.3
最大值	45.0	47.8	50.9	53.7	57.2	60.9
最小值	38.3	35.6	32.7	30.7	28.4	26.5

表 D-5　Ⅰ~Ⅳ型结构地点修正值 t_d　　（单位:℃）

编号	城市	S	SW	W	NW	N	NE	E	SE	水平
1	北京	0.0	0.0	0.0	0.0	0.0	0.0	0.0	0.0	0.0
2	天津	-0.4	-0.3	-0.1	-0.1	-0.2	-0.3	-0.1	-0.3	-0.5
3	石家庄	0.5	0.6	0.8	1.0	1.0	0.9	0.8	0.6	0.4
4	太原	-3.3	-3.0	-2.7	-2.7	-2.8	-2.8	-2.7	-3.0	-2.8
5	呼和浩特	-4.3	-4.3	-4.4	-4.5	-4.6	-4.7	-4.4	-4.3	-4.2
6	沈阳	-1.4	-1.7	-1.9	-1.9	-1.6	-2.0	-1.9	-1.7	-2.7
7	长春	-2.3	-2.7	-3.1	-3.3	-3.1	-3.4	-3.1	-2.7	-3.6
8	哈尔滨	-2.2	-2.8	-3.4	-3.7	-3.4	-3.8	-3.4	-2.8	-4.1
9	上海	-0.8	-0.2	0.5	1.2	1.2	1.0	0.5	-0.2	0.1
10	南京	1.0	1.5	2.1	2.7	2.7	2.5	2.1	1.5	2.0
11	杭州	1.0	1.4	2.1	2.9	3.1	2.7	2.1	1.4	1.5
12	合肥	1.0	1.7	2.5	3.0	2.8	2.8	2.4	1.7	2.7
13	福州	-0.8	0.0	1.1	2.1	2.2	1.9	1.1	0.0	0.7
14	南昌	0.4	1.3	2.4	3.2	3.0	3.1	2.4	1.3	2.4
15	济南	1.6	1.9	2.2	2.4	2.3	2.3	2.2	1.9	2.2
16	郑州	0.8	0.9	1.3	1.8	2.1	1.6	1.3	0.9	0.7
17	武汉	0.4	1.0	1.7	2.4	2.2	2.3	1.7	1.0	1.3
18	长沙	0.5	1.3	2.4	3.2	3.1	3.0	2.4	1.3	2.2
19	广州	-1.9	-1.2	0.0	1.3	1.7	1.2	0.0	-1.2	-0.5
20	南宁	-1.7	-1.0	0.2	1.5	1.9	1.3	0.2	-1.0	-0.3
21	成都	-3.0	-2.6	-2.0	-1.1	-0.9	-1.3	-2.0	-2.6	-2.5
22	贵阳	-4.9	-4.3	-3.4	-2.3	-2.0	-2.5	-3.5	-4.3	-3.5
23	昆明	-8.5	-7.8	-6.7	-5.5	-5.2	-5.7	-6.7	-7.8	-7.2
24	拉萨	-13.5	-11.8	-10.2	-10.0	-11.0	-10.1	-10.2	-11.8	-8.9
25	西安	0.5	0.5	0.9	1.5	1.8	1.4	0.9	0.5	0.4
26	兰州	-4.8	-4.4	-4.0	-3.8	-3.9	-4.0	-4.0	-4.4	-4.0
27	西宁	-9.6	-8.9	-8.4	-8.5	-8.9	-8.6	-8.4	-8.9	-7.9
28	银川	-3.8	-3.5	-3.2	-3.3	-3.6	-3.4	-3.2	-3.5	-2.4
29	乌鲁木齐	0.7	0.5	0.2	-0.3	-0.4	-0.4	0.2	0.5	0.1
30	台北	-1.2	-0.7	0.2	2.6	1.9	1.3	0.2	-0.7	-0.2
31	大连	-1.8	-1.9	-2.2	-2.7	-3.0	-2.8	-2.2	-1.9	-2.3
32	汕头	-1.9	-0.9	0.5	1.7	1.8	1.5	0.5	-0.9	0.4
33	海口	-1.5	-0.6	1.0	2.4	2.9	2.3	1.0	-0.6	1.0
34	桂林	-1.9	-1.1	0.0	1.1	1.3	0.9	0.0	-1.1	-0.2
35	重庆	0.4	1.1	2.0	2.7	2.8	2.6	2.0	1.1	1.7
36	敦煌	-1.7	-1.3	-1.1	-1.5	-2.0	-1.6	-1.1	-1.3	-0.7
37	格尔木	-9.6	-8.8	-8.2	-8.5	-8.8	-8.3	-8.2	-8.8	-7.6
38	和田	-1.6	-1.6	-1.4	-1.1	-0.8	-1.2	-1.4	-1.6	-1.5
39	喀什	-1.2	-1.0	-0.9	-1.0	-1.2	-1.9	-0.9	-1.0	-0.7
40	库车	0.2	0.3	0.2	-0.1	-0.3	-0.2	0.2	0.3	0.3

表 D-6 单层窗玻璃的 *K* 值

α_w/[W/m² · K] \ α_n/[W/m² · K]	5. 8	6. 7	7. 0	7. 6	8. 1	8. 7	9. 3	9. 9	10. 5	11
1. 6	3. 87	4. 13	4. 36	4. 58	4. 79	4. 99	5. 16	5. 34	5. 51	5. 66
12. 8	4. 00	4. 27	4. 51	4. 76	4. 98	5. 19	5. 38	5. 57	5. 76	5. 93
14. 0	4. 11	4. 38	4. 65	4. 91	5. 14	5. 37	5. 58	5. 79	5. 81	6. 16
15. 1	4. 20	4. 49	4. 78	5. 04	5. 29	5. 54	5. 76	5. 98	6. 19	6. 38
16. 3	4. 28	4. 60	4. 88	5. 16	5. 43	5. 68	5. 92	6. 15	6. 37	6. 58
17. 5	4. 37	4. 68	4. 99	5. 27	5. 55	5. 82	6. 07	6. 32	6. 55	6. 77
18. 6	4. 43	4. 76	5. 07	5. 61	5. 66	5. 94	6. 20	6. 45	6. 70	6. 93
19. 8	4. 49	4. 84	5. 15	5. 47	5. 77	6. 05	6. 33	6. 59	6. 34	7. 08
20. 9	4. 55	4. 90	5. 23	5. 59	5. 86	6. 15	6. 44	6. 71	6. 98	7. 23
22. 1	4. 61	4. 97	5. 30	5. 63	5. 95	6. 26	6. 55	6. 83	7. 11	7. 36
23. 3	4. 65	5. 01	5. 37	5. 71	6. 04	6. 34	6. 64	6. 93	7. 22	7. 49
24. 4	4. 70	5. 07	5. 43	5. 77	6. 11	6. 43	6. 73	7. 04	7. 33	7. 61
25. 6	4. 73	5. 12	5. 48	5. 84	6. 18	6. 50	6. 83	7. 13	7. 43	7. 69
26. 7	4. 78	5. 16	5. 54	5. 90	6. 25	6. 58	6. 91	7. 22	7. 52	7. 82
27. 9	4. 81	5. 20	5. 58	5. 94	6. 30	6. 64	6. 98	7. 30	7. 62	7. 92
29. 1	4. 85	5. 25	5. 63	6. 00	6. 36	6. 71	7. 05	7. 37	7. 70	8. 00

表 D-7 双层窗玻璃的 *K* 值

α_w/[W/m² · K] \ α_n/[W/m² · K]	5. 8	6. 7	7. 0	7. 6	8. 1	8. 7	9. 3	9. 9	10. 5	11
11. 6	2. 37	2. 47	2. 55	2. 62	2. 69	2. 74	2. 80	2. 85	2. 90	2. 73
12. 8	2. 42	2. 51	2. 59	2. 67	2. 74	2. 80	2. 86	2. 92	2. 97	3. 01
14. 0	2. 45	2. 56	2. 64	2. 72	2. 79	2. 86	2. 92	2. 98	3. 02	3. 07
15. 1	2. 49	2. 59	2. 69	2. 77	2. 84	2. 91	2. 97	3. 02	3. 08	3. 13
16. 3	2. 52	2. 63	2. 72	2. 80	2. 87	2. 94	3. 01	3. 07	3. 12	3. 17
17. 5	2. 55	2. 65	2. 74	2. 84	2. 91	2. 98	3. 05	3. 11	3. 16	3. 21
18. 6	2. 57	2. 67	2. 78	2. 86	2. 94	3. 01	3. 08	3. 14	3. 20	3. 25

（续）

α_n/[W/m² · K] \ α_w/[W/m² · K]	5.8	6.7	7.0	7.6	8.1	8.7	9.3	9.9	10.5	11
19.8	2.59	2.70	2.80	2.88	2.97	3.05	3.12	3.17	3.23	3.28
20.9	2.61	2.72	2.83	2.91	2.99	3.07	3.14	3.20	3.26	3.31
22.1	2.63	2.74	2.84	2.93	3.01	3.09	3.16	3.23	3.29	3.34
23.3	2.64	2.76	2.86	2.95	3.04	3.12	3.19	3.25	3.31	3.37
24.4	2.66	2.77	2.87	2.97	3.06	3.14	3.21	3.27	3.34	3.40
25.6	2.67	2.79	2.90	2.99	3.07	3.15	3.20	3.29	3.36	3.41
26.7	2.69	2.80	2.91	3.00	3.09	3.17	3.24	3.31	3.37	3.43
27.9	2.70	2.81	2.92	3.01	3.11	3.19	3.25	3.33	3.40	3.45
29.1	2.71	2.83	2.93	3.04	3.12	3.20	3.28	3.35	3.41	3.47

表 D-8　玻璃窗的地点修正值 t_d　（单位:℃）

编号	城市	t_d	编号	城市	t_d
1	北京	0	21	成都	-1
2	天津	0	22	贵阳	-3
3	石家庄	1	23	昆明	-6
4	太原	-2	24	拉萨	-11
5	呼和浩特	-4	25	西安	2
6	沈阳	-1	26	兰州	-3
7	长春	-3	27	西宁	-8
8	哈尔滨	-3	28	银川	-3
9	上海	1	29	乌鲁木齐	1
10	南京	3	30	台北	1
11	杭州	3	31	大连	-2
12	合肥	3	32	汕头	1
13	福州	2	33	海口	1
14	南昌	3	34	桂林	1
15	济南	3	35	重庆	3
16	郑州	2	36	敦煌	-1
17	武汉	3	37	格尔木	-9
18	长沙	3	38	和田	-1
19	广州	1	39	喀什	0
20	南宁	1	40	库车	0

表 D-9 北区无内遮阳窗玻璃冷负荷系数

朝向＼时间	0	1	2	3	4	5	6	7	8	9	10	11	12	13	14	15	16	17	18	19	20	21	22	23
S	0.16	0.15	0.14	0.13	0.12	0.11	0.13	0.17	0.21	0.28	0.39	0.49	0.54	0.65	0.60	0.42	0.36	0.32	0.27	0.23	0.21	0.20	0.18	0.17
SE	0.14	0.13	0.12	0.11	0.10	0.09	0.22	0.34	0.45	0.51	0.62	0.58	0.41	0.34	0.32	0.31	0.28	0.26	0.22	0.19	0.18	0.17	0.16	0.15
E	0.12	0.11	0.10	0.09	0.09	0.08	0.29	0.41	0.49	0.60	0.56	0.37	0.29	0.29	0.28	0.26	0.24	0.22	0.19	0.17	0.16	0.15	0.14	0.13
NE	0.12	0.11	0.10	0.09	0.09	0.08	0.35	0.45	0.53	0.54	0.38	0.30	0.30	0.30	0.29	0.27	0.26	0.23	0.20	0.17	0.16	0.15	0.14	0.13
N	0.26	0.24	0.23	0.21	0.19	0.18	0.44	0.42	0.43	0.49	0.56	0.61	0.64	0.66	0.66	0.63	0.59	0.64	0.64	0.38	0.35	0.32	0.30	0.28
NW	0.17	0.15	0.14	0.13	0.12	0.12	0.13	0.15	0.17	0.18	0.20	0.21	0.22	0.22	0.28	0.39	0.50	0.56	0.59	0.31	0.22	0.21	0.19	0.18
W	0.17	0.16	0.15	0.14	0.13	0.12	0.12	0.14	0.15	0.16	0.17	0.17	0.18	0.25	0.37	0.47	0.52	0.62	0.55	0.24	0.23	0.21	0.20	0.18
SW	0.18	0.16	0.15	0.14	0.13	0.12	0.13	0.15	0.17	0.18	0.20	0.21	0.29	0.40	0.49	0.54	0.64	0.59	0.39	0.25	0.24	0.22	0.20	0.19
水平	0.20	0.18	0.17	0.16	0.15	0.14	0.16	0.22	0.31	0.39	0.47	0.53	0.57	0.69	0.68	0.55	0.49	0.41	0.33	0.28	0.26	0.25	0.23	0.21

表 D-10 北区有内遮阳窗玻璃冷负荷系数

朝向＼时间	0	1	2	3	4	5	6	7	8	9	10	11	12	13	14	15	16	17	18	19	20	21	22	23
S	0.07	0.07	0.06	0.06	0.06	0.05	0.11	0.18	0.26	0.40	0.58	0.72	0.84	0.80	0.62	0.45	0.32	0.24	0.16	0.10	0.09	0.09	0.08	0.08
SE	0.06	0.06	0.06	0.05	0.05	0.05	0.30	0.54	0.71	0.83	0.80	0.62	0.43	0.30	0.28	0.25	0.22	0.17	0.13	0.09	0.08	0.08	0.07	0.07
E	0.06	0.05	0.05	0.05	0.04	0.04	0.47	0.68	0.82	0.79	0.59	0.38	0.24	0.24	0.23	0.21	0.18	0.15	0.11	0.08	0.07	0.07	0.06	0.06
NE	0.06	0.05	0.05	0.05	0.04	0.04	0.54	0.79	0.79	0.60	0.38	0.29	0.29	0.29	0.27	0.25	0.21	0.16	0.12	0.08	0.07	0.07	0.06	0.06
N	0.12	0.11	0.11	0.10	0.09	0.09	0.59	0.54	0.54	0.65	0.75	0.81	0.83	0.83	0.79	0.71	0.60	0.61	0.68	0.17	0.16	0.15	0.14	0.13
NW	0.08	0.07	0.07	0.06	0.06	0.06	0.09	0.13	0.17	0.21	0.23	0.25	0.26	0.26	0.35	0.57	0.76	0.83	0.67	0.13	0.10	0.09	0.09	0.08
W	0.08	0.07	0.07	0.06	0.06	0.06	0.08	0.11	0.14	0.17	0.18	0.19	0.20	0.34	0.56	0.72	0.83	0.77	0.53	0.11	0.10	0.09	0.09	0.08
SW	0.08	0.08	0.07	0.07	0.06	0.06	0.09	0.13	0.17	0.20	0.23	0.28	0.38	0.58	0.73	0.63	0.79	0.59	0.37	0.11	0.10	0.10	0.09	0.09
水平	0.09	0.09	0.08	0.08	0.07	0.07	0.17	0.26	0.42	0.57	0.69	0.77	0.85	0.84	0.73	0.84	0.49	0.33	0.19	0.13	0.12	0.11	0.10	0.09

表 D-11 南区无内遮阳窗玻璃冷负荷系数

朝向＼时间	0	1	2	3	4	5	6	7	8	9	10	11	12	13	14	15	16	17	18	19	20	21	22	23
S	0.21	0.19	0.18	0.17	0.16	0.14	0.17	0.25	0.33	0.42	0.48	0.54	0.59	0.70	0.70	0.57	0.52	0.44	0.35	0.30	0.28	0.26	0.24	0.22
SE	0.14	0.13	0.12	0.11	0.11	0.10	0.20	0.36	0.47	0.52	0.61	0.54	0.39	0.37	0.36	0.35	0.32	0.28	0.23	0.20	0.19	0.18	0.16	0.15
E	0.12	0.11	0.10	0.09	0.09	0.08	0.24	0.39	0.48	0.61	0.57	0.38	0.31	0.30	0.29	0.28	0.27	0.23	0.21	0.18	0.17	0.15	0.14	0.13
NE	0.12	0.12	0.11	0.10	0.09	0.09	0.26	0.41	0.49	0.59	0.54	0.36	0.32	0.32	0.31	0.29	0.27	0.24	0.20	0.18	0.17	0.16	0.14	0.13
N	0.28	0.25	0.24	0.22	0.21	0.19	0.38	0.49	0.52	0.55	0.59	0.63	0.66	0.68	0.68	0.68	0.69	0.69	0.60	0.40	0.37	0.35	0.32	0.30
NW	0.17	0.16	0.15	0.14	0.13	0.12	0.12	0.15	0.17	0.19	0.20	0.21	0.22	0.27	0.38	0.48	0.54	0.63	0.52	0.25	0.23	0.21	0.20	0.18
W	0.17	0.16	0.15	0.14	0.13	0.12	0.12	0.14	0.16	0.17	0.18	0.19	0.20	0.28	0.40	0.50	0.54	0.61	0.50	0.24	0.23	0.21	0.20	0.18
SW	0.18	0.17	0.15	0.14	0.13	0.12	0.13	0.16	0.19	0.23	0.25	0.27	0.29	0.37	0.48	0.55	0.67	0.60	0.38	0.26	0.24	0.22	0.21	0.19
水平	0.19	0.17	0.16	0.15	0.14	0.13	0.14	0.19	0.28	0.37	0.45	0.52	0.56	0.68	0.67	0.53	0.46	0.38	0.30	0.27	0.25	0.23	0.22	0.20

表 D-12 南区有内遮阳窗玻璃冷负荷系数

朝向＼时间	0	1	2	3	4	5	6	7	8	9	10	11	12	13	14	15	16	17	18	19	20	21	22	23
S	0.10	0.09	0.09	0.08	0.08	0.07	0.14	0.31	0.47	0.60	0.69	0.77	0.87	0.84	0.74	0.66	0.54	0.38	0.20	0.13	0.12	0.12	0.11	0.10
SE	0.07	0.06	0.06	0.05	0.05	0.05	0.27	0.55	0.74	0.83	0.75	0.52	0.40	0.39	0.36	0.33	0.27	0.20	0.13	0.09	0.09	0.08	0.08	0.07
E	0.06	0.05	0.05	0.05	0.04	0.04	0.36	0.63	0.81	0.81	0.63	0.41	0.27	0.27	0.25	0.23	0.20	0.15	0.10	0.08	0.07	0.07	0.07	0.06
NE	0.06	0.06	0.05	0.05	0.05	0.04	0.40	0.67	0.82	0.76	0.56	0.38	0.31	0.30	0.28	0.25	0.21	0.17	0.11	0.08	0.08	0.07	0.07	0.06
N	0.13	0.12	0.12	0.11	0.10	0.10	0.47	0.67	0.70	0.72	0.77	0.82	0.85	0.84	0.81	0.78	0.77	0.75	0.56	0.18	0.17	0.16	0.15	0.14
NW	0.08	0.07	0.07	0.06	0.06	0.06	0.08	0.13	0.17	0.21	0.24	0.26	0.27	0.34	0.54	0.71	0.84	0.77	0.46	0.11	0.10	0.09	0.09	0.08
W	0.08	0.07	0.07	0.06	0.06	0.06	0.07	0.12	0.16	0.19	0.21	0.22	0.23	0.37	0.60	0.75	0.84	0.73	0.42	0.10	0.10	0.09	0.09	0.08
SW	0.08	0.08	0.07	0.07	0.06	0.06	0.09	0.16	0.22	0.28	0.32	0.35	0.36	0.50	0.69	0.84	0.83	0.61	0.34	0.11	0.10	0.10	0.09	0.09
水平	0.09	0.08	0.08	0.07	0.07	0.06	0.09	0.21	0.38	0.54	0.67	0.76	0.85	0.83	0.72	0.61	0.45	0.28	0.16	0.12	0.11	0.10	0.10	0.09

附录E　照明、人体、设备和用具散热冷负荷系数

表 E-1　照明散热冷负荷系数

灯具类型	空调设备运行时数/h	开灯时数/h	开灯后的小时数/h																							
			0	1	2	3	4	5	6	7	8	9	10	11	12	13	14	15	16	17	18	19	20	21	22	23
明装荧光灯	24	13	0.37	0.67	0.71	0.74	0.76	0.79	0.81	0.83	0.84	0.86	0.87	0.89	0.90	0.92	0.29	0.26	0.23	0.20	0.19	0.17	0.15	0.14	0.12	0.11
	24	10	0.37	0.67	0.71	0.74	0.76	0.79	0.81	0.83	0.84	0.86	0.87	0.29	0.26	0.23	0.20	0.19	0.17	0.15	0.14	0.12	0.11	0.10	0.09	0.08
	24	8	0.37	0.67	0.71	0.74	0.76	0.79	0.81	0.83	0.84	0.29	0.26	0.23	0.20	0.19	0.17	0.15	0.14	0.12	0.11	0.10	0.09	0.08	0.07	0.06
	16	13	0.60	0.87	0.90	0.91	0.91	0.93	0.93	0.94	0.94	0.95	0.95	0.96	0.96	0.97	0.29	0.26								
	16	10	0.60	0.82	0.83	0.84	0.84	0.84	0.85	0.85	0.86	0.88	0.90	0.32	0.28	0.25	0.23	0.19								
	16	8	0.51	0.79	0.82	0.84	0.85	0.87	0.88	0.89	0.90	0.29	0.26	0.23	0.20	0.19	0.17	0.15								
	12	10	0.63	0.90	0.91	0.93	0.93	0.94	0.95	0.95	0.95	0.96	0.96	0.37												
明装白炽灯或暗装荧光灯	24	10	0.34	0.55	0.61	0.65	0.68	0.71	0.74	0.77	0.79	0.81	0.83	0.39	0.35	0.31	0.28	0.25	0.23	0.20	0.18	0.16	0.15	0.14	0.12	0.11
	16	10	0.58	0.75	0.79	0.80	0.80	0.81	0.82	0.83	0.84	0.86	0.87	0.39	0.35	0.31	0.28	0.25								
	12	10	0.69	0.86	0.89	0.90	0.91	0.91	0.92	0.93	0.94	0.95	0.95	0.50												

表 E-2　人体显热散热冷负荷系数

在室内总小时数/h	每个人进入室内后小时数/h																							
	1	2	3	4	5	6	7	8	9	10	11	12	13	14	15	16	17	18	19	20	21	22	23	24
2	0.49	0.58	0.17	0.13	0.10	0.08	0.07	0.06	0.05	0.04	0.04	0.03	0.03	0.02	0.02	0.02	0.02	0.01	0.01	0.01	0.01	0.01	0.01	0.01
4	0.49	0.59	0.66	0.71	0.27	0.21	0.16	0.14	0.11	0.10	0.08	0.07	0.06	0.06	0.05	0.04	0.04	0.03	0.03	0.03	0.02	0.02	0.02	0.01
6	0.50	0.60	0.67	0.72	0.76	0.79	0.34	0.26	0.21	0.18	0.15	0.13	0.11	0.10	0.08	0.07	0.06	0.06	0.05	0.04	0.04	0.03	0.03	0.03
8	0.51	0.61	0.67	0.72	0.76	0.80	0.82	0.84	0.38	0.30	0.25	0.21	0.18	0.15	0.13	0.12	0.10	0.09	0.08	0.07	0.06	0.05	0.05	0.04
10	0.53	0.62	0.69	0.74	0.77	0.80	0.83	0.85	0.87	0.89	0.42	0.34	0.28	0.23	0.20	0.17	0.15	0.13	0.11	0.10	0.09	0.08	0.07	0.06
12	0.55	0.64	0.70	0.75	0.79	0.81	0.84	0.86	0.88	0.89	0.91	0.92	0.45	0.36	0.30	0.25	0.21	0.19	0.16	0.14	0.12	0.11	0.09	0.08
14	0.58	0.66	0.72	0.77	0.80	0.83	0.85	0.87	0.89	0.90	0.91	0.92	0.93	0.94	0.47	0.38	0.31	0.26	0.23	0.20	0.17	0.15	0.13	0.11
16	0.62	0.70	0.75	0.79	0.82	0.85	0.87	0.88	0.90	0.91	0.92	0.93	0.94	0.95	0.95	0.96	0.49	0.39	0.33	0.28	0.24	0.20	0.18	0.16
18	0.66	0.74	0.79	0.82	0.85	0.87	0.89	0.90	0.92	0.93	0.94	0.94	0.95	0.96	0.96	0.97	0.97	0.97	0.50	0.40	0.33	0.28	0.24	0.21

表 E-3　有罩设备和用具显热散热冷负荷系数

连续使用小时数/h	开始使用后的小时数/h 1	2	3	4	5	6	7	8	9	10	11	12	13	14	15	16	17	18	19	20	21	22	23	24
2	0.27	0.40	0.25	0.18	0.14	0.11	0.09	0.08	0.07	0.06	0.05	0.04	0.04	0.03	0.03	0.30	0.02	0.02	0.02	0.02	0.01	0.01	0.01	0.01
4	0.28	0.41	0.51	0.59	0.39	0.30	0.24	0.19	0.16	0.14	0.12	0.10	0.09	0.08	0.07	0.06	0.05	0.05	0.04	0.04	0.03	0.03	0.02	0.02
6	0.29	0.42	0.52	0.59	0.65	0.70	0.48	0.37	0.30	0.25	0.21	0.18	0.16	0.14	0.12	0.11	0.09	0.08	0.07	0.06	0.05	0.05	0.04	0.04
8	0.31	0.44	0.54	0.61	0.66	0.71	0.75	0.78	0.55	0.43	0.35	0.30	0.25	0.22	0.19	0.16	0.14	0.13	0.11	0.10	0.08	0.07	0.06	0.06
10	0.33	0.46	0.55	0.62	0.68	0.72	0.76	0.79	0.81	0.84	0.60	0.48	0.39	0.33	0.28	0.24	0.21	0.18	0.16	0.14	0.12	0.11	0.09	0.08
12	0.36	0.49	0.58	0.64	0.69	0.74	0.77	0.80	0.82	0.85	0.87	0.88	0.64	0.51	0.42	0.36	0.31	0.26	0.23	0.20	0.18	0.15	0.13	0.12
14	0.40	0.52	0.61	0.67	0.72	0.76	0.79	0.82	0.84	0.86	0.88	0.89	0.91	0.92	0.67	0.54	0.45	0.38	0.32	0.28	0.24	0.21	0.19	0.16
16	0.45	0.57	0.65	0.70	0.75	0.78	0.81	0.84	0.86	0.87	0.89	0.90	0.92	0.93	0.94	0.94	0.69	0.56	0.46	0.39	0.34	0.29	0.25	0.22
18	0.52	0.63	0.70	0.75	0.79	0.82	0.84	0.86	0.88	0.89	0.91	0.92	0.93	0.94	0.95	0.95	0.96	0.96	0.71	0.58	0.48	0.41	0.35	0.30

表 E-4　无罩设备和用具显热散热冷负荷系数

连续使用小时数/h	开始使用后的小时数/h 1	2	3	4	5	6	7	8	9	10	11	12	13	14	15	16	17	18	19	20	21	22	23	24
2	0.56	0.64	0.15	0.11	0.08	0.07	0.06	0.05	0.04	0.04	0.03	0.03	0.02	0.02	0.02	0.02	0.01	0.01	0.01	0.01	0.01	0.01	0.01	0.01
4	0.57	0.65	0.71	0.75	0.23	0.18	0.14	0.12	0.10	0.08	0.07	0.06	0.05	0.05	0.04	0.04	0.03	0.03	0.02	0.02	0.02	0.02	0.01	0.01
6	0.57	0.65	0.71	0.76	0.79	0.82	0.29	0.22	0.18	0.15	0.13	0.11	0.10	0.08	0.07	0.06	0.06	0.05	0.04	0.04	0.03	0.03	0.03	0.02
8	0.58	0.66	0.72	0.76	0.80	0.82	0.85	0.87	0.33	0.26	0.21	0.18	0.15	0.13	0.11	0.10	0.09	0.08	0.07	0.06	0.05	0.04	0.04	0.03
10	0.60	0.68	0.73	0.77	0.81	0.83	0.85	0.87	0.89	0.90	0.36	0.29	0.24	0.20	0.17	0.15	0.13	0.11	0.10	0.08	0.07	0.07	0.06	0.05
12	0.62	0.69	0.75	0.79	0.82	0.84	0.86	0.88	0.89	0.91	0.92	0.93	0.38	0.31	0.25	0.21	0.18	0.16	0.14	0.12	0.11	0.09	0.08	0.07
14	0.64	0.71	0.76	0.80	0.83	0.85	0.87	0.89	0.90	0.92	0.93	0.93	0.94	0.95	0.40	0.32	0.27	0.23	0.19	0.17	0.15	0.13	0.11	0.10
16	0.67	0.74	0.79	0.82	0.85	0.87	0.89	0.90	0.91	0.92	0.93	0.94	0.95	0.96	0.96	0.97	0.42	0.34	0.28	0.24	0.20	0.18	0.15	0.13
18	0.71	0.78	0.82	0.85	0.87	0.99	0.90	0.92	0.93	0.94	0.94	0.95	0.96	0.96	0.97	0.97	0.97	0.98	0.43	0.35	0.29	0.24	0.21	0.18

附录 F　部分空气加热器的传热系数和阻力计算公式

加热器型号	传热系数 $K/[W/(m^2 \cdot ℃)]$		空气阻力 Δp/Pa	热水阻力/kPa
	蒸汽	热水		
SRZ 型 5、6、10D（大）	$13.6\ (vp)^{0.49}$		$1.76\ (vp)^{1.998}$	D 型
SRZ 型 5、6、10Z（中）	$13.6\ (vp)^{0.49}$		$1.47\ (vp)^{1.98}$	$1.52\omega^{1.96}$
SRZ 型 5、6、10X（小）	$14.5\ (vp)^{0.532}$		$0.88\ (vp)^{2.12}$	Z、X 型
SRZ 型 7D	$14.3\ (vp)^{0.51}$		$2.06\ (vp)^{1.97}$	$19.3\omega^{1.83}$
SRZ 型 7Z	$14.3\ (vp)^{0.51}$		$2.94\ (vp)^{1.52}$	
SRZ 型 7X	$15.1\ (vp)^{0.571}$		$1.37\ (vp)^{1.917}$	
SRL 型 B×A/2	$15.2\ (vp)^{0.40}$	$16.5\ (vp)^{0.24}$ *	$1.71\ (vp)^{1.67}$	
SRL 型 B×A/3	$15.1\ (vp)^{0.43}$	$14.5\ (vp)^{0.29}$ *	$3.03\ (vp)^{1.62}$	
SYA 型 D	$15.4\ (vp)^{0.297}$	$16.6\ (vp)^{0.36}\omega^{0.266}$	$0.86\ (vp)^{1.96}$	
SYA 型 Z	$15.4\ (vp)^{0.297}$	$16.6\ (vp)^{0.36}\omega^{0.266}$	$0.82\ (vp)^{1.94}$	
SYA 型 X	$15.4\ (vp)^{0.297}$	$16.6\ (vp)^{0.36}\omega^{0.266}$	$0.78\ (vp)^{1.87}$	
Ⅰ型 2C	$25.7\ (vp)^{0.375}$		$0.80\ (vp)^{1.985}$	
Ⅰ型 1C	$26.3\ (vp)^{0.423}$		$0.40\ (vp)^{1.985}$	
GL 或 GL－Ⅱ型	$19.8\ (vp)^{0.608}$	$31.9\ (vp)^{0.46}\omega^{0.5}$	$0.84\ (vp)^{1.862}N$	$10.8\omega^{1.854}N$
B、U 或 U－Ⅱ型	$19.8\ (vp)^{0.608}$	$25.5\ (vp)^{0.556}\omega^{0.0115}$	$0.84\ (vp)^{1.862}N$	$10.8\omega^{1.854}N$

注：1. 表中，vp 为空气质量流速$[kg/(m^2 \cdot s)]$；ω 为水流速（m/s）；N 为排数。

2. 用130℃过热水，$\omega=0.023\sim0.037$m/s 。

附录G　部分水冷式表面冷却器的传热系数和阻力实验公式

型号	排数	作为冷却用之传热系数 $K/[\mathrm{W/(m^2\cdot ℃)}]$	干冷时空气阻力 Δp_g 和湿冷时空气阻力 Δp_s/kPa	水阻力/kPa	作为热水加热用之传热系数 $K/[\mathrm{W/(m^2\cdot ℃)}]$	实验时用的符号
B或 U－Ⅱ型	2	$K=\left[\frac{1}{34.3v_y^{0.781}\xi^{1.03}}+\frac{1}{207\omega^{0.8}}\right]^{-1}$	$\Delta p_s=20.97v_y^{1.39}$			B－2B－6－27
B或 U－Ⅱ型	6	$K=\left[\frac{1}{31.4v_y^{0.875}\xi^{0.87}}+\frac{1}{281.7\omega^{0.8}}\right]^{-1}$	$\Delta p_g=29.75v_y^{1.98}$ $\Delta p_s=38.93v_y^{1.84}$	$\Delta p=64.68\omega^{1.854}$		B－6R－8－24
GL或 GL－Ⅱ型	6	$K=\left[\frac{1}{21.1v_y^{0.845}\xi^{1.15}}+\frac{1}{216.6\omega^{0.8}}\right]^{-1}$	$\Delta p_g=19.99v_y^{1.862}$ $\Delta p_s=32.05v_y^{1.695}$	$\Delta p=64.68\omega^{1.854}$		GL－6R－8－24
W	2	$K=\left[\frac{1}{42.1v_y^{0.52}\xi^{1.03}}+\frac{1}{332.6\omega^{0.8}}\right]^{-1}$	$\Delta p_g=5.68v_y^{1.89}$ $\Delta p_s=25.28v_y^{0.895}$	$\Delta p=8.18\omega^{1.93}$	$K=34.77v_y^{0.4}\omega^{0.079}$	小型试验样品
JW	4	$K=\left[\frac{1}{39.7v_y^{0.52}\xi^{1.03}}+\frac{1}{332.6\omega^{0.8}}\right]^{-1}$	$\Delta p_g=11.96v_y^{1.72}$ $\Delta p_s=42.8v_y^{0.992}$	$\Delta p=12.54\omega^{1.93}$	$K=31.87v_y^{0.48}\omega^{0.08}$	小型试验样品
JW	6	$K=\left[\frac{1}{41.5v_y^{0.52}\xi^{1.023}}+\frac{1}{325.6\omega^{0.8}}\right]^{-1}$	$\Delta p_g=16.66v_y^{1.75}$ $\Delta p_s=62.23v_y^{1.1}$	$\Delta p=14.5\omega^{1.93}$	$K=30.7v_y^{0.485}\omega^{0.08}$	小型试验样品
JW	8	$K=\left[\frac{1}{35.5v_y^{0.58}\xi^{1.0}}+\frac{1}{353.6\omega^{0.8}}\right]^{-1}$	$\Delta p_g=23.8v_y^{1.74}$ $\Delta p_s=70.56v_y^{1.121}$	$\Delta p=20.19\omega^{1.93}$	$K=27.3v_y^{0.58}\omega^{0.075}$	小型试验样品
SXLB－B	2	$K=\left[\frac{1}{27v_y^{0.425}\xi^{0.74}}+\frac{1}{157\omega^{0.8}}\right]^{-1}$	$\Delta p_g=17.35v_y^{1.54}$ $\Delta p_s=35.28v_y^{1.4}\xi^{0.183}$	$\Delta p=15.48\omega^{1.97}$	$K=\left[\frac{1}{21.5v_y^{0.526}}+\frac{1}{319.8\omega^{0.8}}\right]^{-1}$	
KL－1	4	$K=\left[\frac{1}{32.6v_y^{0.57}\xi^{0.987}}+\frac{1}{350.1\omega^{0.8}}\right]^{-1}$	$\Delta p_g=24.21v_y^{1.828}$ $\Delta p_s=24.01v_y^{1.913}$	$\Delta p=18.03\omega^{2.1}$	$K=\left[\frac{1}{28.6v_y^{0.656}}+\frac{1}{286.1\omega^{0.8}}\right]^{-1}$	
KL－2	4	$K=\left[\frac{1}{29v_y^{0.662}\xi^{0.758}}+\frac{1}{385\omega^{0.8}}\right]^{-1}$	$\Delta p_g=27v_y^{1.43}$ $\Delta p_s=42.2v_y^{1.2}\xi^{0.18}$	$\Delta p=22.5\omega^{1.8}$	$K=11.16v_y+15.54\omega^{0.276}$	KL－2－4－10/600
KL－3	6	$K=\left[\frac{1}{27.5v_y^{0.778}\xi^{0.843}}+\frac{1}{460.5\omega^{0.8}}\right]^{-1}$	$\Delta p_g=26.3v_y^{1.75}$ $\Delta p_s=63.3v_y^{1.2}\xi^{0.15}$	$\Delta p=27.9\omega^{1.81}$	$K=12.97v_y+15.08\omega^{0.13}$	KL－3－6－10/600

附录H　水冷式表面冷却器的E值

冷却器型号	排数	迎面风速 v_y/(m/s)			
		1.5	2.0	2.5	3.0
B或U－Ⅱ型 GL或GL－Ⅱ型	2	0.543	0.518	0.499	0.484
	4	0.791	0.767	0.748	0.733
	6	0.905	0.887	0.875	0.863
	8	0.957	0.946	0.937	0.930
JW型	2*	0.590	0.545	0.515	0.490
	4*	0.841	0.797	0.768	0.740
	6*	0.940	0.911	0.888	0.872
	8*	0.977	0.964	0.954	0.945
SXL－B型	2	0.826	0.440	0.423	0.408
	4*	0.970	0.686	0.665	0.649
	6	0.995	0.800	0.806	0.792
	8	0.999	0.824	0.887	0.877
KL－1型	2	0.466	0.440	0.423	0.408
	4*	0.715	0.686	0.665	0.649
	6	0.848	0.800	0.806	0.792
	8	0.917	0.824	0.887	0.877
KL－2型	2	0.553	0.530	0.511	0.493
	4*	0.800	0.780	0.762	0.743
	6	0.909	0.896	0.886	0.870
KL－3型	2	0.450	0.439	0.429	0.416
	4	0.700	0.685	0.672	0.660
	6*	0.834	0.823	0.813	0.802

注：表中有*号的为试验数据，无*的是根据理论公式计算出来的数据。

参 考 文 献

[1] 徐勇. 通风与空气调节工程 [M]. 北京：机械工业出版社，2010.

[2] 赵荣义，范存养，薛殿华，钱以明. 空气调节 [M]. 北京：中国建筑工业出版社，2009.

[3] 金练，欧阳曜，张洁，石宋君. 暖卫通风空调技术手册 [M]. 北京：中国建筑工业出版社，2003.

[4] 姚行健，孙利生，张昌. 空气调节用制冷技术 [M]. 北京：中国建筑工业出版社，2008.

[5] 李树林. 制冷技术 [M]. 北京：机械工业出版社，2003.

[6] 戴永庆. 溴化锂吸收式制冷技术及应用 [M]. 北京：机械工业出版社，1996.

[7] 陆耀庆. 实用供热空调设计手册 [M]. 2 版. 北京：中国建筑工业出版社，2008.

[8] 中华人民共和国住房和城乡建设部. GB/T 50114—2010 暖通空调制图标准 [S]. 北京：中国建筑工业出版社，2011.

[9] 中国建筑科学研究院. GB 50736—2012 民用建筑供暖通风与空气调节设计规范 [S]. 北京：中国建筑工业出版社，2012.

[10] 中国建筑科学研究院，中国建筑业协会建筑节能专业委员会. GB 50189—2005 公共建筑节能设计标准 [S]. 北京：中国建筑工业出版社，2005.

[11] 沈阳市城乡建设委员会. GB 50242—2002 建筑给水排水及采暖工程施工质量验收规范 [S]. 北京：中国建筑工业出版社，2002.

[12] 上海市安装工程有限公司. GB 50243—2002 通风与空调工程施工质量验收规范 [S]. 北京：中国计划出版社，2002.

[13] 中国建筑科学研究院. GB/T 14294—2008 组合式空调机组 [S]. 北京：中国标准出版社，2009.

[14] 中国建筑科学研究院. JG/T 295—2010 空调变风量末端装置 [S]. 北京：中国标准出版社，2011.

[15] 中国建筑科学研究院空气调节研究所. GB/T 19232—2003 风机盘管机组 [S]. 北京：中国标准出版社，2003.

[16] 全国家用电器标准化技术委员会. GB/T 7725—2004 房间空气调节器 [S]. 北京：中国标准出版社，2005.

[17] 全国家用电器标准化技术委员会. GB 17790—2008 家用和类似用途空调器安装规范 [S]. 北京：中国标准出版社，2010.

[18] 全国冷冻空调设备标准化技术委员会. GB/T 17758—2010 单元式空气调节机 [S]. 北京：中国标准出版社，2011.

[19] 全国冷冻空调设备标准化技术委员会. GB/T 18837—2002 多联式空调（热泵）机组 [S]. 北京：中国标准出版社，2003.

[20] 中国建筑科学研究院. JGJ 174—2010 多联机空调系统工程技术规程 [S]. 北京：中国建筑工业出版社，2010.

[21] 全国冷冻空调设备标准化技术委员会. GB/T 18430. 1—2007 蒸气压缩循环冷水（热泵）机组 第 1 部分：工业或商业用及类似用途的冷水（热泵）机组 [S]. 北京：中国标准出版社，2008.

[22] 中国机械工业联合会. GB 50274—2010 制冷设备、空气分离设备安装工程施工及验收规范 [S]. 北京：中国计划出版社，2011.

[23] 中国电子工程设计院. 07K304 空调机房设计与安装 [S]. 北京：中国计划出版社，2007.

[24] 中国建筑科学研究院空气调节研究所，中国建筑标准设计研究院. 01（03）K403 风机盘管安装 [S]. 北京：中国计划出版社，2003.